WALZ · ERLEBNIS EISENBAHN

Ereignis und Wirkung · Lokomotiven und Wagen
Schienenstränge in aller Welt

WERNER WALZ

Die Geschichte der Bahn:
Erlebnis Eisenbahn

MOTORBUCH VERLAG STUTTGART

Einbandgestaltung: Siegfried Horn,
unter Verwendung eines Fotos des Autors

Die Vorsätze zeigen vorne eine historische Zeichnung
der verschiedenen Fahrzeuge der Nürnberg-Fürther Eisenbahn um 1840,
hinten einen Großstadtbahnhof bei Nacht.

ISBN 3-87943-535-9

5. Auflage 1985
Copyright © by Motorbuch Verlag, Postfach 1370, 7000 Stuttgart 1.
Eine Abteilung des Buch- und Verlagshauses Paul Pietsch GmbH & Co. KG.
Sämtliche Rechte der Verbreitung – in jeglicher Form und Technik – sind vorbehalten.
Satz und Druck: H. G. Gachet & Co., 6070 Langen.
Bindung: Großbuchbinderei Franz Spiegel Buch GmbH, 7900 Ulm.
Printed in Germany.

Inhalt

Kasten-Verzeichnis

I Zeitenwende

DER AUTOMAT

Das geruhsame Bürgerleben in Reifrock und Samtjacke geht zu Ende. Der Automat, früher geheimnisvolles Spielzeug der Fürsten, erobert sich das Land, die Flüsse, das Meer und bald auch den Himmel. Dampfend, fauchend, stinkend. Ganze Erdteile werden durch den neuen Automaten Eisenbahn erschlossen.

Überall, wo eine Station ist, wird aus einem Haus ein Dorf, werden aus Dörfern Städte, aus Städten Großstädte. Landstriche werden zu Industrierevieren; was ferne lag, wird nah; aus Einöden entstehen besiedelte Landschaften. Die Eisenbahn hat die industrielle Revolution zwar nicht eingeleitet; sie wird aber zum stärksten Förderer der Volkswirtschaft: sie erst macht den universalen Welthandel möglich und schafft die Industrienationen.

Wohlstand breitet sich aus. Die Bevölkerungszahlen schnellen empor – aber im Schatten der Schornsteine steigt das Unbehagen an der Zivilisation und der Zweifel am Nutzen des Fortschritts. Eine neue Klasse wächst auf, gebeugt über Maschinen, unfroh ihrer Arbeit, voll neuer, umstürzlerischer Ideen.

Wissenschaft und Technik, sich gegenseitig ergänzend und fördernd, schwellen an zu immer höherer Perfektion. Technik, seit den Urzeiten des Jägers und des Hirten Leitlinie der Geschichte, wird zur Dominanten. Die eiserne Straße – die Schiene und was auf ihr rollt – bringt Bewegung in Politik und Lebensart. Sie transportiert die bürgerliche Welt ins zwanzigste Jahrhundert, nicht ohne sie zu verändern. Die Eisenbahngeschichte vollzieht sich in Sprüngen: Vieles daran ist abenteuerlich.

Das heraufkommende Maschinenzeitalter: Goethe hat es bewundert und gefürchtet; er hat ihm mit Hoffnungen zu schmeicheln versucht: Alle Hoffnungen, aber auch alle Befürchtungen sind wahr geworden.

Die Bahn freilich ist wie jedes technische Instrument neutral; sie dient dem Frieden wie dem Krieg.

Das Abenteuer beginnt mit einem lothringischen Artillerieoffizier, dem Leutnant Nicolas Joseph Cugnot und einem für den Krieg konstruierten Dampfkarren. Hier ist ein Mißverständnis der Eisenbahnhistorie festzustellen: Es geht nicht nur um die Entdeckung des Dampfdruckes oder um die Erfindung der Dampfmaschine. Es geht auch nicht nur um die ersten Rollwagen auf Geleisen. Es geht um mehr: um die Erfindung des Automaten, »des Selbstbewegers«, wie ihn ein Techniker nennt.

Es ist eine Tatsache, daß die Eisenbahn sozusagen mit einem Schlage dastand. Sie stand in ihrer Urform plötzlich auf den Schienen, eine Dampflokomotive voraus und Wagen hinterdrein auf einem eisernen Geleise. Trevithick hat sie erfunden oder vielmehr aus schon vorhandenen Teilen richtig zusammengesetzt oder wie eine Ouvertüre komponiert. Die Wurzeln dieser Erfindung reichen weit in die Zeit zurück. Die Ursprünge heißen Rad, Schiene und Automat. Da ist als erstes und wichtigstes die Erfindung des Rades. In der Vorgeschichte taucht das Bild des Rades in zweierlei Bedeutung auf. Es ist einmal Sinnbild und einmal Fortbewegungsmittel. Als Symbol findet man es neben den Höhlenmalereien und bei den Felszeichnungen Europas wohl als Zeichen der Sonne, manchmal auch des Mondes, zugleich als Sinnbild für Ewigkeit. Die Sonnenschei-

Stonehenge – das kreisförmige Sonnenkultzentrum in der Ebene der südenglischen Stadt Salisbury wird auch als astronomischer Großcomputer bezeichnet. Ein Teil der viele Tonnen schweren Steine mußte über 200 Kilometer zum Tempel transportiert werden. Vermutlich bewegten die Megalithleute (Megalith = großer Stein) die Steine mit Hilfe von Schlitten und Rollen. Zeit der Errichtung des Tempels: Seit 2600 vor Christus.

Die Sonnen- oder Mondscheibe wird in der Verweltlichung des religiösen Symbols zur Kugel (Ballspiele) einerseits, andererseits zum Rad. Hier die Nachbildung eines sumerischen Vollrades aus der Zeit 3000 vor Christus.

be, das Sonnenrad, rollt über den Himmel. Als reines Sonnensymbol bedeutet der Radkreis Licht, Wärme und Leben. Wo der Radkreis durchkreuzt und gewissermaßen mit Speichen versehen ist, da bedeutet dieses Rad Gerechtigkeit, aber auch schon Bezug auf ein Gerät, also Bewegung. Inwieweit in der Vorgeschichte der Menschheit das Rad tatsächlich bekannt war und als Fortbewegungsmittel verwendet wurde, ist umstritten. Aber es ist nicht auszuschließen, daß die Menschen, die jene riesigen Bauwerke der Megalithkultur, die Sonnenmale, – Stonehenge – die Großsteingräber, die Menhire errichteten, das Rad benützten. Jedenfalls waren ihnen die Rolle und der Schlitten als Fortbewegungsmittel bekannt.

Die altsumerische Zeit, die noch vor der ägyptischen Kultur in Südbabylonien mit dem Schauplatz Uruk beginnt, zeigt in der sogenannten Geierstele, die sich heute im Pariser Louvre befindet, Reliefbilder von Kampfszenen mit dem kriegerischen Gott Ningirsu auf seinem Streitwagen. Auch die Mosaikstandarte, die man in den Königsgräbern von Ur gefunden hat und die etwa auf die Jahre um 2500 v. Chr. datiert wird, ist mit solchen Wiedergaben geschmückt. Sie zeigt Wagenkämpfe und den König mit seiner Leibwache und dem königlichen Streitwagen bei der Musterung von Kriegsgefangenen. Es handelt sich dabei um einen zweiachsigen Wagen mit einer Art Kanzel. Die Räder sind Vollräder mit Naben. Bespannt waren die Wagen jeweils mit zwei Eseln.

Auch die steinzeitlichen Felszeichnungen in der Zentralsahara, die heute um das Jahr 1200 v. Chr. datiert werden, wahrscheinlich aber beträchtlich älter sein dürften, zeigen Wagen mit Pferden im fliegenden Galopp. Es ist ein Motiv, das auch in der mykenischen Kunst immer wieder vorkommt. Diese Wagen auf afrikanischen Felsbildern besaßen Räder mit Speichen. Die Wagen haben eine Art Stand, in dem vornübergebeugt der Lenker der Rosse steht. Er hat Zügel in der Hand für die Zugpferde; er scheint außerdem mit der anderen Hand gleichzeitig vom Wagen aus gekämpft zu haben. Die Zeichnungen, die farbig angelegt sind, zeigen einen in der Sahara bis dahin unbekannten Menschentyp mit blauen Augen. Der Forschung nach soll es sich um eine Invasion nordischer Völker gehandelt haben, die mit diesen Wagen das Rad mitbrachten. Vielleicht läßt sich eines Tages feststellen, woher diese Völker kamen und wo das Rad wirklich seinen Ursprung hat.

Die zweite Komponente der Erfindung Eisenbahn ist die Bahn aus Eisen. Auch sie hat Vorläufer, die weit zurückreichen. Auf Malta gibt es in den Fels der Insel eingehauene Karrenspuren, Geleise mit Ausweichstellen und Abzweigungen. Sie stammen aus der Steinzeit; mit Rollwagen oder Schlitten wurden wohl die Felsblöcke zu den Steinzeittempeln Maltas gefahren. Das war 3000 Jahre vor Christus.

Eigentliche Kunststraßen gab es bei den Ägyptern, bei den Assyrern und bei den Griechen. Aber vor allem die Römer waren Straßenbauer par excellence. In die römischen und griechischen Straßen wurden der besseren Fortbewegung der Wagen wegen Rillen eingefräst. Denn diese Rillen halfen, die Wagen in einer Art Spur zu halten. Und so findet man ebenso im alten Griechenland wie zum Beispiel in Pompeji Fahrrinnen, die keineswegs eingefahrene Wege sind, sondern wirkliche Geleise, die auf eine bestimmte Spur abgestellt sind und die an einigen Stel-

Vorzeitliche Gleisspuren auf Malta.
Solche Gleise finden sich auch am Federauner Sattel bei Villach (Kärnten) und in der Karstlandschaft Dalmatiens.

Schachspielautomat von
M. v. Kempelen. Ansicht von
vorne, geöffnet. Kupferstich
1783.

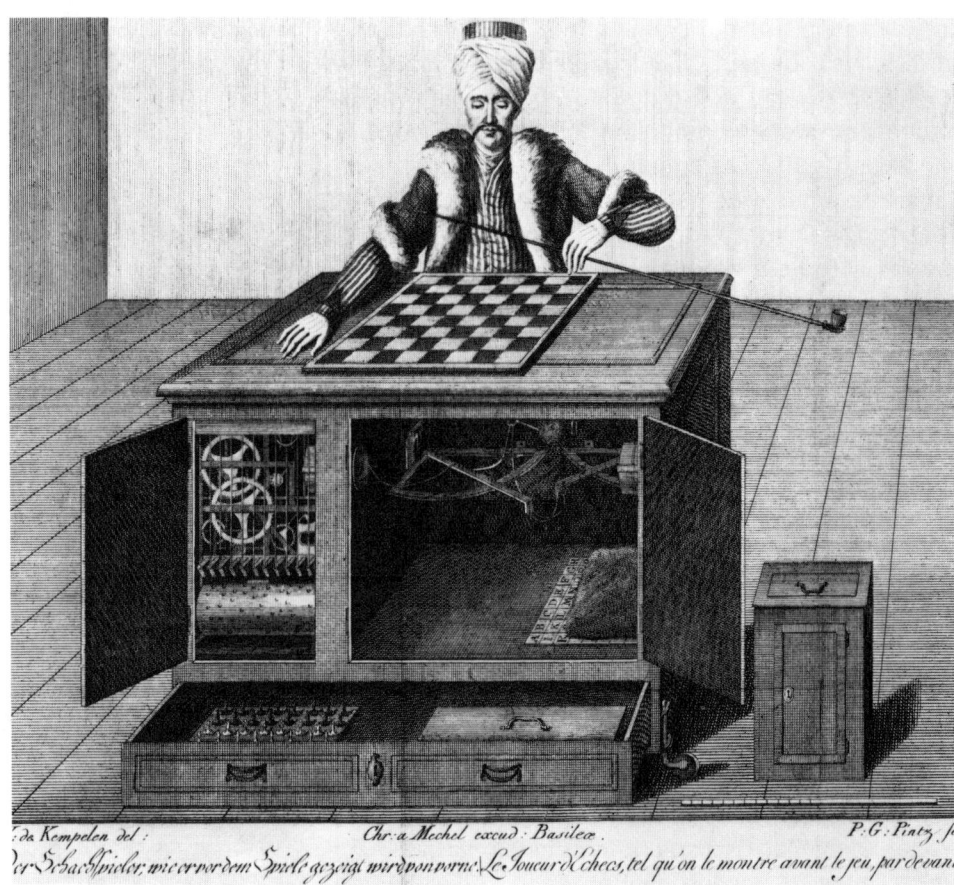

len sogar Ausweichmöglichkeiten bieten. Von da bis zu den Holzgeleisen der Bergwerke, auf denen die Grubenhunde – die Rollwagen – fuhren, und bis zu den »eisernen Kunststraßen« des bayerischen Eisenbahnpioniers Oberstbergrat Baader ist ein weiter Weg. Immerhin führt auch eine Spur in die Geschichte zurück: Die steinzeitlichen Spuren auf Malta sind 1400 mm breit, zwischen 1435 und 1440 mm maß die Spurweite bei den Römern; 1435 beträgt die heutige Normalspurbreite bei den meisten europäischen und amerikanischen Bahnen, die Stephenson nach dem Kutschenmaß der ersten Bahn Stockton – Darlington gab.

Aber außer diesen beiden Komponenten Schiene und Rad gibt es noch eine dritte. Und das ist ein alter, immer wieder versuchter und immer wieder unerfüllt gebliebener Traum des Menschen. Es geht darum, eine Art Lebewesen zu schaffen, das dem Menschen ähnlich ist. Wer aber einen »künstlichen« Menschen erschaffen kann, muß Gott gleich sein. Nicht nur der uralte Wunsch nach Gottgleichheit ist es, der diesen Traum erzeugt hat. Da ist auch die Notwendigkeit, Mühe und Arbeit dem Menschen abzunehmen und sie einem aufzubürden, der diese Dinge für ihn erledigt. Zugleich – und das ist vielleicht sogar der noch stärkere Antrieb – ist es der Wunsch, Erstaunen zu erregen, zu schrecken, fürchten zu machen, indem man ein solches Wesen auftreten läßt. Nicht nur die Hofdamen der Rokokozeit schauderten, wenn die Androiden, diese künstlichen Menschen in Kleidern, anfingen zu schreiben und zu malen oder etwa Schach zu spielen. Auch die hohe Geistlichkeit und die Behörden fanden diese Vorstellungen seltsam: mehr als einmal wurden die Verfertiger solcher Androiden als Zauberer vor die Inquisition gestellt. Sie konnten nur dadurch ihr Leben retten, daß sie die Klappen unter den Kleidern der »Kunstfiguren« öffneten und zeigten, wie es dahinter aussah: Uhr-

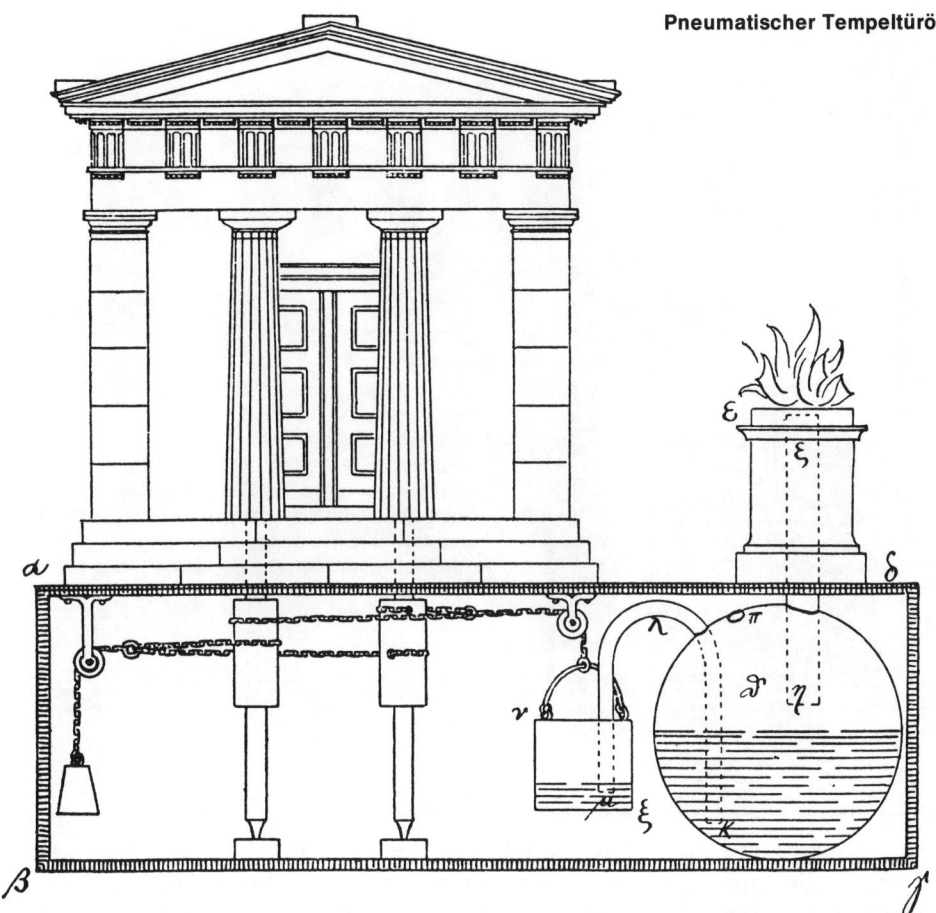

Pneumatischer Tempeltüröffner Herons.

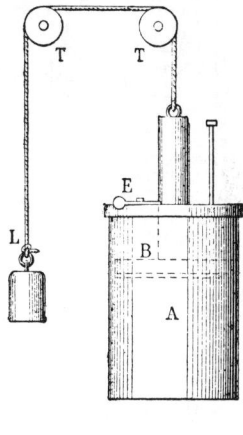

Papin. Eine Kolbenmaschine einfachster Art. Der Kolben B wird durch Erwärmung (und durch Abkühlung) des Wassers in Hohlzylinder A hin- und herbewegt.

werkskonstruktionen, die über besondere Anordnungen von Nockenscheiben die Schreib-, Zeichen-, Mal- und Schachspielbewegungen hervorriefen.

Ein früher Vorläufer dieser genialen Mechaniker war Heron von Alexandria, ein griechischer Mathematiker und Physiker, der um 120 v. Chr. lebte und als Mechaniker, Hydrostatiker und Konstrukteur schon damals berühmt war. Er hat einen automatischen Türöffner konstruiert, einen singenden Vogel und einen Weihwasserautomaten. Hier interessiert vor allem der automatische Türöffner. Er hat mit der Eisenbahn insofern zu tun, als auch er das Prinzip der Ausdehnung warmer Luft verwendet.

Die automatische Öffnung der Tempeltüren vollzog sich folgendermaßen: Unter dem Opferstein im Tempel befand sich ein Hohlraum, der mit einem kugelförmigen Wasserbehälter verbunden war. War das Opferfeuer entzündet, so begann die Luft sich auszudehnen und drückte aus dem Vorratsbehälter Wasser in einen daneben aufgehängten Wassereimer. Der Eimer war wiederum durch zwei Seile mit den nach unten verlängerten Drehachsen der Tempeltüren verbunden. Sobald er schwerer wurde als das gleichfalls mit den Drehachsen der Türen verbundene Gegengewicht, wurden die beiden Türflügel langsam aufgedreht. Da staunten die Gläubigen. Heute kann man nur bewundern, mit welchem Geschick hier physikalische Kräfte als Gotteszeichen wirkungsvoll eingesetzt wurden

Einen Automaten herzustellen, der gehen, schreiben oder sich vielleicht sogar schneller als ein Mensch bewegen konnte, das war ein ungeheurer Anreiz. Immer wieder versuchten Erfinder und Konstrukteure, den Dampf für ihre Pläne einzusetzen. Leonardo experimentierte um 1500 mit dem Dampf. Er verfertigte einfache dampfgetriebene Spielzeuge. Denis Papin, ein Professor in Marburg, begann 1690 einen Kolben mittels Dampfdrucks in einem Zylinder hin

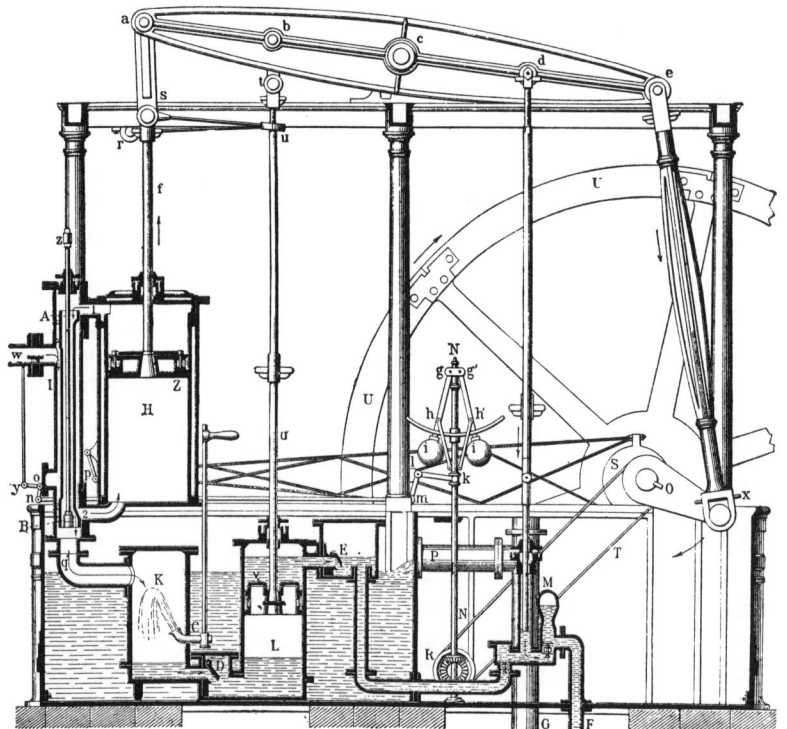

und her zu bewegen. Aber eine praktische Maschine baute erst 1711 der Schmied Newcomen aus Bartmouth. Er konstruierte eine erste, relativ primitive Dampfmaschine für die Wasserhaltung in Bergwerken. James Watt gelang es nach vielen Versuchen, die Newcomensche Dampfmaschine zu verbessern: Er schuf eine stationäre Dampfmaschine 1782, die sich als brauchbar erwies. Watt zog in seinen Werkstätten eine richtige Industriefabrikation auf. Er hatte wohl als erster den Gedanken, seine Dampfmaschine auf Räder zu setzen. Er ließ sich auch ein Patent dafür geben; mehr als ein untaugliches Modell ist dabei nicht entstanden. Erst Trevithick brachte mit seiner verbesserten und leichteren Dampfmaschine das hervor, was man einen Automaten heißen kann, einen Bewegungsautomaten, der in der Lage war, Menschen und Güter zu transportieren. Die Kombination dreier Elemente war perfekt, als Trevithick das Rad, die Schiene und den Automaten miteinander verband. Dies ist das Geniale an seiner Leistung. Der große Stephenson hat diese drei Komponenten – vor allem die Maschine – nur entscheidend verbessert und leichter produzierbar gemacht.

Allerdings war dies kein intelligenter Automat im heutigen Sinne. Denn davon verlangt man etwas mehr. Man erwartet eine parallel zur Arbeitsverrichtung laufende Informationsverarbeitung, die korrigierend und steuernd in die Funktionen des Automaten eingreift. Der Automat soll also nicht nur mechanisch arbeiten, wie es die Lokomotive und das Stellwerk hundertfünfzig Jahre lang getan haben, sondern er soll sich aufgrund von Vorgaben selbst steuern.

Die Eisenbahn, die zur Zeit in Konstruktion ist, die Eisenbahn der Zukunft, wird eine Eisenbahn sein, die man als intelligenten Automaten bezeichnen kann. Denn sie wird die Abfertigung, die Buchung, die Verrechnung und sämtliche mechanischen, für den Transport notwendigen betrieblichen Vorgänge sich selbst steuernd und korrigierend automatisch durchführen können. Die Eisenbahn des Jahres 2000 als intelligenter Automat wird die Erfüllung eines Wunschtraumes sein. Sie wird gegenwärtig sein und ihre Aufgabe lautlos, pünktlich und schnell erfüllen. Sie wird für uns ähnliche Bedeutung haben wie das Trinkwasser oder wie das elektrische Licht.

II Ur-Sprünge

CUGNOTS FEUERWAGEN

Eigentlich war es nur eine Art von Riesenkochtopf auf einem dreirädrigen Karren. Der »Feuerwagen« – so hatten ihn die Soldaten getauft – stand im Hof des Kriegsministeriums zu Paris. Eine kleine Gruppe von Fachleuten umringte das seltsame Gefährt: Offiziere, Ingenieure, Kadetten, Hofbeamte und der Konstrukteur, ein Artillerieleutnant, ein gebürtiger Lothringer:

Nicolas Joseph Cugnot. Das Jahr: 1769 – Frankreich am Vorabend der großen Revolution.
Cugnot, in Uniform, redete auf einen großgewachsenen elegant gekleideten Herrn mit beschwörenden Gesten ein. Dieser Herr, in einer weinroten Samtjacke mit Spitzenrüsche am Kragen und mit einer riesigen Schärpe, die sein Hemd fast verdeckte, mit dunkelblauen Kniehosen aus Samt und schwarzen Lackschuhen, war die entscheidende Person bei der

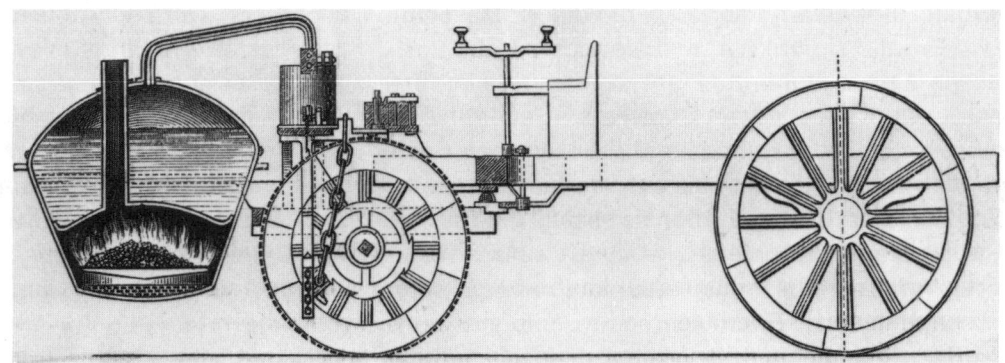

Schnitt durch den
Dampfwagen.

Dampfwagen von Cugnot
(1769) (Nachbildung).

Vorführung. Von ihm hing die Zukunft des Feuerwagens ab. Der Herr war der höchste Vorgesetzte des Leutnants Cugnot, der Kriegsminister von Frankreich, Herzog von Choiseul (1719–1785).

Schon einmal hatte der Vorläufer des Feuerwagens auf diesem Platz gestanden, bereit zur Besichtigung. Aber der hohe Herr hatte keine Zeit. Und das war ein Glück; denn die Maschine funktionierte nicht. Heute allerdings mußte die Maschine arbeiten, sonst sah es schlecht aus für die Erfindung des Leutnants Cugnot.

Der Herzog befand sich in diesem Augenblick auf dem absteigenden Teil einer märchenhaften Karriere. Als ein Diplomat von liebenswürdigem Benehmen, großer Geschicklichkeit und hohem Ansehen gehörte er zu den Günstlingen der Marquise von Pompadour, der Mätresse Ludwigs XV. Er war es, der die Freundschaft mit Österreich pflegte, er war es auch, der ein Jahr zuvor die Insel Korsika von der Republik Genua erworben hatte – so wird Napoleon Bonaparte, der in eben diesem Jahre 1769 zur Welt kommt, als Franzose geboren.

Ein Jahr später freilich wird die neue Geliebte des Königs, die Dubarry, den Herzog von Choiseul stürzen. Er fand sie ordinär, und sie rächte sich.

Sechs Jahre zuvor hatte Frankreich im Pariser Frieden – ebenfalls ein Werk Choiseuls – Federn lassen müssen: es verlor Kanada und die indischen Besitzungen an England, Louisiana in Nordamerika an England und Spanien. Aber der Krieg ging weiter. Choiseul und seine Generäle sannen auf Rache am Erbfeind England wegen der im Siebenjährigen Krieg erlittenen Niederlagen.

Die Lage ist numehr so angespannt, daß der Kriegsminister selbst sich eine Maschine vorführen läßt, die ihr Erfinder als möglicherweise kriegsentscheidend bezeichnet.

Da stand nun der Feuerwagen. Der bronzene Dampfkessel war übrigens nicht auf dem Wagen befestigt. Er hing vor dem Vorderrad, das über zwei senkrecht stehende Bronzezylinder angetrieben wurde. Dieses Vorderrad, schwer belastet mit der daran hängenden Dampfmaschine, sollte von einem Sitz auf dem Wagen gelenkt werden. Aus einem Ventil am oberen Teil des Kessels zischte Dampf. Auf einem Rost unter dem Topf brannte ein kräftiges Feuer.

Der Artillerieleutnant erklärte den Zweck der Maschine. »Dampfmaschinen, Sire«, sagte er, »gibt es neuerdings in England, in Amerika und auch hier in Frankreich. Dies ist eine Dampfmaschine auf Rädern. Also ein Dampfwagen. Er soll die Geschütze in die Feuerstellungen ziehen und wiederum: Wir alle wissen, wie schwer es ist, eingegrabene Geschütze aus dem Schlamm wieder herauszuholen. Diese Maschine schafft es!«

Cugnot trat an die Maschine heran. Mit einer einladenden Geste forderte er den Kriegsminister auf, den Wagen zu besteigen. Der dankte lächelnd und wies auf den Erfinder, so als wolle er ihm die Ehre lassen.

Cugnot, erregt und gespannt, beging einen Fehler. Anstatt erst aufzusteigen, ergriff er vom Boden aus einen Hebel an der Maschine und legte ihn um. Ein gewaltiger Dampfstrahl schoß unter dem Vorderrad hervor, das Unglaubliche geschah: Die Machine setzte sich in Bewegung. Cugnot wollte jetzt rasch noch aufsteigen, um das fauchende Gefährt zu steuern. Aber der rollende Kochtopf war schneller. Cugnot mußte zur Seite springen, um nicht überfahren zu werden. Der Topf rollte und fauchte und rollte immer geschwinder, bis er unter gewaltigem Krachen die Mauer des Hofes rammte.

Rauch, Qualm und Staub hüllten alles in eine Wolke. Als sich der Dunst verzogen hatte, fand man den Feuerwagen unter den Trümmern der Mauer begraben. Er hatte nur wenig Schaden erlitten, da er solide konstruiert war. Aber als sich Cugnot nach dem Kriegsminister umsah, fand er ihn nicht. Der Herzog von Choiseul war gegangen.

Vergeblich berief sich Cugnot später darauf, daß die Vorführung eigentlich ein großer Erfolg gewesen sei. Der Kriegsminister erklärte die Maschine für lebensgefährlich und verbot Cugnot weitere Versuche. Die erste rollende Dampfmaschine der Welt wanderte ins Arsenal. Viel später wird ein englischer Schriftsteller sagen, Cugnot habe in Wahrheit den ersten Panzerwagen der Welt vorgeführt. Die Originalmaschine steht heute noch im »Conservatoire des arts et des métiers« in Paris zu besichtigen.

Die Nachricht stand unter den Curiosa rasch in allen Zeitungen des Kontinents; man lachte darüber. Denn die Dampfmaschine war, seitdem sie der Engländer

James Watt um 1765 konstruiert hatte, eine *feststehende* Tatsache. Sie wurde zum Betrieb von Pumpen in Bergwerken benützt, sie hob und senkte Lasten, aber sie stand fest an dem Platz, auf den man sie gestellt hatte.

Wie sollte man auch eine solche riesige Kraft lenken? Daraus konnte, wie an Cugnots Beispiel zu sehen, nur Unheil entstehen. Dennoch reizte die Idee, den Koloß beweglich zu machen, die Techniker, vor allem in England, Nordamerika und Frankreich.

TREVITHICK – GLÜCKLOSER ERFINDER

Überhaupt war in den letzten Jahrzehnten des achtzehnten Jahrhunderts die Welt voll von Menschen, die sich damit befaßten, die Dampfmaschine zu verbessern und vor allem ihren Wirkungsbereich zu erweitern. Die neue Maschine beweglich zu machen und sie arbeiten zu lassen, das erschien den Konstrukteuren zunächst auf dem Wasser eher möglich als auf dem festen Land. Verständlich, denn auf dem Schiffsboden kann man die stationäre Dampfmaschine dazu benutzen, ein Schaufelrad zu drehen;

auf dem Lande muß der Koloß sein Gewicht und, wenn die Sache sinnvoll sein soll, noch dazu weitere Lasten fortbewegen. Freilich wirkte genau wie bei den ersten Lokomobilversuchen bei den Dampfschiffexperimenten das hohe Gewicht der Wattschen Maschinen verzögernd ein. 1774 sank das Dampfschiff eines Grafen Auxiron bei der Probefahrt auf der Seine. Ein anderes Boot eines Marquis d'Albans ging 1783 aus den Fugen bei Lyon. Übrigens war die zeitliche Reihenfolge typisch: Unter den Beförderungsmitteln ist das Schiff sicherlich älter als der Wagen; der Einbaum leichter zu fertigen als der Karren.

Das erste brauchbare Dampfschiff des Amerikaners Fulton bestand 1803 seine Probefahrt auf der Seine erfolgreich. Es fuhr mit einer Maschine aus Watts Werkstatt. Doch hatte diese Fahrt gewissermaßen nur die Bedeutung eines Vorsignals. Als Beginn der eigentlichen Dampfschiffahrt muß man Fultons erste Fahrt auf dem Hudson zwischen New York und Albany ansehen. Das war 1807. Die Fahrt des Dampfbootes hinterließ nachhaltigen Eindruck; auch dieses Boot fuhr übrigens mit einer Dampfmaschine von Watt.

15

Dampfschiff »Clermont« von Robert Fulton 1807. Erstes wirtschaftliches Dampfschiff nach einem Modell im Dt. Mus. München.

Das Schiff also war mit der neuen Kraft ausgestattet; der neue Antrieb funktionierte, und überall begann man, von Dampfschiffen zu reden und Dampfschiffe zu konstruieren. Nur beim Landweg war man nach wie vor auf das Pferd angewiesen.

In Soho, einer Vorstadt von Birmingham, standen die grauen, rußigen Hallen von Watts Dampfmaschinenfabrik, die er zusammen mit Boulton betrieb. In einer Ecke dort konnte man auch das verstaubte Modell des Wattschen Dampflokomobils sehen – ein untauglicher Versuch. Man hatte es vergessen. Aber einen Techniker aus Watts Werkstatt namens Murdock ließ das Problem einer fahrenden Dampfmaschine nicht mehr los. Vielleicht sollte man einmal diese Aufgabe mit einem kleinen Modell angehen? Der frühere Schraubenschneider experimentierte nun seit 1781 mit einer Dampfmaschine im Kleinformat. Sie maß etwas über einen halben Meter. Wie alle diese ersten Modelle war sie mit einem großen Schwungrad versehen; ein waagerecht liegender Zylinder besorgte den Antrieb. Mit Kohlenzange, Schaufel und Schüreisen versehen lief der kleine Automat schnaufend und richtungslos im Flur des Murdockschen Hauses umher.

An einem Frühlingsabend ließ er das Modell auf einem wenig begangenen Weg entlang der Kirchhofsmauer von Redruth fahren. Murdock hatte die Achsen des Modells verbreitert; der Weg war eben und glatt; die Dämmerung hatte begonnen. Murdock

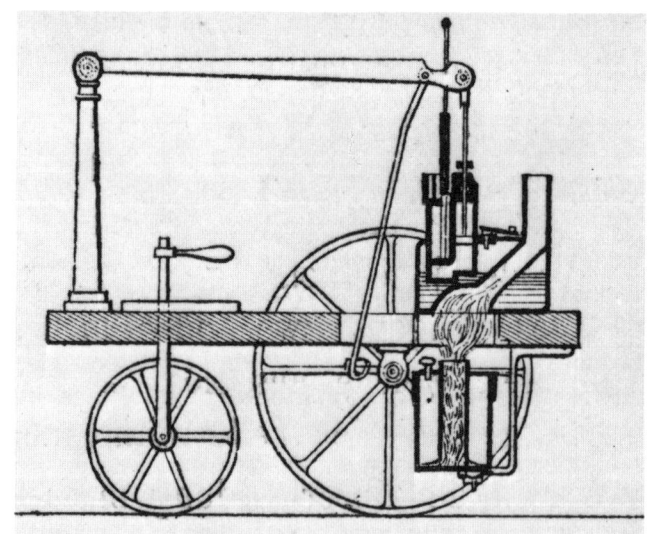

Murdocks Dampfwagenmodell 1786.

legte noch einmal Holzkohlen auf den Rost; in den Dampfkessel hatte er zuvor kochend heißes Wasser eingefüllt. Dann warf er das Schwungrad an, und die Maschine lief davon. Plötzlich ein lauter Hilferuf: Murdock sah eine Gestalt schreiend flüchten. Der Geistliche des Ortes hatte, in Meditationen versunken seinen Abendspaziergang auf diesem Weg eben angetreten, da kam das kleine insektenartige Ungetüm fauchend und Funken sprühend auf ihn losgefahren. Der Geistliche hielt die Maschine für eine Teufelserscheinung: Er entsann sich der geisterbeschwörenden Formeln der Exorzisten. Als das nichts nutzte, ergriff er die Flucht.

Im Jahre 1803 fuhr das Lokomobil eines amerikanischen Konstrukteurs namens Oliver Evans in Philadelphia eine Straße entlang bis zum Fluß. Viele Zuschauer säumten die Straße; denn Evans hatte schon früher durch erstaunliche Konstruktionen seine Mitbürger verblüfft. Jetzt wollte er ihnen einen Dampfwagen zeigen, der ins Wasser fahrend sich sogleich als Dampfschiff bewähren sollte. Er hatte lange daran gebaut, und sein ganzes Geld steckte in dieser Konstruktion. Es war das erste mechanische Amphibienfahrzeug der Weltgeschichte. Am Heck trug es ein Schaufelrad. Vier Räder besaß es und einen bootsförmigen Körper. »Oructor Amphibolus«, so hieß die Maschine, fuhr mit eigener Kraft elegant

Richard Trevithick.

über eine flache Lände ins Wasser, dann tauchte er in die Fluten, versank langsam und gewissermaßen feierlich, und kam nie wieder zum Vorschein. Von diesem Versuch blieb nichts übrig als der Zeitungsbericht über die seltsame Konstruktion eines Sonderlings.

Aus Watts Werkstatt stammte auch der Engländer Richard Trevithick, geboren 1771 in Illogan (Cornwall). Trevithick war ein genialer, unruhiger Kopf, ein Erfinder. Es gibt Erfinder, die etwas ganz und gar Neues schaffen. Andere – wie Trevithick – kombinieren Dinge, die zunächst dem Anschein nach nichts miteinander zu tun haben. Er besaß viel technische Fantasie; kommerziell war er freilich eher unbegabt.

Trevithick dachte Tag und Nacht darüber nach, wie man das Problem einer sicher fahrenden Dampfmaschine lösen könnte. Bei seinen Arbeiten in den Bergwerken – er reparierte die von der Firma Boulton und Watt gelieferten Dampfmaschinen – hatte er täglich auch die Rollbahnen für die Grubenhunde vor Augen. Grubenhunde nennen die Bergleute die kleinen Wagen, die das geförderte Gut, Kohle oder Erz, vom Ort, wo es ansteht, durch die Stollen zum Aufzugsschacht fahren. Aber nicht nur die Rollbahnen in den Bergwerken selbst beobachtete er, sondern auch die in den Höfen der Bergwerke und in den Höfen der Fabriken verlegten Schienen für die Rollwagen.

Die Rollbahnen für die Grubenhunde existierten seit dem späten Mittelalter. In deutschen Bergwerken hatte man sie zuerst gebaut.

Königin Elizabeth I. hatte deutsche Bergleute für englische Gruben angeworben; sie hatten die sogenannten »Hundegestänge« – hölzerne Schienen – mitgebracht.

Die Hunde wurden von Hand geschoben; auch Pferde, die man in die Grube schaffte, wurden zum Ziehen der Wagen verwendet. Es war jedoch auch durchaus üblich, daß Frauen und Kinder in den Bergwerken die Hunde zogen. Erst 1913 kamen in den europäischen Ländern Gesetze zustande, die Kinderarbeit unter Tage grundsätzlich verboten.

Die Hundegestänge waren noch nicht lange in Englands Gruben, als die Engländer auf den Gedanken kamen, diese hölzernen Bahnen – auf englisch rail-

Grubenhund auf hölzernen Schienen mit Querhölzern.

roads – aus der Tiefe der Bergwerke erstmals ans Tageslicht zu holen. Sie verwendeten sie fortan auch oberirdisch als Werksbahnen. Eines Tages schließlich, als man in dem Hüttenwerk Coalbrookdale reichlich Eisen hatte, belegte man die Holzbahn mit Eisenplatten. Es hatte sich nämlich gezeigt, daß sich die hölzernen Bahnen, zumal unter dem Einfluß der englischen Witterung, sehr rasch abnutzten.

Die älteste Nachricht von gußeisernen Grubenbahnschienen stammt aus dem Jahre 1738. William Jessop endlich wendete 1789 auf einer Grubenbahn zu Leicesterhire als erster gußeiserne Eisenbahnschienen in der Form eines auf den Kopf gestellten T mit einem verdickten Ende an. Das ist der Anfang der Entwicklung zu unserem heutigen Schienenprofil.
Eine solche eiserne Pferdebahn (von Merthyr Tidfil

**Werksbahn zu
New-Castle 1765.**

bis Abercynon) hatte Richard Trevithick an seinem Arbeitsplatz Penydarran vor Augen. Vier Pferde zogen je einen Rollwagenzug auf dieser Bahn. Plötzlich kam Trevithick die Idee. Warum stellte man nicht das schwere und auf der Straße kaum zu lenkende Dampfmobil, von dem er einige erfolgreiche Modelle gebaut und vorgeführt hatte, auf solch ein Rollwagengeleise? Hier war doch die Lösung des Problems. Man mußte einfach das Monstrum auf eiserne Schienen setzen, und schon folgte es der vorgezeichneten Bahn. Es war der entscheidende Einfall. Trevithick glühte vor Begeisterung. Er begann zu rechnen, dann untersuchte er die Belastbarkeit der vorhandenen Schienen. Auch in dem Hüttenwerk Coalbrookdale soll ein Versuch mit einer rollenden Dampfmaschine auf Schienen gemacht worden sein: es gab ein Unglück, die Maschine explodierte.

Er wurde sich schnell darüber klar: Wollte er die Dampfmaschine auf Räder stellen, so mußte er auf jeden Fall die Konstruktion ändern. Denn um auf solchen eisernen Bahnen zu fahren und noch eine Last zu ziehen, war es nötig, eine leichtere und zugleich kräftigere Maschine zu konstruieren. In die Spur gebannt, konnte dann das steam horse – Dampfross –, wie man das Dampflokomobil in England nannte, nicht mehr ausbrechen.

Trevithick baute eine solche Maschine. Er übernahm von Murdock das Prinzip des Hochdruckdampfes und die Anwendung des sogenannten Schornstein-blaserohres, welches das Feuer anfacht. Wichtig war ihm vor allem die Kupplung der Räder, um auf diese Weise die Kraft der Reibung auf den Schienen zu verstärken. Er glaubte nämlich wie viele Konstrukteure nach ihm, daß die glatten, eisernen Räder der Lokomotive auf den ebenfalls glatten Schienen nicht haften, sondern beim Anfahren mit Last durchrutschen müßten.

Man schrieb das Jahr 1801, als Trevithick mit seinem Vetter Andrew Vivian zusammen die ersten Versuche anstellte, ob die Reibung der glatten Räder auf der Schiene genüge. Ergebnis: Die Adhäsion war ausreichend. Dennoch – und das ereignete sich in der Geschichte der Eisenbahn noch öfter – vergaß man diese Erfahrung wieder. Bei einer 1811 von Blenkingsop gebauten Maschine griff ein Zahnrad in eine neben den Schienen angebrachte Zahnstange ein, um das Durchrutschen der Räder zu verhindern. Freilich war die Erfindung nicht unnütz: Ein halbes Jahrhundert später taucht die Zahnradlokomotive bei den ersten Bergbahnen wieder auf.

Übrigens traute Trevithick seiner Feststellung selbst nicht ganz: In eine Patentschrift von 1801 nahm er den Zusatz auf, man könne Querrillen, Nägel oder Dorne auf den Radreifen anbringen, um das Greifen auf der Schiene zu garantieren. Er selbst machte jedoch bei seiner ersten Lokomotive davon keinen Gebrauch.

Trevithick erprobte diese erste Lokomotive auf einer

Blenkinsops Zahnradbahn
1812.

Die erste Lokomotive, genannt »tram-waggon«, erbaut von Richard Trevithick 1803.

vorhandenen Bahn, einer kurzen Strecke mit eisernen Schienen. Als er die Maschine auf das Geleise gesetzt hatte, schlug ihm das Herz bis zum Halse. Würde die Maschine sich in Bewegung setzen und die zwei angehängten, vollbeladenen Rollwagen ziehen?

Trevithick jubelte. Die Lokomotive keuchte und ruckte an den vollen Wagen. Aber einmal im Gang zog der Zug mit der Gleichmäßigkeit eines Uhrwerks die Wagen über das Gleis.

ES WAR DIE GEBURT DER EISENBAHN!

Merkwürdig genug sah sie aus, diese erste Lokomotive. Das Auffallendste an ihr war ein riesiges Schwungrad, das von einem waagerecht liegenden Zylinder angetrieben über Zahnräder die vier Räder des Wagens bewegte.

Trevithick zeigte sie dem Eigentümer der Bergwerksgesellschaft. Der lachte und schloß mit Trevithick eine Wette ab, dieses Ungeheuer werde nie im Stande sein, sich, geschweige denn die beladenen

Kohlewagen zu ziehen. Es ging um fünfhundertfünfundzwanzig Pfund.

Die Wette hatte sich rasch herumgesprochen. Schließlich war es eine Sensation, eine Dampfmaschine auf Schienen rollen zu sehen. Und nun wurde es wahr: Am 25. Februar 1804 zog vor einer großen Schar südwalisischer Bergleute als Zuschauer und dem Vorstand der Bergwerksgesellschaft »ein wirkliches Dampfross«, so die Wette, »auf einer Eisenbahn und mit angehängten Wagen eine Last von zehn Tonnen mit einer Geschwindigkeit von vier englischen Meilen (6,4 Kilometer) die Stunde«. Außerdem fuhren noch siebzig Personen mit, die ersten Eisenbahnreisenden der Welt.

Tatsächlich war diese Fahrt von weltweiter Bedeutung. Der erste Güterzug war über die Schienen gerollt. Trevithick hatte den fahrenden Automaten erfunden. Von diesem Augenblick an datiert die Geschichte der Eisenbahnen auf der ganzen Welt. Doch wäre es falsch anzunehmen, daß dieser Gütertransport, bei dem auch Personen befördert worden waren, etwa den Sachverständigen, geschweige denn der breiten Öffentlichkeit, in seiner ganzen Bedeutung bewußt geworden wäre. Daß hier eine neue

20

Epoche begann, dessen wurde man erst bei dem Lokomotivrennen zu Rainhill gewahr. Trevithicks gewonnene Wette hatte für die Fachwelt nur die Bedeutung eines geglückten Experimentes: Es war also möglich, mittels der Dampfmaschine auf Rädern und Schienen Lasten ziehen zu lassen. Wo aber Lasten fahren, können auch – wie man sah – Menschen mitreisen. Ingesamt lohnte es sich auch für andere Maschinenbauer, Versuche zu wagen. Denn Englands Industrie wuchs von Tag zu Tag. Es wurde immer schwieriger, auf den Straßen allein den Transport der Güter zu bewältigen. Nach wie vor war die einzige Kraft, die für den Landtransport zur Verfügung stand, die Kraft des Pferdes.

Trevithick war mit dieser Uraufführung zufrieden: So unglaublich es klingt: anstatt nun die Lokomotive und das Gleis weiter zu verbessern – beide waren einem Dauerbetrieb bei weitem noch nicht gewach-

Trevithicks Rundbahn mit Lokomotive 1808 »Catch me who can«; Trevithicks Schwester gab ihr den Namen.

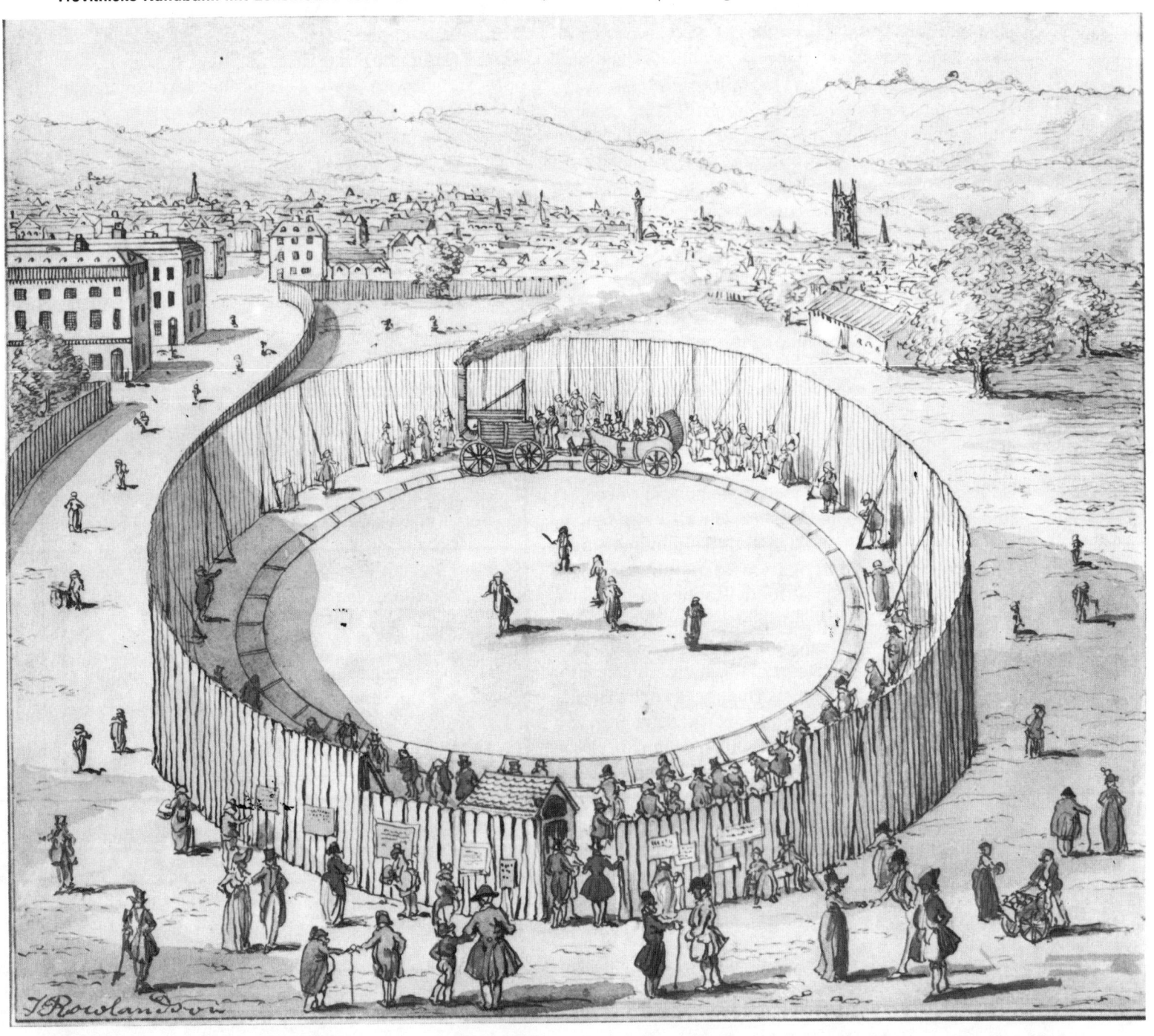

sen –, kümmerte sich Trevithick um die ganze Sache nicht mehr. Er machte viel lieber dem alten Watt mit seiner kleinen, stationären Hochdruckdampfmaschine Konkurrenz. Doch dann kehrte er wieder zur Eisenbahn zurück.

Ein paar Jahre später betreibt Trevithick auf einem großen freien Platz nahe Eustonsquare in London eine Rundbahn mit Personenwagen gegen Eintritt. Es ist zufällig derselbe Platz, auf dem später die Station der North-Western Bahngesellschaft entstehen wird. Fahnen und Girlanden sind längs der Bahn aufgestellt. Drehorgelspieler und Verkaufsbuden säumen den Bretterzaun. Die Londoner sind begeistert. Es ist schick, einmal mit Trevithicks Bahn eine Runde für einen Schilling zu fahren.

Da entgleist nach einer Regennacht der Zug an einer schadhaften Stelle der Bahn. Die Lokomotive überschlägt sich. Eine Panik bricht aus, bei der zwar niemand Schaden erleidet. Aber die Polizei hält das Unternehmen für zu gefährlich und verbietet Trevithick den Betrieb. Trevithick verschleudert die Maschine an einen Schmied, der damit einen Blasebalg betreibt.

So war Trevithick: ein Mann, der von genialen Einfällen übersprudelt, ein Mann, der über einem lustigen Abendtrunk das Feuer unter seiner Lokomotive zu löschen vergißt, so daß der Kessel durchbrennt, ein Mann, der immer wieder eine große Gelegenheit für sein Können findet und am Ende nichts in den Händen hält.

Später, als Vater und Sohn Stephenson schon mit Erfolg in Newcastle eine Lokomotivfabrik betreiben, in der sie nach Trevithicks Ideen und eigenen Verbesserungen immer brauchbarere Lokomotiven bauen, treffen Trevithick und Robert Stephenson zusammen. George Stephensons Sohn war nach Kolumbien geholt worden, um dort Gold- und Silberbergwerke mit englischen Bergarbeitern im Auftrag einer Gesellschaft zu erschließen. Die peruanische Regierung wiederum hatte Trevithick berufen, um ihre von Wassereinbrüchen bedrohten Silberminen durch die neuen, von Trevithick konstruierten Dampfmaschinen zu retten. Beide Männer lösten ihre Aufgabe glänzend. Aber während Robert Stephenson reich belohnt und hoch geehrt sich auf den Heimweg machte, geriet Trevithick in den ausbrechenden

Krieg Perus gegen die Spanier. Er verlor alles, was er besaß.

Zufällig trafen die beiden in Cartagena in einer Herberge zusammen; Trevithick war zum Bettler geworden. Robert Stephenson lieh ihm das Geld für die Überfahrt. Aber das Schiff scheiterte in einem Sturm. Beide wurden gerettet. Trevithick, überzeugt von seinem Pech, rief aus: »Wäre ich nicht an Bord des Schiffes gewesen, so wäre es nie gestrandet, und wäre Stephenson nicht mit darauf gewesen, so wäre ich gewiß ertrunken.«

Über Trevithick ist nicht mehr viel zu berichten. Er fristete sein Leben nach der Rückkehr kärglich mit Reparaturen und starb am Ende 1833 in einem Gasthaus zu Gartford in Kent. Er hinterließ Schulden in Höhe von 60 Pfund. Man sammelte unter seinen Freunden und Bekannten, um den Betrag zu decken.

Kasten I

ERSTE BAHNEN – PFERDEBAHNEN

Seit 1602 gibt es oberirdische Kohlenbahnen um Newcastle/Tyne. Am 9. Juni 1758 wird die erste Konzession erteilt, zwischen den Gruben von Middleton und der Stadt Leeds einen Waggon-way (waggon = vierrädriger Karren) zu betreiben.

Die erste Kohlenbahn auf eisernen Schienen verkehrt in Wales 1794.

1821 befördert eine Pferdebahn die Reisenden zwischen Gloucester und Cheltenham. Dies ist die erste dem öffentlichen Personenverkehr gewidmete Bahn.

GEORGE STEPHENSON ODER
DIE VOLLKOMMENE LOKOMOTIVE

In Frankreich hatte der erste mißglückte Versuch mit einem Dampfwagen die Konstrukteure abgeschreckt. Sie hatten dort anderes zu tun. Sie wurden auf militärischem Gebiet eingesetzt.

1769, im selben Jahr, da Cugnot den ersten Dampfwagen in Paris dem Herzog von Choiseul vorgeführt hatte, war Napoleon Bonaparte in Korsika zur Welt gekommen. Aus dem unbedeutenden, kleinen Artillerieoffizier war 1799 der Erste Konsul der neuen Republik geworden. Napoleon wollte Englands Vorherrschaft beseitigen; er strebte die Weltherrschaft für sein Land an. Frankreichs Volksheere überschwemmten seit dem Ende des Jahrhunderts Europa, und mehr als einmal überdachte Napoleon das Problem einer Invasion der britischen Inseln. Übrigens haben Napoleons Biografen ihm nachgesagt, er sei ein Feind der Dampfmaschine und überdies technischen Dingen abgeneigt gewesen. Das ist ein Irrtum. Nachweisbar hat sich Napoleon 1803, gerade

zur Zeit, da er die Invasion plante, für die neuen Dampfschiffkonstruktionen brennend interessiert. Auch über die Dampflokomobile ließ er sich Bericht erstatten. Von Trevithicks 1804 geglücktem Lokomotivexperiment hatte allerdings außerhalb Englands niemand etwas erfahren.

Aber so erfolgreich Napoleon als Feldherr zu Lande operierte, so unglücklich verliefen seine kriegerischen Anstrengungen gegen England zur See. Nachdem die französische Flotte und die mit ihr verbündete spanische Flotte durch die Seeschlacht bei Trafalgar 1805 vernichtet worden waren, verfiel Napoleon auf die Idee einer Blockade. Mit den Dekreten von 1806 und 1807 verhängte er über England die sogenannte Kontinentalsperre. Kein englisches Schiff durfte mehr einen europäischen Hafen anlaufen, kein Schiff nach England in See stechen. Alle englischen Waren sollten konfisziert und vernichtet werden. Es war eine Zeit, in der Englands Bevölkerung bittere Not litt – bis die Versorgung aus den Kolonien und den überseeischen Märkten die Abdrosselung praktisch beendete. Als dann Napoleon auf

Vierspänniger englischer Eilpostwagen um 1830.

George Stephenson (1781–1848).

führte allen Unternehmern das ungelöste Problem des Landtransportes vor Augen.

Zwar hatten große Wegebauingenieure wie Metcalfe, Macadam und Telford schon zwischen 1750 und 1780 ein Netz hervorragender Straßen geschaffen. Ingenieur Brindley hatte sogar Kanäle gebaut, die sich hoch auf Brückenbogen über Täler und durch Berge dahinzogen, aber nach wie vor war die einzige Möglichkeit der Fortbewegung auf dem Boden der von Zugtieren bewegte Wagen.

Man studierte die Pferdezucht, um schnellere und ausdauerndere Tiere zu gewinnen. Man erweiterte das Straßennetz, auf dem man den Pferdewechsel und das System der Eilverbindungen von Postkutschen noch besser organisierte. Aber all dies half nicht darüber hinweg, daß die Reisemöglichkeiten beschränkt und die Beförderung von Rohmaterial und Fertigwaren angesichts der wachsenden Produktion der Industrie völlig unzulänglich waren. Dasselbe galt für die Übermittlung von Nachrichten, Briefen und Geld. Alles vollzog sich qualvoll langsam.

Eine Reise von London nach Oxford dauerte eineinhalb Tage, und Kohle konnte man in größeren Mengen bestenfalls zwanzig Meilen vom Gewinnungsort entfernt beziehen: Schnelligkeit und Kapazität des Transportes mußten unbedingt gesteigert werden!

Hatte man bisher nur Geldgeber für nützliche Erfindungen wie den mechanischen Webstuhl, die Spinnmaschine, die Herstellung von Wedgewood-Keramik gefunden, nicht aber für scheinbar unnütze Spielereien wie sie Murdock und Trevithick in Form wandelnder Dampfmaschinenungeheuer fabrizierten, so war es jetzt nur noch ein kleiner Schritt bis zu der Erkenntnis, daß die Dampfkraft auch den Transport über größere Entfernungen erleichtern müßte. Trevithicks geglücktes Experiment auf der Bahn von Merthyr war auch in England nur wenigen bekanntgeworden. Und doch veranlaßte es den Unternehmer John Pease, dem ehemaligen Maschinenwärter George Stephenson die Erbauung der Stockton – Darlington-Bahn anzutragen.

George Stephenson war zu dieser Zeit schon kein unbekannter Mann mehr. Er hatte einen langen und mühseligen Aufstieg hinter sich. Als Sohn eines Maschinenheizers 1781 in Wylam bei Newcastle on

dem Kontinent seine letzten Schlachten schlug und verlor, fing man in England an, in großem Maßstab das zu nützen, was die Zeit der Aufklärung, des freien Denkens, an Ideen, Gedanken, Erfindungen und Entdeckungen hervorgebracht hatte.

Gewaltige Reichtümer waren Englands Wirtschaft aus den Kolonien zugeflossen. Viele dieser neuen Erfindungen hatten ihre Geldgeber gefunden – längst war James Watts Dampfmaschinenatelier in Soho bei Birmingham, dieses weite, dunkle, rußgeschwärzte Gewölbe, nicht mehr die einzige große Fabrik in England. Die Fabrikation der neuen Maschinen, zu denen der mechanische Webstuhl, die Spinnmaschine, die Einrichtung der Werkzeugfabriken und der Betriebe zur mechanischen Herstellung von Tonwaren zählten, die Vervielfachung der Kohlen- und Erzförderung eben durch den Dampfmaschinenbetrieb, kurz die aufblühende Industrie

Tyne geboren, war er zu arm, um lesen und schreiben zu lernen. Er hütete, um das Einkommen der Familie ein wenig aufzubessern, die Gemeindeherde. Abends saß er mit Geschwistern, Nachbarskindern und Arbeitskollegen seines Vaters am Kamin der kleinen Hütte und lauschte den Märchenerzählungen des Vaters.

Dort wuchs das, was ihn später berühmt machte und ihm, dem Ungebildeten, dem Unbekannten, den unerschütterlichen Mut und den großen Atem für seine Unternehmungen gab: die Fantasie. Sindbad, der Seefahrer, Robinson Crusoe und die Märchen von den Riesen und Zwergen gaben dem kleinen George ein, was er als geborener Techniker zu formen verstand: Das Unmögliche möglich, das Unwirkliche wirklich, das Abenteuerliche wahr zu machen.

Als Kohlensortierer auf den Halden von Wylam fiel er durch Fleiß und Sorgfalt auf, bald wurde er – wie der Vater – Maschinenheizer, dann Maschinenwärter. Er flickte nebenher Schuhe, er verstand schadhafte Uhren wieder in Gang zu bringen und Wichtigstes von all dem: Er erfand eine Sicherheitsgrubenlampe, die endlich die ständig gefährdeten Kumpel unter Tage von der Angst vor schlagenden Wettern befreite. Mit achtzehn Jahren erst lernte er lesen und schreiben in einer Abendschule – dreimal wöchentlich für drei Groschen die Woche. Der Schulmeister einer anderen Schule brachte ihm das Rechnen bei.

Inzwischen hatte es Stephenson zum Bremser gebracht. Er nahm nun eine neue Stellung auf dem Westmoor-Bergwerk bei Killingworth an. Dort avancierte er zum Maschinenmeister.

Stephenson hat möglicherweise schon in Wylam eine von Trevithicks Maschinen laufen sehen. Sicherlich aber beobachtete er die immer wieder in den Bergwerksrevieren auftauchenden »Wandermaschinen« abenteuerlichster Konstruktion. Über ein

Bilder rechte Seite.
Oben: Zahnradlokomotive für ebene Strecken – Modell Blenkinsop.
Mitte: Bruntons Tierbeinlokomotive.
Unten: 1813 baut Hedley die »Puffing Billy« Sie bedeutet die Rückkehr zur glatten Schiene. Sie war trotz ihres abenteuerlichen Aussehens und ihrer umständlichen Konstruktion (Balanciers und Zahnradvorgelege) bis 1862 im Dienst. Ein Exemplar steht heute im Museum of Science in London.

Dutzend solcher Maschinen gab es inzwischen:
- Lokomotiven mit Zahnrädern oder riesigen Schwungrädern; (Blackett)
- Lokomotiven, die durch eine längs der Bahn laufende Kette ähnlich wie Schiffe bei der Kettenschiffahrt bewegt wurden; (Chapman)
- Lokomotiven, die in Nachahmung von Tierbeinen durch Schiebestangen vom Boden weggedrückt werden sollten, weil man die Reibung des Rades auf der Schiene wieder einmal als ungenügend befürchtete; (Brunton)
- Zahnradmaschinen, die »lahmen Käfern« glichen, kurz, Ungetüme, die endlich wegen Versagens auf der Strecke, wegen zu langsamen Fahrens, wegen zu häufiger Schienenbrüche entweder stationär als Dampfmaschinen verwendet oder schlicht – weil der Kessel geplatzt war – auf den Schrotthaufen geworfen wurden.

»Geordie Steevie«, wie ihn seine Mitarbeiter nannten, war das gerade Gegenteil von Trevithick. Seine Dienstherren lobten seinen Ehrgeiz, seine Ausdauer, seine Zähigkeit und Zuverlässigkeit. Aus den wenigen, selbst erworbenen Kenntnissen, aus den Erfahrungen im Bergwerksbetrieb und aus der stets wachen Neugierde an technischen Konstruktionen erkannte der »hoffnungslose Phantast«, wie ihn seine Kritiker nannten, den kommenden technischen Trend. Er sah das im Entstehen, was man heute rückblickend die technische Revolution des 18. und 19. Jahrhunderts nennt. Stephensons Prophezeiungen über die ungeheure Bedeutung der Eisenbahn sind eingetroffen. Er hatte erlebt, wie James Watt mit seinen Dampfmaschinen berühmt geworden war. Mit Maschinen ließ sich die Welt verändern: Es kam nur darauf an, die richtigen Maschinen zu bauen.

Sein Sohn Robert, dem er eine wissenschaftliche Ausbildung zuteil werden ließ, scherzte einmal im Gespräch mit Freunden über die geringen mathematischen Kenntnisse seines Vaters: »Er hatte anstatt dessen Ideen. Und Leute, die das rechneten, was dabei zu rechnen war, ließen sich immer leicht und wohlfeil finden.«

Stephenson also sah die verschiedenen, unvollkommenen Versuche der Lokomotivkonstrukteure an und fand, es sei an der Zeit, sich selbst an einer solchen Konstruktion zu versuchen. Lord Ravens-

worth, Pächter der Killingworth-Gruben, stellte das Geld zur Verfügung.

Diese 1814 in den Dienst gestellte Maschine taufte Stephenson »Mylord« als Dank für Lord Ravensworth. Aus Begeisterung über die Maschine, die mit etwa zehn Stundenkilometern dahintuckerte, und zugleich über den Sieg des deutschen Marschalls Blücher im selben Jahr über Napoleon gaben ihr die Arbeiter den Namen »Blücher«. Die »Mylord« war eine Zwei-Zylinder-Maschine mit Zahnradübersetzung. Sie hatte ein einfaches, durchgehendes Flammrohr. Die meisten Maschinen ließen bisher ihren Dampf aus den Zylindern direkt ins Freie ab – das erschreckte Mensch und Tier. So beschloß Stephenson, eine Trevithicksche Erfindung zu übernehmen: Er führte den Auspuffdampf in den Schornstein ein, was die Verbrennung beträchtlich beschleunigt, so daß wiederum die Dampferzeugung gesteigert wird. Damit waren alle wichtigen Bestandteile der Lokomotive gegeben – nur einer fehlte noch: der von vielen Flammrohren durchzogene Kessel.

Eines Tages hörte Stephenson, daß ein Quäker namens Edward Pease in Darlington beim Parlament den Antrag gestellt hatte, den Bau einer hözernen Spurbahn von Darlington nach Stockton zu genehmigen. Das Hinterland von Darlington ist reich an Kohle. Die neuen Dampfmaschinen erlaubten eine bessere, intensivere Nutzung der Bodenschätze. Dieselben Maschinen hatten Spinnereien, Webereien, Mühlen und Walzwerke zu Industrien werden lassen.

Zwar liegen beide Städte an einem Fluß, der bei Stockton in das Meer mündet, bisher aber waren die Kohlevorkommen des schwierigen Transportes wegen nicht erschlossen. Eine Berechnung ergab, daß die Kanalisierung des Flusses teurer gekommen wäre als der Bau einer Bahn. Stephenson wandte sich an Pease und überzeugte ihn, daß eine eiserne Bahn besser wäre als eine hölzerne, sodann, daß man auf einer eisernen mit Lokomotiven besser führe als mit Pferden.

Übrigens war die Bahn für den Lokomotivbetrieb zunächst nicht zugelassen. Auch schwebte ein Einspruch des Herzogs von Cleveland gegen die Aufnahme des Betriebs: Der Herzog beklagte sich, daß die Bahn sein Fuchsgelände zerschneide, so daß die

Jagd behindert werde. Deshalb beschloß Stephenson, um das Fuchsgelände herum zu fahren.

Um 1820, also zur Zeit der Planung der Stockton-Darlington-Bahn, existierten in England neunzehn vom Staat genehmigte öffentliche Bahnen mit einer Gesamtlänge von 322 Kilometern. Daneben gab es zahlreiche Privatbahnen als Industriebahnen oder Werksbahnen. Alle öffentlichen Bahnen wurden mit Pferden betrieben, von den Industriebahnen die eine oder andere gelegentlich auch mit Lokomotiven jener unvollkommenen Art, wie sie oben beschrieben wurden. Gegen Zahlung einer Gebühr durfte jedermann auf den öffentlichen Bahnen mit seinem Pferdefuhrwerk fahren.

1823 trat Stephenson, nachdem die Stockton-Darlington-Bahn auch für den Lokomotivbetrieb genehmigt worden war, als leitender Ingenieur in die Dienste der neuen Gesellschaft. Zugleich gründete er, zusammen mit Pease, in Newcastle 1823 eine Lokomotivfabrik, die unter der Leitung seines Sohnes, Robert Stephenson, stand. Diese Fabrik lieferte die ersten drei Lokomotiven für die neue Bahn. Stephenson befürwortete für den Bau der Strecke auch die Anwendung glatter, walzeiserner Schienen, wobei er zugleich ihre Konstruktion verbesserte. Diese neue Schiene spielte in der späteren Entwicklung eine bedeutende Rolle.

Stephenson besaß eine besondere Begabung für Publizität und Werbung. Sie hat zweifellos mit zu seinem Aufstieg beigetragen. Ihm war klar, daß er die Öffentlichkeit für diese große neue Sache interessieren mußte. Also übergab er den Zeitungen einen Vorbericht über Probefahrten mit besetzten Wagen. In Form eines Zusatzes zu dem Bericht erwähnte er, daß »auf der Weide stehendes Vieh nicht einmal den Kopf hob, als der Probezug mit großer Geschwindigkeit vorbeifuhr«. Damit machte er allen Lesern bekannt, mit welch geringer Lärmbelästigung die Anwohner einer Strecke zu rechnen hatten.

Tage vorher wurde die ganze Umgegend mit Handzetteln überschwemmt, die eine Vorschau auf die Eröffnungsfeier gaben. Die »Stockton und Darlington Railway Compagnie« gibt bekannt: Es folgt eine genaue Reihenfolge der Darbietungen von der Vorbesichtigung über das Festbankett bis zur »pünktlichen« Abfahrt um 7 Uhr abends.

Am 27. September 1825 nun fand die Eröffnung der Bahn statt. Viele tausend Menschen waren gekommen, um das Ereignis zu bestaunen; nicht wenige darunter hofften, die Teufelsmaschine werde explodieren.

Der erste reguläre Zug der Welt bestand aus 34 Wagen. Er beförderte mittels der »Lokomotion« benannten Lokomotive aus Stephensons Werkstatt über 450 Personen und 90 Tonnen Güter.

Das Komitee und die Gesellschafter fuhren mit einem kutschenähnlichen Sonderwagen. Die anderen Reisenden, es waren die ersten Fahrgäste der ersten Eisenbahn, hockten zusammengekauert in offenen Kohlenwagen; sie fanden die Reise köstlich. Aber

George Stephensons »Locomotion«, die den ersten Zug der Welt 1825 von Stockton nach Darlington zog.
Eine der wenigen im Original erhaltenen ersten Lokomotiven.

Aus dem Eröffnungszug Stockton – Darlington 1825.

Stephenson bezweifelte, daß ein Personentransport auf die Dauer so von den Fahrgästen akzeptiert werden würde.

Die Geschwindigkeit betrug etwa zwölf Kilometer die Stunde. Damit war der Güterverkehr eröffnet.

Einige Tage später begann mit dem von einem Pferde gezogenen, höchst einfach ausgestatteten Personenwagen »Experiment« der Personenverkehr. Der gedeckte Wagen hatte zwei Längsreihen Sitze, dazwischen einen langen Tisch, die Tür befand sich in der Hinterwand.

Eine Zeitlang machten private Fuhrunternehmer der Bahn sozusagen auf ihrem eigenen Schienenweg mit Pferdefuhrwerken Konkurrenz. Diese Möglichkeit war in der Konzession ausdrücklich vorgesehen.

Für viele Historiker gilt diese Bahn als die geschichtlich erste Dampfeisenbahn. Und tatsächlich bezeichnet die Bahn Stockton-Darlington das Ende der Pferdebahn und den Beginn des Dampfeisenbahnbetriebes in England. Sie war die wegweisende Bahn für die von Anfang an nur mit Lokomotiven betriebene Strecke Liverpool-Manchester.

DAS LOKOMOTIVRENNEN ZU RAINHILL

Die Bahn Stockton – Darlington war überall im Gespräch. Noch war dies keine Eisenbahn im heutigen Sinne des Wortes. Neben den Lokomotivzügen benutzten auch Pferdefuhrwerke privater Unternehmer die Bahn. Stephenson hat in seinen späteren Jahren diesen »gemischten Konkurrenzbetrieb« unter Freunden als Posse zum Besten gegeben. Auch insofern war es keine mit heute vergleichbare Eisenbahn, als man die Bewältigung einer Steilstrecke den Lokomotiven nicht zutraute. Man hatte deshalb auf dem Hügel eine ortsfeste Dampfmaschine installiert, die mit Seilwinden die Bahn hochzog. Und endlich bestand der »Personenverkehr«, wie schon gesagt, aus einem Schienenkarren, den ein Pferd zog. Also: eine Eisenbahn mit kleinen Schönheitsfehlern.

»Experiment«: Der erste Eisenbahn-Personenwagen auf der Strecke Stockton – Darlington.

28

Schiefe Ebene der Stockton–Darlington-Bahn. Die stationäre Maschine zieht den Zug mit beladenen Wagen mittels eines Seils den Abhang herauf und läßt ihn auf der anderen Seite wieder herab.

Dennoch ließ die Idee, Wirtschaftszentren per Bahn miteinander zu verbinden, die Unternehmer und Financiers Englands nicht ruhen. In und um Manchester hatte sich mit der Erfindung des mechanischen Webstuhls eine umfangreiche Industrie entwickelt. Es war Zentrum des englischen Baumwollhandels und der -verarbeitung. Doch nicht nur das: Rundherum rauchten die Essen; Kohle und Erz wurden verhüttet; dicke dunkle Schwaden lagen über dem »schwarzen Distrikt«, und der Feuerschein der Hochöfen erhellte die Nacht.

Die Baumwolle aus Übersee, neuerdings und versuchsweise auf Dampfschiffe verladen, brauchte zwanzig bis dreißig Tage bis nach Liverpool, dem Manchester nächstgelegenen Hafen. Die Transportdauer von Liverpool nach Manchester betrug oft genau so lange; selbst wenn die Transporte nicht über den Kanal, sondern über die Landstraße gingen. Auch andere Güter aus Übersee oder aus den neuen Industriegebieten Englands wollten befördert werden. Zwar hatte man Wege und Kanäle zu einem hervorragenden Straßensystem auch hier entwickelt, doch war es die Langsamkeit der Güter- und Personenbeförderung zu Lande, die angesichts der außerordentlich vermehrten Produktion zu einer Stagnation zu führen drohte.

Zuerst dachte man daran, Lokomobile auf der Straße einzusetzen. Es gibt eindrucksvolle Bilder von diesen breiten, über die Straßen rollenden Dampfwagenungeheuern. Um London begann sich ein ganzes Netz dieses Lokomobilbetriebs auszuweiten. Und tatsächlich schien hier die Lösung des Personentransportproblems zu liegen. Aber die Regierung machte nach einigen schweren Unfällen – die Lokomobile hatten einen zu langen Bremsweg und stürzten gern um – dieser Entwicklung ein Ende. Sie beschränkte 1836 mit dem Locomotive Act den Fahrbetrieb mit Straßenlokomobilen auf die Höchstgeschwindigkeit von 6,5 Stundenkilometern. Ein Mann mit einer roten Fahne mußte dem Fahrzeug vorangehen. Das Gesetz wird erst 1896 aufgehoben. Aber da hatte doch dieser ungebildete, halbverrückte Maschinenwärter von Killington, ein gewisser Stephenson, eine Bahn gebaut, auf der zwar nur hin und wieder ein Lokomotivzug gegenüber vielen Pferdezügen fuhr; auf der aber doch die Transporte rollten, und zwar schneller und billiger als auf den Straßen und vergleichbaren Kanalstrecken. Solch ein Zug konnte hundert Tonnen und mehr transportieren. Auch hörte man, daß in Österreich eine Genehmigung für den Betrieb einer Pferdebahn von Budweis nach Linz erteilt worden war. Nur der hohen Kosten wegen habe man vorerst auf den Betrieb mit Lokomotiven verzichtet.

1825 wurde die »Liverpool & Manchester Railway Co.« gegründet, und Stephenson erhielt den Auftrag, die Bahn von Liverpool nach Manchester zu bauen. Der erste Antrag auf Baugenehmigung wurde vom Parlament abgelehnt. Einen erneuten zweiten Antrag im Parlamentsausschuß zu vertreten, war Stephensons Aufgabe. Verständlich, daß man ihn damit betraute; hatte er allein doch die notwendigen Kenntnisse, fachmännische Fragen aus dem Lokomotivbau, aus Schienentransport und Verkehrssicherheit – alles völlig neue Sachgebiete – zu beantworten. Aber der Maschinenheizerssohn, der es im Lesen und Schreiben und Rechnen nie zu großer Fertigkeit gebracht hatte, kam mit der geschliffenen Sprache der Advokaten und Politiker nicht zurecht. In seinem schwerfälligen, breiten Northumberland-Dialekt antwortete er auf die Angriffe der Ausschußmitglieder und der von ihnen hinzugezogenen Sachver-

Englisches Dampfmobil. Postwagenähnlicher Aufbau. Auf der Strecke zwischen London und Birmingham 1839 – 1843.

ständigen. Sie redeten auf ihn ein und stellten ihm die Schwierigkeiten der Strecke vor:

»Da ist ein Felsen, sechzig Fuß hoch, zu durchbrechen. Dort sind Dämme von eben solcher Höhe zu schütten. Vor allem das Moor, dieser riesige Sumpf, in dem ein hineingesteckter hölzerner Stab von selbst versinkt: Wie wollen Sie das bezwingen?«

Stephenson, der sich alle diese Schwierigkeiten des Geländes, zum Teil bei Nacht, um Grundeigentümer und Bauern nicht zu beunruhigen, selbst angesehen hatte, gab gelassen zur Antwort: »Ich weiß es noch nicht, aber ich werde es schaffen.«

Das war sicherlich klüger als gegenüber den akademischen Ingenieuren, die den Bau für undurchführbar hielten, ins Detail zu gehen.

Alle die damals umgehenden Vorwürfe, Verdächtigungen und auf Angst und Mißtrauen beruhenden Unglücksprophezeihungen wurden noch einmal ins Feld geführt. Sie erheitern bis in unsere Tage alle geschichtsschreibenden Autoren, insbesondere diejenigen, die sich mit technischen Dingen befassen.

Es werden – so hieß es im Tone der Wahrsager – Vögel vom Lokomotivrauch betäubt aus der Luft fallen. Tier und Pflanze werden dahinsiechen. Kühe werden vergiftete Milch geben, die Pferdezucht wird verkommen. Vor allem die Jagd wird unheilbar geschädigt werden. Hasen, Rehe, Hühner, vor allem aber Füchse verschwinden auf Nimmerwiedersehen. Das Leben der Reisenden wird gefährdet – kurz, die Eisenbahn und ihre Folgen werden die Ruhe und das Wohlbefinden der Menschen auf die unangenehmste Weise stören. Wie würde zum Beispiel, so fragte ein Komiteemitglied, ein Zusammenstoß zwischen einem dahineilenden Zug und einer auf dem Gleise stehenden Kuh enden?

»Allerdings schlimm«, antwortete Stephenson lakonisch. »Und zwar für die Kuh.«

Stephenson gelang es schließlich, auf alle Fragen eine Antwort zu finden – doch die Kommission schüttelte den Kopf über diesen Spinner. Die Bill ging dann – man schrieb das Jahr 1826 – mit einer Stimme Mehrheit durch. Das Geld freilich für die Errichtung der Strecke, 830 000 Pfund Sterling, ein ungeheurer Betrag, wurde von einer Gruppe finanzstarker Liverpooler Kaufleute aufgebracht; der Staat beteiligte sich in keiner Weise an dem Objekt.

Tatsächlich erwiesen sich die Befürchtungen allgemeiner Art als unbegründet. Und Stephenson, der begriffen hatte, daß man für ein solch großes Vorhaben noch mehr als für das Objekt Stockton-Darlington in der Öffentlichkeit werben müsse, benutzte jede Gelegenheit, um zu demonstrieren, daß die aus seiner Werkstatt stammenden Lokomotiven weder Lärm verursachten noch irgendwelchen Schaden anrichteten.

Auch die Frage, was wäre, wenn die Bill von 1826 und damit die Erlaubnis, die Strecke Liverpool – Manchester zu bauen, nicht beschlossen, wenn die Eisenbahn von Stockton nach Darlington verboten worden wäre, ist illusorisch. An allen Ecken und Enden Europas und der Neuen Welt wurden Strecken geplant oder gebaut und Lokomotiven gebastelt oder konstruiert.

Die technische Revolution im ganzen war seit der Erfindung von Dampfmaschinen nicht mehr aufzuhalten.

Stephenson selbst ist einer der wenigen genialen Erfinder, die wissen, was ihre Erfindung in Wahrheit bedeutet. Es ist überliefert, daß er immer wieder sagte: »Die Zeit wird kommen, da aller Landverkehr über die Eisenbahnen rollt und Schienen überallhin führen werden.«

Stephenson stand mit seiner Sicherheit allerdings ziemlich allein.

Das riesige Werk des Bahnbaus zwischen Liverpool und Manchester wurde begonnen. Einschnitte wurden gegraben und Dämme gebaut. Ein prachtvoller Viadukt entstand mit neun Bogen, von denen der mittelste siebzig Fuß hoch war. Hunderte von Arbeitern bei Tag und auch bei Nacht im Scheine der Fackeln versuchten, das Moor zu bezwingen. Ladung um Ladung trockenen Torfs, Tausende von Fässern mit festem Lehm versanken grundlos im Moor. Keine Spur eines festen Standpunktes war zu erblicken.

Allmählich wurde die Liverpool- und Manchester-Gesellschaft unsicher. Konnte man sich auf diesen Stephenson verlassen? Waren diese wandelnden Dampfmaschinen nicht einfach eine technische Verirrung? Sollte man die Bahn nicht doch lieber auf Pferdebetrieb umstellen? Oder sollte man stationäre Dampfmaschinen einsetzen, die mittels Seilzug die Wagen beförderten? Dann allerdings müßte man die

Strecke in zwanzig Abschnitte teilen und zwanzig Mal einen Zug an- und abkuppeln. Schließlich stand noch das atmosphärische Prinzip zur Debatte, ein Projekt, die Wagen mittels eines rohrpostartigen, seitlichen Druckluftsystems als Antriebskraft weiterzuleiten.

In diesem für ihn und sein Werk gefährlichen Augenblick hatte Stephenson wieder eine seiner genialen Ideen. Er schlug der Gesellschaft vor, ein Preisausschreiben zu veranstalten, um die beste Lokomotive für diese Bahn zu ermitteln. Stephenson selbst war sich sicher, daß die Lokomotivfabrik in Newcastle, die unter der Leitung seines Sohnes florierte, bei weitem die beste Maschine liefern würde. Da es noch weitere bekannte Hersteller von Lokomotiven in England gab, deren Konstrukteure als graduierte Ingenieure einen Namen hatten, war den Fachleuten der Ausgang dieses Wettbewerbs ungewiß. Stephenson war keineswegs der Favorit. Mit seinem Preisausschreiben setzte Stephenson ganz richtig auf den Sportsgeist und das Wettfieber seiner Landsleute.

Wie bei einem Pferderennen sollten Schnelligkeit und Ausdauer siegen. Die beste Maschine sollte gewinnen. Dazu kamen noch Bedingungen, die – wie wir heute sagen würden – die Umweltfreundlichkeit der Maschine zu beweisen hatten. So sollte die Maschine »ihren eigenen Rauch verzehren«. Sämtliche Wettbewerber umgingen diese Bestimmung, indem sie mit Koks feuerten. Die Maschine sollte zwei Sicherheitsventile besitzen, nicht über viereinhalb Meter hoch sein, bei zweiachsiger Ausführung nicht mehr als viereinhalb Tonnen und bei dreiachsiger Ausführung nicht mehr als sechs Tonnen wiegen sowie in der Lage sein, täglich einen Zug von zehn Tonnen in einer Geschwindigkeit von mindestens sechzehn Stundenkilometern bei einem Kesseldruck von höchstens dreieinhalb Atmosphären zu transportieren. Maschine und Kessel mußten auf Federn ruhen.

Als Preis waren 550 Pfund Sterling ausgesetzt.

Das Preisausschreiben fand in der Öffentlichkeit ein ungeheures Interesse. Fünf verschiedene Hersteller bewarben sich um den Preis.

Das denkwürdige Rennen, das erste und letzte dieser Art – wenn man von dem Semmeringbahnpreis-ausschreiben in Österreich 1851 absieht – fand am 6. Oktober 1829 und den darauffolgenden Tagen statt. Man hatte ein schon fertiggestelltes Stück der Strecke bei Rainhill ausgewählt. Über 10 000 Zuschauer standen entlang der Bahn und musterten die vorbeifahrenden Lokomotiven.

Es waren

Die »Novelty«,
eine »Neuheit« in Blau und Bronze,
Die »Sans Pareil«,
eine Schönheit »ohne gleichen« in Schwarz,
Gold und Grün,
Die »Cycloped«,
eine »Kreisfuß« genannte hölzerne Maschine
ohne Schornstein,
Die »Perseverance«,
eine »Ausdauer« in Silbergrau und Rot und
Die »Rocket«,
eine »Rakete« in den Farben gelb, schwarz und
weiß, Stephensons Erzeugnis.

Als erste schied vor den strengen Augen der Schiedsrichter die »Cycloped« aus. Sie hatte weder Sicherheitsventile noch einen Kessel. Auch konnte sie ihren eigenen Rauch nicht verzehren. In ihrem Inneren befand sich nämlich ein Pferd, das ein Tretwerk trieb. Die trojanische Maschine – diesmal war das Pferd innen – wurde disqualifiziert.

Die »Novelty«, die man für die beste unter den steam horses, den Dampfrossen, hielt, lief leichtfüßig davon, und schon glaubte man, sie sei die Siegerin des Wettbewerbs – da blieb sie in einiger Entfernung stehen. Sie konnte auch nicht während der für das Rennen festgesetzten Zeit repariert werden.

Ähnlich erging es der »Sans Pareil«. Sie mußte wegen Maschinenschadens aufgeben.

Die »Perseverance« endlich erreichte nicht annähernd die vorgeschriebene Geschwindigkeit von sechzehn Stundenkilometern. Sie nahm deshalb am eigentlichen Wettbewerb gar nicht teil.

Nur die »Rocket« bestand unter Führung von Stephenson das Rennen und erfüllte alle Bedingungen vollauf. Sie machte ihrem Namen Ehre: Statt der sechzehn Stundenkilometer fuhr sie mit einer Geschwindigkeit von über vierzig Stundenkilometern an den Zuschauern vorbei. Immer wieder, unermüdlich, ohne Fehler, ohne jemals stehen zu bleiben. Das

Das Lokomotivrennen bei Rainhill. Von rechts nach links »Rocket«, »Sanspareil« und »Novelty«. 1829.

war eine noch nie erreichte Geschwindigkeit und Ausdauer – hatten doch die bisherigen Lokomotiven etwas mehr als Fußgängertempo. Die schnellsten, auch die früher von Stephenson produzierten – konnten sich mit einem Pferdegespann im Trab messen.

Die Zuschauer, von denen viele auf die »Novelty« gesetzt hatten, – die »Rocket« galt als Außenseiter – waren begeistert. Das Preisrichterkollegium erteilte einstimmig Stephenson und seiner »Rocket« den Zuschlag.

Die Nachricht von Lokomotivrennen zu Rainhill und seinem Ausgang ging um die ganze Welt: Die Lokomotive auf Schienen hatte endgültig gesiegt gegenüber ihrem Wettbewerber dem Pferd und auch gegenüber dem Lokomobil auf der Straße. Auch die Kanalschiffahrt war ein für alle Male geschlagen: Diese Geschwindigkeiten waren auch mit den besten Dampfschiffen niemals zu erzielen.

Übrigens verdankte Stephenson den Sieg nicht nur den eigenen Ideen und Verbesserungen. Der Sekretär der Gesellschaft, Booth, ein Laie in der Mechanik, hatte Stephenson vorgeschlagen, im Kessel der Lokomotive viele Röhren von kleinem Durchmesser

einzubauen und darin nicht wie bisher das Wasser, sondern das Feuer zirkulieren zu lassen. Stephenson erprobte den Rat und staunte über die außerordentlich erhöhte Leistungsfähigkeit der Maschine. Er, der aus eigenen Erfahrungen heraus wußte, wie selten originale Leistung belohnt wird, teilte den gewonnenen Preis mit Booth.

Der von Flammrohren durchzogene Kessel war das letzte, was der Stephenson-Lokomotive noch zur Vollendung gefehlt hatte. Nun waren alle Elemente einer modernen, schnellen Dampflokomotive verwirklicht.

Mit einem Schlage war Stephenson der berühmteste Mann in England, auf dem Kontinent und in Übersee. Die Kritik verstummte. Der Bahnbau ging zügig voran, und auch die Überwindung des Moors durch einen aufgeschütteten Damm aus Torf, Lehm und Faschinen gelang. So kam – bereits elf Monate nach dem Rennen – der Tag der Eröffnung der Strecke Manchester – Liverpool heran.

Es gibt zur Geschichte der Erfindung der Eisenbahn keine Formeln, keine Gleichungen, keine Berechnungen. Das beginnt mit Watt, dem Erfinder einer betriebsfähigen Dampfmaschine: weder Papin noch

Newcomen hatten Dampfmaschinen konstruiert, mit denen man ohne großen Personalaufwand arbeiten konnte. Watt war ursprünglich Feinmechanikerlehrling, und die Reihe der »bloßen Maschinenwärter« und »ungebildeten Mechaniker« geht über Murdock und Trevithick bis zu Stephenson und Booth, der die Buchhaltung gelernt hatte.

Auf der anderen Seite standen die graduierten Ingenieure, die warnten, mißtrauten, verhöhnten und, insbesondere in der Parlamentsdebatte, Stephenson lächerlich machten. Darunter waren so bedeutende Namen wie Francis Giles, Adams, Walker und Rastrick. Bis zuletzt weigerte sich auch der Ingenieursverein, Stephenson als Mitglied aufzunehmen. Eine Ehrung, die Stephenson angenommen hätte, im Gegensatz zur Erhebung in den Adelsstand, die er ausschlug (nach Weber).

Hier stellt sich die Frage: Wie war Stephenson?

Glücklicherweise besitzen wir den Bericht einer gefeierten Schönheit, der jungen Frances Anne Kemble, einer damals berühmten Schauspielerin, die zur Zeit der Einweihung der Strecke mit ihrem Vater am Theater in Liverpool gastierte. Sie spielte in jenen Tagen mit rauschendem Erfolg die Titelrolle in Shakespeares »Romeo und Julia«. Ihr geistreicher, lebendiger Bericht von einer Probefahrt, die Stephenson – auch hier wieder im Interesse der Publizität für das neue Verkehrsmittel – mit ihr veranstaltete, klingt so frisch, als wäre es gestern gewesen.

Max Maria von Weber, der Sohn des großen Komponisten Carl Maria von Weber, ein Eisenbahningenieur, der Stephenson in seinem Wohnhaus in Taptonhouse 1844 noch kennenlernte, hat Frances Briefe an eine Freundin überliefert. Frances Anne Kemble schreibt:

»Zuerst wurde die muntere kleine Maschine vorgestellt. Sie (denn der zärtliche englische Sprachgebrauch macht die kuriosen, lieben kleinen Feuerrosse alle zu Stuten) besteht aus einem Kessel, einem Ofen, einer Bank und hinter der Bank einem Fasse mit genug Wasser, um ihren Durst während des Rennens von fünfzehn Meilen zu stillen – das Ganze ist nicht größer als eine gewöhnliche Feuerspritze...

Dieses schwankende kleine Tier, das ich mich immer versucht fühlte, zu tätscheln, wurde nun vor unseren Wagen gespannt, und, nachdem Mr. Stephenson mich zu sich auf die Bank des Dampfrosses genommen hatte, fuhren wir ungefähr mit zehn Meilen die Stunde ab.«

Mit diesem hübschen Vergleich der neuen Loko-

Dammanlage im Katzenmoor, Strecke Liverpool – Manchester.

motive mit einer nervösen Stute gerät Frances ins Schwärmen. Sie erliegt dabei dem Zauber ihres Metier. Denn die Natur- und Landschaftsbeschreibungen, die sie gibt, erinnern an eine romantische Theaterdekoration aus jener Zeit. Wie ja überhaupt die romantische Bewegung des beginnenden neunzehnten Jahrhunderts auch als Gegenwirkung gegen die Industrialisierung und Technisierung der Welt gesehen werden muß. Zauber und magische Verzauberung gegen die Schwung- und Zahnräder der Dampfmaschinen und Lokomobile. Die Romantik ist in diesem Sinn ein Stück Protest gegen das »heraufkommende Maschinenzeitalter«.

»Wie sonderbar, auf der Bahn zu reisen, ohne irgend welche sichtbare Ursache der Fortbewegung als die Zaubermaschine vor uns mit ihrem weithin wehenden weißen Atem und unwandelbar rhythmischen Schritte zwischen diesen Felsenmauern, die bereits mit Moos und Farnkräutern und Gras bekleidet sind.«

Inzwischen erreichen die beiden Reisenden das für die Erbauung so kritische Moor.

»Wir sollten bloß fünfzehn Meilen weit fahren, da diese Strecke groß genug war, um die Geschwindigkeit der Maschine zu zeigen und uns zu dem wunderbarsten und schönsten Gegenstande auf der Bahn zu führen. Nachdem wir dies felsige Defilé durchfahren hatten, fanden wir uns auf Dämme von zehn bis zwölf Fuß Höhe gehoben und kamen dann zu einem Moor oder Sumpf von bedeutender Ausdehnung, auf den kein menschlicher Fuß treten konnte, ohne einzusinken, und doch trug es den Weg, der uns trug. Dieses Moor war im Gemüte des Parlamentskomitees der große Stein des Anstoßes gewesen – den wegzuräumen Stephenson gelungen war . . .

Wir passierten es mit 25 Meilen Geschwindigkeit, und wir sahen das Wasser auf der Oberfläche desselben bei unserem Vorüberfahren zittern . . .

Dann fuhren wir davon mit der größten Geschwindigkeit der Maschine, fünfunddreißig Meilen in der Stunde – schneller als ein Vogel fliegt (denn wir machten das Experiment an einer Schnepfe). Es gibt keinen Begriff davon, was das Durchschneiden der Luft für ein Gefühl war. Und dabei ist die Bewegung so sanft als möglich. Ich hätte lesen oder schreiben können. Ich stand auf, nahm den Hut ab und trank die Luft vor mir. Der Wind war stark, oder war es unser Anfliegen gegen ihn, er drückte mir unwiderstehlich die Augen zu.

Als ich sie geschlossen hatte, war das Gefühl des Fliegens ganz zauberisch und sonderbar über jede Beschreibung – aber trotzdem hatte ich das Gefühl vollkommener Sicherheit und nicht die geringste Furcht.«

Es ist wohl das erste Mal in der Geschichte der Technik, daß der seltsame Rausch der Geschwindigkeit im Erleben des Fahrens, später des Fliegens beschrieben wird.

»Nun noch ein Wort über den Meister all' der Wunder. Ich bin in ihn ganz verzweifelt verliebt! Er ist ein Mann fünfzig oder fünfundfünfzig Jahre alt; sein Gesicht ist edel, obwohl von Sorgen gefurcht, und trägt den Ausdruck tiefer Gedankenarbeit. Die Art, seine Ideen darzulegen, ist eigentümlich und sehr originell, treffend und eindringlich, und obwohl seine Sprache deutlich seine nordgrafschaftliche Abkunft bekundet, ist sie doch fern von jeder Gemeinheit oder Plumpheit. Er hat mir in der Tat gänzlich den Kopf verdreht! – Vier Jahre haben genügt, sein großes Unternehmen zu vollenden.«

In einem späteren Brief teilt Frances dann mit:

»Die Eisenbahn soll am 15. nächsten Monats eröffnet werden. Der Herzog von Wellington wird herkommen, um dabei gegenwärtig zu sein, und ich denke, daß das bei der Masse der zusammenströmenden Zuschauer und der Neuheit des Schauspiels eine Szene von nie vorher dagewesenem Interesse geben wird. Die Direktoren haben meinen Eltern und mir freundlichst drei Plätze für die Eröffnung angeboten, was eine große Gunst ist, denn ich höre, daß man Unglaubliches für einen Platz zahlt . . .«

Sir Arthur Wellesley, Herzog von Wellington, Fürst von Waterloo (1769–1852), war derzeit Premierminister der britischen Regierung. Sein Ruhm als Feldherr und Bezwinger Napoleons, den er zusammen mit dem preußischen Feldmarschall Blücher 1814 bei Waterloo vernichtend geschlagen hatte, war zu Schanden geworden, als er nach Ende der Kriege sich der Politik zuwandte. Als »eiserner Herzog« mit dem »Gesicht aus Feuerstein« zog er sich zuerst die Furcht und dann den Haß der arbeitenden Bevölke-

Feierliche Eröffnung der Eisenbahn Liverpool – Manchester am 15. September 1830.

rung zu. Sie machten ihn für die hohen Zölle, Steuern und Abgaben verantwortlich. Dazu traten die Unruhen, gerade im »schwarzen Bezirk«, in welchem der Himmel sich allnächtlich nicht nur von den Essen, sondern auch von brennenden Fabriken rötete, die entlassene Arbeiter und durch neue Maschinen arbeitslos gewordene Handwerker angezündet hatten.

Wellington, als mutig und kalt bekannt, fühlte in diesem Herbst des Jahres 1830 zum ersten Mal in seinem Leben Unsicherheit und Zweifel. Zu viele seiner Kabinettsmitglieder hatten ihn im Laufe der beiden letzten Jahre verlassen; der Geist des Aufruhrs aus der französischen Julirevolution war auch in England lebendig geworden.

Wellington besaß kaum Kenntnisse von der Eisenbahn. Doch hatte das Lokomotivrennen zu Rainhill die Phantasie des Volkes so stark beschäftigt, daß Wellington es als Premierminister für richtig hielt, die Einladung anzunehmen und die Strecke selbst einzuweihen. Er hatte gehört, daß man sich in Manchester unter den Handwerkern und Arbeitern gelobt hatte, ihm einen heißen Empfang zu bereiten. Davor fürchtete er sich nicht. Aber er hatte das Gefühl, einem schwarzen Tag entgegenzugehen.

Der erste Staatssekretär, der seinerzeit mit dem erzkonservativen Wellington Streit bekam, das Kabinett verließ und noch einige andere liberale Regierungsmitglieder mitriß, hieß William Huskisson. Im Frühjahr 1828 kam es zum Bruch, Huskisson trat aus dem

Station Parkside. Der Ort des ersten Unfalls in der Geschichte der Eisenbahnen. Hier war es, wo der Abgeordnete Huskisson überfahren wurde.

Kabinett aus. Seither wartete er nur auf günstige Gelegenheiten, um sich dem Volke als künftiger liberaler Minister zu präsentieren. Mit Vergnügen nahm er daher die Einladung zur Eröffnung der Strecke Liverpool – Manchester an; anders als Wellington interessierte er sich brennend für die Eisenbahn, von der er sich als Schöpfer einer modernen Handelspolitik größte Fortschritte erhoffte.

Die Eröffnung begann mit dem ganzen Prunk der damaligen Zeit. Am 15. September 1830, um zehn Uhr, ertönten in Liverpool Kanonenschüsse, und das Musikkorps des IV. Königlichen Leibregiments intonierte aus Händels Judas Makkabäus den Marsch »Hier kommt der siegreiche Held!«.

Der Herzog von Wellington fuhr in glänzender Equi-page mit dem Marquis und der Marchioness von Salisbury vor. Er begrüßte Adel und Gentry, das heißt die Honoratioren der Stadt und die Gutsbesitzer aus der Umgebung. Wellington begrüßte auch Huskisson. Ironisch sagte er zu ihm: »Sie wollen wohl Ihr Lieblingskind aus der Taufe heben?«

Huskisson erwiderte anzüglich: »Ich denke, hier geht es um Pferde und Eisen. Also: Der eiserne Herzog reitet auf seinem eisernen Pferd nach Manchester!«

Der Herzog sah Mr. Huskisson mit seinen eisgrauen Augen an und grinste. Das Lachen war ihm längst vergangen. Er hob die Hand. Dann rief er in Anspielung auf die politische Situation Huskisson zu: »Mal sehen, wer von uns beiden zuerst in Manchester einreitet!«

Die Umstehenden lachten, da sie wohl wußten, daß Wellington und Huskisson in einem Wagen fahren würden, und Wellingtons Worte kursierten in der Runde.

Dreiunddreißig mit festlich gekleidetem Publikum gefüllte Wagen standen in acht Zügen auf den Geleisen. Sie waren voneinander durch seidene Flaggen verschiedener Farbe gekennzeichnet.

Hunderttausende säumten hier – wie auf dem ganzen Weg nach Manchester – die Strecke. Gegen 11 Uhr fuhr man ab. Etwa eine Stunde nach der Abfahrt von Liverpool erreichten die acht Züge die Station Parkside, wo die Lokomotiven Wasser nehmen sollten.

Die Insassen des ersten Zuges, den Stephenson selbst führte, stiegen aus, um sich zu unterhalten. Zwischen und auf den Gleisen standen der Herzog von Wellington, der Fürst Esterhazy und die Parlamentsmitglieder und Politiker Birch, Earl, Holmes und Huskisson. Der Herzog war mit Huskisson in ein Gespräch verwickelt, er schüttelte ihm eben die Hand, als laute Rufe erklangen: »Vorsicht! Eine Maschine!«

Alle sprangen in ihren Wagen – doch Huskisson schien die Orientierung verloren zu haben. Er blickte nach links und rechts im Zweifel, wohin er sich wenden sollte. Er sah noch den Herzog auf die offene Wagentür deuten, da erfaßte ihn die heransausende Maschine, warf ihn nieder und überfuhr ihn. Man fand ihn zwischen den Gleisen.

Er rief noch aus: »Wo ist meine Frau? Ich sterbe! Gott helfe mir.« Dann verlor er das Bewußtsein.

Stephenson selbst fuhr den Sterbenden mit der »Northumbrian« in Rekordzeit auf einem eilig hergerichteten Wagen vor allen anderen nach Manchester. Es ist bezeichnend für den Triumph der Technik, daß in den Zeitungen die Rekordgeschwindigkeit von nahezu sechzig Stundenkilometern bei dieser Einzelfahrt in den Schlagzeilen der Presse die Nachricht vom Tode Huskissons übertönte.

Wellingtons Wettvorschlag, wer wohl zuerst in Manchester einreite, hatte auf diese Weise eine makabre Bedeutung erhalten. Sein Gegner hatte ihn zwar überholt, aber als er in Manchester eintraf, war er tot. Die Eröffnungsfahrt wurde fortgesetzt, doch das festliche Bild hatte sich gewandelt. Francis Anne Kemble hat auch davon einen Bericht gegeben:

»Nach dieser schrecklichen Katastrophe bewölkte sich der bis dahin heitere Tag, der Himmel wurde düster, und als wir uns Manchester näherten, begann es zu regnen. Der gewaltige Zusammenstrom von Menschen, die die triumphierende Ankunft der Festreisenden erwarteten, bestand großenteils aus Handarbeitern und Gewerksleuten unterster Klasse, unter denen ein gefährlicher Geist von Unzufriedenheit mit der Regierung herrschte. Brüllen und Pfeifen begleitete den Wagen, in dem Lord Wellington mit seiner vornehmen Begleitung sich befand. Hoch über der Masse grimmiger und grinsender Gesichter war vor der Einfahrt in Manchester ein Gerüst errichtet, auf dem ein Webstuhl stand, an welchem ein elender, halbverhungerter Weber, aus allen Kräften arbeitend, saß. Offenbar war er als Repräsentant seiner Klasse dahin gesetzt, um durch seinen beklagenswerten Anblick gegen den Triumph des Maschinenwesens und die neuen Reichtümer und Ehren zu protestieren, welche die Eröffnung der Bahn den wohlhabenden Klassen Liverpools und Manchesters in Aussicht stellte.

Der Kontrast zwischen unserer glorreichen Abfahrt von Liverpool und unserer melancholisch unruhigen Ankunft in Manchester konnte unmöglich größer sein und war das Frappanteste, was ich je erlebte . . .«

Es ist ein recht düsterer Hintergrund, auf dem sich mit dieser Einweihungsfahrt der Fortschritt der Technik manifestiert. Auch ist es mehr als ein Zufall, daß sich diese Szene gerade in Manchester abspielte. In Manchester waren große Eisen und Stahl verarbeitende Werke entstanden; es war ein Zentrum der englischen Baumwollindustrie, und es galt zudem als Mittelpunkt des englischen Liberalismus. In dieser Stadt war die soziale Lage der arbeitenden Klasse besonders trostlos. Scharen arbeitslos gewordener Weber und anderer Handwerker zogen durch die Straßen. Wer endlich in einer der neuen Fabriken Arbeit fand, erhielt einen Lohn, der unter dem Existenzminimum für sich und seine Familie lag. Man sah nicht ein, weshalb man bei diesem großen Angebot mehr Lohn bezahlen sollte; war doch jeder froh, um ein geringes Entgelt überhaupt arbeiten zu dürfen. Dieser Standpunkt entspricht dem, was man später die Manchesterdoktrin nannte. Danach ist der Egoismus des einzelnen Unternehmers allein die treibende Kraft in der Wirtschaft: Dieses Postulat völliger Freiheit der Wirtschaft von jedem staatlichen Eingriff entspricht dem damals proklamierten extremen wirtschaftspolitischen Liberalismus.

Auch die neue Eisenbahn versprach den Armen und Elenden keine Besserung ihres Zustandes: Man sah ja an diesem Einweihungszug schon, wer darin fahren würde: die Vornehmen und Reichen. Daß eines Tages die Eisenbahn durch ihre eminente Transportwirkung und Verteilerkraft dazu beitragen werde, diese üblen Zustände ins Positive zu kehren, das ahnte zu dieser Zeit niemand.

An dem auf die Einweihungsfeier folgenden Tage, also am 16. September 1830, wurde diese erste, nur mit Lokomotiven betriebene Eisenbahn dem öffentlichen Verkehr übergeben.

III Eine Idee bricht sich Bahn

STAFETTENLAUF

Auch heute werden Erfindungen von solch gewaltigen Dimensionen, wie es eine Eisenbahn darstellt, nicht ohne weiteres vom Ursprungsland der Erfindung in andere Länder übertragen. Die rasch fortschreitende Industrialisierung Englands, die im wesentlichen auf der verbesserten Anwendung der Dampfmaschine beruhte, war in Europa nicht unbemerkt geblieben. Dem um sich greifenden Interesse an wissenschaftlichen Themen entsprach eine mindestens ebenso starke Wißbegier, von technischen Neuerungen zu erfahren. Wer damals Ingenieur werden wollte, begnügte sich nicht damit, an den Universitäten Mathematik und Mechanik zu studieren. Das gelobte Land der Technik, das Traumland, das jeder angehende Ingenieur zu bereisen wünschte, hieß England.

Wer aber Ideen aus England mitbrachte, der hatte es schwer: Waren doch die Verhältnisse in den europäischen Festlandstaaten ganz anders gelagert als in England. Auch hatten diese Staaten wie Frankreich, Deutschland, Österreich eben lange und schwere Kriegszüge hinter sich, von denen die englische Insel im wesentlichen verschont geblieben war. Die wenigen öffentlichen und privaten Mittel, die noch vorhanden waren, dienten dem Aufbau der zerstörten Einrichtungen und öffentlichen Anlagen.

Einer der ersten österreichischen Ingenieure, der eine Studienreise nach England unternahm, war Franz Joseph Ritter von Gerstner (1756–1832). Er veröffentlichte über seine Studienreise 1813 eine Schrift: »Ob und in welchen Fällen der Bau schiffbarer Kanäle Eisenwegen oder gemachten Straßen vor-

zuziehen sei.« Diese Schrift erregte außerordentliches Aufsehen unter allen denen, die mit dem Verkehr und mit dem Bau von Verkehrsanlagen damals zu tun hatten. Gerstners Werk ist eine allgemeine Zusammenfassung aller Argumente für und gegen verschieden geartete Verkehrswege.

Aber bevor Gerstner sein Werk veröffentlichte, gab es schon Veröffentlichungen eines deutschen Ingenieurs über »eiserne Kunststraßen.« Er hieß Joseph Baader (1763–1835). Zunächst erschienen von ihm nur einzelne Artikel, dann aber veröffentlichte er eine Denkschrift im Jahre 1812 »Zur Einführung der eisernen Kunststraße im Königreich Bayern«. Schon ein Jahr zuvor hatte Baader nicht nur eiserne Kunststraßen für Bayern, sondern eine Verbindung zwischen Rhein und Donau durch eine Eisenbahn vorgeschlagen. Und 1814 krönte er diese Aufsätze durch eine Schrift, in der er gewissermaßen nun vom Allgemeinen zum Speziellen kam: Er gibt den genauen Punkt an, wo zum ersten Mal eine solche eiserne Kunststraße mit wenig Geld und voraussichtlichem Erfolg erprobt werden könne, nämlich zwischen den beiden rivalisierenden Städten Nürnberg und Fürth. Acht Jahre lang, von 1786 bis 1794, lebte Baader als Zivilingenieur in Edinburg und später in London.

In den Höfen der großen Hütten und im Umkreis der Gruben, vor allem in Northumberland, sah er die Riegelwege, rail roads, hölzerne Schienen, »Hundegestänge«, die den Transport der Steinkohle zum nächsten Kanal- oder Seehafen ermöglichten. Er beschreibt diese »Hundegestänge«, und er beschreibt die Wagen, die darauf fuhren: »Die Räder der Hunde oder Rollwagen, welche auf diesen erhabenen prismatischen Stangen liefen, waren mit eisernen Reifen beschlagen oder ganz von Gußeisen, mit einem vorstehenden Rand oder Falz versehen, wodurch sie en coulisse auf ihrer Bahn erhalten wurden. Der Ziehweg für die Pferde (einzeln oder hintereinander gepaart) war zwischen jenen Stangen.«

Baader ist vom ersten Augenblick an gefesselt von der Idee, den Transport auf »dem platten Lande«, wie er schreibt, solcherart zu erleichtern. Er begreift die Wichtigkeit und die Größe der Aufgabe. Unablässig macht er sich Gedanken, wie und wo man diese Idee einer Bahn aus Eisen im eigenen Vaterlande nutzbringend einsetzen könne. Von nun an setzt er alle Kräfte daran, die Öffentlichkeit über die Vorteile der eisernen Straße aufzuklären. Er hat selbst das Gefühl, ein Pionier zu sein, ein Stafettenläufer, der eine sensationelle Botschaft weiterzugeben hat.

Joseph Ritter von Baader (1763 – 1835).

Die gußeisernen Bahnen, so stellt Baader bei seinen Studienreisen in der englischen Provinz fest, haben drei Vorzüge vor einem anderen Verkehrsweg, nämlich dem Kanal:

1. die Anlage und Unterhaltung kostet nur ein Viertel der entsprechenden Kanalkosten,
2. die Anlage ist auch dort möglich, wo wegen Wassermangels oder anderer topografischer Schwierigkeiten ein Kanal nicht gebaut werden kann,
3. der Eisenbahntransport ist unvergleichlich schneller und bequemer.

Baader hat zu diesem Zeitpunkt schon erkannt, wer der Hauptgegner im Wettbewerb der Verkehrsmittel sein wird: die Wasserstraße und ihre Befürworter. Denn in diesem frühen Stadium der Eisenbahn geht es eindeutig nur um den Güterverkehr. Nach damals herrschender Auffassung aber ist die Wasserstraße jeder anderen Beförderungsart im Güterverkehr weit überlegen. Auch Stephenson hatte bekanntlich bei seinen ersten Projekten mit den Befürwortern des Kanalbaus harte Sträuße auszufechten.

Baaders Karriere aber, sein Erfolg und sein Mißerfolg, werden sich an dieser Frage entscheiden.

Von den »eisernen Kunststraßen« bringt Baader Modelle aus England mit. Das eine Modell entspricht den eigentlichen Riegelwegen oder rail-roads; das andere, die Platten-Schienen, den tram-roads oder plate rail-ways in England. Die rail-roads entsprechen eher unseren heutigen Schienen, auf denen das Rad durch einen Spurkranz festgehalten wird.

Bei den tram-roads wird das Rad, das einem gewöhnlichen Kutschenrad entsprach, also ohne vorspringenden Rand, durch einen den platten Schienen angegossenen, aufrecht stehenden Seitenrand im Geleise gehalten. Das hat den Vorteil, daß man mit Kutschenrädern auf Schienen wie Straßen fahren kann. Doch sammelt sich im Winkel zwischen Schiene und Seitenrand Schmutz und Pferdekot an, so daß das Fahren mit der Zeit immer beschwerlicher wird.

Baader, auf der Suche nach weiterer Perfektion, kann sich für keines der beiden Systeme entscheiden; er hält das zweite, das tram-road-System, für das bessere, worin er sich, auf weite Sicht gesehen, allerdings täuscht. Aber wie die englischen Konstruktionen auch aussehen mögen, er hat seine eigenen Ideen und wird eines Tages damit hervortreten.

Baader geht es zu diesem Zeitpunkt, nämlich um die Jahrhundertwende, immer nur um die Schienenbahn, also die Bahn aus Eisen, auf der Güterwagen von Pferden gezogen werden. Auch beteuert er noch in seinem grundlegenden Werk von 1822, er denke nicht daran, den Verkehr überall nur auf Schienen bewältigen zu wollen. Auf gewissen Strecken seien Kanäle oder Straßen durchaus vorzuziehen.

Baader ist inzwischen – 1798 – zum Direktor des Bergbaus und des Maschinenwesens in Bayern ernannt worden. Er wird Geheimer Bergrat bei der Generaldirektion des Bergbaus und der Salinen, 1813 Oberstbergrat. Zum Ritter des Civil-Verdienstordens der bayerischen Krone geschlagen erhält er den persönlichen Adel – Joseph Ritter von Baader – und steht damit auf der Höhe seines Wirkens und seines Ansehens. Daß er diesen Gipfel erreicht hat, verdankt er nicht zuletzt dem König.

Max Joseph (1756–1825), erster König von Bayern (von Napoleons Gnaden), ehemals Generalmajor der französischen Armee, Schwiegervater von Eugen Beauharnais, war ein aufgeklärter Fürst. Vor allem die Ideen und Mitteilungen über die englischen Eisenbahnen fielen bei ihm auf einen fruchtbaren Boden. Er war es, der noch als Kurfürst die Reisen Baaders nach England unterstützte, ja, sogar durch Staatsaufträge erst ermöglichte.

Mit großer Entschlossenheit und mit der gesamten Kraft seiner Titel und Würden verfolgt Baader den Plan der eisernen Kunststraße weiter. Er ist für eine Verbindung zwischen Rhein und Donau durch eine Eisenbahn. Damit sticht er in ein Wespennest.

Denn genau diesen Plan, aber in Form einer Wasserstraße, verfolgt auch eine Gruppe von Baumeistern und Ingenieuren, die ihre Parteigänger im Ministerium haben. Der so überaus empfindliche und schnell gekränkte Ritter von Baader ist seinerseits nicht zimperlich, wenn er seine Gegner lächerlich oder verächtlich machen kann. So bezeichnet er die Anhänger des Kanalbaus schlicht als »Canalisten« oder als »Canalomanen«, die der Canalomanie verfallen seien. Diese aber haben ihrerseits das Interesse des Königs gefunden, der sich zunächst unparteiisch von beiden Seiten informieren läßt.

Der Zusammenprall beider Ideen, hie fossa carolina, die Idee eines Main und Donau verbindenden Kanals, die Karl dem Großen zugeschrieben wird, hie Baaders Eisenbahnverbindung, ist perfekt, als Baader 1814 vorschlägt, unter Zuhilfenahme seiner Erfindungen eine Eisenbahn zwischen Nürnberg und Fürth zu bauen. Denn dies ist das Herzstück des geplanten Kanals, und es ist jedermann klar, daß der Weiterbau dieser Strecke die ersehnte Verbindung zwischen Rhein und Main und Donau bringen würde, aber auf der Schiene und nicht auf dem Wasserwege.

1814 darf Baader ein Probestück Schienenbahn mit einem Wagen darauf bei Hofe vorführen. Die Kronprinzessin kann den mit sechzehn Zentnern beladenen Wagen mit dem kleinen Finger bewegen. Schließlich spannt Baader ihren Pudel vor den Wagen: Unter allgemeinem Beifall zieht das Schoßhündchen mit der größten Leichtigkeit das Gefährt von dannen. Die Strecke war wohl etwas geneigt. Kommentar des Königs: »Wo nehmen wir all die Pudel her?«

Nun, 1819, erhält er einen Zuschuß von 800 Gulden und stellt damit eine Eisenbahn von 286 Fuß Länge her; auf ihr werden drei Wagen, beladen mit 3600 Pfund von einem Manne mit Leichtigkeit bewegt. Das Experiment, an dem viele Zuschauer, darunter auch Abgeordnete, teilnahmen, führt dazu, daß von der Kammer der Abgeordneten im selben Jahr auf Antrag eines Deputierten »durch einen einstimmigen Beschluß Baaders Eisenbahn zur unmittelbaren Ausführung zwischen Nürnberg und Fürth und zur künftigen kommerziellen Verbindung der Donau mit dem Rhein (oder Main) den königlichen Staatsministerien des Inneren und der Finanzen nachdrücklich empfohlen wird«.

Der Antrag ist ein Vorstoß gegen das Kanalbauprojekt, das der König inzwischen bevorzugt. Jetzt ist die Geduld des Königs erschöpft.

Als erstes entzieht er Baader die Direktion des bayerischen Straßen- und Wasserbaus. Er beläßt ihm nur noch das Brunnenwesen. Als Nachfolger ernennt er Georg von Reichenbach, den Baader einst in England an Dampfmaschinen eingewiesen hatte und der jetzt sein grimmigster Gegner geworden ist.

Inzwischen ist Baader nochmals in England gewesen

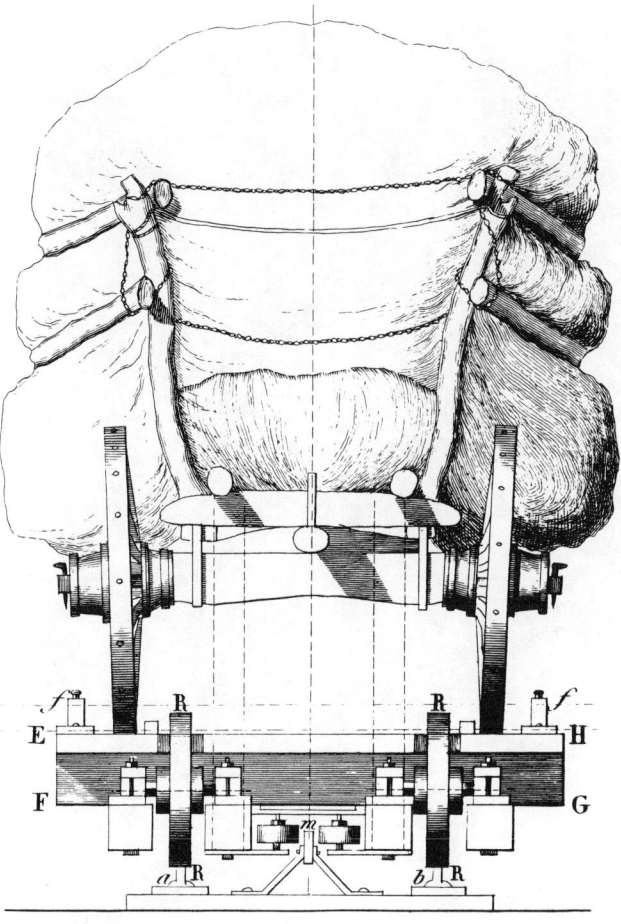

»Eine Vorrichtung, mittels der gewöhnliche Fuhrwerke ohne
Auf- und Abladen . . . auf der Eisenbahn fortgeschafft werden
könnten, wäre von großem Nutzen«. Es ist praktisch unser
heutiger Huckepack-Verkehr. (Aus Baaders »Mechanik«).

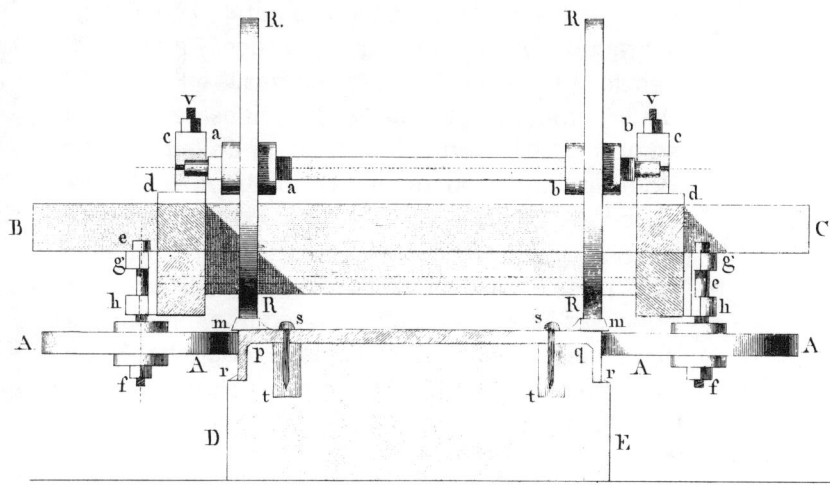

Wie kompliziert Baaders Bahn ist, zeigt sein
»Eisenbahnwagen« von vorne im Schnitt. Da seine Räder (R)
keinen Spurkranz haben, können sie zwar auf der Straße
fahren; sie bedürfen aber vier weiterer Räder (A, A), die,
»horizontal gelagert, das Abgleiten der eigentlichen
Wagenräder vom Gleise verhindern«.

»Ruderbootartig« sollen die beiden Männer die Last auf der Schiene fortbewegen. Voraussetzung ist eine zwischen den beiden
Schienen laufende Zahnstange.

und hat dort die neuesten Errungenschaften der Eisenbahntechnik studiert: Nach seiner Rückkehr verfaßt er das – wie er glaubt – grundlegende Werk über die »fortschaffende Mechanik«, das er 1822 dem Selbstherrscher aller Reussen, dem Kaiser Alexander von Rußland, nicht etwa seinem eigenen König und höchsten Vorgesetzten widmet. In köstlich geschraubten Wendungen dankt er dem Zaren für finanzielle Hilfe zur Drucklegung des Werkes.

Die Widmung zeigt, daß Baader mit seiner Idee, eiserne Kunststraßen einzuführen, in Bayern und bei Hofe nicht weitergekommen ist. Zwar hat er 1815 das erste Patent in Deutschland für den Bau von Eisenbahnen, gültig für fünfundzwanzig Jahre, erhalten. 1817 hatte er den Plan einer kommerziellen Verbindung des Rheins mit der Donau durch eine auf bestehenden Straßen anzulegende doppelte Eisenbahnstrecke von Donauwörth über Nürnberg nach Kissingen veröffentlicht. Aber die Realisierung aller seiner Pläne stockt.

Das liegt einmal daran, daß Baader nicht einfach die eiserne Bahn englischer Machart übernehmen will. Baader hat ein sehr kompliziertes System von Schienen und Wagen in seiner »fortschaffenden Mechanik« ersonnen: Seine Wagen können auch auf der Straße fahren.

Es sind Vorschläge und Erfindungen, die teils an den modernen Huckepack-Verkehr und teils an den Schienen-Straßen-Omnibus der Jahre um 1950 erinnern. Auch eine Art Draisine erfindet Baader.

Es sind keine Luftgespinste, die Baader hier vorstellt, es sind alles wohldurchdachte und – wie man aus einem beigefügten Band mit sechzehn Kupfertafeln ersehen kann – wohlkonstruierte Mechanismen. Aber das Ganze ist so kompliziert und ausgeklügelt, daß man seiner Versicherung, das System sei billiger als jedes andere, mit Recht keinen Glauben schenkt.

1825 stirbt König Maximilian, und Baader versucht es nun beim Nachfolger, Ludwig I., mit dem er schon, als dieser noch Kronprinz war, immer wieder wegen seiner Pläne korrespondiert hatte.

Ludwig I., Karl August, König von Bayern war, im Gegensatz zu seinem Vater, kein Staatsmann. Er liebte die schönen Künste, versuchte sich in Gedichten und ist als Gründer der Universität München, der Pinako-

Ludwig I., König von Bayern (1786–1868).

thek und der Walhalla bekannt. Auch war er Mäzen der schönen Tänzerin Lola Montez.

1826 ermöglicht Ludwig, der Baader zunächst wohl gesonnen ist, den Bau einer Probebahn für die vorgeschlagene Strecke Nürnberg – Fürth im Park von Nymphenburg. Den Fachleuten gefällt die Bahn, aber König Ludwig ist inzwischen bereits von den »Canalisten« geimpft. Man hat ihm versprochen, daß der geplante Kanal seinen Namen tragen werde als Hauptstück einer Verbindung zwischen der Nordsee und dem Schwarzen Meer. Was ist dagegen ein Stückchen Pferdebahn zwischen Nürnberg und Fürth!

Auf Anfrage und Bericht erhält Baader handschriftliche, schroffe Absagen des Königs – ja, früher geleistete Zuschüsse werden zurückgefordert. Baader soll die Kosten seiner Experimente von nun an selbst tragen.

1831 macht Baader noch einen letzten Versuch. Er schlägt dem König jetzt eine mit Lokomotiven betriebene Eisenbahn vor. Dabei setzt er auf Ludwigs romantische Ader, nennt ihn den Begründer einer bayerisch-hanseatischen Linie und legt Gedanken dar, die er mit dem ihm inzwischen bekannten und befreundeten Friedrich List, der in Amerika lebt, erörtert hat.

Aber König Ludwig schätzt Baader nicht mehr. Er hält ihn für einen verschrobenen Spintisierer, einen stets gekränkten Besserwisser, einen Don Quichotte der Schiene. Baader erhält eine knappe, fast verletzende Absage.

Da inzwischen der Gedanke einer Bahnverbindung zwischen den beiden Städten Nürnberg und Fürth immer stärker auch außerhalb Bayerns erörtert wird, da seit 1823 sich auch der Nürnberger Handelsvorstand als Vertretung der Kaufmannschaft offiziell mit dem Plan einer Bahn von Nürnberg nach Fürth befaßt, hält König Ludwig es für richtig, den Nürnbergern den Bau einer Eisenbahn selbst zu empfehlen.

In einem Schreiben vom 30. Juni 1833 schlägt Baader vor, Platner, der Vorsitzende des Gründungskomitees, möge sich mit ihm allein zur Ausführung des Eisenbahnunternehmens verbinden. Zusammen könnten sie »in ganz Europa eine neue Epoche« einleiten. Platner ging auf diesen »abenteuerlichen« Vorschlag nicht ein. In der Versammlung vom 18. November 1833 beschlossen die Aktionäre einstimmig, von der Baaderschen Konstruktion abzusehen; dagegen die englische Konstruktion für den Eisenbahnbau zwischen Nürnberg und Fürth zu übernehmen. So war Baaders letzte Hoffnung dahin.

Dreizehn Tage vor der feierlichen Eröffnung der ersten deutschen Eisenbahnstrecke Nürnberg – Fürth starb Baader in München.

Baader hat sich nicht nur als eine Art Stafettenläufer gesehen, er nahm teil an dem Ehrgeiz der europäischen Ingenieure, der erste zu sein, der eine solche Bahn zustande bringt. Es ist eine der großen geschichtlichen Fakten, daß Baader im Jahre 1814 den Finger auf die Stelle der Karte legte, an der im Jahre 1835 die erste Eisenbahn in Deutschland gebaut wurde.

Tatsächlich waren auf dem Festlande 1827 die Franzosen die ersten mit ihrer Kohlenbahn von St. Etienne nach Andrézieux, 1832 nach Lyon. Marc Séguin konstruierte dafür die Lokomotiven. Um 1830 fuhren auch die ersten Lokomotiven in den USA. Nach einem Fehlstart mit englischen Lokomotiven – »Stourbridge Lion« – und dem »Däumling« (»Tom Thumb«), Peter Coopers improvisiertem Dampfkessel nebst Zylinder auf einem Rollwagen, wurde 1830 der erste Teil der South Carolina Bahn (Spurweite 1525 Millimeter) mit der »Best Friend of Charleston« eröffnet. Die Mohawk and Hudson Railway setzte die ebenfalls in Amerika gebaute »De Witt Clinton« mit Erfolg ein.

In Europa waren die zweiten die Belgier mit ihrer Strecke Brüssel – Mechel am 5. Mai 1835. Doch schon an dritter Stelle steht dann Deutschland mit seiner Bahn Nürnberg – Fürth am 7. Dezember 1835.

Man kann, um im Bild zu bleiben, sogar den Mann benennen, dem Baader innerhalb der Eisenbahnstafette die Botschaft weitergegeben hat. Es war Friedrich List. Er selbst, Baader, blieb, wie dies einem Stafettenläufer geziemt, auf der Strecke. Die Biografie der frühen Eisenbahnen ist in Wahrheit die Biografie der Eisenbahnpioniere.

RAUBTIERE, RÄUBER UND ZÖLLNER

Seit viertausend Jahren hatte sich nichts daran geändert, daß man zu Beginn des neunzehnten Jahrhunderts reiste wie zu Zeiten Homers. Reiter, Ross und Wagen, die im alten Ur auf Spurenstraßen fuhren, hatten sich nur wenig gewandelt. Die Wagen waren etwas komfortabler geworden, sie waren besser gefedert; dafür waren die Straßen schlechter geworden. Aber nicht nur das Reisen war beschwerlich.

Wie es um den für die Wirtschaft so wichtigen Gütertransport stand, zeigt der folgende Aufsatz aus einer Beilage der Allgemeinen Zeitung Nr. 25 von 1817. Der Aufsatz stammt aus Bremen und datiert vom 1. Februar desselben Jahres:

»In Nord-Deutschland ist die Unbeständigkeit des Winters, worin Frost- und Thau-Wetter unversehens abwechselt, für Land- und Wasser-Fracht sehr nachteilig. Nach dem November wagt sich kein Schiffer mehr von Celle nach Bremen; aber gerade um diese Zeit, wo die Landwege am notwendigsten werden, sind auch sie kaum fahrbar. Wer um diese Zeit die Frachtwagen mit zwölf und mehr Pferden durch die sogenannten Sand-Chausséen nach Hamburg, oder durch die fetten Brüche nach Leipzig schleppen sieht, wird alle Hoffnung auf Belebung des Handels aufgeben, so lange darin nicht geholfen wird. In der Mitte des Sommers leidet die Schiff-Fahrt gleichfalls, da sich der Wasserstand sehr vermindert, und die Fracht-Pferde auch alsdann eine neue aufreibende Marter in dem aufgeregten glühenden Sande erwartet. Sie fallen, und der Schaden davon trägt sich in den Frachtlohn über. Unter diesen Umständen ist ein weiter und großer Vertrieb schwerer und verhältnismässig wohlfeiler Waaren eine Sache der Unmöglichkeit, und daraus erklärt sich, daß die Winter-Messen zu Leipzig, Braunschweig und Kassel so wenig Erfolg haben, daß dann nach Leipzig mehr Waaren aus Russland als aus den Hanse-Städten ankommen, daß der Verkehr mit Getreide so gut als gesperrt ist, und daß in getreidearmen Gegenden der Mangel fühlbar wird, wenn auch ein Paar Tagreisen von ihnen der größte Überfluß herrscht. Wie viele Verlegenheiten würden in diesem Jahre vermieden sein und werden, wenn unsere Flüsse und Heerstraßen im Stande wären!«

Nein, sie waren nicht im Stande, weder in Norddeutschland noch in Süddeutschland. Und trotz dieser »wahrhaft elenden Kommunikationen« (Baader) war der Güterverkehr nicht unbeträchtlich. Eine Übersicht, die aus Nürnberg stammt und zugleich als Studie für die Rentabilität der Nürnberg Fürther-Bahn gedacht war, zeigt, daß die Gütertransporte zwischen Nürnberg und Leipzig recht umfangreich waren, allerdings in diesen Jahren stagnierten und im Jahr vor der Eröffnung der ersten Eisenbahn sogar zurückgingen. Die Gütertransporte genauso wie die Reisen wurden mit Pferdekraft bewältigt. Man rechnete, daß allein im Königreich Bayern um 1820 wenigstens 200 000 Pferde nur zum schweren Lastentransport auf den Hochstraßen ständig gebraucht wurden. Hierbei waren die Pferde nicht eingeschlossen, die für den Militärdienst erforderlich waren und auch nicht die »Luxus- und Reitpferde« (Baader). Wahre Pferdearmeen also, die eine Menge Futter und der Pflege wegen eine Menge Geld und Zeit verbrauchten. Da für den Anbau von Heu und Hafer – allein in Bayern – siebzig bis achtzig Quadratmeilen fruchtbaren Bodens erforderlich waren,

Ankunft mit dem Postwagen an der Station.
»Gott sey Dank«, sagen die Reisenden im Heruntersteigen.
(Kupferstich von Daniel Chodowiecki 1800).

Schnell und ungleich ist die Fahrt,
Die uns durch das Leben träget.
Heil dem Mann, der wohl gepaart.
Seinen Weg zurücke leget;
Gern sich bückt, gelassen Schweigt,
Und zur Station gekommen,
Froh gerührt, mit einen frommen:
Gott sey Danck! herunter steigt!

Reisen auf der Landstraße um 1810 mit einem preußischen Postwagen. Der Kutscher – mit umgehängtem Posthorn schiebt. Beachtenswert der Zustand der Straße.

nahmen die Pferde praktisch das nutzbare Land für eine Million Menschen in Anspruch. »Bayern könnte um ein Drittel stärker sein als es ist!« argumentierte Baader. Er nannte die Pferde, genau wie Stephenson, der einmal eine ähnliche Rechnung vorlegte, wahre Raubtiere!

Die Straßen, auf denen diese Raubtiere Lastwagen und Kutschen, Postkarren und Holzfuhrwerke ziehen oder ihre Reiter tragen mußten, sahen zum Erbarmen aus. Noch lag die Zeit nicht so lange zurück, da die Städte selbst ihre Straßen ringsumher verwüsteten, damit der Feind nicht so schnell herankäme. Noch waren die meisten Straßen gar keine Straßen, sondern eher weite, ungepflegte Sand- oder Kiesbänder. Die Kunst, haltbare, ebene Straßen zu bauen, die Straßenbautechnik der Römer, war verloren gegangen. Zwar schüttete man Dämme, sorgte für sicheren Untergrund und Entwässerung, aber die Straßendecke selbst bestand aus grob zerkleinerten Steinen,

die man einfach aufschüttete. Man überließ es den Lastwagen und Kutschen, daraus Straßen zu machen.

Kein Wunder, daß die meisten Fuhrwerke es vorzogen, *neben* diesen sogenannten Straßen zu fahren. Bei längerem Regen, im Frühjahr und im Herbst, solange der Boden noch nicht gefroren war, blieben die Reisenden häufig buchstäblich im Morast stecken. Ein Glück, wenn dann nicht noch ein Kutschenrad oder die Achse brach.

So erging es dem 67 jährigen Goethe auf der Reise »zur Allerliebsten« Marianne von Willemer am 20. Juli 1816.

Goethe schreibt ihrem Mann, Jakob von Willemer:

»Am 20. Juli, früh sieben Uhr, fuhr ich mit Hofrat Meyer von Weimar ab, um neun Uhr warf der Fuhrknecht höchst ungeschickt den Wagen um, die Achse brach, mein Begleiter wurde an der Stirn verletzt, ich blieb unversehrt. – Hierbei blieb nichts üb-

Lastverkehr auf einer Straße in Sachsen 1752. Vignette einer Reisekarte von Sachsen.

rig, als nach Weimar zurückzukehren...« Goethe, der dem Vorfall eine üble Vorbedeutung zuschrieb, hat diese Reise nicht mehr nachgeholt.

Zog in früheren Zeiten der Kaiser mit großem Gefolge und Kriegsleuten über Land, so wurden die Zäune niedergerissen und die Früchte des Feldes zertreten. Der Kaiser zog querbeet wie ein Wirbelsturm oder ein großes Unglück: eine höhere Gewalt. Bürger und Bauersmann aber, wenn es nicht gerade ihr letztes Hab und Gut betraf, fühlten sich noch geehrt.

Anders als in England konnte in Deutschland bei solchen Straßen- und Wegeverhältnissen niemals die Frage auftauchen, ob es nicht besser sei, mit den neuen fahrbaren Dampfmaschinen auf den vorhandenen Straßen zu fahren, anstatt neue Schienenwege zu bauen.

Die Straßen waren auch noch in anderer Beziehung unsicher, und wenn wir in einem Brief von Hölderlin lesen, daß er übernachtete, die geladene Pistole neben sich im rauhen Bette, so hatten er – und andere – dafür gute Gründe. Wer damals reiste, hatte die Räuberbanden zu fürchten, die sowohl einzeln Reisende wie auch Kutschen und Transporte überfielen und ausplünderten. Setzten sich Reisende zur Wehr, so büßten sie das häufig mit ihrer Gesundheit oder dem Leben. Es genügt, an die Namen Fetzer, »Schlaumännchen«, Schinderhannes zu erinnern. Schillers »Räuber« und Hauffs »Wirtshaus im Spessart« sind keine Luftgespinste, sie sind aus dem Leben gegriffen.

Ein Reisender jener Zeit, Justus Gruner, führt das Bandenunwesen – die Gänglerei – auf die schlecht organisierte und viel zu gering bemessene Polizei zurück; jeder der zahllosen deutschen Gliedstaaten besaß seine eigene Truppe, die in den kleinsten oft nur zwei Mann stark war. Dennoch trug nicht nur die

48

Kleinstaaterei daran schuld; selbst der starke Staat Preußen hatte mit dem Bandenunwesen zu kämpfen: So verkündete der preußische Minister Schulenburg 1802, daß Preußen mit der russischen Regierung vereinbart habe, die gefährlichsten Bösewichte in sibirische Bergwerke abschieben zu dürfen. 58 Banditen hatten diese Ehre.

Hier der Bericht über einen Geldtransport der Post nach Köln: Eine Bande unter Führung von Ruben Simon erfuhr von einem Geldtransport der Post, der in Langenfeld über Nacht Station machen sollte. Die Bande erreichte gegen Mitternacht Langenfeld; sie fand den Postwagen vor dem Wirtshaus, sorglich durch eine Öllampe beleuchtet, damit sich kein Unbefugter dem Wagen nähere. Die Banditen hatten ihr Spezialwerkzeug mitgeschleppt: einen vier Meter langen Baumstamm. Als die Glocke Mitternacht schlug, rammten sie die verschlossene Tür des Wirtshauses. Postfuhrmann und Wirt, die beide bei einem Glase saßen, gaben später zu Protokoll, die Tür sei von dem Stoß gesplittert, ein Scharfschütze habe die Lampe ausgeschossen und die Bande sei

Der beraubte Postwagen. Die Postkutsche im Höllental ist in einen Hinterhalt geraten; die Banditen plündern die Reisenden; die Lage scheint aussichtslos. Lithografie E. Guérard (1840).

unter gräßlichem Geschrei in die dunkle Wirtsstube gestürmt. Die Männer im Wirtshaus wurden geknebelt, Frauen und Kinder im Oberstock eingeschüchtert unter Beteuerungen, man wolle ja nur das Geld der Reichen unter die Armen verteilen, sodann wurde der Postwagen geplündert. 42 000,– DM in heutigem Geld waren die Beute, welche die Bandenmitglieder je nach Tapferkeit und Einsatz bei der Aktion unter sich teilten.

Ruben Simon wurde übrigens zwei Jahre später unter großem Beifall der Menge in Düsseldorf gehängt. Schinderhannes kam mit neunzehn seiner Komplizen in Mainz unters Fallbeil. Zu dem Schauspiel kamen 40 000 Zuschauer von nah und fern, darunter – wie der Chronist klagt – besonders viele Frauen. Aber wie bei einer Hydra wuchsen allen diesen gerichteten Gänglern und Häuptern von Banden immer neue Bandenköpfe nach. So beklagte man sich bis in die 40er Jahre des neunzehnten Jahrhunderts über das Bandenunwesen. Erst zu dieser Zeit hat der Bau der Eisenbahnen und der dadurch aufblühende Verkehr die Kommunikation unter den deutschen Staaten so erleichtert, daß die Unsicherheit schwand.

Man kann streiten, ob auf den Straßen die Unsicherheit oder die Unwegsamkeit das schlimmere Übel war. Wenn man aber sagt, daß, von wenigen guten, neuerbauten Chausseen abgesehen, Reise und Warentransport nicht viel anders vor sich gingen als zu Zeiten Homers, so muß man hier auch noch den Schiffsverkehr beschreiben, und zwar mit den glaubwürdigen Worten Baaders von 1822. Er sagt: »So befindet sich die Schiffahrt auf Strömen im allgemeinen noch größtenteils in demselben, freilich äußerst einfachen aber auch ganz barbarischen und unmechanischen Zustand, in welchem sie vor Jahrtausenden war.«

Um dies jedermann vor Augen zu führen, beschreibt Baader einen Schiff-Zug, also die Fahrt gegen den Strom:
»Wer nur einmal Gelegenheit gehabt hat, einen solchen Schiff-Zug auf der Donau, in Bayern oder in Österreich zu sehen, wo an einzelnen Stellen noch dreißig und mehr der stärksten Pferde mit ebensoviel Reutern auf ihren Rücken einen besonderen Anführer (den sogenannten Stangenreuther) mit einer langen Stange zum Sondieren des Grundes an ihrer Spitze, alle bis an die hölzernen Sättel im Wasser unter dem fürchterlichsten Geschrei und in ständiger Todesgefahr an einem oder einem paar beladener Schiffe so schwer, angestrengt und langsam schleppen, daß man zuweilen ihre Bewegung kaum gewahr wird und in banger Ungewißheit schwebt, ob das Schiff von den Pferden vorwärts oder die Pferde von den Schiffen rückwärts gezogen werden und daß der Zug am längsten Tag kaum eine deutsche Meile zurücklegt, der kann gewiß von dem mechanischen Werte unserer Flußschiffahrt keine hohe Idee haben, und denjenigen nicht unrecht geben, welche diese Schiff-Züge eine beständige Satyre auf die Mechanik nennen.«

Deutlicher kann man die erbärmlichen Zustände auf den Wasserstraßen nicht beschreiben. Es kommt hinzu, daß zu jener Zeit vor Einführung der Eisenbahn in Bayern zwar Pläne für einen Kanal zwischen Main und Donau bestanden, daß aber hier wie auch an anderen Stellen von einem Wasserstraßensystem oder auch nur einigermaßen gängigen Verbindungen nicht gesprochen werden kann.

Die Straßen schlecht und unsicher, die Flüsse kaum befahrbar, so stellt sich das Verkehrswesen zu jener Zeit dar. Doch kommt noch eine weitere und sehr gravierende Erschwernis hinzu: das Zoll- und Paßwesen. Und hier beginnt zugleich die hohe Politik.

Napoleons Feldzüge hatten in Deutschland großen Schaden angerichtet. Und doch war der große Feldherr und Zerstörer zugleich ein genialer Vereinfacher und Erneuerer, manches Mal gegen seinen Willen: Seine politischen Schachzüge, vom Rheinbund bis zur Kontinentalsperre bewirkten 1803 die Säkularisierung und Mediatisierung: die Auflösung der unzähligen kleinen weltlichen und geistlichen Fürstentümer und Gebietsherrschaften.

Der Flickenteppich des alten Heiligen Römischen Reiches Deutscher Nation verschwand mit dem alten Kaiser, der 1806 die verstaubte und blind gewordene deutsche Kaiserkrone aus der Hand legte. Franz II. dankte ab; er nahm den Titel eines Kaisers von Österreich an. Übrig blieb ein Deutschland, bestehend aus »nur noch« fünfunddreißig souveränen Einzelstaaten, Ländern und Ländchen und vier Stadtstaaten (Hamburg, Bremen, Lübeck und Frankfurt). Alle diese Groß- und Kleinstaaten waren gegeneinander und zum Teil auch gegen das Ausland von Zollmauern umgeben. Seinerzeit war das Recht, Zoll oder, wie man damals sagte, Mauth zu erheben, vom Kaiser freigebig an die Reichsstände verliehen worden. Auch Gemeinden und Private erhoben, zum Teil ohne dazu befugt zu sein, solche Gebühren. Dazu kamen Gebrauchssteuern auf den Verkehr mit Vermögensgegenständen, Taxen, Sporteln, Regalien, Stapelrechte und vieles mehr. In Preußen gab es sogar innerhalb des Landes besondere Handelszölle. »Ging eine Ware aus der Neumark in die Mittelmark, aus der Mark nach Schlesien, aus Pommern nach Preußen, so standen Zollbäume an den Grenzen der Provinzen, und der Übergang aus einer Provinz in die andere unterlag einer besonderen Abgabe. 8000 Akzise- und Zollbeamte wachten über die Verzollung von 2775 Artikeln.« (List)

So ähnlich, ja, noch schlimmer als in dem Großstaat Preußen sah es in den anderen Ländern und Ländchen aus. Während der Befreiungskriege hatten die Regierungen, die jene Handelserschwernisse und die drückenden Folgen für die Bevölkerung kannten, »keine Zeit für Reformen, da der Krieg alle Kräfte beanspruchte.« (List)

Mit dem Sturze Napoleons erwachte in Handel und Industrie überall neues Leben und neue Schaffenslust. Doch nun kamen die in England während der Kontinentalsperre erzeugten und gestapelten Güter, Rohstoffe und Maschinen spottbillig ins Land. Zugleich erließ England ein Getreideeinfuhrverbot, das besonders Norddeutschland traf, dessen bedeutendster Export Getreide war.

Diese Vorgänge, durch Mißernten noch gesteigert, lähmten den Unternehmungsgeist allenthalben; die Preise stiegen, Arbeitslosigkeit begann, sich auszubreiten: wahre Heerscharen von Handwerkern, Arbeitern, Bauernsöhnen wanderten aus. »Trostlos«, heißt es in der von Friedrich List verfaßten Petition des Handelsvereins aus dem Jahre 1819, »trostlos ist dieser Zustand für Männer, welche wirken und handeln möchten; mit neidischen Blicken sehen sie hinüber über den Rhein, wo ein großes Volk vom Kanal bis an das mittelländische Meer, vom Rhein bis an die Pyrenäen, von der Grenze Hollands bis Italien auf freiem Fuße und auf offenen Landstraßen Handel treibt, ohne einem Mauthner zu begegnen.«

In einer anderen Petition, die an die preußische Regierung gerichtet war, heißt es: »Von allen Märkten Europas sind unsere Gewerbe durch Zollinien ausgeschlossen, indes alle Gewerbe von Europa in Deutschland einen offenen Markt halten.«

Es ist bezeichnend, daß Pioniere wie Joseph von Baader zwar alle die aufgezählten Schwierigkeiten der bestehenden Transportwege anklagten, das heiße Eisen des Zoll- und Mauthunwesens jedoch nicht berührten. Selbst wo preußische Minister wie Maaßen und Bernstorff die Hemmnisse der Provinzialzollgrenzen erkannten und durch Gesetze zu ändern unternahmen, fehlte ihnen, wie anderen führenden Männern, Weitblick und Einsicht in die Zusammenhänge und Notwendigkeiten der Wirtschaft.

FRIEDRICH LIST

Es gab einen Mann, der den Mut hatte, diese hochpolitischen Probleme anzufassen. Er besaß den Weitblick und die prophetische Gabe, Deutschland als einen einheitlichen großen Wirtschaftsraum zu sehen. Er hatte in jenen Jahren der Trostlosigkeit, der Depression und der äußersten politischen Zersplitterung die Vision eines großen »nationalen Transportsystems und namentlich eines deutschen Eisenbahnsystems«. Sein Name: Friedrich List.

Zollverein und Eisenbahn, das sind Zwillinge, meinte er.

Friedrich List ist ein Genie mit allen Vorzügen und Nachteilen des genialen Kopfes. Unablässig fällt ihm etwas Neues ein, die Ideen bedrängen ihn, er hat Visionen und Gesichte. Kaum interessiert ihn ein Problem, da wirft er sich mit Leidenschaft auf die Sache, er studiert die Literatur, er sucht nach Vorgängern, die etwa darüber nachgedacht haben könnten. Er dringt in die Randgebiete der Materie ein und gewinnt Klarheit, indem er die Sache von allen Seiten betrachtet. »Wer ihn einmal sah«, so schreibt ein Zeitgenosse, »vergißt ihn bestimmt nicht wieder. Seine Augen funkelten umher, immer spielten Gewitter um seine breite Stirn und sein Mund flammte beständig wie der Krater eines Vulkans.«

Diese etwas übertriebene Schilderung gibt jedoch eine Eigenschaft Lists wider: Immer leuchtet im Zentrum seiner Bemühungen schon der eigene Gedanke: die Idee, die ihn bis zur Erschöpfung antreibt.

Zum Beispiel: ein neues Nationales System der politischen Ökonomie, ein großes deutsches Eisenbahnnetz, eine Allianz zwischen Großbritannien und Preußen, eine nationale Gewerbegesetzgebung, die Notwendigkeit einer supranationalen Posteinheit, ein weltweiter Patentschutz und vieles andere.

Ideen, die heute selbstverständlich sind; den Menschen jener Zeit aber als »luftige Träumereien«, Scharlatanerien oder schlimmer noch als »Demagogie« erschienen. List ist zu Lebzeiten kein Erfolg beschieden gewesen, jedenfalls kein Erfolg, der ihm von den Zeitgenossen zugeschrieben und gedankt worden wäre. Um das zu verstehen, muß man den Lebenslauf Lists kennen.

Genau wie bei Baader spielen auch bei List die feudalen Verhältnisse, die Macht der Krone und der rücksichtslos eingesetzte Wille einer dumpfen und rückständigen Bürokratie eine entscheidende Rolle.

Friedrich List, ein Handwerkerssohn, hat eine rasche Schreiberskarriere in Württemberg hinter sich gebracht. Er bildet sich in freien Stunden weiter, liest Bücher und da er in Tübingen beim Landrat beschäftigt ist, besucht er auch Vorlesungen. Er besteht die höhere Prüfung, wird Sekretär und Rechnungsrat im Ministerium. Dort hat er die entscheidende Begegnung mit Minister von Wangenheim. Wangenheim strebt die Modernisierung der Verfassung und Verwaltung an. Der Minister erkennt in dem jungen Beamten ein geeignetes Instrument für seine geradezu revolutionären Pläne. Wangenheim gründet an der Universität in Tübingen eine staatswirtschaftliche Fakultät und ernennt 1816 den 27jährigen List zum Professor für Staatspraxis.

Der Professor List hat großen Zulauf zu seinen Vorlesungen – spricht er doch über politische Gegenstände, die alle jungen Leute interessieren: Kontrolle der Staatsverwaltung, Gemeindeselbstverwaltung, Pressefreiheit und anderes. Im »Volksfreund aus Schwaben« schreibt er Artikel über »echte Volksvertretung, Geschworenengerichte«, Forderungen, die dem Hof und insbesondere dem König revolutionär klingen mußten.

Dr. Friedrich List (1789 – 1846).

1819 wird List auf einer Durchreise in Frankfurt während der Ostermesse von einer Anzahl von Fabrikanten und Kaufleuten angesprochen. Er wird gebeten, eine Petition an die Bundesversammlung auf Aufhebung der Binnenzölle zu verfassen.

Und das genau ist es, was List schon lange in Gedanken mit sich herumträgt, was er mit dem Stuttgarter Freiherrn von Cotta und anderen modern Gesinnten schon des öfteren besprochen hat: Freier Handel und Wandel in Deutschland! Doch noch fehlt ihm der Hebel zu diesem großen Werk, das er unternehmen will. Erst später wird er erkennen, daß die Eisenbahnen ihm dazu das nötige Werkzeug liefern werden.

List verfaßt die Petition an die Bundesversammlung und gründet den Deutschen Handels- und Gewerbeverein. Er wird sein erster geschäftsführender Konsulent.

Aber König Wilhelm I. von Württemberg, ähnlich wie im Falle von Baader König Ludwig I. von Bayern, zunächst von der Energie und dem Ideenreichtum des jungen Mannes angetan, sieht diese Sache kritischer. Nach dem Sturze Wangenheims bekommen die reaktionären Kräfte, die kleinlichen Bürokraten der Rheinbundszeit, wieder die Oberhand. Unter ihrem Einfluß und nach ihrer Deutung sieht das Vernünftige bösartig aus, das Spontane wirkt berechnet, und der Geniestreich wird zum Vergehen. Ohne Erlaubnis der Regierung in fremdem Lande zu verhandeln, Petitionen an den Bundesausschuß zu senden und einen Verein zu gründen – was ihm, Friedrich List, eigentlich einfalle?

List begreift, daß man nach einer Gelegenheit sucht, ihn los zu werden. Er resigniert: Er bittet um Entlassung aus dem Staatsdienst. Damit ist er Beruf, Titel und Pension los. Im Grunde atmet er auf. Seit Wangenheims Entlassung fühlte er sich auf dem Professorenstuhl vereinsamt, ja, bedroht. Jedes seiner Worte wurde mitgeschrieben und an den Hof nach Stuttgart berichtet.

Er verfaßt eine Petition, in der er Schikanen des württembergischen Beamten- und Schreiberwesens aufzeigt und um Abhilfe bittet, auch sachdienliche Vorschläge macht. Das ist dem König zuviel. Jetzt wird List wegen »Beschimpfung der Staatsdiener« als Demagog angeklagt, aus der Kammer ausgeschlossen und zu einer Festungshaft von zehn Monaten verurteilt.

Er flieht, er kommt zurück, er hofft auf des Königs Gnade: Hier wird er enttäuscht. Er wird verhaftet, und nur die Fürsprache hoher Gönner, unter anderem des Freiherrn von Cotta, befreit ihn aus der Haft. Er wird nach Stuttgart gebracht und verhört. Dabei erwähnt er, daß Lafayette, der berühmte französische General und Staatsmann, Freiwilliger im Krieg der Vereinigten Staaten gegen die Engländer, ihn nach USA eingeladen habe. Jetzt schlägt ihm die württembergische Regierung ein Tauschgeschäft vor: Er wird aus der Haft entlassen. Er wird – ein ganz modernes Verfahren, wie es die Sowjetunion gegen Solschenyzin angewandt hat –, ausgebürgert. Der Rest der Strafe wird ihm geschenkt gegen das Versprechen, nach Amerika auszuwandern. Seine Frau und seine Familie darf er mitnehmen. List ist mit allem einverstanden; was bleibt ihm anderes übrig?

Am 26. April 1825 schifft sich List ein; am 10. Juni landet sein Schiff in New York. List wird von Lafayette feierlich empfangen; er darf ihn auf seinem Triumphzug durch die Staaten begleiten. Man schätzt sehr rasch in den USA Lists Kenntnisse und seine offene Sprache. Er schreibt: »Eines schönen Tages wird sich dieses Kolonistenvolk zur ersten See- und Handelsmacht der Erde emporschwingen. Sein Kontrahent wird das russische Reich sein.«

Er sieht sich im Lande um. Bei einem Ausflug ins Gebirge entdeckt er mächtige Steinkohlenlager. Er gründet eine Gesellschaft, kauft das Land und fängt an, die Auswertung der Lager zu erforschen. Wie schafft man die Kohlen aus der Wildnis in das Industriegebiet?

Dabei entdeckt er ein Problem, das ihn schon früher bei seinen handelspolitischen Studien beschäftigt hatte. Ihm wird immer klarer, welche Rolle ein Transportsystem in der Volkswirtschaft spielt.

Schon lange verfolgt List die Pläne zum Bau von Eisenbahnen, er hatte von Baaders Bemühungen gehört, er wußte von den englischen Bahnplänen: Die Strecke Stockton – Darlington ist im Bau.

Er korrespondiert mit Baader, der inzwischen seinen Widerstand gegen die wandelnden Dampfmaschinen aufgegeben hat. Jetzt nennt Baader sie »fortschaffende Maschinen«, was entschieden positiver klingt. List begrüßt das Vorhaben, eine Versuchsstrecke Nürnberg – Fürth zu bauen. Aber das genügt ihm nicht. Zugleich schlägt er weitere Strecken vor, die von Nürnberg ausgehen sollen. Er hört, daß Baader nicht allein für den Gedanken der Eisenbahn kämpft.

Friedrich Harkort, Sohn eines Stahl- und Eisenhammerbesitzers, schreibt 1825 im »Hermann«, einer Zeitschrift, die in Hagen erscheint, von der Notwendigkeit, in Deutschland Eisenbahnen zu bauen. Es ist der überschwengliche, allegorische Stil jener Zeit, wenn es da etwa heißt: »Es sei Zeit, den Triumphwagen des deutschen Gewerbefleißes mit rauchenden Kolossen zu bespannen...« In einer Musterfabrik will Harkort den Wettbewerb gegen England aufnehmen; er kauft eine alte Ritterburg bei Wetter, und die mechanische Werkstatt Harkort & Co., wird mit Erfolg eröffnet und betrieben: Auch er hat den Kopf voll großer Ideen, tritt ein für Reformen Im Gerichtswesen, für die Hebung der Volksschulen, für die Er-

Friedrich Harkort (1793 – 1880).

haltung bedeutender Kunstwerke und endlich für den Plan einer Eisenbahn von Minden nach Köln. Zusammen mit einem Baumeister entwirft er den Plan für eine Verbindung zwischen Rhein und Weser, und in seinem Garten bei Wetter fährt, für das Publikum zugänglich, eine Probebahn. 1826 schlägt er vor, Elberfeld, Köln und Duisburg durch eine Eisenbahn mit Bremen oder Emden zu verbinden, um den hohen Zöllen Hollands aus dem Wege zu gehen.

1835, als die erste Eisenbahn eröffnet wird, schreibt er: »Heute sind es gerade zehn Jahre, daß ich im »Hermann« zum ersten Male über Eisenbahnen schrieb. Großes hätte man in Preußen erreichen können, wenn die Sache damals energisch angegriffen worden wäre ... Aber die deutsche Schlafmützigkeit, statt den Triumphwagen des Gewerbefleißes mit rauchenden Kolossen zu bespannen, kommt vor lauter Bedenken und Erwägungen nicht zur Tat. Wir haben noch nicht eine Meile Bahn, und unsere Nachbarn, das junge Belgien voraus, schöpfen das Fett von der Suppe!«

Auch Harkort trifft das Schicksal des Staffelläufers. Zwar werden die Strecken, die er vorgeschlagen hat, die Köln-Mindener Eisenbahn wie auch die bergisch-märkische Eisenbahn so gebaut, wie es seine Pläne vorgesehen hatten, aber seine eigenen Unternehmungen leiden unter der Geschäftigkeit, mit der er seine Ideen an den Mann zu bringen versucht: Seine Fabrik muß schließen, seine Burg wird versteigert. Auch das erste Schiff der von ihm geplanten rheinischen Dampfschifffflotte kommt unter den Hammer. Er verdient seinen Unterhalt als Schriftsteller und Politiker.

Während es Harkort dabei um ganz bestimmte Strecken und um die Lösung einzelner konkreter Verkehrsprobleme geht, erkennt List aus der Distanz, aus der großen räumlichen Entfernung vom Heimatland, daß die Eisenbahn mehr sein kann als nur ein neuer, besserer Weg, wie das Harkort und Baader dargelegt haben. List fängt an, die Eisenbahn in seine Ideenwelt einzuplanen. Er denkt dabei nicht an die Vereinigten Staaten, in denen er jetzt lebt. Er denkt nicht einmal so sehr an sein Problem, wie er die Kohlen aus den Gruben an den Schuylkill-Kanal bringt; dieses Problem wird Friedrich List lösen, und zwar, indem er selbst eine Eisenbahn baut. Er beginnt auch sofort damit, die notwendigen Vorkehrungen zu treffen. Es wird die zweite Eisenbahn sein, die in den USA entsteht.

Der Ausgebürgerte denkt auch jetzt noch vor allem an Deutschland, und er hat dabei eine ungeheure Vision. Er erzählt selbst: »Mitten in den Wildnissen der blauen Berge träumte mir von einem deutschen Eisenbahnsystem. Es war mir klar, daß nur die Eisenbahnen ein solches Nationalsystem ermöglichten. Und nur durch ein solches Nationalsystem könnte die Handelsvereinigung – der deutsche Zollverein – in volle Wirksamkeit treten.«

List erkennt plötzlich, welch ungeheure Chance für das zersplitterte, uneinige Deutschland in der Eisenbahn liegt. Die Eisenbahn als Hebel, ein großes volkswirtschaftliches System zu errichten; die Eisenbahn als ein eisernes Band, dem das geistige Band folgen müßte. Das ist seine Grundidee, und das unterscheidet ihn von allen anderen, die jetzt so glühend für den eisernen Weg in Deutschland werben.

England, ein zentralregierter Staat, hat ein vorzügliches Straßensystem, ergänzt durch viele Kanäle. Frankreich verfügt ebenfalls dank Napoleon über ein gut ausgebautes Straßen- und Kanalnetz: Für die beiden Länder sind die Eisenbahnen nur eine zusätzliche, allerdings wesentliche Verbesserung ihrer schon vorhandenen Systeme. In England und Frankreich gibt es keine Binnenzölle, sie sind zentral regierte souveräne Staaten ohne innere Landesgrenzen.

In Deutschland existieren nur wenige gute Straßen; einige Kanäle, wie zum Beispiel der Ludwigs-Kanal in Bayern, sind erst im Entstehen begriffen.

Also würde ein deutsches Eisenbahnsystem mit einem Schlage die mißliche Industrie- und Handelssituation beenden. Deutschland würde stark und konkurrenzfähig werden. Die Bahnen würden sich wie ein eisernes Band um all die vielen Ländchen schlingen.

Mehr noch! List sagt sich: »Der materiellen Vereinigung folgt aber immer auch die geistige.« Alle Länder würden in den von ihm angestrebten großen Zollverein eintreten. Deutschland wäre ein einziger großer Handelsraum mit nur einer Grenze, nämlich der zum Ausland. List begriff: »Der Zollverein und die Eisenbahn sind Zwillinge.«

Auf den glatten, stählernen Schienen würde ein nie zuvor gesehener Personen- und Gütertransport rollen. Die Eisenbahnen würden in Verbindung mit den Produktivkräften der Landwirtschaft, der Industrie und des Handels großen nationalen Wohlstand erzeugen.

Das ist seine Vision, und das muß er den Deutschen, seinen Landsleuten sagen! Er muß es vor allem den Regierungen erklären. Er weiß, welchen Widerstand er antreffen wird; aber wenn er die Öffentlichkeit in Bewegung setzt, muß dieser Plan eines großen nationalen Transportsystems als Grundlage eines nationalen deutschen Handelssystems allen einleuchten. Er muß verwirklicht werden!

Nun geschieht etwas Ungeheuerliches: Der aus seinem Heimatland ausgebürgerte List, der sich mit Frau und Kindern im fremden Land eine eigene, zukunftsreiche Existenz aufgebaut hat, dieser Mann der schlechten Erfahrungen mit Thronen und Königen und Bürokraten, dieser Mann läßt alles im Stich und kehrt zurück, besessen von seiner Idee.

1833 zieht er mit seiner Familie nach Leipzig; dort ist ihm das Generalkonsulat für die Vereinigten Staaten angeboten worden. Auch hier wirbt er für den Gedanken eines allgemeinen Eisenbahnsystems. Wir würden heute sagen: eines Netzes. Er glaubt, in Sachsen mehr Verständnis zu finden als in den anderen deutschen Staaten.

Zuerst geht es ihm wie überall: Man hält ihn für einen Erbauer von Luftschlössern. Man tuschelt über ihn als einen verrückten Amerikaner und verlacht ihn. Und das, obwohl Lists erstes großes Ziel – der deutsche Zollverein – eben in diesem Jahr unter der Führung Preußens zustande kommt. Das Zustandekommen ist jetzt so gesichert, daß man den Mann, der seit 1819 für diese Idee geworben und darum gekämpft hat, völlig vergißt.

Da erscheint 1833 in Leipzig seine Schrift:

»Über ein sächsisches Eisenbahnsystem als Grundlage eines allgemeinen deutschen Eisenbahnsystems und insbesondere über die Anregung einer Eisenbahn von Leipzig nach Dresden«.

Titel der 1833 erschienenen Schrift Friedrich Lists.

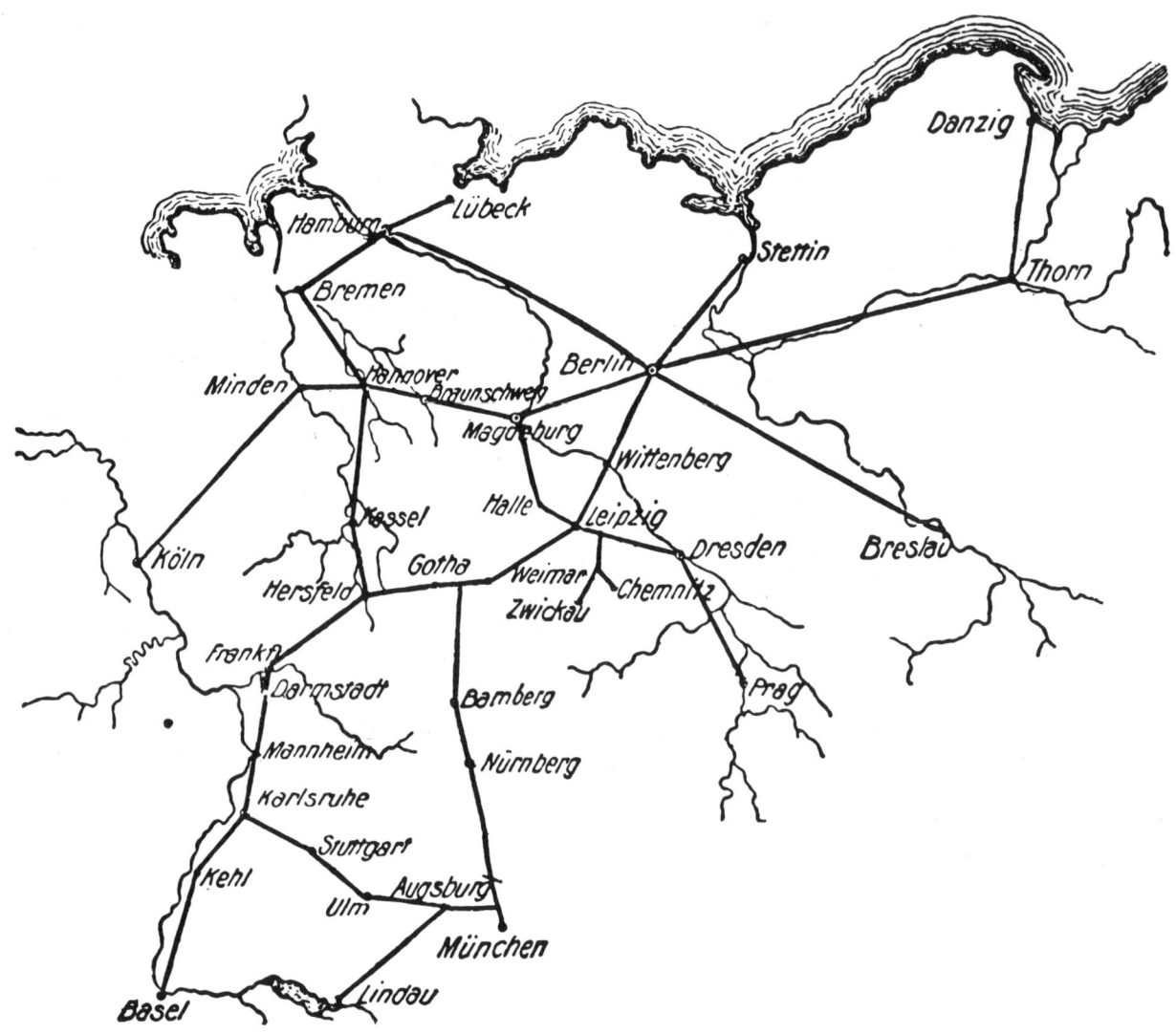

Lists Entwurf zu einem deutschen Eisenbahnnetz aus dem Jahre 1833.

Die Schrift geht in 1500 Exemplaren an alle Behörden des Staates, der Stadt und an alle Einwohner, die einen Einfluß im öffentlichen Leben haben. List, der inzwischen ja selbst praktische Erfahrungen in der Kalkulation und in dem Bau von Eisenbahnen besitzt, gibt darin eine Kostenrechnung, legt einen Gesetzentwurf zum Zweck der Bildung einer Aktiengesellschaft vor und fügt zum Schluß der Schrift, die zugleich als Eingabe an die hohen und höchsten Behörden in Sachsen abgefaßt ist, eine Karte bei. Diese Karte ist einer näheren Betrachtung wert. Gewiß gibt es ähnliche Karten, die später entstanden sind, aber sie fußen zum großen Teil auf Lists Entwurf oder sie sind unvollständig und, was schlimmer ist, unprak-

tisch. Lists Karte enthält, so unglaublich es klingt, alle bedeutenden Strecken Deutschlands, gewissermaßen das Grundnetz, wie es tatsächlich gebaut worden ist. Berlin ist zentraler Knotenpunkt, ebenso Leipzig, alle großen und wichtigen Städte sind miteinander verbunden. Österreich hat List ausgelassen, er weiß, daß die Verhältnisse dort sehr schwierig sind. Doch sind Kehl enthalten und Basel, Lindau, München und Prag, Breslau, Thorn und Danzig, die Hansestädte und alle wichtigen heutigen Magistralen.

Lists Schrift von 1833 ist noch heute lesenswert. Weit über den Grundgedanken hinaus enthält sie interessante Anregungen: Der zentrale Gedanke ist die

Der erste französische Dampfzug war mit Marc Séguins Lokomotive (1829 konstruiert) bespannt. Die Lokomotive hatte Blasebälge zum Anfachen des Feuers und einen Flammrohrkessel.

Kommunikation: »Ein Land ohne Kommunikationen«, sagt List, »ist ein Haus ohne Treppen, ohne Türen und Gänge...« Und er fährt fort: »So würden allmählich mit der Erweiterung der Transportmittel auch die Erweiterung der Zirkulationsmittel vor sich gehen, und wären die Eisenbahnen so weit vorgerückt, daß ein Staat den anderen mit seinen Bahnen erreichte, so würde auch schon die Idee einer Nationalbank zur Ausführung reif sein, wodurch in den deutschen Binnenverkehr erst Schwungkraft und Gleichförmigkeit der Bewegung käme.«

Dazu muß man wissen, daß »in ganz Deutschland nur preußische Noten zirkulieren, deren Totalsumme sich auf 17 Millionen Taler beläuft.« Tatsächlich hat der ungeheure Geldbedarf der Gesellschaften, die das große Streckennetz des Jahrhunderts bauten, zur Gründung der deutschen Banken und insbesondere der deutschen Nationalbank, der Reichsbank 1876, entscheidend beigetragen.

Um seinen Lesern den großen Gedanken einer Na-tionalbank und eines einheitlichen Währungssystems noch deutlicher zu machen, gibt der Professor der Staatswirtschaft kurzweiligen ökonomischen Unterricht über die Natur des Geldes. So hat bis zu dieser Zeit niemand über volkswirtschaftliche Themen gesprochen:

»Unter allen leblosen Gegenständen gibt es keinen, der von so anmutiger Natur wäre als die Taler. Sie rennen täglich und stündlich nach Geschäften, und finden sie keine im Lande, so wandern sie aus.« Welch' wunderbares Gesprächsthema für einen Disput zwischen Kapitalisten und Marxisten!

Am Rande erwähnt List, daß die Herstellung des großen französischen Eisenbahnsystems und die dazu ergangenen modernen Enteignungsgesetze auf einem von ihm im Oktober 1831 im »Konstitutionel« publizierten Brief beruhen.

Am Ende weist List noch einmal nachdrücklich auf den wirtschaftlichen Aufschwung hin, den die

Ankunft Ihrer Majestäten des Kaisers und der Kaiserin von Oesterreich in St. Magdalena, bey Eröffnung der Eisenbahn von Linz nach Budweis am 21.ten Juliy 1832.

Pferdeeisenbahn von Budweis nach Linz, eröffnet am 21. Juli 1832.

Eisenbahn als Kommunikationsmittel bringen wird.

»Es ist fast unglaublich, wie sehr in den alten Ländern durch die Kommunikation alle Grundstücke im Werte gehoben und alle Zweige der Industrie ermutigt werden. Die Eisenbahnen aber, die um so viel mehr und so viel schneller wirken als Chausseen und Kanäle, werden auch hier in Sachsen und in Deutschland bald einen Begriff von diesen außerordentlichen Wirkungen geben.«

Und noch ein Zitat:

»Nach den Erfahrungen, die ich hier gemacht habe, dürfte ein allgemeines Eisenbahnsystem im Königreich Sachsen in den ersten Jahren den gesamten Wert des Grundvermögens im Königreich und die gesamte Nationalproduktion um zehn Prozent vermehren.« Wenn das kein Appell war!

Die Schrift erregt außerordentliches Aufsehen. Doch selbst ein Eisenbahnpionier wie Friedrich Harkort schüttelt den Kopf; er bezeichnet die Pläne als »abenteuerlich« und erklärt sie »nur durch das bekanntlich sehr exaltierte Wesen des List«. An solch einer Äußerung erkennt man, wie weit voraus Friedrich Lists Pläne lagen; es bedurfte selbst für Fachleute der Jahrzehnte, um in die Gedanken und Pläne Lists hineinzuwachsen.

List wird in das Komitee zur Ausführung der Bahn von Leipzig nach Dresden gewählt; ein Komitee, das er selbst zusammengerufen hat. Er fährt nach Dresden und erreicht dort die Genehmigung des Projektes durch das Staatsministerium. Alles scheint sich nach Lists Plänen günstig zu entwickeln. Nachdem so viel darüber geredet und geschrieben worden ist, ist man in Deutschland gespannt, wer nun endlich den ersten Schritt tun wird. Wo wird der erste Zug fahren? Auf der Strecke von Leipzig nach Dresden oder von Nürnberg nach Fürth?

Seit 1830 fährt in Österreich-Ungarn eine Pferdebahn von Prag nach Lána. Eine französische Lokomotivstrecke ist seit 1832 zwischen St. Etienne und Lyon in Betrieb. Und Franz Anton Ritter von Gerstner eröffnete 1832 eine 127 km lange Pferdebahn von Budweis nach Linz.
Im Bau ist auch, wie man in ganz Europa weiß, eine Bahn von Brüssel nach Mecheln, Teilstück einer Strecke, von der Harkort sagte, mit ihr schöpfen die Belgier das Fett von der Suppe...

IV Plan einer Eisenbahn mit Dampfkraft zwischen Nürnberg und Fürth

PLAN UND WAGNIS

Die Frage, wer denn eigentlich die erste Bahn in Deutschland gebaut habe, ist deshalb wichtig, weil von ihr der maßgebende Anstoß für den Bau aller anderen deutschen Bahnen ausging, weil sie den Beginn der industriellen Revolution in Deutschland bezeichnet und weil ihr Erbauer im Bewußtsein handelte, hier ein großes und wichtiges Werk für seine Mitmenschen zu vollbringen. Pläne gab es allenthalben; aber das Geld und vor allem der Mut des Vorreiters fehlten. Diplomatie hohen Grades war vonnöten, um einen skeptischen Monarchen und ein widerspenstiges Ministerium zur Genehmigung zu bringen. Das glückliche Gelingen und die hohe Ertragskraft der Bahn hat später allen anderen Unternehmungen Mut gemacht und Schwung verliehen.

Eine andere Frage ist, wer den ersten Impuls zu dieser verdienstvollen Leistung gegeben hat. Hier ist der Journalist Leuchs zu nennen, ein Name, der fast vollständig in Vergessenheit geraten ist.

Und eine immer neu gestellte Frage ist es endlich, warum denn die erste Bahn gerade zwischen Nürnberg und Fürth gebaut wurde. Diese letzte Frage ist insofern berechtigt, als nach dem Erfolg der ersten Eisenbahn von Stockton nach Darlington im Jahre 1825 der Eisenbahngedanke auch in Deutschland überall Auftrieb erhielt. Aber die Lage im wirtschaftlich armen Deutschland war anders als in England. England war reich – es hatte die napoleonische Bedrohung erfolgreich überstanden, Handel und Wandel blühten, und große Kapitalmassen warteten darauf, investiert zu werden.

In den Ländern des Deutschen Bundes war von einer Staatsbeteiligung überhaupt keine Rede. Die öffentliche Meinung schließlich, darüber klagten alle fortschrittlichen Kräfte in den deutschen Landen, war sogar ausgesprochen gegen den Bau der Eisenbahnen eingenommen.

Da waren unter dem Einfluß Friedrich Harkorts zum Beispiel die Städte Elberfeld und Barmen, welche Eisenbahnpläne studierten. 1826 fuhr im Garten des Museums in Elberfeld eine kleine Probebahn im Kreis herum. Das war ein Spektakulum; aber es war zugleich auch ein Werbeunternehmen, das in ähnlicher Weise in vielen Städten Europas stattfand, so zum Beispiel 1834 in Wiens Prater. Dahinter standen immer Männer, die für den Gedanken der Eisenbahn warben: Aber die meisten Zuschauer hielten es schlechthin für eine Jahrmarktgaudi.

Das preußische Staatsministerium zeigte sich wohlwollend bei der Erörterung von Eisenbahnplänen zwischen dem Kohlenrevier und dem Wuppertal. Der Plan einer Eisenbahn zwischen Minden und Köln im Jahre 1832 wurde von der Regierung sogar durch Anlage einer Probebahn gefördert. Aber die Finanzkreise, deren Mithilfe unerläßlich war, hatten, wie es heißt, bei auswärtigen Unternehmungen größere Summen eingebüßt: die Eisenbahn wurde nicht gebaut.

Einige besonders Kluge kamen auf den Gedanken, die Engländer an deutschen Vorhaben zu interessieren. Denn diese hatten Geld und das notwendige Know how. Doch die Engländer lehnten ab; in ihren Zeitungen sah man Karrikaturen, in denen die unbeholfenen und rückständigen Deutschen mit ihren Eisenbahnphantastereien verspottet wurden.

Ums Geld ging es letzten Endes auch bei dem Vorhaben, zwischen Nürnberg und Fürth eine Bahn zu bauen. 1814 hatte Baader als erster diese Strecke vorgeschlagen und den Plan in den späteren Jahren immer wieder hartnäckig verfochten.

EISENBAHNFIEBER

Tatsächlich waren die Verhältnisse nirgends günstiger als zwischen diesen beiden Städten, zwischen Nürnberg und Fürth. Die Entfernung beträgt nur 6,42 Kilometer. Die Strecke ist fast eben und durch Wasserläufe nicht unterbrochen, der Boden fest. Irgendwelche sonstigen technischen Schwierigkeiten bestanden nicht.

Beide Städte hatten zu der Zeit einen starken Verkehr aufzuweisen: Handel, Industrie und Gewerbe waren im Wachsen begriffen. Nürnberg, schon bisher der Hauptplatz des Warengroßhandels im Königreich Bayern, hatte sich zu einem Warenexportzentrum entwickelt. Es gab um 1825 dort schon mehr als hundert Handelshäuser von europäischem Rang, unter ihnen vierzig Spezialexporthandlungen, die Verbindung in alle Welt hatten.

Ein besonderer Umstand, der in der deutschen Eisenbahnliteratur nicht genannt wird, trug noch zur Verkehrsbelebung bei: Die zahlreichen in Fürth ansässigen Juden, zumeist Kaufleute*), durften sich in der Stadt Nürnberg nur tagsüber aufhalten; sie mußten abends nach Fürth zurückkehren. Denn noch war die in Westdeutschland erfolgte Emanzipation der Juden, die unter vielen derartigen Beschränkungen litten, in Bayern nicht vollzogen worden. Sie wurde auch im übrigen deutschen Bund nur schrittweise eingeführt.

Das Niederlassungsverbot für die Juden in Nürnberg war deshalb zu kontrollieren, weil die Stadt noch

*) Der bekannte ehemalige amerikanische Außenminister Henry Kissinger ist in Fürth geboren.

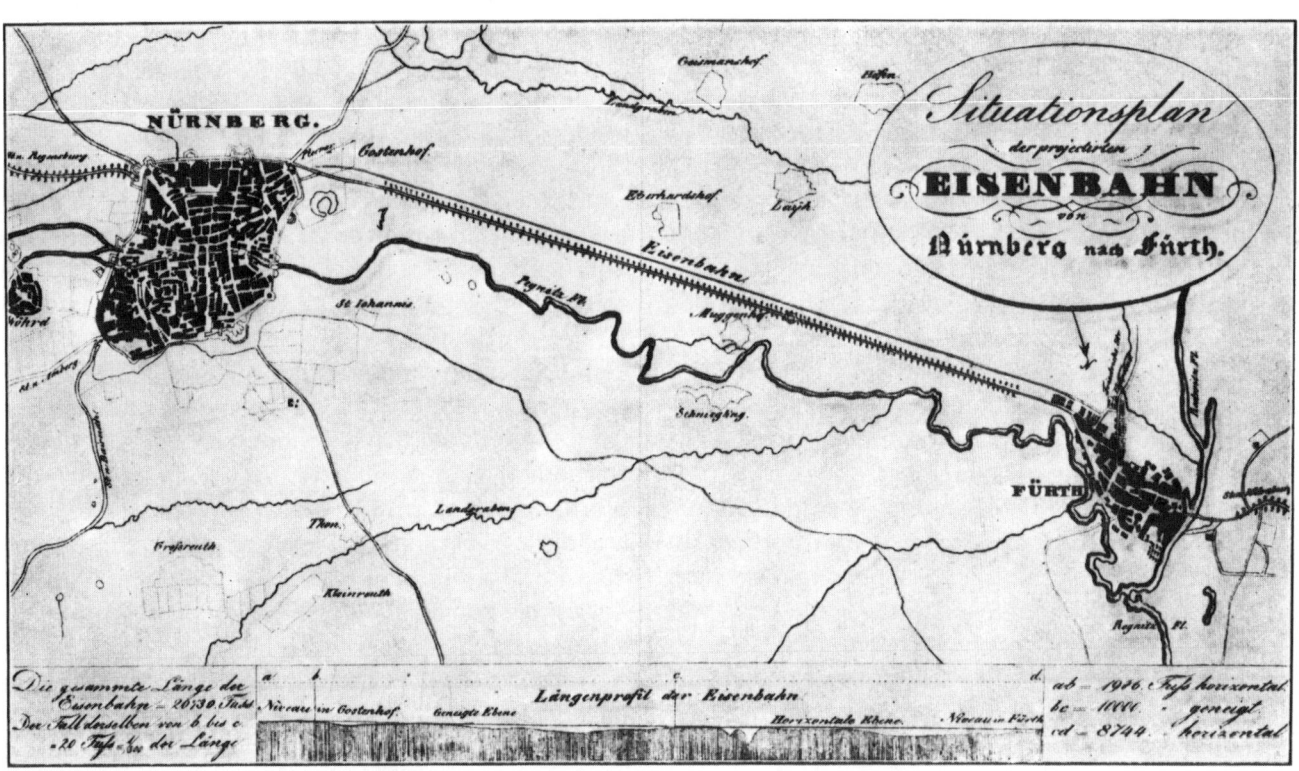

Strecke Nürnberg – Fürth nebst Längenprofil.

immer von Mauern umgeben war, deren Tore morgens geöffnet und abends geschlossen wurden. Die hin- und herfahrenden Juden sowie die sonstigen umfangreichen Geschäftsbeziehungen zwischen den beiden Städten hatten einen lebhaften Fiakerverkehr aufkommen lassen, der weitgehend in den Händen der Fürther Juden lag.

Bei einer Durchreise durch die fränkischen Landesteile, die erst 1806 zu Bayern gekommen waren, sagte König Ludwig I. in Fürth zu dem Ersten Bürgermeister von Bäumen am 27. September 1826: Er, der König, sei dem Bau einer Eisenbahn zwischen den beiden Städten nicht abgeneigt. Er sagte sogar, er wolle dieses Unternehmen befürworten. Er ging noch einen Schritt weiter : Er veranlaßte ein Schreiben des bayerischen Innenministers Grafen Armansperg an den Handelsvorstand von Nürnberg am 11. November 1826. Das Schreiben war adressiert an die Herren Handelsvorsteher Platner, Merkel, Huber und an den Kaufmann Cnopf. Hierin machte der Innenminister klar, was der König mit dem Wort Unterstützung meinte: Der Staat wolle die Aufnahme und das Nivellement der Strecke sowie die Leitung des Baus auf seine Kosten übernehmen – alle anderen Kosten sollte ein Privatverein, der für den Eisenbahnbau zu gründen wäre, selbst tragen. Wie viel davon zu halten war, das sollte sich später erweisen!

Nach halbjährigem Hin und Her wurde vom König der Ingenieur Friedrich August Pauli als Gutachter benannt. Aber auch der Handelsvorstand war nicht müßig geblieben. Bei einer ersten Besprechung 1826 in Dambach bei Fürth am Fuß der alten Veste beschloß man, den landesväterlichen Wünschen möglichst zu entsprechen. Hatte man den König mißverstanden?

Er hatte früher einmal gesagt, daß man der Eisenbahn den Personenverkehr, dem Kanal aber, der schon damals immer im Gespräch war, den Güterverkehr lassen solle. Im Protokoll der Vorbesprechung steht jedoch, man sei zusammengekommen, um die Errichtung einer Eisenbahn für alle Arten von »Güterfuhrwerk« zwischen Nürnberg und Fürth zu besprechen. Demgemäß beschloß der Handelsvorstand, zunächst einmal »Vorerhebungen über die Transportmenge zwischen den beiden Städten zu treffen«. Was die Art der Bahn betraf, so wollte man

die Beurteilung von Baaders Versuchen im Nymphenburger Garten Ende 1826 abwarten. Noch immer handelte es sich dabei nur um eine Eisenbahn mit Pferdebetrieb.

Der Handelsvorstand handelte diplomatisch: Er veröffentlichte die Voranschläge und gab sie dem Kollegium der Marktadjunkten zur Begutachtung weiter. Die Marktadjunkten als Gehilfen des Handelsvorstandes waren auch seine Stellvertreter, ja, sie galten sogar als potentielle Nachfolger. Man gab eine Sache, der man kritisch gegenüberstand, dem Kollegium der Marktadjunkten also einem nachgeordneten Gremium, wenn man sie auf eine nicht belastende Art ablehnen wollte.

Das Kollegium lehnte auch prompt ab mit einer Gegenstimme, der Stimme von Johann Christian Merk. Die Ablehnung des Marktadjunkten Johannes Scharrer, des späteren ersten Direktors der Ludwigsbahn, ist erhalten: »Für den Verkehr zwischen den beiden Städten ist durch die vorhandene Chaussee hinreichend gesorgt, und es genügt, ohne in nutzlosen Aufwand zu fallen, die Chaussee in gutem Zustand zu halten. Wenn der Staat sich die Verbesserung der Verkehrswege zur dankenswerten Aufgabe macht, so sollte er doch zuerst die Hemmungen und Hindernisse wegräumen, welche auf so vielen anderen Kommunikationspunkten im Wege liegen.«

Die Äußerung sagt, daß Scharrer von der Eisenbahn nichts hielt, jedenfalls im Jahre 1827 nicht. Mit einer gewissen Gereiztheit wies er auf vordringlichere Aufgaben des Staates hin: Beseitigung der Zollschranken. Scharrer wußte sich darin mit dem führenden Kopf des Nürnberger Handelsvorstandes, dem Kaufmann Platner einig.

Um gerecht zu sein, muß man sagen, daß sich die Lage 1833, als das Projekt wiederaufgegriffen wurde, wesentlich verändert hatte: Zwischen Bayern und Württemberg war 1832 ein Zollverein entstanden, und die Verhandlungen waren so weit gediehen, daß man in Kürze auch für den deutschen Bund einen Zusammenschluß zu einem Zollverein erwartete; einen mitteldeutschen Handelsverein, dessen Spitze sich gegen Preußen richtete, gab es bereits. 1833 gründete dann Preußen unter Einschluß der beiden bereits bestehenden Zollvereine den Deutschen Zollverein, allerdings ohne Österreich.

62

Am 27. Oktober 1827 wird das Abstimmungsergebnis des Kollegiums der Marktadjunkten bekannt. Das Projekt ist abgelehnt. Man hört davon nichts mehr.

Die Idee aber, die jetzt nur mit kleiner Flamme brennt, erhält immer wieder neue Nahrung durch Nachrichten aus dem In- und Ausland. Das »Eisenbahnfieber«, wie man damals sagte, geht um. Einige Nürnberger und Fürther Bürger sind davon infiziert. Erhard Friedrich Leuchs, der Herausgeber der »Allgemeinen Handelszeitung« in Nürnberg nährt das Feuerchen, indem er bewußt Berichte über die glänzende finanzielle Situation der Stockton – Darlington Bahn bringt, indem er die Liverpool – Manchester Strecke preist (1826–1830) und indem er über die Eröffnung der österreichischen Bahn Budweis – Kerschbaum 1828 und die Einweihung der französischen Teilstrecke Andrézieux – St. Etienne 1829 berichtet. Er vergißt auch nicht zu erwähnen, daß man sich in Preußen und in Sachsen mit Bauplänen trage.

Inzwischen scheint aus dem Saulus Scharrer ein Paulus geworden zu sein. Er, der das Bahnprojekt so entschieden abgelehnt hatte –, die umliegenden Städte bezeichneten am Anfang die Bahn als »Nürnberger Spielwaare« reicher Nürnberger Kaufleute – soll, wie vermutet, bei einer Dienstreise nach Berlin im Auftrag der Regierung von dortigen Eisenbahnfachleuten bekehrt worden sein. Doch auch der wichtigste Mann im Handelsvorstand, Platner, scheint jetzt vom Nutzen einer Bahn überzeugt.

Wer war es nun, der die große Tat unternahm, Platner oder Scharrer?

Nach dem vorliegenden Schrifttum bis zum fünfzigjährigen Jubiläum der Bahn 1885 ist es eindeutig Platner. Seit Hagens Festschrift zu diesem Jubiläum aber ist es Scharrer, dem jetzt das Verdienst zugesprochen wird, »den Gedanken des Eisenbahnbaus zwischen Nürnberg und Fürth angeregt und ausgeführt zu haben«.

Ja nach Ausführlichkeit der Darstellung findet man den Namen Platner nur am Rande oder gar nicht erwähnt. Am auffälligsten ist dies in dem Jubiläumsband der Deutschen Reichsbahn von 1935. Darin wird Johannes Scharrer in einem besonderen Artikel als Pionier der Eisenbahn vorgestellt und nebenbei erwähnt, daß er das große Werk mit seinem Freunde Platner und anderen zusammen vollbracht habe. Von Scharrer findet sich ein Bild; Platner findet man auf Professor Heims unhistorischem Riesenbild von der Eröffnung der Nürnberg – Fürther Eisenbahn bescheiden im Hintergrund mit anderen Honoratioren. Im Vestibül des Nürnberger Verkehrsmuseums ehrt man Scharrer, Harkort, List und Dorpmüller mit einer Büste. Die Büste Platners sucht man vergebens.

Erst Wölfel in seiner Schrift zur »Unternehmerpersönlichkeit« (1933), Wolfgang Kurt Mück in einer ausgezeichneten Dissertation (1968) und Strössenreuther (1970) kehren zur ersten Auffassung zurück.

Studiert man allerdings die Quellen, so tritt die Wahrheit zutage. Glücklicherweise sind die Akten zum Eisenbahnbau im Verkehrsmuseum in Nürnberg, aber auch andere Quellen in Staats- und Stadtarchiven sowie die Ministerialakten fast vollständig erhalten.

RUHM UND RISIKO EINER EISENBAHN MIT DAMPFKRAFT

Der Paukenschlag, der das seit 1827 schlummernde Projekt zur günstigen Stunde wiedererweckte, kam von dem Journalisten und Zeitschriftenherausgeber Leuchs, demselben, der jahrelang das Eisenbahnfieber durch entsprechende Berichte genährt hatte.

Am 1. Januar 1833 veröffentlichte Erhard Friedrich Leuchs in seiner Zeitschrift »Allgemeine Handelszeitung« in Nürnberg den »Aufruf zur Gründung einer Eisenbahn von Nürnberg nach Fürth«.

Es ist zugleich die erste deutsche Schrift, die für den Bau einer Eisenbahn wirbt. Ähnlich wie Lists im selben Jahr erscheinende Schrift »Über ein sächsisches Eisenbahnsystem . . .« informiert Leuchs zunächst über den Gedanken der Eisenbahn im allgemeinen. Er berichtet über die gebauten Strecken in aller Welt und die Pläne, die in den Ländern des deutschen Bundes existieren. Es folgt eine Kalkulation, die Anlagekosten von 150 000,– Gulden, Unkosten von 22 500,– Gulden und eine Rentabilität von 12 bis 15 v. H. voraussieht – eine Schätzung, die geradezu prophetisch war. Man darf annehmen, daß Leuchs diese Zahlen bei den Experten von Baader über List bis Pauli, die er alle kannte, sehr sorgfältig recherchiert hat.

Dann, wohl unter dem Einfluß von Lists Zeitungsartikeln, folgen in diesem Aufruf Ausführungen über den Nutzen für Handel und Verkehr und endlich die Beurteilung der Nürnberg-Fürther-Strecke als »kleiner ruhmvoller Anfang zu größeren Unternehmungen«. Der Aufruf schließt mit einem Appell an den Lokalstolz: Man solle sich beeilen, Süddeutschland den Ruhm der ersten Eisenbahn zu sichern.

Die Zielgruppe, an die Leuchs diese erste Eisenbahn-Werbeschrift versendet, ist gut gewählt. Es sind der »für alles Patriotische so tätige Handelsvorstand«, die Industriegesellschaft, der Industrie- und Kulturverein und andere Gremien. Die Schrift erregt ungewöhnliches Aufsehen.

Vier Tage, in denen wir wichtige Gespräche und Fühlungsnahmen vermuten dürfen, vergehen bis zum 5. Januar 1833. An diesem Tage beschließt der Handelsvorstand unter Führung Platners, »die früheren Verhandlungen wieder aufzunehmen und den neuen Plan möglichst zu unterstützen«. Jetzt nimmt Platner die Sache in die Hand.

Georg Zacharias Platner, ein Franke, ist in diesem entscheidenden Jahr 1833 zweiundfünfzig Jahre alt. Er entstammt einem alten, angesehenen Nürnberger Handelshaus, das eigene Vertretungen in Hamburg und Rotterdam besaß. Noch zu Lebzeiten kann er das zweihundertste Firmenjubiläum feiern. Die Firma handelt mit Überseegütern, vorwiegend mit Indigo; Indigo ist auch der Grundstein des beträchtlichen Vermögens der Firma, das Platner bedeutend vermehrt hat. Zu der Firma gehört auch die Lotzbecksche Tabakfabrik, ein Betrieb, der die Firma während der Kontinentalsperre über Wasser hielt. Platner hat eigene Handelsbeziehungen zu London und Liverpool, wo er einen Teil seiner kaufmännischen Lehre absolvierte. Als Exportkaufmann von hohem Rang spricht er fließend englisch und französisch.

Daß er sich mit dem Vorsatz, die erste deutsche Eisenbahn zu bauen, in ein riskantes Unternehmen einließ, war Platner sicherlich klar. Sein Vorgehen beweist Umsicht, kaufmännische Klugheit und diplomatisches Geschick. Was ihn im einzelnen dann erwartete, hat er selbst beschrieben, als ihn der

Georg Zacharias Platner (1781–1862).

Hof gegen Ende seines Lebens aufforderte, über sein Wirken zu berichten.

Platner schreibt: »Im Jahre 1833 begann ich unter unsäglichen Schwierigkeiten, Sorgen und Risiko, das Unternehmen der Herstellung einer Eisenbahn mit Dampfkraft zwischen Nürnberg und Fürth. Unbekannt mit allen Erfordernissen, die zu einer solchen in Deutschland noch nicht bekannten Anstalt notwendig sind, kostete es große Anstrengungen von mir und einigen Freunden, das Vertrauen des Publikums dafür zu gewinnen und ohne besondere Unterstützung der königlichen Regierung das ganze zur Ausführung im Dezember 1835 gelangen lassen zu können.«

Diese Schilderung kann man eher als untertrieben bezeichnen.

Aus den Nürnberger und Münchener Akten läßt sich die Geschichte der ersten deutschen Eisenbahn bis in die kleinsten interessanten Einzelheiten verfolgen. War sie nicht doch ein Spielzeug reicher Nürnberger Kaufleute, da sie ja bis zuletzt isoliert blieb? Oder woher kam es, daß diese erste Eisenbahn mit ihrem Modellcharakter für künftige Bahnen mit keiner dieser Bahnen verbunden wurde? Was brachte Platner dazu, mit seinem Vermögen für dieses Unternehmen zu bürgen? Immer wieder nahe dem völligen Zusammenbruch des Projekts, einmal sogar reif für den Konkurs, treibt Platner, selbst oft der Erschöpfung nahe, dieses störrische Objekt auf einem Weg voller Hindernisse und Schwierigkeiten voran.

Er denkt dabei wenig oder gar nicht an sich selbst: Er denkt, so altmodisch dies klingt, in erster Linie an das Gemeinwohl. Das ist in seinem Leben keine einmalige Anwandlung. In einer Denkschrift zu Beginn des zwanzigsten Jahrhunderts führt ihn die Stadt ausdrücklich als Wohltäter auf. Sie hatte auch allen Grund dazu; denn gleich, nachdem sich die wirtschaftlichen Verhältnisse nach den napoleonischen Wirren und Kriegsdurchzügen stabilisiert hatten, begann Platner, der eine große Zahl von Ehrenämtern innehatte und als Experte in handels- und bank- sowie zollpolitischen Fragen galt, einen Teil seines Vermögens der Vaterstadt zuzuwenden, insbesondere dem notleidenden Teil der Bevölkerung.

Bei dem Eisenbahnprojekt ist Platner vom ersten Tag an Herr des Unternehmens. Es folgt Schlag auf Schlag. Am 5. Januar 1833, also an dem Tag, an dem der Handelsvorstand den Beschluß faßt, den Plan zu unterstützen, sucht Platner den ersten Bürgermeister Fürths, von Bäumen, auf. Abends trifft er sich mit seinem Freunde, dem ersten Bürgermeister von Nürnberg, Binder.

Am folgenden Tag, dem 6. Januar, bittet Platner den Bürgermeister von Bäumen, die Anzahl der Personen und Fuhrwerke, welche die Straße Nürnberg – Fürth benutzen, genau zählen zu lassen. Dies geschah am 20. und 21. Januar durch den Fürther Bürger und Drechslermeister Mutz.

Soweit wir sehen, ist dies der erste Fall einer planmäßigen Verkehrszählung, also einer Marktforschung. Diese, dem kaufmännischen Kopf Platners entsprungene Idee beruht auf der bereits von ihm ins Auge gefaßten Subskription für die Kosten des Baues und der notwendigen Maschinen nebst Wagen. Denn nur mit genauen Zahlen und einer darauf fußenden Kalkulation, die Gewinn verspricht, kann bei der damals schwierigen Finanzsituation mit einer Beteiligung der vermögenden Kreise gerechnet werden. Platner hält für das Unternehmen von Anfang an die Form einer Aktiengesellschaft für notwendig; die Geschichte der ersten Eisenbahn ist zugleich die Gründungsgeschichte einer der ersten großen Aktiengesellschaften Deutschlands.

Platner überlegt sich, daß die Erhebung an zwei Tagen möglicherweise nicht genau genug ist: Noch einmal wird deshalb Drechslermeister Mutz, diesmal aber für vierzig Tage, auf die Straße geschickt, um Fußgänger und Transporte zu zählen. Er kam dabei auf etwa 2000 Personen und mehr als hundert Lastwagen pro Tag, ein für damalige Zeiten stattliches Ergebnis. Das Ergebnis ermutigte.

Inzwischen hat Platner ein Kollegium von Eisenbahnfreunden gebildet; es ist mit Scharfsinn und sicherem Blick für die Möglichkeiten so ausgewählt, daß Widerstand gegen den Plan von seiten eines Organs der beiden Städte ausgeschlossen erscheint. Mitglieder sind die beiden Bürgermeister, die Handelsvorstände von Nürnberg und Fürth, Platners Kollege Merkel, die Fürther Johann Friedrich Meyer und der Kaufmann Reissig, sowie Johannes Scharrer, der ehemalige zweite Bürgermeister von Nürnberg, jetziger Marktadjunkt und Vorstand der Polytechnischen Schule. Das Gremium tritt am 12. Januar 1833 erstmals zusammen; an diesem Tage also stößt Scharrer zu dem Unternehmen.

Johannes Scharrer entstammt einer Familie, die eine Gastwirtschaft und Metzgerei betrieb, in welcher man nebenher auch Bier braute. Er ist am 30. Mai 1785 in Hersbruck geboren. Da ihm das väterliche Handwerk nicht zusagte, wurde er Hopfenhändler. Er versuchte, den fränkischen Hopfenhandel, der im wesentlichen von Ausländern betrieben wurde, in die Hände zu bekommen und übersiedelte nach Nürnberg. Er hatte damit immerhin insoweit Erfolg, als er der bedeutendste Hopfenhändler Nürnbergs in jener Zeit wurde.

1819 wurde er in den Magistrat berufen und 1823 zum zweiten Bürgermeister der Stadt Nürnberg ge-

Johannes Scharrer (1785 – 1844).

wählt. Dort erwarb er sich Verdienste: Er ließ Albrecht Dürer ein Erzstandbild errichten. Im Hinblick auf die Notzeiten veranlaßte er den Bau eines Kornspeichers. Vor allem kümmerte er sich um das Schulwesen. Er ist der Gründer der bekannten und berühmten Nürnberger Polytechnischen Schule.

Insgesamt scheint er sich bei dieser Tätigkeit aber Feinde gemacht zu haben, jedenfalls wurde er Ende 1829 abgewählt. Der König, darüber erbost, half ihm mit einer »Jahresremuneration« von 1000 Gulden für die Dauer von drei Jahren aus; auch erhielt er Regierungsaufträge wie die schon erwähnte Reise nach Berlin.

Beide Männer, Platner und Scharrer, verband von Anfang an eine Freundschaft – es scheint, daß der ältere Platner den nicht immer mit glücklicher Hand arbeitenden Scharrer als Menschen schätzte, ihn auch vor Angriffen in Schutz nahm. Es ist nicht unwahrscheinlich, daß Platner Scharrer für den Plan

der Eisenbahn gewann, indem er ihm einen Posten dort in Aussicht stellte.

Am 12. Januar, an dem das von Platner gebildete Kollegium von Eisenbahnfreunden zusammentritt, schreibt Platner abends noch einen Brief an seinen Freund Bartels in Köln und bittet ihn, ihm eine Übersicht über die Eisenbahnpläne im Rheinland und die Erfahrungen auf den belgischen und französischen Strecken zu schicken. Bartels ist Königlich-Bayerischer Konsul in Köln; ein gebürtiger Nürnberger, der in Köln die Handelsinteressen Bayerns vertritt. Er ist bekannt dafür, daß er die Herstellung von Verkehrsverbindungen zwischen Bayern und dem Westen, insbesondere Belgien und Holland, für wichtig hält. Außerdem hat er immer wieder eine Verkehrslinie von Kitzingen über Nürnberg nach Regensburg vorgeschlagen, freilich all dies ohne jeden sichtbaren Erfolg.

Platner schreibt auch an seine Londoner Geschäftsfreunde Suse und Libeth wegen der Firma Stephenson in Newcastle. Der Mathematiker Kuppler an der Polytechnischen Schule in Nürnberg wird durch Vermittlung Scharrers gebeten, die Ausarbeitung eines Vorprospektes zu übernehmen. Kuppler kommt auf 140 000 Gulden Anlagekosten und eine wahrscheinliche Rendite von $10^{1}/_{4}$ Prozent.

So weit, so gut. Die Sache scheint rentabel zu sein. Von Bartels kommt Antwort: Der erste Band der im Archiv des Verkehrsmuseums in Nürnberg aufbewahrten Akten beginnt mit einem herzerfrischenden Brief des Konsul Bartels an seinen Freund Platner. Darin schimpft Bartels auf die stupiden Fürsten, die zunächst ja sagen und dann nichts tun; er verachte die bürgerlichen Kriecher. Er selbst arbeite für das Vaterland und wisse, daß auch Platner so denke. Das Wort Vaterland hat hier einen geheimen Klang von Auflehnung. Es steht gegen Fürstenland und meint Deutschland im ganzen, geeint und durch demokratische Verfassung von der Willkür der Fürsten befreit. Diesem Ziel hofften Männer wie List, Platner, Bartels und viele andere auch mit dem Einsatz für die Eisenbahn zu dienen. Eben dies kommt dann, wenn auch verdeckt, im Gründungsprospekt der Gesellschaft zum Ausdruck.

Zuletzt spricht Bartels von den Plänen der anderen. Er beschreibt sie als vorangeschritten in der Pla-

Kasten II

nung, doch weit entfernt von der Ausführung. Die französische Bahn von St. Etienne nach Andrézieux sei als erste mit Dampf befahrene Linie Frankreichs 1829 eröffnet worden und bewähre sich. Die Bahn von Brüssel nach Mecheln sei zwar im Bau, aber noch einzuholen, wenn man sich beeile (vgl. Kasten II Europas erste Eisenbahnen).

Jetzt überlegt Platner, wie weiter vorzugehen ist. Am wichtigsten scheint ihm nun, nachdem jede mögliche Opposition von seiten der beiden betroffenen Städte ausgeschaltet ist, die Unterrichtung des Hofes zu sein. Zwar würde der Hof und der König, wie er ahnt, nichts für die Sache tun; den König und seine Regierung aber zum Gegner zu haben, müßte alles verderben.

Platner, der in seinem Haus die beiden Könige Max I. und Ludwig I. schon bewirtet hat, sucht ein Gespräch mit dem König und findet es. Es ist nicht überliefert, wann es stattgefunden hat. Doch muß es vor Er-

scheinen des Gründungsprospektes am 14. Mai 1833, also wohl Anfang Mai, geführt worden sein. Dabei hat Platner dem vorsichtigen König wohl versichert, daß er mit seinem Namen, dem Gewicht seines Handelshauses und mit seinem Vermögen für den Plan und die richtige Ausführung bürge.

Das geht daraus hervor, daß Platner ungewöhnlicherweise nicht ein Konsortium, sondern seine eigene Firma als Emissionshaus für die Aktien auftreten ließ. Auch ging überall das Gerücht um, Platner werde, wenn sich nicht genug Geldgeber fänden, die Bahn auf eigene Kosten finanzieren. Es spricht für das hohe Ansehen Platners, daß die Leute dies glaubten.

Dem König, einem Canalomanen, muß Platner auch versichert haben, daß die Bahn zunächst nur Personenverkehr betreiben werde und daher keine Gefahr für den Ludwigskanal darstelle. Nur so kann man sich erklären, daß die Bahn auch in späteren Jahren den Güterverkehr nur nebenher und ohne dafür zu werben, gewissermaßen halbherzig betrieb. Übrigens waren die Pläne für den Beginn des Baues des Ludwigskanals (1836) schon weitgehend fertiggestellt.

Endlich trug Platner dem König an, die Bahn »Ludwigsbahn« zu nennen. Darauf antwortete der König, erst müsse das Geld da sein, bevor er seinen Namen für die Sache hergebe. Im übrigen wollte es der König mit Platner nicht verderben. Er hatte längst bemerkt, daß Platner zwar die Formen des Umgangs mit dem Hofe respektierte, aber dem König nicht nach dem Munde redete. König Maximilian hatte Platner den Adel verliehen; aber Platner machte keinen Gebrauch davon. Auch war Platner 1831 Abgeordneter der bayerischen Ständekammer gewesen. Seine Wiederwahl stand in Aussicht: König Ludwig hütete sich, eine solche Respektsperson etwa abzuweisen.

Nach der Privataudienz beim König stellt Platner das Gründungskomitee zusammen: die Handelsvorsteher, die Bürgermeister, der erste Adjunkt und ein Kaufmann.

Scharrer wird beauftragt, den Gründungsprospekt zu verfassen. Er erledigt diese Aufgabe aufs beste, indem er sich im wesentlichen an Leuchs »Aufruf zur Gründung einer Eisenbahn von Nürnberg nach Fürth« hält. Der Werbeprospekt – denn darum handelt es sich – trägt den Titel:

»Einladung zur Gründung einer Gesellschaft für die Errichtung einer Eisenbahn mit Dampfkraft zwischen Nürnberg und Fürth«.

Nach Hinweisen auf die Bedeutung der Eisenbahn und die Erfolge in anderen Ländern kommt er zur Kalkulation. Die Zählung des Verkehrs zwischen den beiden Städten ergab für ein Jahr
612 470 Personen zu Fuß und Wagen,
 39 420 Fuhrwagen mit 86 140 Pferden.
Die gesamten Anlagekosten für Grunderwerb, Streckenbau, Gebäude, zwei Lokomotiven und sechs Personen – nebst zwei Transportwagen sollten insgesamt betragen   132 000,– Gulden.
Bei jährlichen Betriebskosten von 12 800,– Gulden und Einnahmen jährlich von   29 200,– Gulden
ergab sich ein Überschuß von   16 400,– Gulden

jährlich, was einer Verzinsung von 12$\frac{1}{2}$ Prozent auf das Anlagekapital entspräche.

Auch eines dichterischen Aspektes entbehrt die Schrift nicht: Die Eisenbahn wird als »ein dem Flug der Vögel nachstrebendes Verbindungs- und Transportmittel« bezeichnet. (130 Jahre später wird die neue Eisenbahnfährverbindung von Deutschland nach Dänemark den Namen »Vogelfluglinie« tragen.) »Staaten und Nationen rücken einander näher, und der Mensch bemächtigt sich immer mehr der Herrschaft über Raum und Zeit.«

Dies scheint recht eigentlich Scharrerscher Gedankenflug zu sein.

Der Prospekt schließt mit der Aufforderung: »Durch Subskription einer Unternehmung die Hand zu bieten, welche dem Vaterlande überhaupt, den Nachbarstädten und Unternehmern aber insbesondere zur Ehre und zum Nutzen gereichen wird.«

Merkwürdigerweise beschäftigte sich die Presse wenig mit dem Aufruf; nur Leuchs in seiner »Allgemeinen Handelszeitung« warb weiter für das Projekt. Die Bevölkerung freilich, vor allem im Umkreis der beiden Städte, diskutierte eifrig das Problem der Eisenbahn.

Und wieder tauchten alle Befürchtungen auf, die schon im Falle Stockton – Darlington und Manchester – Liverpool eine Rolle spielten. Von religiösen Bedenken – Gott habe die Pferde zum Ziehen geschaffen, Maschinen seien eine Erfindung des Bösen – bis zu hygienischen Gründen: Der Rauch und die Schnelligkeit der Bewegung lasse Fahrgäste und Zuschauer erkranken. Umstritten ist das, auch von Treitschke zitierte, Gutachten des königlich-bayerischen Obermedizinalkollegiums. Danach sollte die Geschwindigkeit des Dampfwagens bei den Reisenden eine Art Gehirnkrankheit hervorrufen. Das Gutachten ist aber nicht mehr auffindbar; man bezweifelt heute, ob es überhaupt erstellt worden ist. Damals spielte es eine Rolle, genau wie die Meldung, man habe in England einen Straßendampfwagen erfunden, der die ganzen Eisenbahninvestitionen überflüssig mache. Endlich kursierte eine Nachricht: Geldgeber für Eisenbahnen in Österreich hätten einen großen Teil ihres Vermögens eingebüßt.

Das ließ Einzelne unschlüssig werden. Sie gaben ihre schon gekauften Aktien zurück. Andere wiederum

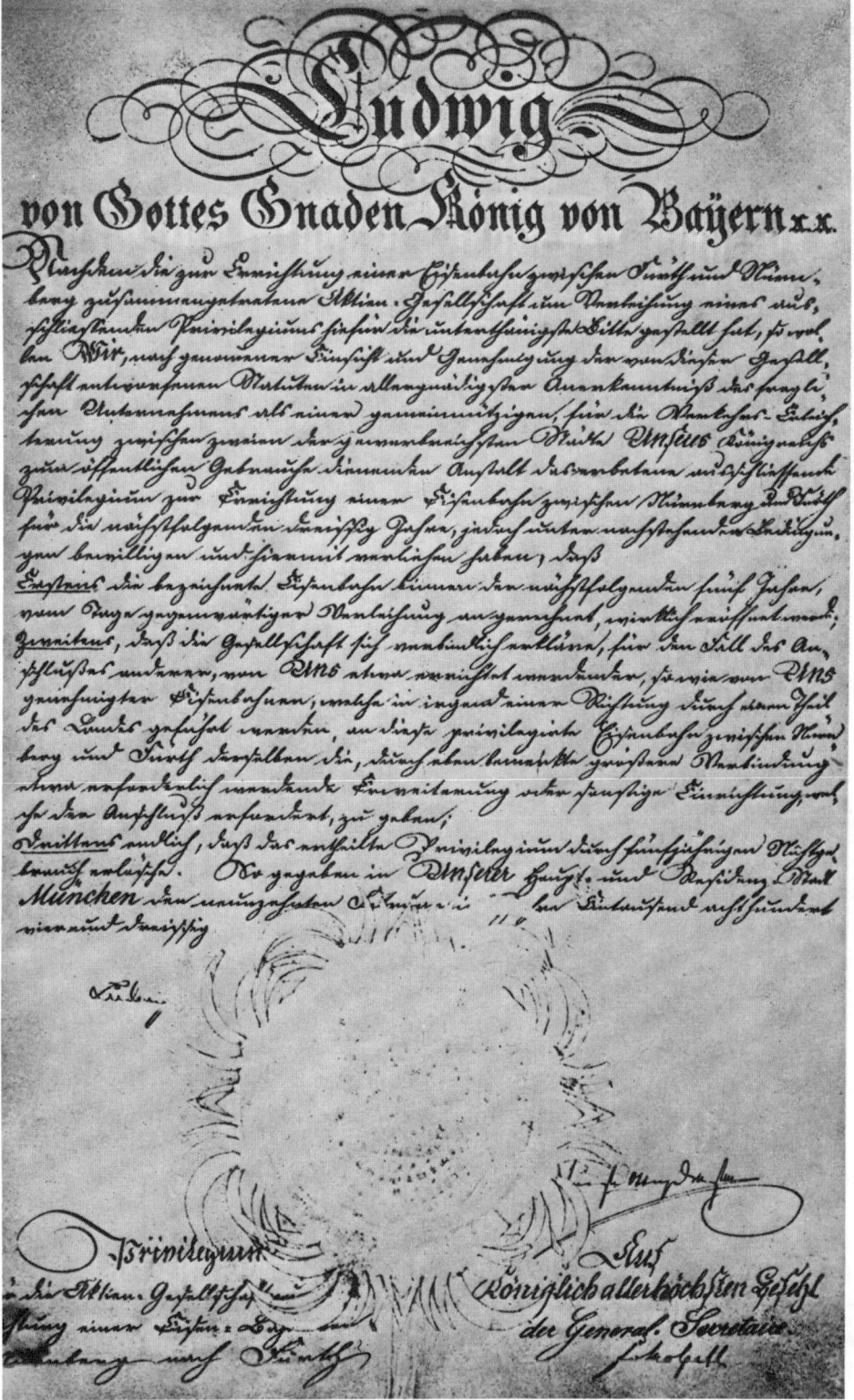

Konzessionsurkunde für die Ludwigsbahn, »gegeben am 19. Februar 1834«.

hielten diese Nachrichten für Zweckmeldungen des Kutschengewerbes. Der Aufruf zur Zeichnung der Aktien, die zu je 100 Gulden gestückelt waren, hatte nämlich gewissermaßen als Echo eine »Erwiderung auf die Einladung zur Gründung einer Gesellschaft für die Errichtung einer Eisenbahn mit Dampfkraft zwischen Nürnberg und Fürth« gefunden; einen anonymen Gegenprospekt, in dem es hieß: »Die Eisenbahn vernichtet das Gewerbe aller Fiaker, aller Boten von Nürnberg nach Fürth und von Fürth nach Nürnberg und setzt eine Masse von Menschen brotlos...«

Auch Joseph von Baader meldete sich, doch nicht mit Lob, sondern mit Tadel. Verärgert darüber, daß man sein System nicht verwenden wollte, rechnete er der Bahn Verluste vor. Das konnte in dieser Situation eine Lawine auslösen. Denn Baader galt nach wie vor als der einzige Eisenbahnfachmann. Ihn brachte Platner durch ein Gespräch unter vier Augen zum Schweigen.

Dennoch verließ sich Platner nicht allein auf die Werbewirkung des Aufrufs und die spärlichen Mitteilungen in der Presse. Er hatte zuvor schon eine Liste vermögender und einflußreicher Personen aufgestellt, die er in Briefen zur Zeichnung einlud. Darunter fanden sich Geschäftsfreunde wie die Patrizierfamilien Tucher, Holzschuher, Lotzbeck, aber auch Hof- und Regierungskreise wie der Innenminister von Öttingen-Wallerstein, Oberbaurat Klenze, Freiherr von Pechmann. Insgesamt brachte Platner ein Drittel des Aktienkapitals bei diesen Personen unter, »von denen er viele nötigte, teilzunehmen, obgleich die größere Mehrzahl das Geld als verloren betrachtete«.

Der pensionierte Postamtssekretär Fabri aus Würzburg zeichnete 12 500 Gulden, sein gesamtes Vermögen – er hielt etwas von der Sache. Übrigens hatte er sich nicht getäuscht: Nach wenigen Jahren hatte sich sein Kapital verdoppelt. Die Ludwigsbahn zahlte im ersten Jahr 20 Prozent Dividende und auch in den folgenden Jahren nie unter 14 Prozent.

Die Beteiligung der Nürnberger war beispielhaft. Auf sie entfielen 55 Prozent des gezeichneten Aktienkapitals; auf Fürth dagegen nur 10 Prozent. Ein Zeitungskommentar bemerkt dazu: »Die sonst so industriösen und sehr spekulativen Fürther Juden und

israelitischen Kapitalisten haben nicht eine einzige Aktie zur Nürnberg – Fürther – Eisenbahn gekauft, weil sie glaubten, das Unternehmen könne ohne sie nicht zustandekommen.«

Aus heutiger Sicht wird es freilich so gewesen sein, daß die Aufenthaltsbeschränkung für die Fürther Juden in Nürnberg durch die Bahn ja geradezu eine Bestätigung erhalten hätte, der gegenüber die Reiseerleichterung auf weite Sicht gesehen nicht ins Gewicht fiel. So kann man sehr gut verstehen, daß die Fürther Juden nicht durch Zeichnung der Aktien den Fortbestand der sie diskriminierenden Beschränkung bekräftigen wollten. Die Nürnberger freilich meinten, die Juden hätten in diesem Falle das Risiko gefürchtet. Übrigens hatten die Juden viel Geld in den Fiakerverkehr investiert: Sie konnten also keinen Sinn darin sehen, ein Konkurrenzunternehmen zu finanzieren.

Als die erste Lokomotive schon ihre Probefahrten unternahm, hörte man einen Witz der Juden. Ein Jude fragt den anderen nach dem Sinn von Schornstein und Dampfdom daneben. Der Jude antwortet: Aus dem großen offenen Rohr gehen die Kapitälcher hinaus und aus dem kleinen die Perzente.

Ende Mai war die Hälfte des Aktienkapitals gezeichnet. Eine offizielle Audienz Platners mit seinem Komitee beim König findet einen gnädigen Monarchen vor. Platner verbindet den Besuch mit der Eingabe: »Daher wage ich es denn auch, die unterthänige Bitte auszusprechen, es möge Ihre Königliche Majestät geruhen, mir zu erlauben, in der zunächst stattfindenden Zusammenkunft der Unternehmer den Vorschlag machen zu dürfen, der projektierten Trasse die Benennung »Ludwigsbahn« zu geben.«

Mit einer Ministerialentschließung vom 17. Juli 1833 wird dies Platner bewilligt »soferne für die Verwirklichung des Projektes die hinreichende Zeichnung der Aktien gesichert ist.« Der König ist also beim Standpunkt »Erst Geld, dann Name« geblieben.

Das Aktienkapital stieg bis Mitte des Jahres 1835 auf 150 000 Gulden. Zur Fertigstellung fehlten noch 26 000 Gulden, die Platner bis zur Kapitalerhöhung am 6. September 1835, also kurz vor Eröffnung der Bahn, aus eigener Tasche vorstreckte.

Die erste Aktionärsversammlung fand am 18. November 1833 im oberen Rathaussaale in Nürnberg statt. Zu Beginn gab Bürgermeister Binder die Erklärung ab, daß alle noch nicht abgesetzten Aktien vom Marktvorsteher Platner übernommen wurden. Nach Genehmigung von Gesellschaftsnamen, Statuten und Aktienschein – entworfen von Landrichter Wellmer – wurde von den 207 Klein- und Mittelaktionären, von denen auch der größte nicht einmal zehn Prozent des Gesellschaftskapitals besaß, das Direktorium gewählt: Es bestand aus den Herren Binder, Mainberger, Meyer, Merkel, Platner, Scharrer und Wellmer sowie Ersatzmännern.

Am 21. November 1833 fand die erste Sitzung des Direktoriums der Ludwigs-Eisenbahn-Gesellschaft statt. Schriftlich wurden gewählt:

1. Marktvorsteher Platner zum Direktor und Kassier,
2. Marktadjunkt Scharrer zum Vertreter des Direktors,
3. Buchhändler Mainberger zum korrespondierenden Sekretär.

Dies bedeutet nach heutigen Begriffen, daß Platner Generaldirektor des Unternehmens war. Tatsächlich tragen auch alle wichtigen Urkunden und Briefe entweder seine Unterschrift allein oder die der Mitglieder des Direktoriums. In seltenen Fällen zeichnet Scharrer mit dem Vermerk: »in Abwesenheit des Direktors dessen Stellvertreter«. Da Platner zugleich Kassier war, konnte ohne seine Unterschrift keine wesentliche Verfügung oder Entscheidung getroffen werden.

Schon zu diesem Zeitpunkt kann man wohl sagen, daß Platner Organisator und führender Kopf der ersten deutschen Eisenbahn war.

Der Feststellung, daß Platner der Platz gebührt, den man heute Scharrer einräumt, muß jedoch gleich hinzugefügt werden, daß es niemals eine Rivalität zwischen Platner und Scharrer gegeben hat. Platner selbst hat Scharrer immer als seinen Freund bezeichnet. Ihr Verhältnis blieb bis zum frühen Tode Scharrers (1844) ungetrübt. Platner hat nach dem Tode Scharrers den Streit um die Aufstellung und vor allen Dingen um die Finanzierung einer Büste Scharrers im Direktorium damit beendet, daß er erklärte, er werde die Büste selbst anfertigen lassen. Auch hat er auf eine noble Weise die Versorgung der Witwe Scharrers geregelt.

In dieser konstituierenden Direktoriumssitzung vom 21. November 1833 gibt nun Platner dem Landrichter Wellmer den Auftrag, er solle das Privileg bei der Regierung beantragen. Der Antrag geht auf Erteilung eines Privilegiums »zur Erbauung einer Eisenbahn von Nürnberg aus – dann eventuell im ganzen Königreich ...« Platner ließ es nicht bei dem Antrag bewenden. Vertraut mit der Aktenbehandlung beim Ministerium stieß er immer wieder nach, bis das Privileg erteilt und am 4. März 1834 auch im Regierungsblatt für das Königreich Bayern veröffentlicht wurde. Damit ist der Weg frei für den Bau der Bahn. Allerdings fehlt im Privileg jeglicher Hinweis auf Weiterführung der Bahn nach irgendeiner Richtung. Es ist zweifelhaft, ob den Antragstellern klar wurde, daß dies ein Hinweis auf eine vielleicht einmal verhängnisvolle Entwicklung für die Bahn sein könnte.

Inzwischen hatte Platner über seine Londoner Geschäftsfreunde die Lokomotivfabrik Stephenson gebeten, ihm einen Bauingenieur zu vermitteln. Das Angebot war jedoch für die Gesellschaft viel zu teuer, zumal noch ein Dolmetscher hätte bezahlt werden müssen. So wandte sich Platner, der sich an das Angebot des Königs, die Leitung des Baues seitens der Regierung zu übernehmen, erinnerte, an den ihm befreundeten Oberbaurat Ritter von Klenze. Dieser empfahl ihm den königlichen Bezirksingenieur Paul Denis, einen gebürtigen Lothringer, der soeben von einer Reise aus England und Nordamerika zurückgekehrt war, wo er das Eisenbahnwesen studiert hatte.

Denis war der richtige Mann; Platner und Scharrer freundeten sich rasch mit ihm an. Denis wurde vom Ministerium beurlaubt und machte sich sofort daran, das endgültige Bahnprojekt auszuarbeiten. Im Oktober 1834 entscheidet man sich aufgrund der »von Direktor Platner bei seiner letzten Reise in Leipzig und Hamburg gemachten Wahrnehmungen hinsichtlich der Meinungen über die Errichtung von Eisenbahnen«, nicht eine Holzbahn, sondern eine Bahn von Eisen in der massiven englischen Bauart zu erstellen.

Es folgte ein eineinhalbjähriger ermüdender Kampf um Denis zwischen dem Ministerium und Platner, der immer wieder Eingaben, Besuche und Vorstellungen machen muß, damit Denis nicht die ihm inzwischen übertragene Stelle als Bezirksingenieur des Isarkreises anzutreten gezwungen wird. Dieser Kampf endete erst mit der Eröffnung der Bahn.

Nun begannen die Schwierigkeiten der Beschaffung des technischen Materials. Wegen des Kaufs der »cca. 1200 Zentner bayerisches Gewicht gewalzter Eisenschienen (edge rails) und

cca. 1200 Zentner bayerisches Gewicht gußeiserner Träger (chairs) und

cca. 130 Zentner bayerisches Gewicht Nägel und Schließen von Schmiedeeisen«

war eine Ausschreibung an die Eisenwerksbesitzer im deutschen Zollvereinsgebiet ergangen.

Eine Lokomotive aus Unterkochen billig zu beschaffen erbot sich Scharrer, nachdem ein Angebot von Stephenson schon Juni 1833 vorlag. Aber noch am 27. März 1835 hatte die Firma kein ernsthaftes Angebot eingereicht; das Ganze stellte sich als Chimäre heraus.

Die Verhandlungen auf die Angebote aus der Ausschreibung auf Träger, Schienen und Schmiedeeisen zogen sich in die Länge; ein großer Teil der Firmen konnte nicht liefern, weil sie keine Vorrichtung zum Walzen von Schienen besaßen.

Daß die fünfzehnte Sitzung des Direktoriums am 18. April 1835 dramatisch werden würde, ahnte als einziger von allen Mitgliedern wohl nur Platner. Platner trägt in der Sitzung vor, daß in zehn Tagen der Erdbau fertig sei – jetzt müsse das Legen der Träger und Schienen erfolgen.

Und wie weit, so stellt er selbst die Frage, sind wir nun mit dem Beschaffen des technischen Materials gediehen? Er antwortet: »Weder Träger noch Schienen, geschweige denn Lokomotiven und Wagen sind, wie wir alle wissen, in Arbeit oder wenigstens bestellt. Sie sind nicht einmal – trotz aller Anstrengungen – in weiter Ferne sichtbar. Alle Angebote haben sich zerschlagen. Außer dem leeren Bahndamm ist buchstäblich nichts da.«

Die Herren des Direktoriums sehen sich gegenseitig betreten an. Eine ganze Weile bleibt es nach Platners trockenen Feststellungen im Rathaussaale still. Dann werden die Herren unruhig, sie flüstern miteinander. Im August, an Königs Geburtstag, soll die Bahn eröffnet werden. Das sind nur noch vier Monate.

Es ist ein schicksalhafter Augenblick. Diese Sitzung wird darüber entscheiden, nicht nur, ob es 1835 die erste deutsche Eisenbahn geben wird, sie entscheidet in Wirklichkeit auch über alle anderen Bahnen, die geplant sind oder geplant werden. Ein Rückschlag oder ein Zusammenbruch dieses Unternehmens mußte nach der damaligen Situation den Eisenbahnbau in Deutschland um viele Jahre zurückwerfen.

Nach dem Stand der Dinge sieht es so aus, als sei das Unternehmen des Baus einer Eisenbahn von Nürnberg nach Fürth zum Scheitern verurteilt. Trauriger Rest einer bankrotten Aktiengesellschaft: ein unvollständiger Bahnkörper. Das gab es auch schon anderswo.

Diesen Moment hat Platner im Auge, wenn er bei der Eröffnungsrede rund sieben Monate später sagt, daß die »Überwindung von vielen Schwierigkeiten und Ertragen vielen Verdrusses den Mut gar oft wankend machte«. Einen Augenblick lang wird Platner, da er sich im Kreis der Gesellschafter umsieht, selbst schwankend. Noch ist nicht allzu viel Geld in die Sache hineingesteckt worden; noch kann man alles aufgeben. Dann aber besinnt er sich auf seinen Namen und auf sein dem König und der Öffentlichkeit gegebenes Wort. Es ist der Augenblick, in dem Platner beschließt, selbst auf die Reise zu gehen und die notwendigen Maschinen und Materialien zu beschaffen, nachdem aller Schriftwechsel mit so vielen Firmen zu nichts geführt hatte. Er fordert Scharrer auf, ihn zu begleiten; jetzt braucht er den Geschäftsführer, den Sachverständigen und den Freund. Jetzt geht es um Glück oder Untergang kurz vor dem Ziel.

Aber Scharrer lehnt ab. Laut Protokoll sagt er, »daß seine Geschäfte ihm dies durchaus nicht gestatten«. Er schlägt Platner seinerseits den Schriftführer, Buchhändler Mainberger und als Techniker den Mechanikus Gemeiner vor. Platner antwortet nichts. Er läßt sich vom Direktorium Blankoabschlußvollmachten geben. Dann macht er sich selbst auf die Reise, begleitet von Mainberger, dem Nürnberger Buchhändler, einem begeisterten Eisenbahnfreund. Ihm fehlen freilich die technischen Kenntnisse und das Sachverständnis, das Scharrer besitzt. Immerhin hatte Scharrer die französische Bahn St. Etienne – Lyon besichtigt. Gemeiner von Lohr, ein Eisenwerksbesitzer, der von der ganzen Sache nicht viel hält, erscheint beim verabredeten Treffen in Frankfurt nicht.

Ziel dieser Reise waren die Rheinlande und Belgien. Nach vergeblichen Versuchen, den Schienenauftrag bei Buderus, bei der Firma Stumm oder der Firma Krämer unterzubringen, fuhren die beiden Männer nach Neuwied-Rasselstein. Jetzt endlich kann Platner nach Hause mitteilen: »Die Schienenwürfel sind gefallen; wir haben mit den biederen Herren Remy abgeschlossen.«

Bei der Durchreise in Köln gibt der dortige Konsul Bartels dem Freund Platner den Tip, wegen eines preiswerten Dampfwagens sich an die Maschinenfabrik John Cockerill in Lüttich zu wenden. Aber Cockerill studiert erst Modelle, die er sich von Stephenson beschafft hat; vom Bau eines Dampfwagens für Dritte ist noch nicht die Rede. Bartels wie Cockerill weisen Platner darauf hin, daß er in Brüssel voraussichtlich Stephenson treffen könne.

Am 1. Mai treffen die Nürnberger in Brüssel ein. Der Zeitpunkt ist günstig gewählt; denn am 5. Mai findet die Eröffnungsfeier der Bahn Brüssel – Mecheln statt. Es ist auf dem Festland die dritte Bahn, nachdem Österreich und Frankreich vorangegangen waren. Es ist die zweite Bahn Europas, die mit Dampf betrieben wird, da die Österreicher auf ihrer Strecke mit Pferden fahren.

Die Hotels in Brüssel sind voll. Doch Freund Bartels hat im »Gasthof von Flandern« Zimmer vorbestellt.

Bei der Anmeldung erfahren die Nürnberger gesprächsweise vom Portier, daß auch ein Mister Stephenson im Hotel wohnt. »Stephenson, der Lokomotivbauer aus Newcastle?« Jawohl, eben dieser George Stephenson. Er ist mit seinen 63 Jahren immer noch als Seniorchef der Firma tätig. Daneben zieht er als Millionär auf seinem schönen Landsitz Tapton in großen Warmhäusern Ananas, Trauben, Birnen und Äpfel und vor allem – ein besonderes Hobby – gerade gewachsene Gurken.

Platner und Mainberger erfahren, daß Stephensons Fabrik die Lokomotiven für die belgische Bahn geliefert hatte, insgesamt drei Lokomotiven. Man hatte den großen alten Mann zur Eröffnungsfeier eingeladen. Stephenson kam aber auch deshalb, weil er sehen wollte, ob seine Lokomotiven funktionierten.

Er war ein Geschäftsmann: Wo überall man in der Welt von einer Bahn sprach, erschien der Alte: unauffällig, bescheiden, aber selbstbewußt war er da, wenn man einen Rat brauchte.

Guter Rat in Eisenbahndingen war damals selten; denn überall handelte es sich um die erste Bahn, und überall waren selbst die tüchtigsten Ingenieure krasse Anfänger, wenn man nach Oberbau, Spurweite, Kapazität fragte.

Bevor sich Platner und Mainberger bei dem Alten melden konnten, hatte er sie schon ausfindig gemacht: ging es doch um ein Geschäft, von dem Stephenson durch Platners Handelsfreunde wußte; er erinnerte sich, den Nürnbergern zwei Jahre zuvor ein Angebot gemacht zu haben, auf das nie eine Antwort gekommen war.

Stephenson lud sie zu einer Besprechung ein. Sie fand in dem Restaurant des Hotels zu ebener Erde statt; die drei Herren saßen an einem Tisch mitten unter all den Gästen und Geschäftsleuten, die zur Eröffnung der Bahn gekommen waren. Nach ersten höflichen Fragen über die Reise und das Befinden zeigte Platner Stephenson die Ausschreibung und die Zeichnungen, die Denis ihm dazu mitgegeben hatte. Stephenson betrachtete die Papiere genau. Dann sagte er: »Ich finde, die ganze Konstruktion ist etwas zu schwach gewählt.« Platner notierte sich das, ohne jedoch weiter auf diese Frage einzugehen. Er meinte, es hätte nur Sinn, über diese Dinge weiter zu sprechen, wenn er Stephenson den Auftrag gegeben hätte.

Dann kam die Rede auf die Lieferung eines Dampfwagens. Stephenson bot ihnen gewissermaßen aus dem Handgelenk eine Lokomotive von sechs Tonnen und etwa vierzig PS zum Preise von 750 bis 800 Pfund frei Rotterdam an. Als Spurweite bezeichnete er 4 Fuß 8½ Zoll englisches Maß. »Warum dieses Maß?«, fragten Platner und Mainberger wie aus einem Munde. »Nun«, meinte Stephenson, »dieses Maß ist inzwischen allgemein üblich geworden. Wir liefern alle Lokomotiven und alle Schienen und Geräte nach diesem Maß. Auch die belgische Bahn wird morgen auf diesen Schienen und auf dieser Spur fahren.«

Platner blickte Mainberger an, und Mainberger erwiderte seinen Blick. Beiden war klar, daß Stephenson mit seinem Vorgehen und seinen Vorschlägen im Recht war: Gleichzeitig diktierte er natürlich ein Stephenson-Maß, das ihm die Abnahme seiner Lokomotiven und des Zubehörs garantierte.

Hier ist die Entscheidung über die Spurweite Deutschlands gefallen. Alle anderen Bahnen folgen. Die Badener, die als einzige eine breitere Spur wäh-

len, müssen wenige Jahre später umnageln. Dieses Maß hat sich inzwischen tatsächlich durchgesetzt. Es sind unsere heutigen 1435 Millimeter, die Spur, die in ganz Europa gilt mit Ausnahme von Rußland, Spanien, Portugal, Irland und Finnland. (Zur Breitspur vgl. Kasten III »Brunels Luxuslinien auf Breitspur«.)

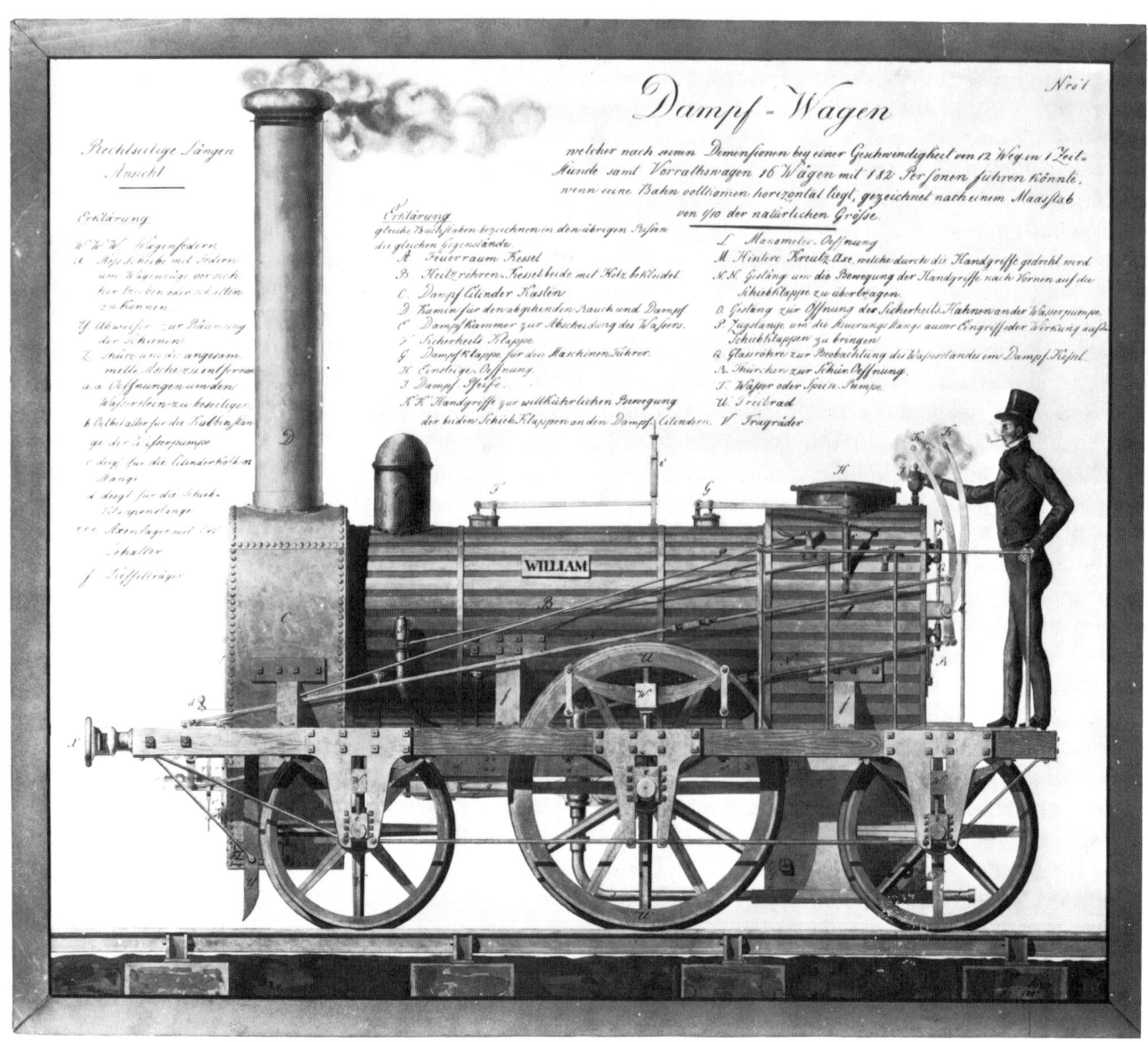

Stephenson bot den verbesserten Typ »Patentee« an, den er seit 1830 baute. Er folgte dabei Burys »Planet«. Der »Patenteetyp« hatte vergrößerte Treibräder und eine dritte Laufachse hinter dem Stehkessel. Überall auf den ersten Bahnen Europas fuhr dieser Typ. Hier die Lokomotive »William«.

Platner stellte noch eine Frage zum Preis. Er meinte, dieser Preis erschiene ihm etwas zu hoch. Aber Stephenson fragte ihn, ob er glaube, daß er irgendwo sonst eine so gute Maschine zu einem solch billigen Preis erhalten könne. Wenn Platner irgendwo eine solche Gelegenheit finde, dann möge er sie doch dort bestellen. Platner gab sich geschlagen und stellte Stephenson die Bestellung der Lokomotive in Aussicht. Auf einen Liefertermin ließ sich Stephenson dabei nicht festlegen. Platner hätte die Maschine gern bis Ende des Sommers zur Verfügung gehabt. Aber Stephenson meinte, er sei mit Aufträgen derart überlastet, daß er die Produktion dieser Maschine höchstens irgendwo einschieben könne; versprechen könne er nichts. Bei dieser Unterredung fehlte den Nürnbergern das technische Verständnis, das Scharrer hatte.

Am 5. Mai nahmen die beiden Nürnberger noch an der Eröffnungsfeier Brüssel – Mecheln teil. Im Bericht an die Aktionäre heißt es: »Die zahllose Menschenmenge schien von Erstaunen über den Anblick der Wirkung der in einem kleinen Raum eingeschlossenen Riesenkraft eines Elementes hingerissen...« Auch die beiden Nürnberger waren vom Eindruck überwältigt.

Stephenson war nicht umsonst gekommen. Bei der Rückfahrt trat ein Defekt an der Lokomotive auf, und ein älterer Reisender der dritten Wagenklasse erbot sich, die Maschine sofort zu reparieren. Dabei stellte sich heraus, daß dies Georg Stephenson war.

Bei dem anschließenden Festmahl schlug der belgische König Stephenson zum Ritter der belgischen Krone. Auch Platner war eingeladen und wäre gerne hingegangen. Aber die Anstrengungen der Reise und der Verhandlungen hatten ihn über die Maßen beansprucht. Starke Schmerzen und Rheuma plagten ihn; der belgische Leibarzt des Königs verordnete ihm Bettruhe, und so konnte er zu seinem größten Bedauern an dem Festmahl der belgischen Staatsbahn nicht teilnehmen. Platners Erkrankung war nur das äußere Zeichen seiner tiefen seelischen Bedrückung und Sorge ob der Größe und Schwierigkeit der Aufgabe. Sie war ihm inzwischen, obwohl sie ihm keinen Kreuzer mehr einbrachte, viel wichtiger als alle seine anderen Geschäfte geworden. Aus der Unterhaltung mit List bei einer Reise nach Leip-

zig hatte er die ganze Tragweite dieses ersten Eisenbahnbaues in Deutschland erkannt. Er war sich nun bewußt, daß aller Augen in Deutschland auf ihn und seine Freunde gerichtet waren. In Wirklichkeit bedeutete das, was sie unternommen hatten, ein unerhörtes Risiko. Zwar hörte man aus England, daß die beiden ersten Bahnen rentabel waren, von Frank-

Kasten III

BRUNELS LUXUSLINIEN AUF BREITSPUR

Die Breitspur ist untrennbar mit dem Namen Isambart Kingdom Brunel, jenem geistvollen englischen Ingenieur, verbunden, der seit 1833 die Geschicke der Great Western-Bahn lenkte. Er war der Sohn Mark Isambart Brunels, des Erbauers des Themse-Tunnels. Brunels genialischer Sohn fand die Normalspur Stephensons von vier Fuß achteinhalb Zoll, also unsere 1435 Millimeter, zu dürftig, zu sparsam, ja, geradezu kläglich. So gab er seinen Linien sieben Fuß Spurweite – also über zwei Meter Breite (2135 Millimeter). Das war zwar teuer, aber Brunel rechnete sich aus, daß auf dieser Breitspur bei entsprechend konstruierten Lokomotiven mit hohen Treibrädern auch entsprechende Geschwindigkeiten gefahren werden könnten und dies bei einer höheren Sicherheit. So besaß die 1847 in Dienst gestellte »Iron Duke«, eine Stephenson'sche 1 A 1, zweieinhalb Meter hohe Treibräder. Sie erreichte Geschwindigkeiten bis zu 120 Stundenkilometer. Doch gaben, abgesehen von den hohen Kosten, letztlich die Mühen des Umsteigens und Umladens von Bahn zu Bahn den Ausschlag: Das Parlament beschloß 1869 den Umbau auf die Normalspur.

Am Sonntag, dem 5. Mai 1835, fuhren auf einen Kanonenschuß als Eröffnungssignal hin drei Züge mit 900 Gästen
in Anwesenheit des belgischen Königs Leopold I. von Brüssel ab. Die Lokomotiven, »Blitz« an der Spitze,
gefolgt von »Stephenson« und dem »Elefanten«, zogen insgesamt 30 Wagen, bei der Rückfahrt sollte der »Elefant« alle
30 Wagen ziehen, was wohl seine Kräfte überstieg!

reich vernahm man jedoch das Gegenteil. Daß eine
Bahn technisch funktionierte, dafür boten englische
Erfahrungen eine gewisse Gewähr; ob dies für
Deutschland zutraf und ob die Unternehmung, die
immer mehr ins Geld wuchs, auch wirtschaftlich sein
würde, dafür fehlte jegliche Erfahrung.
Was Platner und Mainberger in die Wege geleitet hatten, genehmigte das Direktorium mit großer Erleichterung in der Sitzung vom 15. Mai 1835.
Nach der Sitzung meinte Platner zu Scharrer: »Jetzt
sind wir über den Berg!« Die nächsten Wochen und
Monate sollten freilich zeigen, daß dies ein Irrtum
war.
Am 19. Mai ging an Stephenson die Bestellung ab. Es
handelte sich um einen sechsrädrigen Dampfwagen
mit Tender, ein Gestell für einen Personenwagen und
das Eisenwerk zu einem Güterwagen.

NEUE PANNEN
UND EIN HIMMELSSCHAUSPIEL

Schwierigkeiten über Schwierigkeiten. Auf irgendeine Weise muß die sonst so vorzügliche Kommunikation zu Denis nicht funktioniert haben. Jedenfalls
war fast die Hälfte der Schienen gelegt, als man fest-
stellte, daß die Spur nicht stimmte. Denis hatte die
Spur nach den Achsweiten der bayerischen Fuhrwerke bemessen. Erst bei der Bestellung der Lokomotive besann man sich auf die 4 Fuß 8½ Zoll; Denis
mußte umnageln.
Während die 3000 Zentner Schienen aus Neuwied
pünktlich ankamen, ließ die Lokomotive auf sich
warten. Immer noch sollte am 25. August, an Königs
Geburtstag, die Strecke eröffnet werden.
Mit dem Nürnberger Zoll gab es einen langen Krieg
um die Einfuhr und die Verzollung der Maschinenteile, bis Platner einen kleinen Werkstattinhaber
dazu brachte, die Teile als für innerdeutsche Fabri-
kationszwecke bestimmt und daher zollfrei für sich
deklarieren zu lassen. So hat auch der Mechanikus
Späth seinen Anteil an der ersten deutschen Eisenbahn. Die ebenfalls an den Eisenbahnarbeiten beteiligte Cramer-Klettsche Maschinenfabrik beginnt hier
ihren Aufstieg zu einem bedeutenden Unternehmen
(später MAN). 1851 wurde der erste zweiachsige
Güterwagen an die bayerische Staatsbahn ausgelie-
fert. Hier ist der Grundstein für Nürnbergs Industrie
gelegt worden.

Was man erlebt hätte, wenn die Kölner Zöllner die Lokomotive verzollt hätten, erfuhr man an einem Einzelfall. Ein Radschuh war dem Dampfwagen vorausgeschickt worden. Die Zollbeamten hielten das Stück an und versteuerten es. Sie ließen dazu einen Schlosser kommen, der das grob geschmiedete Eisen von dem Gußeisen trennen mußte. Vom ersten wurde das Pfund auf 41, vom Gußeisen auf 45 Kreuzer taxiert. Der Zoll betrug im ganzen für den Radschuh sieben Taler.

»Der Merkwürdigkeit wegen«, so schrieb der Spediteur Langen an Platner, »erhalten Sie einliegend die Originalquittung hierüber, woraus Sie schließen können, wie der Dampfwagen per Zentner taxiert werden würde, wenn wir ihn hier versteuern müßten«.

Der Dampfwagen selbst kam in Einzelteile zerlegt erst am 17. September nach Rotterdam. Die Stephensons, Vater und Sohn, hatten einen größeren Auftrag vorgezogen und die Nürnberger mußten eben warten. Der Geburtstag des Königs war längst verstrichen.

Eine neue Schwierigkeit: Die für den Transport vorgesehene Dampfbootgesellschaft verweigerte in Rotterdam die Annahme, weil die Kisten zu schwer seien. Eine andere Gesellschaft sprang zwar ein; sie transportierte wegen niedrigen Wasserstandes jedoch nur bis Emmerich.

Der Kölner Spediteur Caspar Langen und Platners Freund Konsul Bartels machten sich Sorgen. Auf den 23. September war das Frachtschiff des Spediteurs van Hees mit den Lokomotivteilen avisiert. Langen hatte auf den 24. September Fuhrleute zum Weitertransport ab Köln bestellt, aber es sah nicht so aus, als ob diese Fuhrleute tatsächlich etwas zu tun bekommen würden. Am 23. September kam statt des erwarteten Frachtschiffes der Bruder des Spediteurs van Hees und teilte mit, daß das Dampfschiff »Herkules« das Schiff mit den Lokomotivteilen habe bis Emmerich heraufziehen können; der niedrige Wasserstand verhindere aber weitere Schleppfahrt. Jetzt werde das Schiff daher von Pferden auf dem Leinpfad gezogen.

Der arme Spediteur Langen wurde von zwei Seiten bedrängt: einmal war es Bartels, der jeden Tag um Nachricht sandte; zum zweiten waren es die von ihm auf den 24. September bestellten Fuhrleute. Langen jammerte in einem Brief nach Nürnberg, daß kein Fuhrmann in Köln verweilen wolle, um hier sein gutes Geld zu verzehren, und »das noch obendrein aufs Ungewisse«; denn träte etwa schlechtes Wetter ein oder kämen widrige Winde, so könne man die Ankunft des Schiffes überhaupt nicht bestimmen. Es sei zu befürchten, daß ihm die Fuhrleute davonliefen.

Endlich, am 7. Oktober gegen Nachmittag erhielt Bartels die Meldung, das Schiff sei in Köln angekommen. Das waren 14 Tage Verspätung. Bartels versprach sich von einem Besuch am 7. des Nachmittags nichts mehr; er ging am 8. früh zum Hafen. Aber er fand das Schiff nicht am Kran, wie erwartet, sondern noch draußen vor dem Hafen im tiefen Wasser. Van Hees mußte erst leichtern: Das Schiff war zu schwer und der Wasserstand zu niedrig. Die letzten Wochen, ja, Monate hatte es nur wenig geregnet. Nun aber, seit einigen Tagen war der Himmel verhangen, und es sah so aus, als braue sich ein Unwetter zusammen. Van Hees und Langen beschlossen, mit Nachen heranzufahren und die übrige Ladung, die auf den Maschinenteilen lag, erst ausladen zu lassen. Den ganzen Tag über fuhren die Boote und brachten Kaffeeballen und Stockfischstollen an Land.

Dieses Bild von I. B. Neuhuys gleicht einem fotografischen Schnappschuß. Die neue Technik zog damals Menschenmassen an, wie sie sich später nur noch selten zu technischen Sensationen einfanden. Brüssel, 5. 5. 1835.

Gegen Abend kam Südwestwind auf, und es begann zu regnen. Man versuchte, trotzdem weiterzuarbeiten und zündete Laternen an. Aber Wind und Regen bliesen die Laternen aus.

Auch am nächsten Tag, dem 9. Oktober, ging wegen anhaltenden Regens und Windes die Arbeit nur langsam voran. Bartels besuchte abends die Ladestelle am Kran; zu seiner Überraschung fand er die Kaimauern dicht voll von Menschen, die von Köln gekommen, aber auch aus anderen Städten hergereist waren, um das Schauspiel des Ausladens einer Lokomotive für die erste deutsche Eisenbahn zu sehen.

Bartels, ein kräftiger Mann in mittleren Jahren, hatte schwer gegen den Wind anzukämpfen: Der hatte umgeschlagen und kam mit zunehmender Gewalt jetzt aus Nordwest. Der Regen hatte aufgehört. Es war dunkel. Die Wolken rissen auf: Da stand der Komet am Himmel. Ein großes weißes Licht mit einem riesigen Schweif, der sich über den ganzen Himmel zog.

Ein Murmeln ging durch die Menge. Rufe wurden laut: »Ein böses Zeichen! In der Maschine steckt der Teufel! Das wird uns Unglück bringen!«

Bartels, Langen und van Hees hielten es für besser, die Verladung abzubrechen. Der Himmel bezog sich wieder; ein wolkenbruchartiger Regen ging nieder, die Zuschauer flüchteten. Die ganze Nacht stürmte und tobte das Unwetter. War zuvor die Entladung wegen Niedrigwassers nicht möglich, so jetzt wegen Hochwassergefahr. Endlich, am Abend des 10. Oktober gelang es, das Schiff unter den Kran zu bringen und mit viel Mühe die schweren Stücke auszuladen.

Als es endlich wieder aufklarte, war der Komet schon weitergezogen. Es war der Halleysche Komet, den die Zeitungen zuvor schon angesagt hatten. Er war das letzte Mal 1759 am Himmel erschienen, und jedesmal hatte sich im Abstand von drei bis vier Jahren nicht nur das Wetter geändert. Böse Zeiten kommen, sagten die einen, denen es gut ging; bessere Zeiten die anderen. Eines galt als sicher: Der Komet bedeutete Zeitenwende. 1910 würde er wieder erscheinen.

Da lagen nun die Kisten. Der Zoll wollte ihnen die gleiche Behandlung wie dem Radschuh angedeihen lassen. Aber Bartels, Langen und der Engländer Wilson mit Hilfe eines Dolmetschers erklärten den Zöllnern, wenn sie auf ihrem Willen beharrten, ginge bei der Verzollung die ganze kostbare Maschine in wertlose Trümmer. Wilson, der von Stephenson mitgegebene Lokomotivingenieur, Monteur und künftige Lokführer, erklärte das den Zollbeamten besonders deutlich. Er sagte den Zöllnern nämlich, er werde nach der Verzollung das wertlose Gerümpel in den Rhein werfen, nach England zurückfahren und dort auf Kosten der Zöllner eine neue Lokomotive holen. Bartels machte die Zöllner gleichzeitig darauf aufmerksam, daß ihre Maßnahmen den Vorschriften des Zollvereins nicht entsprächen. Jetzt gaben die Zolleute nach und überwiesen die ganze Verzollung mit Begleitbrief nach Nürnberg, womit sie den schwarzen Peter an Nürnberg weiterreichten.

Zu Wasser war der Weitertransport der schweren Kisten nicht mehr möglich. Jetzt kam wieder einmal die Probe aufs Exempel, das heißt, das neue Verkehrsmittel durfte noch einmal die Vorzüge eines Landstraßentransportes erproben: Acht Lastfuhrwerke fuhren am 13. Oktober die Kisten zwei Tage und zwei Nächte hindurch unter unsäglichen Mühen nach Offenbach. Trotz hoher Angebote lehnten die Kölner Fuhrleute den Weitertransport ab. Nach langer Suche fand man in Offenbach eine Firma, die den Transport am 16. Oktober übernahm. Endlich, am 26. Oktober traf die Ladung in Nürnberg ein, begleitet von dem zugleich engagierten Lokomotivführer Wilson, den Bartels in einem Brief als »Stockbeefsteak« bezeichnete, weil er kein Wort deutsch verstand.

Doch versteht er etwas vom Lokomotivbau; unter seiner Anleitung setzen Zimmergesellen und Lehrer der Polytechnischen Anstalt in der Späthschen Werkstätte auf dem Dutzendteich den Dampfwagen zusammen und reparieren die beschädigten Teile. Obwohl man die Montage geheim hält, ist die Werkstatt ständig von Neugierigen umlagert. Die Schüler der Polytechnischen Anstalt versammeln sich und zeichnen die ungewöhnlichen Kolbenstangen, Räder und Hebel.

Denis hatte sich von Anfang an gegenüber dem, wie er fand, der Anglomanie verfallenen Direktorium dafür eingesetzt, daß wenigstens die Wagen von deut-

Pferdeeisenbahnen.

Die ersten Personenwagen sind die Kutschen der Post, auf ein eisernes Fahrgestell gesetzt. (Budweis-Linz 1830)

schen Firmen hergestellt werden sollten. Wagner, die Kutschen bauen konnten, gab es derzeit in Bayern genug. Ende August besichtigt Denis den ersten Wagen; er muß oft mahnen, bis schließlich neun Wagen beisammen sind. Die Wagen sind teuer, aber schön: Die drei Wagen der ersten Klasse, mit blauem Tuch ausgeschlagen, haben vergoldete Türgriffe, Beschläge aus Messing und vor allem Fenster mit Fensterglas; die Wagen der zweiten Klasse haben wenigstens Vorhänge an den Fenstern; die Wagen der dritten Klasse, von denen es nur zwei gibt, haben nicht einmal ein Dach, geschweige denn Seitenwände oder Fenster. Alle Wagen sind Coupéwagen, je drei voneinander getrennte Abteile sitzen auf einem eisernen Chassis – es sind die Kutschen der Post, auf eiserne Fahrgestelle gesetzt.

Der 25. August, der Geburtstag des Königs, zunächst als Eröffnungstag vorgesehen, ist längst vorbei – Erwerb und Transport der Lokomotive und der Bau der Wagen vor allem sind mit ihrer verzögerten Herstellung daran schuld, daß der Termin nicht gehalten werden konnte. Man glaubt jetzt, den 24. November festsetzen zu können. Man lädt die Aktionäre, die Freunde und Helfer, vor allem aber den König und die Regierung ein. Plötzlich macht das Wetter wieder einen Strich durch die Rechnung: Es wird so kalt, daß die letzten Bauarbeiten an Strecke und Bahn-

hofsgebäuden nicht beendet werden können. Auch die Montage der letzten Maschinenteile muß verschoben werden.

Jetzt denkt man daran, die Bahn erst im Frühjahr 1836 zu eröffnen. Doch Bürgermeister Binder veröffentlicht ein Gedicht, in dem er diesen Plan ironisiert:

»Wenn aus des Frühlings grünen Auen
Die ausgeruhten Schienen schauen ...«

Diese Zeilen wirken.

Das Direktorium will die Bahn nunmehr unfertig eröffnen, aber der Ingenieur Denis hält dies, und sicherlich zu Recht, für unsinnig. Er droht mit seinem Rücktritt. Das will niemand riskieren. Also setzt man den 7. Dezember 1835 als Tag der Eröffnung fest.

Auf den 6. Dezember, also den Tag zuvor, hat das Direktorium eine Generalversammlung in den oberen Rathaussaal zu Nürnberg einberufen. 117 Aktionäre haben sich eingefunden. Es herrscht Gewitterstimmung: Das Direktoriumsmitglied Landrichter Wellmer hat nämlich wenige Tage vor dieser Generalversammlung in einer fünfzigseitigen Broschüre heftige Vorwürfe gegen Platner und Scharrer erhoben. Er behauptet, der Betrieb der Eisenbahnlinie werde sich als Verlustgeschäft erweisen. Dies wiegt umso schwerer, als man den Aktionären eröffnen muß, daß der Kostenvoranschlag um rund 36 000 Gulden überschritten worden ist. Da der Angriff aus den Reihen des Direktoriums selbst kommt, besteht die Gefahr, daß die Aktionäre das Vertrauen in die Geschäftsführung verlieren, was unabsehbare Konsequenzen haben kann.

Eine scheußliche Situation. Das Direktorium ist empört über den Alleingang Wellmers, aber Unmutsäußerungen würden die Aktionäre nur noch mehr beunruhigen. Man muß die Generalversammlung nutzen, um zu Wellmers Vorwürfen Stellung zu nehmen und die Aktionäre davon zu überzeugen, daß seine Anschuldigungen und Prognosen haltlos und töricht sind. Aber wird dies gelingen? Endlose Diskussionen können bevorstehen, bei denen die Sache sich im Streit der Meinungen eher verwirrt als klärt. Dies muß verhindert werden. Man entwirft eine Strategie.

Am 6. Dezember eröffnet Bürgermeister Binder die Versammlung und erläutert zunächst in ruhigem Tonfall das Programm. Auf der Tagesordnung stehen der Geschäftsbericht und zwei weitere Punkte: Die Überschreitung des Kostenvoranschlages um rund 36 000 Gulden und das Pamphlet des Direktoriumsmitgliedes Landrichter Wellmer.

Fast jeder der 117 Aktionäre hat das Heft mit Wellmers Anschuldigungen vor sich liegen. Wellmer, der zu den Männern der ersten Stunde gehört, war für die Ausarbeitung der Statuten und für das Geschäft des Grunderwerbs bestimmt worden; man kannte ihn als guten Juristen. Tatsächlich hat er nur weniges von diesen Aufgaben erledigen können. Das meiste davon bearbeitete Scharrer und ein eigens für den Grunderwerb eingestellter Notariatsgehilfe. In schwierigen Fällen schaltete sich auch Platner selbst ein.

Wellmer vertritt den konservativen Teil der Aktionäre. Er ist ein Gegner des Dampfwagens. Er würde, so sagt er, wenn es beim Dampf bliebe, seine Aktien sofort um die Hälfte des Wertes verkaufen. Er hoffe indessen, so heißt es in dem Heft, »daß die vorläufig von der Majorität beliebte Dampfanwendung nicht von langer Dauer sein werde und der von Zeit zu Zeit lahmende Dampfwagen, vor allem aber die leer bleibende Kasse die Direktion bald nötigen werde, die Dämpfe niederzuschlagen«. Überdies glaubt er, daß der Bau der Bahn viel zu solid ausgeführt sei. Hier

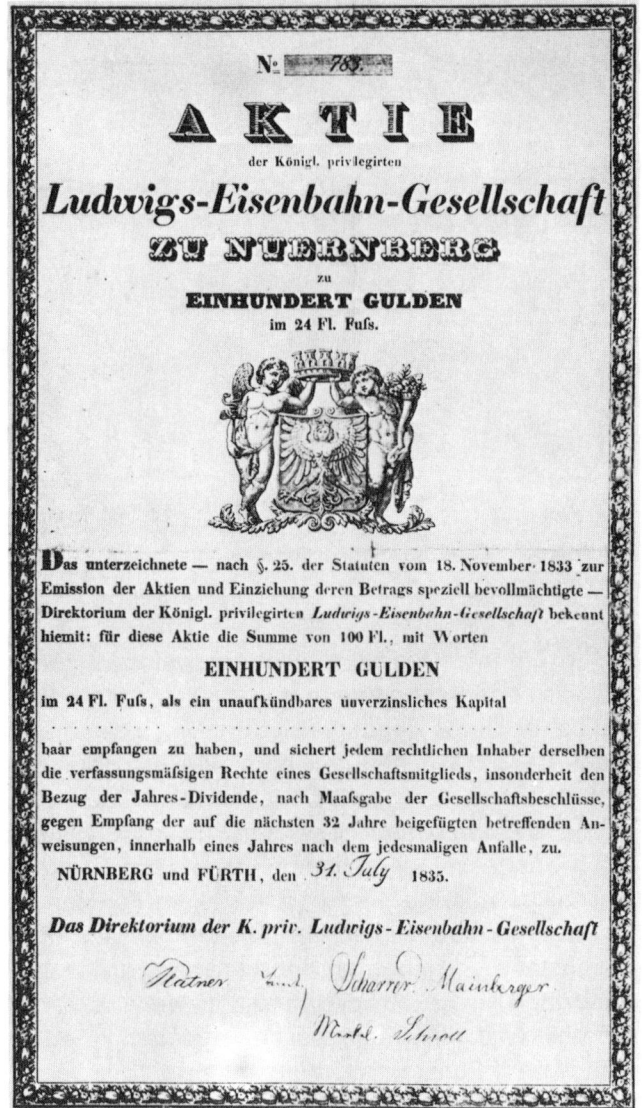

Aktie der Ludwigs-Eisenbahn-Gesellschaft 1835.

spukt ein Brief Lists an Platner weiter, in dem List die auf Amerika abgestellte provisorische Bauweise der dortigen Eisenbahn empfohlen hatte. Zum Schluß warnt Wellmer die Aktionäre vor »etwaigen genialischen Übergriffen von Kraftmännern«. Hier ist jedermann deutlich, daß er Platner und vor allem Scharrer meint. Denn Scharrer ist inzwischen von Platner vollkommen überzeugt worden: Er vertritt jetzt sogar die ausgreifenden Pläne Lists und spricht davon, daß als nächstes ein bayerisches Eisenbahnsystem kommen müsse. Dazu schreibt Wellmer, daß er die phantasievollen Gedankenflüge dieser Herren nicht mitzumachen gedenke.

Was Wellmer vorbringt, ist geeignet, die Aktionäre zu alarmieren. »Zu solide ausgeführt«, das heißt, man hat Gelder nutzlos verschwendet. »Geniälisches«, »phantasievolle Gedankenflüge«, das ist etwas für Dichter, bei denen ja auch, wie man weiß, die Kassen leer sind. Und die Aktien am Ende nur noch die Hälfte wert? Eine schreckliche Aussicht!

Die Stimmung im Saal ist gespannt, als Platner und Scharrer vor die Versammlung treten. Beide geben einen klaren und sachlichen Bericht von dem, was sie und ihre Mitarbeiter geleistet haben. Sodann treten sie zusammen mit dem ganzen Direktorium zurück.

Die Aktionäre vernehmen es mit Schrecken. Sie sind ratlos. Morgen soll die Bahn eröffnet werden, die geladenen Gäste sind bereits angereist, und nun tritt das Direktorium zurück? Eine Katastrophe! Das technische Material ist da, der Zug steht fahrbereit, bei den Probefahrten hat alles funktioniert, und nun sitzt man ohne Geschäftsführung da. Ohne sie wird nichts mehr funktionieren. Was ist zu tun?

Es sieht nach großem Eklat aus: Aber dieser Akt ist ein geschickter Schachzug Platners, der schon mehrmals auf diese Weise ein stockendes Werk wieder in Gang gebracht hatte. So bezwang er beim Grunderwerb die letzten hartleibigen Grundeigentümer, die nicht verkaufen wollten, um die Preise hochzutreiben. Platner erklärte öffentlich, er werde die Bahn um diese Grundstücke herumfahren lassen. Damit nicht genug, ließ er die Umgehungsstrecke vermessen und die Grabarbeiten beginnen. Das hatte zur Folge, daß die beiden Grundeigentümer sofort verkaufswillig wurden.

Dieser Mann, der so viele Schwierigkeiten gemeistert hatte, ist soeben zurückgetreten und mit ihm das ganze Direktorium. Was soll nun überhaupt werden?

In dem erregten Stimmengemurmel der Versammlung meldet sich jetzt Platners Schwiegersohn, der Appellationsgerichtsadvokat Dr. Toussaint zum Wort. Er setzt in einer glänzenden Rede Wellmer ins Unrecht: Das auf drei Jahre fest gewählte Direktorium könne gar nicht zurücktreten. Ob sich denn die Nürnberger und Fürther Stadtbürger wirklich die Ärmlichkeit des Fiakerwesens vor dem Tor wieder zurückwünschten? Ob denn die Erfolge der Engländer, der französischen und belgischen Bahnen, die mit Dampfkraft betrieben würden, nichts besagten? Endlich, ob die Aktionäre etwa nichts von der Ansicht des Lokomotivführers Wilson, des englischen Fachmanns, hielten, der erklärt habe, die deutsche Bahn sei vorzüglicher konstruiert als die englische, sie, die Aktionäre, sollten doch froh sein, daß man der Braut solch solide Aussteuer mitgegeben habe. Es liege ihm fern, dem Landrichter Wellmer irgendeine unlautere Gesinnung zu unterstellen, doch mache sein Verhalten den Eindruck, als lege er es mehr auf rasch verdientes Geld als auf ein solides künftiges Geschäftsgebaren des Unternehmens an.

Toussaints Ausführungen haben die erhoffte Wirkung. Die Aktionäre atmen auf, sie äußern Zustimmung, besonders der Hinweis auf die Solidität des Unternehmens hat ihre Bedenken zerstreut. Die Diskussion endet damit, daß dem Direktorium einstimmig das Vertrauen ausgesprochen wird. Es wird von Neuem beauftragt. Der Rücktritt Wellmers wird einstimmig angenommen.

Um Zweifler zu beruhigen, wird eine Art Rechnungsprüfungsausschuß gegründet, der das Direktorium unterstützen soll. Die Überschreitung der Ausgaben wird durch spontane Aktienzeichnung gedeckt.

Ein glänzender Sieg des Direktoriums, den Wellmer freilich als »Theatercoup« und als »abgekartetes Spiel« bezeichnet, womit er – allerdings im positiven Sinn – so Unrecht nicht hat.

Anschließend wird in Platners geräumigem Patrizierhaus gefeiert. Es gibt ein Bankett mit köstlichen Speisen; in einem Nebensaal wird Tric Trac gespielt, und zu den Klängen des Eisenbahn-Lust-Walzers*) von Johann Strauß eröffnet Platner mit seiner Frau den Tanz. Der Direktor weiß seine Gäste zu unterhalten, er ist »der Bürge für das Gelingen einer Sache, deren Resultat von niemandem mit Sicherheit bestimmt werden konnte« (Amtlicher Bericht).

*) Der »Eisenbahn-Lust-Walzer für das Piano-Forte« von Johann Strauß (Vater), 89. Werk wird im Jahre 1836 erstmals erwähnt; doch konnte die Melodie genau wie Joseph Lanners »Dampfwalzer« schon früher gespielt worden sein. Johann Strauß Sohn schrieb die Polka: »Der Vergnügungszug«.

V Deutschlands erste Eisenbahn

HEIL UNSEREM KÖNIG HEIL

Nach dem glücklichen Ende der Aktionärsversammlung und dem glänzend verlaufenen Festbankett am Sonntagabend ist für den nächsten Morgen, den 7. Dezember 1835, alles wohl vorbereitet. Eine ungeheure Spannung und Erregung liegt über der Stadt. Tausende von Menschen sind aus den großen Städten Deutschlands und den benachbarten Staaten angereist. Korrespondenten aller bedeutenden Zeitungen und besonders viele an dem neuen Verkehrsmittel Eisenbahn Interessierte haben sich eingefunden.

Im amtlichen Bericht über die Eröffnung heißt es: »Heute, morgens um acht Uhr, kamen die eingeladenen Aktionäre, die königlichen Militär- und Zivilbehörden, dann die städtischen Behörden und nahmen teils auf der aufgerichteten Tribüne, teils in dem Hofraum der Gesellschaftslokalitäten Platz.«

Der ranghöchste königliche Vertreter ist der Regierungspräsident. Der König kann nicht an der Eröffnung teilnehmen, obwohl er ebenso wie Hof und Regierung dazu eingeladen worden war. Er befindet sich auf einer Reise nach Griechenland.

Die Musikkapelle des königlichen Landwehrregimentes der Stadt Nürnberg spielt Märsche. Eine ungeheure Menge von Menschen umgibt den Bahnhof. Auch die Straße zwischen Nürnberg und Fürth entlang der Ludwigsbahn ist von Tausenden von Menschen gesäumt.

Bürgermeister Binder hält die Festrede. Er endet mit dreimaligem Hoch:

> »Hoch lebe der König
> und das ganze königliche Haus!«

Lautschallend werden die Hochrufe von der Menge unter dem Tusch der Kapelle wiederholt. Die Nationalhymne erklingt:

> »Heil unserem König Heil!«

Ein Gedenkstein wird enthüllt mit der Inschrift:

Deutschlands erste Eisenbahn
mit Dampfkraft
7. Dezember 1835

Jetzt besteigen die eingeladenen Festgäste den Zug nach der auf den Eintrittskarten angegebenen Reihenfolge.

Hübsch sieht er aus, dieser Zug mit Lokomotive, Tender und neun Wagen, alle in postgelb gestrichen;

Fahrt. **Wagen Nr.**

EINTRITTSKARTE
zur
Eröffnung der Königl. priv. Ludwigs-Eisenbahn
am 7. December 1835.

Die Abfahrt nach Fürth findet Punct 9 Uhr statt. Man beliebe sich aber eine halbe Stunde früher auf der errichteten Tribüne im Verwaltungs-Locale einzufinden.

Das Directorium
der
Ludwigs-Eisenbahn-Gesellschaft.

Campescher Druck.

Eintrittskarte zur Eröffnung am 7. Dezember 1835.

DIE LUDWIGS-EISENBAHN

Anstelle der unhistorischen Gemälde (etwa von Professor Heim) hier ein historischer Stich.
Danach scheint der erste Heizer Hyronimus erst später dazugekommen zu sein. Auch nach den Berichterstattern legte
Lokführer Wilson selbst die Kohlen nach.

der Dampfwagen mit dem Namen *Der Adler* ist ein Prachtstück in Grün mit roten Rädern und schwarzgoldenem Schlot. Hoch aufgerichtet vor dem Kessel steht der lange Engländer, der Lokomotivführer Wilson, feierlich in Frack und Zylinder mit weißen Handschuhen. Bei seinem Anblick tuscheln einige Zuschauer in der ersten Reihe. Sie wissen zu erzählen, daß Wilson mit 1500 Gulden jährlich ein höheres Gehalt beziehe als der Direktor der Bahn, der nur 1200 verdiene.

Der Berichterstatter des »Stuttgarter Morgenblattes« beschreibt seinen Lesern den ungewohnten Vorgang, eifrig bemüht, ihn in Worte zu fassen. Die Sprache der neuen Welt der Technik muß sich erst noch bilden. So heißt es von Wilson: »Jedes körperliche Geschick, welches gleichwohl nicht fehlen darf, tritt bei ihm in den Hintergrund, in den Dienst der verständigen Beachtung auch des kleinsten, als eines für das Ganze Wichtigen. Jede Schaufel Steinkohlen, die er nachlegt, brachte er mit Erwägung des richtigen Maßes, des rechten Zeitpunktes, der gehörigen Verteilung auf den Herd. Keinen Augenblick müßig, auf alles achtend, die Minute berechnend, da er den Wagen in Bewegung zu setzen habe, erscheint er als der regierende Geist der Maschine und der in ihr zu ungeheurer Kraftentfaltung vereinigten Elemente.«

Tusch und Kanonendonner: Der Zug fährt an.

In jener Zeit war das ein geräuschvoller Vorgang in mehreren Phasen: Der Ausstoß der ersten Dampfwolke glich einer dumpfen Explosion. Darauf fuhren die Lokomotive und der Tender an. Es folgte ein Ruck mit Kettengeklirr, und der erste Wagen setzte sich in Bewegung. Mit Rucken und Klirren unter dem zunehmenden Puffen der Dampfstöße aus dem Schornstein der Lokomotive kamen die folgenden Wagen nach, bis endlich der ganze Zug sich in gleichförmiger Geschwindigkeit fortbewegte. Es gab damals noch keine Kupplungen.

Der große Augenblick hat den Stuttgarter Journalisten zu einem poetischen Vergleich begeistert, das Dampfroß genügt ihm nicht, er beschwört das Bild eines Urweltriesen. (Uns Heutige mutet freilich der »Adler« im Verkehrsmuseum eher zierlich an.)

»Der Wagenlenker ließ nach und nach die Kraft des Dampfes in Wirksamkeit treten. Aus dem Schlot fuhren nun die Dampfwolken in gewaltigen Stößen, die sich mit dem schnaubenden Ausatmen eines riesenhaften antediluvianischen Stieres vergleichen lassen. Die Wagen fingen an, sich langsam zu bewegen. Bald aber wiederholten sich die Ausatmungen des Schlotes immer schneller, und die Wagen rollten dahin, daß sie in wenigen Augenblicken den Augen der Nachschauenden entschwanden...« »An Delirium grenzte die Stimmung der unzähligen Augenzeugen...« (Allgemeine Zeitung).

Deutschland hat seine erste Eisenbahn.

Der erste Lokomotivführer: Wilson, der »lange Engländer«.

WENN LUDWIG DAMALS...

Eine kurze Zeitspanne lang hatte das Königreich Bayern die Chance, das Zentrum eines deutschen, wenn nicht sogar europäischen Eisenbahnnetzes zu werden, wie es List in einem Schreiben an König Ludwig vorgeschlagen hatte. Dies aber hätte zu jener Zeit bedeutet, daß Bayern zur dominierenden Industrie- und Handelsmacht im Zollvereinsgebiet herangewachsen wäre. Das ist kein Hirngespinst, da – wie schon berichtet – diese Musterbahn Nürnberg – Fürth tatsächlich ein Meisterstück damaliger modernster Eisenbahntechnik war. Vor allem wäre es zu jener Zeit noch möglich gewesen, statt der immer jeweils vordringlichsten Strecke – im allgemeinen die Verbindung zwischen großen Städten oder einzelner Linien untereinander – ein der Stärke des Verkehrsaufkommens und den Möglichkeiten der Landschaft angepaßtes Netz zu bauen. Alle Mittel und Werkzeuge dazu waren da, einschließlich des modernen Mittels der Marktforschung. Und die Männer der ersten Stunde waren bereit, ihr Werk fortzusetzen, wenn Ludwig damals mitgemacht hätte.

Am Nachmittag des Eröffnungstages, nach dem tosenden Jubel um die ersten drei so wohl gelungenen Dampfwagenfahrten – bei der dritten durfte das Publikum umsonst fahren: Die Wagen wurden gestürmt – nach dieser überwältigenden Premiere einer Eisenbahn mit Dampfkraft in Deutschland fand um drei Uhr des Mittags im Saale der Museumsgesellschaft »unter Anordnung der Herren Hovard und Galimberti« das Diner statt. An dem Festessen, zu welchem auch »Denis, der Baumeister der Eisenbahn... sowie der Buchbindermeister und Magistratsrat Schnerr, der Verfasser des Festgedichtes, eingeladen waren«, beteiligten sich alle erschienenen Aktionäre und Ehrengäste. Nach dem Diner wurde Schnerrs Festgedicht auf die Melodie »Am Rhein, am Rhein da wachsen unsere Reben« gesungen. Mit Begeisterung stimmten alle in das Lied ein. In vierzehn Strophen nennt es alles, was jene Zeit hoffen läßt: unerschütterlicher Glaube an den Fortschritt, an die friedliche Perfektion der Maschine, an eine glückhafte Kopulation von Natur und Technik, eine Selbsterlösung im vorausgeahnten kommenden Industrie- und Maschinenzeitalter – all diese holden Träume, halb Wahrheit und halb Selbsttäuschung, sie alle sind in den Strophen des poetischen Buchbindermeisters enthalten:

»Glück auf, mit Gott! Der Anfang ist geschehen,
Es liegt die Strecke Bahn!
Und soll's nach Ost und Westen weiter gehen,
So knüpft man eben an.
Das schöne Werk, der Gegenwart zum Lobe,
Wird's sicher anerkannt.
Als erster Punkt, als musterhafte Probe
In unserm Vaterland.
Seht ihr die Bahn, die Linien von Eisen,
Die fest und schnurgerad
Bedeutungsvoll nach Ost und Westen weisen?
Seht ihr den Zauberpfad...?

In den letzten drei Versen ist erstmals das »Netz von Pol zu Pol« zitiert. Prophetisch wirkt auch eine Kriegsvorahnung: daß allerdings ein Schienennetz zur Waffe werden könnte, das fällt dem Dichter noch nicht ein.
Die Begeisterung hält nach der Eröffnungsfeier noch lange an; immer wieder wird auch in der Presse Schnerrs Gedichtanfang zitiert:

»Und soll's nach Ost und Westen weitergehen,
So knüpft man eben an.«

Es wird zu einem wahren Slogan der vom Eisenbahnfieber Befallenen. Aus dieser Stimmung heraus legt das Direktorium unter Platner dem König eine Denkschrift vor, die auch von Handels- und Kaufleuten aus Würzburg und Regensburg unterschrieben ist. Jetzt erbittet man ein Privileg zur Erbauung einer Eisenbahn von Würzburg über Nürnberg nach Regensburg als Fortsetzung der Ludwigsbahn. Man hat dabei nicht vergessen, daß Ludwig vor allem an »seinen« Kanal denkt. Deshalb vergleicht man den Verkehrsorganismus Deutschlands mit einem Körper, in welchem Kanal und Eisenbahn zwei in sich verbundene Hauptarterien seien. Hier sei der Mittelpunkt eines schnelleren Deutschlands.
Drei Wochen sind seit der Eröffnung der ersten Eisenbahn ins Land gegangen. Handel und Wirtschaft, Bürger und Bauern, Stände und Parteien sind vom Erfolg der Ludwigsbahn überwältigt. Nun gerät selbst der bayerische Ministerrat am Heiligen Abend des Jahres 1835 ins phantasievolle Projizieren. Zusammen mit den Möglichkeiten des Ludwigskanals, den der Ministerrat nie vergißt, und mit der neuerschlossenen Technik der Eisenbahn sieht man die große Nordsee-Schwarzmeerverbindung entstehen, träumt von den Linien München – Rosenheim – Triest, München – Straßburg – Paris, München – Wien, und man sieht Bayern als »Handelsmittelpunkt zwischen dem teutschen Norden und dem teutschen Süden, ja, als Kern eines Teils des Welthandels« (Mück).
Aber demselben Ministerrat wird vor seiner eigenen Courage bange. Eben das, was man Eisenbahnfieber nennt und was so rasch und vehement alle Kreise der Bevölkerung ergreift, das »Erstehen einer neuen Welt«, ebendies führt dazu, daß sich der Ministerrat in einer plötzlichen Wendung auf seine eigentliche Aufgabe besinnt. Nicht sich hinreißen zu lassen, nicht begeistert zu sein, war die hohe Pflicht der Ministerialen, vielmehr das Feuer zu dämpfen und zu mäßigen war der königliche Auftrag, damit nicht aus dem Feuer ein Flächenbrand werde, damit nicht Bürgerinitiative über Hof und Regierung triumphiere. Als erstes wird der Antrag des Ludwigsbahn-Direktoriums abgelehnt.

König Ludwig, von Griechenland zurückgekehrt, drückt dem Ministerrat für seinen letzten Entschluß Lob und Anerkennung aus. Das Direktorium der Ludwigsbahn, schon von privater Seite über die wahrscheinliche Ablehnung seines Antrages informiert, muß nun auch noch offiziell den harten Schlag entgegennehmen. Die Entscheidung lautet: »daß bei gegenwärtiger Sachlage auf eine Genehmigung der Errichtung von Eisenbahnen von Nürnberg nach Würzburg und Regensburg durchaus nicht eingegangen werden kann«. Und der Regierungsrat des Rezatkreises, von Stichaner, hin- und hergerissen zwischen seiner Überzeugung von der großen Zukunft der Eisenbahnen und dem pflichtgemäßen Gehorsam gegenüber König und Regierung, den »Canalisten«, hat wieder einmal in dieser Sache eine Zurechtweisung erhalten. Wie kann er sich für ein solches Projekt erwärmen, da ihm doch der Kanal entgegensteht!

Und je mehr die Ludwigsbahn das Publikum fasziniert, desto klarer wird es den »Canalisten« in München, an ihrer Spitze Ludwig, daß man sich beeilen müsse, um in diesem Wettkampf nicht zu verlieren.

Der bayerische Staat, der sich an der Ludwigsbahn mit sage und schreibe zwei Aktien beteiligt hat, die erst auf mehrmalige Mahnung Platners bezahlt wurden, dieser selbe Staat tritt aufgrund eines Gesetzes von 1834 der vom Haus Rothschild gegründeten Aktiengesellschaft für den Kanalbau bei, indem er ein Viertel des Paketes übernimmt. Da aber die Zeichnung nur schleppend verläuft, weil alle Welt auf die Ludwigsbahn setzt, so beschließt der Ministerrat, das Kanalprojekt ins richtige Licht zu rücken. Es sei ein Projekt, auf das »nicht allein das Auge Europas, sondern die Aufmerksamkeit aller kultivierten Völker der Erde gerichtet« sei.

Und nun wird auch von den versammelten, liebedienernden Ministern noch die Poesie bemüht: Eine von der Natur unvollendet gelassene Wasserstraße durch die Mitte von Europa fertigzustellen, werde dem europäischen Völkerverkehr eine neue segensreiche Richtung geben. Der vollendete Kanal werde Gelegenheit bieten, »das Andenken an Bayerns Technik, den Ruhm seines hochgefeierten Monarchen, seines Königs Ludwig I., in·der Völker Ewigkeit hinüberströmen« zu lassen. »Ja, ja, auf dem Kanal«, hört man

den ewig nörgelnden Ritter von Baader dazu murmeln.

Der Erfolg der Ludwigsbahn, die hohen Beförderungszahlen und demzufolge die beträchtlichen Einnahmen lassen den Ministerrat unsicher werden. Er beschließt, »die Dampfwägen und Eisenbahnen, die so tief in das Leben und Wesen der Gewerbestände« eingreifen, zwar nicht zu fördern, sie aber zum Konkurrenzkampf Bayerns gegen Nachbarstaaten, vor allem Baden und Württemberg zu konzessionieren; was freilich die Main-Donau-Verbindung angeht, die Weiterführung der Bahn nicht zuzulassen, um den Kanal nicht zu gefährden. Dabei bleibt es in den folgenden Jahren trotz mehrfacher, massiver Vorstöße vor allem der Regensburger Kaufmannschaft.

Die Ludwigsbahn ist ein so hervorragendes und offensichtlich auch so gut geglücktes Modell, daß von überall her Kommissionen, Eisenbahn-Gründungskomitees, Experten und gekrönte Häupter strömen, um zu sehen und zu lernen. Hof und Kabinett beobachten die Besuche und lassen sich in kurzen Abständen darüber berichten. Der Besuch der Kaiserin von Rußland, des Prinzen Wilhelm von Preußen, des späteren deutschen Kaisers, die Prinzessinnen von Württemberg und von den Niederlanden mit Familie, sie gereichen der Stadt Nürnberg und dem Königreich Bayern zur Ehre.

Der Besuch des Großherzogs von Baden 1836 und später die Visite des Erbgroßherzogs von Sachsen, der in seiner Suite Offiziere mitbrachte, gaben allerdings dem bayerischen Kabinett zu denken. Denn hier handelte es sich nicht mehr um technische Neugier oder um das Abenteuer Eisenbahn, das man gerne auch einer ganzen fürstlichen Familie und der ganzen höfischen Begleitung ermöglichte.

Hier lagen offensichtlich handelspolitische Konkurrenzmotive und wahrscheinlich sogar militärische Erwägungen zugrunde. Mußte man doch bei aller Abneigung gegen dieses übertriebene Eisenbahnwesen in der West-Ost- und in der Nord-Süd-Richtung Umgehung und Überflügelung durch die benachbarten Staaten befürchten.

Jetzt holt auch König Ludwig I. von Bayern am 17. August 1836 sein Versäumnis, die Ludwigsbahn zu besichtigen, schleunigst nach. Nach acht Mona-

Erste Fahrt König Ludwig I. auf der Ludwigsbahn am 17. August 1836.

ten hat der Hof nämlich bemerkt, daß die Tatsache, daß der König und alle hohen Würdenträger bei der Einweihungsfeier nicht anwesend waren, von der Öffentlichkeit offensichtlich falsch ausgelegt worden war. Nur zu deutlich klang es auch in den Zeitungen durch, daß die Ludwigsbahn eigentlich eine Leistung der Bürger, des Volkes und nicht etwa des Hofes oder der absoluten Monarchie gewesen sei. Das deutlich zu machen war übrigens von der Ludwigsbahngesellschaft keineswegs beabsichtigt; König, Hof und Regierung waren vollzählig eingeladen worden. Aber die mehrmalige Verschiebung des Eröffnungstermines, die Reise des Königs nach Griechenland, wo er seinen Sohn, den König Otto von Griechenland besuchte, die Kältewelle, die schon Ende Oktober Süddeutschland überfallen hatte und einen frühen und harten Winter mit sich brachte, dies alles kam zusammen, um aus der Eröffnungsfeier – übrigens ganz im Sinne Platners und Scharrers – ein Bürgerfest zu machen.

Der berechtigte Stolz auf ein privates Unternehmen wirkte über das Direktorium und die große Zahl der Aktionäre hinaus auf die Bevölkerung und verlieh ihr ein langsam wachsendes Selbstbewußtsein ihrer Stärke. Es wurde deutlich, daß man mittels neuer technischer Erfindungen und Konstruktionen etwas ändern konnte, daß man mit kleinen, fast bescheidenen Mitteln – »notfalls hätte Platner die Bahn aus eigener Tasche bezahlt« – mit einem Schlage eine völlig neue Situation schaffen konnte. Zwar war dieses Unternehmen nicht gegen den Staat entstanden. Er unterstützte es ja zum Beispiel durch die kostenlose Abordnung des Baumeisters Denis. Zugleich aber sabotierte er es immer wieder hinterrücks. Doch war die Bahn gewissermaßen aus dem Volkswillen gleichberechtigt neben dem Staate her entstanden: Es war eine Bürgerinitiative. Dieses unberechenbare Abenteuer, das dem Staat buchstäblich aus der Hand gerollt war, wieder einzuholen und zu bezwingen, bereitete große Mühe. Von daher stammt die Erkenntnis von Hof und Regierung, daß nur das Staatsbahnprinzip die noch unbekannten aber möglicherweise großen Gefahren dieser neuen Bewegung im eigentlichen Sinne des Wortes zu bannen und zu bewältigen in der Lage sein werde.

Professor Heideloff hatte die Ehrenpforten in Nürnberg und Fürth entworfen und aufgebaut. Augustrosen, weiße Arrangements, mit blauen Bändern geschmückt, mit Lorbeer- und Oleandersträuchern verzierten beide Bahnhöfe. Das Direktorium bringt dem König, der schweigend auf einem aus dem Rathaussaal herbeigeholten Sessel sitzt, den Hut tief in die Stirn gezogen, um die birnenförmige Talggeschwulst auf seiner Stirn zu verbergen, eine Huldigung dar. Platner spricht ein Gedicht. Ein Männerchor singt, und wieder erklingt die Hymne »Heil unserem König Heil«. Der »lange Engländer« Wilson wird vorgestellt, und der König besichtigt nicht ohne Interesse das rauchende und dampfende Wunderwerk der Technik.

»Unter dem Jubel der Menge«, eine stereotype Wendung in den damaligen Protokollen, »besteigt der König dann zusammen mit den geladenen Ehrengästen den Zug«. In Fürth ebenfalls großer Jubel der Menge, Gedichtvorträge, Männerchöre, die Hymne erklingt. Nebenbei eröffnet der König übrigens eine steinerne Brücke; er hört sich die ersten Berichte über den im Bau befindlichen Ludwigskanal an. Das ist ein Zeichen, das Direktorium und Zuschauer nicht mißverstehen können. Für die Rückfahrt nach Nürnberg ordnet Platner eine Schnellfahrt an. Ludwig hatte gehört, daß der Zug die Strecke in sechs Minuten schaffe; Wilson fährt sie in fünfdreiviertel Minuten, was beinahe einer Geschwindigkeit von 70 Stundenkilometern gleichkommt. Dann läßt der König den Zug an sich vorüberfahren. Die Fahrgäste winken, der König winkt huldvoll zurück. Es ist herrliches Sommerwetter. Die meisten Geschäfte haben wegen des hohen Besuchs geschlossen, die Schulen haben frei. Die Nürnberger und Fürther sind stolz auf die Anerkennung, die der König dem Direktorium in feierlichen Worten ausspricht. Vor allem die sausende Fahrt hat Ludwig imponiert.

Vielleicht ist er tatsächlich gewonnen für das neue Verkehrsmittel. Aber nein: Rügen wegen des zu hohen Aufwandes beim Besuch des Königs treffen wenige Tage später in Nürnberg ein. Der Kanalbau wird moniert. Die Bürgermeister sollen sich äußern, warum dieser wichtige Verkehrsbau stagniert. Die Stimmung schlägt wieder um.

Ende der dreißiger Jahre läßt der Zustrom der Potentaten und Ingenieure nach. Eine ganze Anzahl neuer Strecken ist nun eröffnet in Preußen, Sachsen, Hessen. Andere Länder folgen nach. Das Interesse an der Ludwigsbahn erlischt allmählich.

Es kommen die Krisenjahre 1846/48, in denen die immer wieder vorgebrachten Pläne aus anderen Gründen nicht zur Ausführung gelangen. Scharrer stirbt am 30. März 1844, 59 Jahre alt. Platner, der ihn um 18 Jahre überlebt, hat um diese Zeit längst resigniert. Außerdem hat er Auseinandersetzungen mit Mitgliedern des Ausschusses, die ihm am Zeuge flicken wollen. Scharrers Nachfolger als Direktor im Amte der Ludwigsbahngesellschaft Karl Mainberger, der Buchhändler und Kirchenpfleger, uns bekannt aus jener schicksalhaften Reise zusammen mit Platner nach Neuwied und Brüssel zu Stephenson, war keine Kämpfernatur, wie dies Platner und Scharrer in den Gründungszeiten der Gesellschaft gewesen waren.

So geriet, während ringsum Bahnen gebaut wurden, der eigentliche Zweck der Bahn, erstes Teilstück einer großen Verbindung zu sein, wie es Scharrer noch in seiner Schrift »Deutschlands erste Eisenbahn, Nürnberg 1835« vorausgesehen, ja, gefordert hatte, wie es Platner in seiner Ansprache in der Generalversammlung am 6. Dezember 1835 angedeutet hatte, wie es später so oft in Denkschriften und pro memorias vorgetragen wurde, ins Vergessen.

Es ärgerte den König, daß das Ludwigsbahndirektorium damals im Jahre 1836 bei Verhandlungen über ein bayerisches Eisenbahnnetz seinen Vertreter entsenden und mitsprechen lassen wollte. Zwar waren die Nürnberger anerkanntermaßen Fachleute, doch war es unter der Würde der Staatsregierung, etwa die Feststellung eines Eisenbahnsystems zum Gegenstand der Verhandlungen der Staatsregierung mit Gesellschaften von Privaten zu machen. So arbeiteten die Direktoriumsmitglieder an der Planung für die Nürnberg-Augsburger und die sogenannte Nordgrenzenbahn wenigstens mit. Aber auch diese Mitarbeit mißfiel dem König und dem Ministerium.

Immer wieder wurden Entscheidungen vertagt oder Sitzungen abgesagt und das Direktorium ausgeladen.

Endlich, 1840, wird das Nordgrenzenprojekt wieder aufgenommen; und nun setzt die Regierung plötzlich dem Ludwigsbahndirektorium eine Frist, es solle sich erklären, ob es sich an einer Besprechung beteiligen wolle. Die Frist verstreicht. Die Regierung will fairerweise die Frist verlängern. Aber der König entscheidet mit einer Marginalie: »Genug Veranlassung!« Damit ist die Entscheidung gefallen, und auch ein späteres Taktieren hilft nicht mehr.

1856 erhält die bayerische Ostbahn-AG die begehrte West-Ost-Konzession. 1859 wird das erste Stück der Strecke nach Regensburg, 1865 die Strecke nach Würzburg eröffnet. Keine der beiden Bahnen »knüpft nun eben an«, die Ludwigsbahn bleibt allein und ohne Verbindung.

1860, im Zusammenhang mit einem letzten kraftlosen Versuch, »anzuknüpfen«, erfährt das Direktorium dann, was die Regierung von Anfang an mit der Ludwigsbahn im Sinne hatte. Es heißt: »Die Ludwigsbahn hat vom Ursprunge an nur die Bestimmung, den Lokalverkehr zwischen Nürnberg und Fürth zu vermitteln.«

Damit ist die Isolation der Ludwigsbahn vollzogen. Sie bleibt, nachdem sich das Staatsbahnprinzip in Bayern durchgesetzt hat, die einzige Privatbahn; sie ist ein Symbol für den Wagemut einiger Bürger in einer Zeit, da das monarchistische Prinzip, mindestens im Deutschen Bund, noch in fast absolutistischer Form herrscht, wenngleich Gewitterwolken schon am Horizont stehen.

Das Ende der Bahn ist rasch erzählt. 1860 steht die Bahn in ihrem Personen- und Güterverkehr auf dem Höhepunkt. 1862 werden die Pferdefahrten endgültig eingestellt. Die Bahn besitzt jetzt nur Lokomotiven. Der zunehmende Verkehr verlangt ein zweites Gleis.

1882 entsteht der Ludwigsbahn eine Konkurrenz in der Pferdestraßenbahn, die 1898 elektrifiziert wird. Da die Bevölkerung zunehmend die elektrische Straßenbahn bevorzugt, entschließt sich das Direktorium, am 1. Januar 1922 den Betrieb einzustellen. Ein 1890 an der Stadtgrenze zwischen Nürnberg und Fürth errichtetes Denkmal, ein Wärterhäuschen, von

Denis erbaut, und im Verkehrsmuseum der nachgebildete »Adler« sind die einzigen übriggebliebenen Erinnerungsstücke an die Ludwigsbahn.

DEUTSCHLANDS ERSTE EISENBAHN – EIN MODELL

Platner legte seinerzeit den König auf sein Wort fest: Bei jener Fürther Durchreise im Jahre 1826 habe er ja selbst die Anregung zum Bau der Bahn gegeben. Auch setzte er auf die krankhafte Ruhmbegier des Königs, in dem er die Bahn »Ludwigsbahn« nannte, aber er hielt gar nichts von der Unterstützung der Regierung, die später immer mehr zur Behinderung wurde. Was er wirklich dachte, das geht aus der von ihm diktierten Aufschrift auf den Gedenkstein für die Ludwigsbahn hervor, auf dem steht: Deutschlands erste Eisenbahn. Sie zeigt, wes Geistes Kind er war, und sie zeigt, wes Geistes Kind diese Schöpfung ist.

Der Kampf des Bürgers, der an seine Idee glaubt, gegen einen König war nur mit Klugheit und Diplomatie zu gewinnen. Ein Friedrich List, ein Joseph von Baader leiden unter der Ächtung ihres Königs, mit dem sie es irgendwann einmal ungeschickter Weise oder sogar ohne es zu bemerken, endgültig verdorben haben. Freilich tragen sie so Mitschuld an dieser Verfemung, die sie dann ein Leben lang verfolgt. Hatte List im jugendlichen Überschwang und durch sein »exaltiertes Wesen« den württembergischen König, den Stuttgarter Hof und die Regierung mehrmals vor den Kopf gestoßen, so war es bei Baader seine Streitlust und Nörgelsucht, die ihm schließlich den Haß und die Feindschaft des Hofes und des Königs zuzogen.

Demgegenüber steht Platners Werk als eine geglückte Schöpfung dar. Sie ist, so klein, ja winzig sie sich ausnimmt unter den anderen ersten Bahnen und vor allem auch im Blick auf das, was kommen sollte, ein in ganz Europa geltendes Muster, ein Modell im Herzen Deutschlands, das ungeahnte Folgen und Wirkungen hat. Mit ihr wird man sich zu beschäftigen haben, solange von Eisenbahnen gesprochen wird. Denn obwohl die Ludwigsbahn nirgends »anknüpfte«, ist sie Ursprung, Impulsgeber und Informationsquelle für alle nachfolgenden deutschen Bahnen – und viele ausländische – geworden. Denn alle Probleme, die später bei den anderen Bahnen auftauchen, sind auf die eine oder andere Art bei der Ludwigsbahn »schon einmal dagewesen«, sie sind diskutiert, behandelt, auf die lange Bank geschoben, aber schließlich irgendwie gelöst worden.

VI Bahnen bringen Geld

UNRUHE VOR DEM AUFBRUCH

Nun beginnt die Eisenbahnzeit, eine Zeit, deren Signet die Lokomotive ist. Überall tauchen diese rauchenden, schnaubenden, rollenden, puffenden Ungeheuer auf. Trassen werden abgesteckt, die Erde wird aufgewühlt, Ströme werden überbrückt: ein eisernes Band spannt sich um die Landschaft. Die Welt wandelt sich. Und wie immer, wenn sich etwas Neues manifestiert, wittern die Propheten Morgenluft.

Alles, was Rang, Namen und Stimme hat, äußert sich zu dem Problem Eisenbahn.

Der preußische Generalpostmeister: »Ich lasse täglich diverse Sechssitzposten nach Potsdam gehen, und niemand sitzt darin! Und nun wollen die Leute gar eine Eisenbahn dahin bauen!«

Oder Preußens König: »Kann mir keine große Seligkeit davon versprechen, ein paar Stunden früher von Berlin in Potsdam zu sein.«

Der Kronprinz allerdings, der spätere Friedrich Wilhelm IV., war anderer Meinung: »Diesen Karren, der durch die Welt rollt, hält kein Menschenarm mehr auf.«

Goethe sagt zu Eckermann am 23. Oktober 1828: »Mir ist nicht bange, daß Deutschland nicht eins werde; unsere guten Chausseen und künftigen Eisenbahnen werden schon das Ihrige tun!«

Der Duodezfürst, Herzog Alexander von Anhalt-Bernburg rief aus: »Ich muß eine Eisenbahn haben und wenn sie mich tausend Taler kosten sollte!«

1835 schrieb Christian Rother, der Direktor der Seehandlung in Berlin, einer preußischen Staatsbank in einem Bericht an den König, »er bezweifle, daß Eisenbahnanlagen in großem Umfang ein Bedürfnis

seien und daß sie die riesigen Kosten tragen würden«. (1836 wurde Rother Finanzminister.)

Kaiser Franz I. Joseph von Österreich (1768–1835) endlich tröstete eine Protestkommission der Fuhrleute: »Die G'schicht mit der Eisenbahn wird sich eh' net halten.«

Von diesen vielfältigen und sich widersprechenden Äußerungen verwirrt und verunsichert war die große Masse des Volkes unschlüssig, was zu tun sei. Doch das Eisenbahnfieber, das zuvor nur einzelne, besonders Anfällige erfaßt hatte, grassierte nach dem glücklich vollendeten Bau der Ludwigsbahn nun unter den agileren, den beweglicheren und den finanziell Interessierten im ganzen deutschen Bund. Noch war nicht klar, welche der vielen projektierten Bahnstrecken als private Unternehmungen, welche von Staats wegen gebaut werden sollten.

Regierende Fürsten, Regierungen und Parlamente zögerten; ihre Phantasie erschöpfte sich in Bedenken; sie erwogen Nachteile, die vor allem von den geplanten Einzelstrecken ausstrahlten, weil sie noch nicht die Vorteile eines Systems sahen.

So bezieht sich die bayerische Regierung auf einen Bericht des königlichen Generalkommissars in Bayreuth, Freiherrn von Andrian, der unter Hinweis auf die nachteiligen Folgen für den Obermainkreis, die Stadt Bamberg und den Ludwigskanal vor der direkten Eisenbahnverbindung zwischen Nürnberg und Kitzingen warnt. Wo von vornherein Staatsbahnen gebaut wurden, wie etwa seit 1846 in Württemberg, da bedrückt das ungeheuer kostspielige Vorhaben eher den Bürger und Steuerzahler.

Eine 1845 in Winterthur, also in der freien republikanischen Schweiz erschienene anonyme Schrift

»Württemberg im Jahre 1844«, enthält einen recht genauen Status jener Zeit in einem süddeutschen Lande, das vom Herd des Eisenbahnfiebers nicht allzu weit entfernt lag und dessen hauptstädtische Bewohner zehn Jahre zuvor auch Ludwigsbahnaktien gezeichnet hatten.

Die Beschreibung ist deshalb interessant, weil sie einen Querschnitt durch die politische, psychologische und soziologische Lage eines typischen bundesdeutschen Mittelstaates gibt, der vor der Notwendigkeit der technischen Revolution stand. Der Bericht kann für viele Groß-, Mittel- und Kleinstaaten der damaligen Zeit stehen.

Er gibt die öffentliche Meinung wieder. Danach ist die Eisenbahn für Württemberg ein »notwendiges Übel«. Interessant ist, daß Bayern Württemberg wegen des Anschlusses der Eisenbahnen »schikaniert«. Nicht neu dagegen klingt der Vorwurf, daß der Zollvereinsmarkt zwar Preußen begünstige, weil es über die Küsten billig Rohstoffe importieren könne, aber alle kleineren Staaten gefährde. »Was bliebe zum Beispiel diesem Württemberg mit seiner aufkeimenden Industrie übrig, wenn es sein Eisen mit Schaden schlägt, wenn seine Linnen- und Baumwollspinnereien vollends zugrunde, wenn selbst seine Milchereien durch die Limburger Käse versiegen gehen, diesem Württemberg, das mit unerhörten Opfern eine Eisenbahn bauen soll, um wenigstens eine Art von Transit, welche gegenwärtig Baden einigermaßen entschädigt, zu erlangen?«

Gemeint ist hier die im Bau befindliche, zum Teil schon fertige badische Linie Mannheim – Heidelberg – Karlsruhe – Freiburg.

»So ist Württemberg«, ein im wesentlichen damals Ackerbau, Weinbau und Viehzucht treibendes Land, »doch jetzt gezwungen, seiner überfluteten Bevölkerung einen industriellen Kanal zu finden und an den großen Kommunikationswegen durch kostspielige Eisenbahnen teilzunehmen. Ob ihm dies – bei dem Mangel an bedeutenden Kapitalien und höherem Spekulationstrieb seiner Produzenten gelingen wird«, das scheint dem Autor der Schrift als fraglich.

»Zwar haben die Stände die Erbauung von Eisenbahnen quer durchs Land mit Seitenbahnen beschlossen, ein Objekt in Höhe von etwa 50 Millionen

Gulden. Dies in einem Lande von 1,6 Millionen Seelen, worin eigentlicher Reichtum selten war.« Es gibt zu jener Zeit einen mäßig wohlhabenden Mittelstand. »Die Mehrzahl der Bauern kommt notdürftig aus, die Winzer leiden großenteils schwere Not. Vielen werden im Herbste die Mostkufen (die Behälter mit neuem Wein) von dem Bürgermeisteramt, das die Steuern, und dem Schultheißenamt, das die Schulden einzieht, mit Arrest belegt. Und mit einem kleinen Reste des Ertrags sollen sie dann wieder ein Jahr lang arbeiten und ihre Familien ernähren!«

Der Eisenbahnbau brachte übrigens eine Staatskrise. Finanzminister von Herdegen stürzte; denn er hatte eine Zinsreduktion der Staatsschuld herbeigeführt. »Die Staatsgläubiger kündigten, die Bankiers verschmähten die Stuttgarter Papiere, und nun mußte der Nachfolger von Frankfurt Geld zu sechs, schreibe sechs Prozent, kommen lassen, weil Herdegen, verblendet, keine vier mehr zahlen wollte.«

»Was Württemberg«, so fährt der Bericht fort, »von der so splendid und kostspielig in Stuttgart begonnenen Eisenbahn zu erwarten hat, ist in ein undurchdringliches Dunkel gehüllt. Seine Nachbarstaaten, Baden und Bayern, zeigen viel bösen Willen und möchten es wie ein ödes Eiland mit dem Verkehre umsegeln . . .«

Keine Rede also in Württemberg von Begeisterung über das neue Verkehrsmittel. Man spricht vom notwendigen Übel, man fühlt sich von Bayern schikaniert, man beklagt die hohen Ausgaben, der Finanzminister stürzt über den Eisenbahnplänen.

Und prophetisch deutet der Verfasser die 48er Revolution voraus: »So sieht sich denn auch Württemberg in die Reihe jener Staaten gedrängt, wo der Pauperismus, also die Verelendung der niederen Stände, eine soziale Umgestaltung erheischt.« Man hört buchstäblich Karl Marxens Kalkül, welches er später ausdrücklich im »Kommunistischen Manifest« niedergelegt hat, auf die Eisenbahnen sich erstrecken.

Fuhrunternehmer, Lohnrössler, Fiaker, Boten und die Bediensteten der Thurn und Taxis'schen Post sind natürliche Gegner der Eisenbahn. Die große Masse des Volkes schwankt zwischen Bewunderung und ungewisser Furcht, hält auf dem flachen Lande wohl gar die Eisenbahn für ein Werk des Teufels, für

König Friedrich Wilhelm IV. von Preußen.

PRIVATER WAGEMUT –
STAATLICHE BEDENKEN

Das Eisenbahnfieber grassiert am stärksten dort, wo die Eisenbahnen durch Aktien privat finanziert werden. In Dresden wird am 14. 5. 1835 ein Aktienkapital von 1,5 Millionen Taler an einem Tag für die Leipzig-Dresdner Bahn gezahlt. Welchen Grad die Wut der »Spekulanten« zweieinhalb Jahre später erreicht hatte, ersieht man aus einem Bericht über den Termin, der zum 7. Dezember 1837 zur Subskription von Aktien zum Bau der Bahn an die nördliche Reichsgrenze von Bayern festgesetzt worden war.

Es war in den Saal zum Goldenen Adler in Nürnberg eingeladen, also an den Ort, an dem die erste Aktieneisenbahn Deutschlands zustande gekommen war. Seinerzeit war bekanntlich die Zeichnung der Aktien für die Ludwigsbahn nur stockend vor sich gegangen, Platner hatte sich bei der ersten Aktionärsversammlung bereit erklärt, den noch offenen Betrag zu übernehmen und sofort aus eigener Tasche zu begleichen. Aber inzwischen hatte die Ludwigsbahn laut Ausweis ihrer Bilanzen auf eine Aktie bezahlt:

1836 bei einem Kurswert der Aktie von 360 20 v. H. Dividende (für 1835/36),

1837 bei einem Kurswert der Aktie von 500 aber war ebenfalls wieder 20 v. H. Dividende vorausgesagt.

Zeitungen aus jenen Tagen berichten spaltenlang über Pläne zur Gründung von neuen Eisenbahnaktiengesellschaften. Das Eisenbahnfieber scheint seinen Höhepunkt erreicht zu haben.

Hier der Bericht über die Subskription vom Dezember 1837: »Der Saal »Zum goldenen Adler« war brechend voll. Vor dem »Adler« hatten sich große Gruppen aufgeregt diskutierender Menschen versammelt. Der Zudrang war beispiellos. Manche bezahlten das Subskriptionsblatt mit einem Taler, später sogar mit einem und zwei Kronen-Talern.

Personen aus den »niedersten Ständen« subskripierten auf 5000, auch 10 000 Gulden und suchten ihre darauf erhaltenen Scheine mit drei, mit vier und sogar mit fünf Prozent wieder zu verkaufen. Auf diese Weise wurden statt der erforderlichen acht über 24 Millionen Gulden gezeichnet. Die Zeichnungen mußten daher auf 5000 Gulden pro Person reduziert

Blendwerk der Hölle und führt alle Übel der Zeit darauf zurück. So schieben die Bauern die Schuld an der Kartoffelkrankheit, die gleichzeitig mit dem Eisenbahnbau Deutschland heimsuchte, auf den »Ruß in den Dampfwolken, der von den Lokomotiven auf die Felder ausgeschüttet werden würde. Es dauerte viele Jahre, ehe der ungerechte Verdacht aus den Köpfen wich.« (Kussmaul)

Auf einem Bierglasdeckel aus jener Zeit (im Heimatmuseum Lauf) ist eingebrannt:

Wer hat denn nur den Dampf erdacht
Die Fuhrleut' um ihr Brod gebracht
Die sind jetzt wahrlich übel dran
Mit der verdammten Eisenbahn.

werden. Daher fingen am Abend dieses merkwürdigen Tages die Aktien zu steigen an und wurden mit ein und eineinhalb Prozent Agio bezahlt.

Auch an anderen Stellen, so in Rössels Caféhaus am Josephsplatz, auf offener Straße vor diesem Caféhaus, im sogenannten »Weizenstüblein« hinter dem Rathause und noch in einigen kleineren Wirtshäusern bildeten sich Börsen mit diesen und anderen Eisenbahnaktien. »Rössels Caféhaus aber war immer der Hauptplatz, und die meisten Fürther Kaufleute waren daselbst zu finden.«

Börsen gab es seit langem, etwa seit der Mitte des 16. Jahrhunderts in Amsterdam und Hamburg. Auch Frankfurt besaß seit Ende des 18. Jahrhunderts eine eigentliche Börse. Diese Art von Börsen aber war neu, und neu war auch das Publikum.

Nun beginnt man auch in Zeitungsannoncen an den Markt zu denken. Sie werden anders als früher, sie werden kommerzieller formuliert.

Überall um diese Zeit sah man die Vermessungsingenieure mit ihren Gehilfen, Messlatten tragend, durch die Gegend wandern. Überall interessierte sich das Bürgertum nicht nur für das neue Verkehrsmittel. Die Messlatten waren ein Indiz für neue Pläne, für neue Kapitalgesellschaften. Man hatte begriffen, daß List in allem, was die Eisenbahn betraf, Recht behalten hatte.

Alles, was an der Eisenbahn lag, wurde zu Gold. Das galt nicht nur für die Strecke selbst und die darin liegenden Orte; das galt auch für die ganze Umgebung. Märkte vergrößern sich. Aus kleinen Markthallen wurden Großmarkthallen.

Wer allerdings bei einem Streckenbau abseits blieb, der geriet in einen toten Winkel. Es gibt genügend Beispiele für Landstädtchen, von denen das eine einen Bahnhof bekam und sich rasch vergrößerte, das andere aber buchstäblich bis in unsere Tage dahinträumte, niemals wuchs und gleichsam einfach steckenblieb.

Die bayerische, die preußische, die sächsische Regierung suchten den Eisenbahntaumel in den Griff zu bekommen, und sie beschlossen Eisenbahngesetze. Vor allem aber wollten sie der wilden »Agiotage« Herr werden, von der sie glaubten, daß sie zu einer Verarmung, ja, Verelendung des Bürgers führen müßte. Sie schimpften über das Spekulantentum; tatsächlich stammen aus dieser Zeit die verächtlichen Bezeichnungen »Spekulanten«, »Börsianer« und »Schieber«. Und sicherlich ist ein großer Teil der Zusammenbrüche von Eisenbahnaktiengesellschaften und mit der Eisenbahn zusammenhängenden Unternehmungen aus jener ersten Krisenzeit (1839/44) auf dieses wilde Spekulantentum zurückzuführen.

Doch wären ohne den Wagemut der privaten Geldgeber die Bahnen nie mit der Schnelligkeit und der Wirksamkeit gebaut worden, mit der sie tatsächlich entstanden sind. Vgl. Kasten IV Deutschlands erste Eisenbahnen.

Gewiß hätte man mit etwas mehr Muße ein besseres

Kasten IV

DEUTSCHLANDS ERSTE EISENBAHNEN	
7. 12. 1835	Nürnberg – Fürth
24. 4. 1837	Leipzig – Dresden (erste Teilstrecke)
	7. 4. 1839 Gesamtstrecke
29. 10. 1838	Berlin – Potsdam
1. 12. 1838	Braunschweig – Wolfenbüttel (erste Staatsbahn)
20. 12. 1838	Düsseldorf – Erkrath
29. 6. 1839	Magdeburg – Halle – Leipzig (erste Teilstrecke)
	18. 8. 1840 Gesamtstrecke
2. 8. 1839	Köln – Aachen (erste Teilstrecke)
	1. 9. 1841 Gesamtstrecke
1. 9. 1839	München – Augsburg (erste Teilstrecke)
	4. 10. 1840 Gesamtstrecke
26. 9. 1839	Taunusbahn Frankfurt – Wiesbaden (erste Teilstrecke)
	19. 5. 1840 Gesamtstrecke
12. 9. 1840	Mannheim – Heidelberg

Netz zustande gebracht. Doch sind auch dort, wo der Staat die Eisenbahnen selbst plante, viele unsinnige Umwege und Zwischenstrecken gebaut worden. Einmal aus dynastischen Gründen, einmal aus kleinlichem Handelsneid oder auch einfach aus Kleinstaaterei. So durfte es keine direkte Verbindung zwischen Mannheim und Heidelberg geben, weil diese Städte im Geruch standen, »radikal« gesinnt zu sein. So baute man die Schwarzwaldbahn mit ihren vielen Tunnels und Schleifen, um nicht über württembergisches Gebiet fahren zu müssen. So vermied man Anschlüsse, um andere Staaten zu schädigen, ja, man baute Bahnen – diesmal gerechtfertigterweise –, um dem holländischen Rheinschiffahrtszoll zu entgehen. Oft war es wie im Falle Lists die Initiative eines einzelnen Mannes, die durch einen kühnen Vorstoß eine Eisenbahn oder eine Eisenbahnstrecke zustande brachte.

Hier wäre zu nennen der Finanzdirektor Philipp-August von Amsberg, der schon längst den Plan einer Verbindung der Städte Hamburg, Hannover und Braunschweig vorgeschlagen hatte. Als in Braunschweig bekannt wurde, daß die Hannoversche Regierung beabsichtige, unter südlicher Umgehung Braunschweigs eine Bahn über Halberstadt nach Magdeburg zu bauen, regte Amsberg an, diesem Plan durch eine Bahn von Braunschweig nach Harzburg über Wolfenbüttel zuvor zu kommen. Er setzte sich im Staatsministerium durch, so daß die Vorarbeiten noch im Jahre 1835 begonnen werden konnten. Am 1. August 1837 wurde der erste Spatenstich getan. Am 1. Dezember 1838 wurde die Bahn bis Wolfenbüttel, und am 31. Oktober 1841 bis nach Harzburg dem Verkehr übergeben: Es war die erste Staatsbahn im deutschen Bund.

Um gerecht zu sein, muß man allerdings sagen, daß der Staat damals andere Sorgen hatte. In den ersten Decennien des neuen Jahrhunderts waren Mißernten und darauf folgende Teuerungen die Ursache von Hungersnöten – man schätzt, daß damals überwiegend aus Süddeutschland fast eine Million Menschen auswanderten – vor allem nach Amerika. Diese schlechten Zeiten wiederholten sich. Nach einer kurzen Spanne der Besserung in den dreißiger Jahren trafen Metternichsche Freiheitsbeschränkungen und dumpfer Druck eines polizeistaatlichen Regimes in ganz Europa – die Zeit des Vormärz – zusammen mit den Hungerjahren von 1846 und 1847:

Ihre Folge waren Krawalle; so der Stuttgarter Brotkrawall und die Kämpfe von 1848/9, die ebenso in Baden, in Württemberg, in Sachsen, Berlin und Wien stattfanden. Hier erhoffte sich das Bürgertum von der neuen Technik Befreiung: Konstitution und Maschine – das waren die Grundforderungen.

Der Staat hatte angeblich keine Zeit, sich um die Wirtschaft zu kümmern, dies die offizielle Erklärung, warum zum Beispiel die preußischen Binnenzölle so lange bestanden. Volkswirtschaftliche Köpfe, selten genug in den Staatsverwaltungen anzutreffen, prognostizierten grundsätzlich falsch; sie dachten an die Vergangenheit, nicht an die Zukunft. Völlig fern, ja utopisch erschien ihnen der Gedanke, hier könne sich so etwas wie eine technische Revolution, eine neue technisch bestimmte Zeit mit großen ökonomischen Auswirkungen ankündigen. Ein Ministerrat dünkt sich kraft seines Standes und seiner höheren Einsicht von vornherein den Kaufleuten überlegen. Der Dünkel der Verwaltungsbeamten ist grenzenlos, die Besserwisserei feiert Triumpfe.

So vollzieht sich die belebende Wirkung der ersten Eisenbahnen eigentlich wie ein Wunder neben der Staatsverwaltung; selbst dort, wo von vornherein Staatsbahnen entstehen, werden sie gewissermaßen als erfreuliche Zukost zur Kenntnis genommen. Der Beginn einer privaten Finanzwirtschaft, die zunehmende Industrialisierung, das Wachsen eines freien Wirtschaftsraumes, sie werden in jenen ersten Jahren weder als Tatsache erkannt noch als Möglichkeit genutzt. Aber das wird sich sehr rasch ändern.

DAS NETZ BEGINNT MIT LEIPZIG – DRESDEN

Noch heute gibt es Fachautoren, die List für einen Revoluzzer und die Nürnberg-Fürther Strecke für eine Spielzeugbahn halten. Für sie beginnt der ernstzunehmende erste Bahnbau mit der Linie von Leipzig nach Dresden.

Hier war auf Lists Vorschlag ein Komitee Leipziger Geschäftsleute zusammengetreten, dem Ludwig

Die Deutschen Eisenbahnen 1850

——————— Von 1835 bis Ende 1845 eröffnete Eisenbahnen
═══════════ „ 1846 „ „ 1850 „ „ „

Harkort, der Bruder des westfälischen Eisenbahn-pioniers Friedrich Harkort, angehörte. Grundlage der ernsthaften Erörterung der Strecke war die schon erwähnte Schrift »Über ein sächsisches Eisenbahnsystem ...« von 1833. Immerhin ist Leipzig Mittelpunkt des deutschen Binnenhandels und Messeverkehrs. Der Verkehr zwischen Leipzig und der Königsresidenz mit ihren Kunstschätzen ist lebhaft. Auch signalisiert der Anschluß Sachsens an den deutschen Zollverein einen neuen Aufschwung von Handel und Wandel, wozu bessere Verkehrsbedingungen dringend erforderlich erscheinen.

Beflügelt von den raschen Fortschritten der Ludwigsbahn, aber auch von den Vorträgen und Zei-tungsartikeln Lists war das Aktienkapital an einem Tage gezeichnet worden. Ausschlaggebend war ein Aufruf »An unsere Mitbürger«, den List verfaßt hatte.

Als List nach Dresden fährt, um die Genehmigung der sächsischen Regierung für das neue Projekt zu erreichen, kommt er mit einem Ernennungsschreiben der Vereinigten Staaten von Amerika, die ihn zum sächsischen Generalkonsul vorbehaltlich der Genehmigung der Staatsregierung und des Königs bestellen. Das Einverständnis der Regierung mit dem Bahnprojekt wird ihm erteilt; wegen des Generalkonsuls aber will die Regierung in eine Prüfung – nur eine Formsache! – eintreten.

Oben: So stellte sich Friedrich List den ersten Eisenbahnzug von Leipzig nach Dresden (1833) vor. Die Skizze stammt von seiner eigenen Hand. – Mitte: Der erste Bahnhof in Leipzig im Jahre 1837 nach einem Stich. – Unten: So fuhren die ersten sächsischen Eisenbahnzüge.

Der erste Zug der Berlin-Potsdamer Eisenbahn (22. September 1838). Im Hintergrund der frühere Potsdamer Bahnhof in Berlin.

Nun, da er eine größere Rechnung bezahlen muß, fällt List ein, daß er sich bisher für das Projekt ehrenamtlich eingesetzt und keinen Heller erhalten hat. Er bringt seine finanzielle Lage im Komitee zur Sprache. Die Mitglieder sind überwiegend vermögende Geschäftsleute. Sie sehen sich nachdenklich an und stellen dann List »in Aussicht«: Ersatz seiner Auslagen; Wahl ins Direktorium mit festem Gehalt; das Recht, ein Jahr nach Vollendung der Bahn zwei Prozent der Aktien zum Nennwert zeichnen zu dürfen.

1836 beginnt der Streckenbau. Man hat eine schwierige Trasse zu bauen sich vorgenommen. Über Mulde und Elbe sind langgedehnte Brücken zu schlagen. Ein westlicher Vorsprung des nordlausitzer Hügellandes muß durch einen Tunnel bewältigt werden – die ersten Eisenbahnbrücken, der erste

Tunnel in Deutschland. Umfangreiche Erdbewegungen erfordert ein Einschnitt bei Machern.

Dort hatte man eine Arbeitsstrecke gebaut. Eine aus England bezogene Lokomotive »Der Komet«, den man erst einmal eine Weile zur Schau gestellt hatte, zog dort zum Staunen der Zuschauer zwanzig schwere, erdbeladene Loren.

Am 24. April 1837 sollte die Erprobung eines ersten Streckenabschnitts zwischen Leipzig und dem Dorfe Althen stattfinden. Die Einweihung ging hier wie auch später fast überall nach dem von Platner und Scharrer in Nürnberg aufgestellten Ritual vor sich: Militär und Polizei; das Bahnpersonal in seinen Uniformen; die Gäste: Königshaus und Regierung, Direktorium und Honoratioren; ein Musikkorps der Garnison; Fahnen und Kränze; Schuljugend und

Münchens erste Eisenbahn. Probefahrt am 25. August 1839.

Ehrenjungfern; Böllerschüsse und Vivat-Rufe. Man fuhr zu einer eigens beim Dorfe Althen errichteten Festrestauration.

Am 29. Oktober 1838 wird die erste preußische Bahn von Berlin nach Potsdam eröffnet. Am 1. Dezember 1838 folgt ihr die erste Staatsbahn zwischen Braunschweig und Wolfenbüttel; gleich danach in Westdeutschland am 20. Dezember 1838 die Strecke Düsseldorf – Erkrath.

Inzwischen ist auch die Gesamtstrecke Leipzig – Dresden fertiggestellt; es gibt eine zweite große Eröffnungsfahrt: Bei der Fahrt durch den Oberauer Tunnel bilden die Freiberger Knappen in Paradeuniform mit Fackeln in der Hand Spalier: »Glückauf!« rufen sie. Sie hatten den Tunnel mit Stollen, die von der Oberfläche niedergebracht waren, nach Bergmannsart erbaut.

Das sind erst nur Striche und Stückwerk aus einem Netz, das man noch nicht erkennen kann. Doch da arbeiteten sich Linien schon von Magdeburg südlich nach Halle und Leipzig vor, von Frankfurt baut man an den Rhein nach Wiesbaden, von Köln westwärts nach Aachen, und der König Ludwig läßt von München nach Augsburg bauen. Das ist der Stand im Jahre 1840. Waren 1835 ganze sechs Kilometer Strecke in Deutschland gebaut und befahren, so sind es fünf Jahre später über 500 Kilometer, also das hundertfache!

Und es wird weiter geplant und gebaut. 1843 kann man in Mitteldeutschland schon die Anfänge eines Netzes erkennen. Es gibt durchgehende Strecken. Wer von Dresden morgens abfuhr, gelangte noch am selben Tag entweder nach Berlin oder nach Braunschweig. Über Berlin, von dem aus die älteste

Strecke nach Potsdam gebaut worden war, führte schon eine Linie nördlich nach Stettin und eine weitere Linie östlich nach Frankfurt an der Oder; sie war nach amerikanischem Muster gebaut.

Von Stettin war eine Strecke nach Posen im Bau. Schlesien wurde mit einem Netz von Bahnen erschlossen, dessen Zentrum Breslau war. Sie fuhren nach Gleiwitz und Beuthen, nach Neisse, Schweidnitz und Freiburg; Anschluß nach Sachsen und Berlin brachte die niederschlesisch- märkische Bahn.

Im Westen führte die rheinische Bahn Köln – Aachen – Herbesthal als einzige ins Ausland. Mit Hilfe des früh begonnenen belgischen Netzes konnte der Kölner in einem Tage nach Brüssel, Antwerpen oder Ostende gelangen. Zwischen dem Westen und dem Süden klafften noch große Lücken, die aber zu überwinden waren, wenn man die Rheindampfer benützte. Dampfboote fuhren den Rhein hinauf bis Straßburg. Und ab Straßburg konnte man über die französische Bahn nach Basel und damit in die Schweiz reisen.

Die badischen Staatsbahnen von Mannheim und Heidelberg über den neu angelegten Bahnhof Friedrichsfeld waren bis Karlsruhe vorgedrungen. Aber sie befanden sich in einer Insellage, weil sie eine abweichende Spur besaßen.

In Württemberg wurde die erste Strecke 1845 von Cannstatt nach Esslingen eröffnet.

Um die Wende 1845/46 gibt es in Deutschland bereits 2500 Kilometer Schienenweg.

Jetzt erklang immer stärker der Ruf nach planmäßigem Aufbau und nach Aufstellung und Ausarbeitung eines Systems. Die Privatbahngesellschaft Berlin – Stettin lud zum 10. November 1846 zehn Verwaltungen zur Beratung gemeinschaftlicher Maßnahmen ein.

Solch ein System gab es bereits. Friedrich List hatte es 1833 ersonnen und vorgeschlagen, freilich viel zu früh für die damaligen komplizierten Staatenbunds- und Zollverhältnisse.

DANK DEM GENIE

Immer wieder hat List in seinem »Eisenbahnjournal«, der ersten Eisenbahnzeitschrift der Welt, »das System« verlangt. Das »Eisenbahnjournal« schlägt ein; die Zahl der Abonnenten, vor allem in Österreich, nimmt laufend zu. Die Leser sind begeistert ob der flüssigen, geistreichen, ja, spannenden Behandlung dieses neuen Themas. Denn noch immer ist nicht sicher, ob die Eisenbahn, wie viele glauben, nicht nur buchstäblich als Lückenbüßer zwischen Kanalsystemen oder als Überbrücker gewisser Flachstrecken zwischen großen Städten zu gelten habe.

Noch denkt niemand außer List an ein Netz. Es ist für den Abonnenten jener Jahre geradezu faszinierend, Lists Träumereien von einem Netz europäischer Eisenbahnen, von einer transsibirischen Bahn zu lesen. Solche Phantastereien machen einfach Spaß.

Aber Österreich verbietet das »Eisenbahnjournal«. List muß die Zeitschrift eingehen lassen; denn in Österreich wohnen die meisten Abonnenten.

Ein Besuch in Württemberg bei alten Freunden gibt ihm die traurige Gewißheit, daß der König immer noch einen Widerwillen gegen ihn hegt. Er erfährt, daß man ihn als Ausländer nur auf Wohlverhalten in diesem Staate duldet.

Reisen nach Brüssel und Paris, um Eisenbahnsysteme aufzuziehen, führen zu keinem Auftrag und zu keinem Honorar für ihn. Aber seine Gedanken werden übernommen. Er arbeitet als Korrespondent für Freund Kolbs »Allgemeine Zeitung« in Augsburg. Er schmiedet mit Cotta literarische Pläne und widmet sich der Nationalökonomie, speziell der Handelspolitik.

Im Jahre 1841 erscheint sein berühmtes Werk »Das nationale System der politischen Ökonomie«, das seinen Ruhm rasch verbreitet. Sofort behauptet ein unbedeutender und weithin unbekannter Professor Schmitthenner fälschlicherweise, List habe das Wichtigste von ihm abgeschrieben.

Neujahr 1843 erscheint, von List gegründet, die erste Nummer des Zollvereinsblattes. Er reist nach Ungarn, nach Österreich; er berät deutsche Landesregierungen in den jetzt so aktuellen Eisenbahnfragen und kämpft endlich noch für ein Bündnis zwischen England und Deutschland. England hält den Vorschlag für diskussionswürdig, aber in Berlin lehnt man ihn ab.

An einem trüben, nebligen Novembertag im Jahre 1846 sitzt ein müder alter Mann in einer Gaststube in Kufstein. Eigentlich wollte List, der sich schon längere Zeit krank fühlt, zur Erholung nach Meran. Aber der Paß war verschneit, und der Kutscher weigerte sich, zu fahren.

List kämpft mit einem alten Leiden, dem quälenden Kopfschmerz, der sich immer häufiger, immer stärker meldet. »Nur nicht den Verstand verlieren! Lieber tot als wahnsinnig.« Der Wirt hört die Selbstgespräche des Mannes, der nun schon den fünften Tag in seiner Gaststube sitzt. Er hat Feder und Papier vor sich; immer wieder zerreißt er angefangene Schreiben. Immer wiederholt er, was er gewollt und was er nicht erreicht hat. Es ist alles wie ein böser Traum. Wie war es ihm in Leipzig ergangen? Was hatte man ihm versprochen! Ersatz der Auslagen, Wahl ins Direktorium mit festem Gehalt und das Recht, ein Jahr nach Vollendung der Bahn zwei Prozent der Aktien zum Nennwert zeichnen zu dürfen, war ihm versprochen, aber da alles sich aufs Vortrefflichste arrangierte, änderte sich schlagartig die Szene. Die Wahl Lists ins Eisenbahnkomitee wurde annulliert, »weil er nicht sächsischer Staatsbürger«; ins Eisenbahndirektorium wird er nicht gewählt, weil er »als Schwabe ungerufen ins Land gekommen ist und offenbar nur eine oberflächliche Sachkenntnis besitzt«. Die Zeichnung der Aktien wird ihm schlicht verweigert. Die Leipziger überreichen ihm ein »Ehrengeschenk von zweitausend Talern«, das nicht einmal seine jahrelangen Vorbereitungsarbeiten und Reisekosten deckt. Der Haß des Königs von Württemberg, die schmähliche Behandlung durch das Leipziger Komitee, Angriffe, Absagen, Verleumdungen, Verdächtigungen, zuletzt die Behauptung, sein Hauptwerk sei ein Plagiat, all dies klingt in seinen Ohren wie Hohngelächter.

»Ich habe zu viel an die Sache und zu wenig an mich gedacht. Wer weiß, wann sie mir das Letzte noch wegnehmen.«

Er schreibt an Kolb: »Ich bin der Verzweiflung nahe, Gott erbarme sich meiner Angehörigen! Was Sie und andere Freunde an den Meinigen getan..., wird Ihnen Gott lohnen...«

Plötzlich steht er auf und geht in den trübselig verhangenen Abend hinaus. Der Wirt hört einen Schuß. Man findet List tot, schneeüberweht, die Pistole in der Hand. Es ist der 30. November 1846.

BAHNEN FÜR KRIEG UND FRIEDEN

Die hohe Politik, deren Verflochtenheit mit Volks- und Staatswirtschaft heute jedem Bürger klar ist, kümmerte sich um das neue Verkehrsmittel wenig oder gar nicht. Waren doch die Fürsten und ihre Kabinette, Minister und Regierungen nach außen mit den komplizierten Äquivalenzrechnungen der bundesdeutschen Politik und nach innen mit der Abwehr revolutionärer Umtriebe beschäftigt. Was sollten sie da mit einer hie und da verkehrenden neuen Eisenbahn?

Zwar gab es einige wenige, die über dem Wirrwarr der Meinungen die Übersicht nicht verloren. So setzte Goethe noch kurz vor seinem Tode in den Gesprächen mit Eckermann auf die guten Chausseen und die künftigen Eisenbahnen, denen er einen heilsamen Einfluß auf die Zersplitterung dieses Bundesdeutschland zusprach. Und Friedrich List schwärmte geradezu von der Einheit schaffenden Wirkung der Eisenbahnen. Dieselben Gedanken an Deutschlands Einheit hatten die Befürworter und Gründer der ersten Privatbahnen, die damit der Kleinstaaterei, der Abkapselung und damit der ganzen Krähwinkelei den entscheidenden Stoß versetzen wollten. Natürlich wollten sie dabei auch Geld verdienen.

Dennoch kann keine Rede davon sein, daß die Eisenbahn auf direktem Wege die Einigung Deutschlands herbeigeführt habe. Der eigentliche Anstoß dazu kam vielmehr von einer ganz anderen Seite. Die Militärs waren schnell aufmerksam geworden, handelte es sich doch bei den Eisenbahnen um eine neue Technik. Da der Krieg von der Technik lebt, so machten sich die Generalstäbe aller Nationen Gedanken über die Einbeziehung dieser technischen Errungenschaft. Schon 1836 war das Buch eines anonymen Schriftstellers über den technischen und militärischen Nutzen der Eisenbahnen erschienen[*]; Friedrich List hatte in seinen Briefen aus Amerika auch darauf hingewiesen.

Man hatte seinerzeit nach der Eröffnung der Ludwigsbahn in Bayern aufmerksam verzeichnet, daß

[*] Darlegung der technischen und Verkehrsverhältnisse der Eisenbahnen nebst darauf gegründeter Erörterung über die militärische Benutzung derselben; Berlin bei Mittler 1836.

hohe Militärs die Bahn besichtigten. Es dauerte nicht lange, bis man begriff, daß den Bahnen tatsächlich ein militärischer Wert zuerkannt werden mußte. Bayerns Feldmarschall von Wrede macht auf diese Gesichtspunkte schon am 4. Januar 1836 aufmerksam und fordert, daß die Bahnen in den Details ihrer Richtung nach militärischen Gesichtspunkten gebaut werden sollten und daß die Tragkraft der Bahnen so bemessen sein sollte, daß man damit militärische Geräte an die Grenzen bringen könne. In einem späteren Gutachten an den König erörterte er speziell die Bedeutung der Bahnen für die Verteidigung Süddeutschlands. Die Hinweise und Forderungen des bayerischen Feldmarschalls gehen in die »Fundamentalbestimmungen für sämtliche Eisenbahnstatuten« in Bayern ein.

Es erscheinen nun im Bund weitere Schriften über diese Frage. Von Moltke – damals Major im preußischen Generalstab – fordert in einem Artikel der »Deutschen Vierteljahresschrift« die Zurichtung der Eisenbahnen auf militärische Belange. Es ist sicher, daß dieser Artikel am preußischen Hof und in Offizierskreisen mit großem Interesse gelesen wurde. Hier war ein Funke gelegt worden, der zünden sollte. Denn nun wurde plötzlich allen Ernstes unter jungen Offizieren die Frage diskutiert, ob Eisenbahnen in einem Staate nicht »militärische Operationselemente« sein könnten. Solche supramodernen Gedanken fielen bei König Friedrich Wilhelm IV. auf fruchtbaren Boden. Hatte er doch als Kronprinz von dem eisernen Karren, den kein Menschenarm mehr aufhalten werde, 1838 anläßlich der Eröffnung der ersten preußischen Bahn Berlin – Potsdam gesprochen. Er war überzeugt davon, daß man den eisernen Karren auch für Kriegszwecke einsetzen könnte.

Und so wurden schon 1842 im preußischen Staatsministerium die Grundzüge eines die ganze Monarchie umfassenden Eisenbahnnetzes aufgestellt – überwiegend unter militärischen Gesichtspunkten. Grundlage der Einflußnahme des preußischen Staates war dabei das überaus fortschrittliche Eisenbahngesetz vom 3. November 1838. Die Phantasie der Autoren dieses Gesetzes muß beträchtlich gewesen sein, da ja weder der Umfang des kommenden Eisenbahnverkehrs noch die daraus entstehenden Probleme vorausberechnet werden konnten.

Otto von Bismarck 1858.

Danach behielt sich der Staat die Aufsicht über die Gesellschaften vor, erteilte die Konzession, genehmigte die Streckenführung, hatte ein Ankaufsrecht nach 30 Jahren. Er belegte sie mit einer Sondersteuer und trug ihnen auf, die Post unentgeltlich zu befördern. Dies alles geschah im Namen des Königs – die Krone hatte sogar das Recht, das Gesetz einseitig zu ihren Gunsten jederzeit abzuändern.

Warum aber, wenn sich der Staat von der Streckenführung bis zur Rechnungsprüfung und zur laufenden Beaufsichtigung durch Commissäre alles vorbehielt, warum nur betrieb er die Bahnen nicht selbst?

Es gab da ein Staatsschuldengesetz von 1819, das die Aufnahme von Staatsanleihen an die Zustimmung der Stände band. Dies war bereits der Anfang einer konstitutionellen Monarchie. Die preußischen Könige sahen – nach einem Wort Wilhelms I. – voraus, wie »das endigen wird. Da vor dem Opernplatz unter meinen Fenstern wird man Ihnen (Bismarck) den Kopf abschlagen und etwas später mir.« (Gedanken und Erinnerungen)

So blieb es in Preußen zunächst beim Privatbahnbau, der für den Staat ohne Risiko war und ihm zugleich durch die Steuern eine sichere Einnahmequelle verschaffte. Außerdem war dafür gesorgt, daß nichts ohne den Staat passieren konnte.

Doch dies war den Militärs nicht genug; auch dauerte ihnen der Technisierungsprozeß zu lange. Einer, der sich ihre Anliegen zu eigen machte, der Abgeordnete Otto von Bismarck, sprach im vereinigten Landtag 1847 in Berlin davon, daß er an die »Nützlichkeit der Eisenbahn glaube, wenn auch nicht vom materiellen oder provinziellen Standpunkt aus, so doch von dem der Konsolidierung unserer politischen und militärischen Verhältnisse.« Der Ton lag unüberhörbar auf dem Wort »militärisch«.

Aber erst in den Märztagen und bei dem, was auf die Märztage folgte, wachten die gekrönten Häupter und die Regierungen auf. Mit Entsetzen stellten sie nämlich fest, daß in den Aufruhrtagen des März 1848 und während der Erhebungen in Baden, im Rheinland, in Sachsen und Österreich die Bahnen nicht nur die Truppen zur Niederschlagung des Aufstandes, sondern recht neutral auch die Aufrührer beförderten. So transportierte die Königlich-Sächsische Bahn im Dresdner Maiaufstand 1849 nicht nur die königliche Garde, sondern auch Freischärler. Einige die Aufständischen verstärkende Gruppen benützten von Zwickau aus die sächsisch-bayerische Bahn über Leipzig. Der Aufruhr kam per Bahn!

Karl Marx und Friedrich Engels hatten diese Möglichkeit in ihrem 1848 erschienenen kommunistischen Manifest bereits maßgerecht vorgesehen. Da heißt es: »Es bedarf bloß der Verbindung, um die vielen Lokalkämpfe von überall gleichen Charakters zu einem nationalen, zu einem Klassenkampf zu zentralisieren. Und die Vereinigung, zu der die Bürger des Mittelalters mit ihren Vicinalwegen« – gemeint sind die schlechten Landstraßen zwischen den Orten – »Jahrhunderte bedurften, bringen die modernen Proletarier mit den Eisenbahnen in wenigen Jahren zustande.« Dennoch siegten überall die auf den König vereidigten Truppen; es siegte der Drill, die Organisation und das bessere Material.

Die zweite russische Bahn Warschau – Österreichische Grenze (Wien) ermöglichte Zar Nikolaus I. zum Beispiel russische Truppen zur Niederschlagung der ungarischen Aufstandes 1848 zu entsenden.

Wie es den Aufständischen und all denen, die nun weiter unter der Zensur und den Tyranneien der Kabinette zu leiden hatten, nach den verloren gegangenen Kämpfen zumute war, das liest sich in Ferdinand Freiliggraths Strophe in der »Neuen Rheinischen Zeitung«:

»Der Herbst ist angebrochen. Der kalte Winter naht. –
Oh, Deutschland, ein Erheben! Oh, Deutschland, eine Tat!
Die Eisenbahnen pfeifen, es zuckt der Telegraph –
Du aber bleibst gelassen, du aber bleibst im Schlaf!«

Mit den 48er Jahren ist die erste Epoche des deutschen Eisenbahnbaues abgeschlossen. Es sind Gründerjahre – auch Krisenjahre – aber es ist viel Idealismus dabei neben all dem Spekulantentum und all der Geldmacherei. Die List, von Baader, Platner, Scharrer und Harkort, sie alle wollen das einige Deutschland ohne Kleinstaaterei und Kabinettsjustiz, sie wollen einen großen, ja großdeutschen Staat mit besseren Kommunikationen und der Hoffnung auf ein Erstarken der Industrie und des Handels und ein Ende der Hungerleiderei und des Elends. Was da an Bahnen geschaffen wurde, sind ein paar große, freilich meist isolierte Linien und im übrigen Stückwerk: Striche und Verbindungslinien zwischen den größeren Städten.

Mit den 48er Transporten aber haben Fürsten und Kabinette begriffen, um was es bei den Eisenbahnen geht: Sie sind ein Mittel zur Bekämpfung von Unruhen im Innern und zur Verteidigung oder zum Angriff nach außen. Grob gesagt: Für die zweite Periode des Aufbaus der Bahnen gilt das Wort vom Vater aller Dinge: Krieg. Und so wird auch Deutschlands Einheit nicht durch Zollverein und Eisenbahn herbeigeführt, sondern durch »Blut und Eisen« (Bismarck) und die Opfer von »Gut und Blut«.

Den Souveränen in den Staaten und Stätchen gehen die Augen auf. Jetzt kann man mittels der Eisenbahnen nicht nur Geld scheffeln, eine Volkswirtschaft beleben und eventuell – wie Hessens Kurfürst – sich noch selbst einen schönen Batzen aushandeln, nun kann man auch mit der Eisenbahn Krieg führen, mindestens dem größeren Partner oder Alliierten die Bahn leihen, zur Verfügung stellen für seine Truppentransporte, in der unausgesprochenen oder ausgehandelten Hoffnung auf Belohnung.

Nein, weder die Eisenbahnen an sich noch der Zollverein bewirken die Einigung Deutschlands. Widerstrebte doch Bismarck noch im Jahre 1852 der von Österreich gewünschten Zollvereinigung. Er gab dazu die fadenscheinige Begründung: Zu den notwendigen Unterlagen einer Zollgemeinschaft gehöre ein gewisser Grad von Gleichmäßigkeit des Verbrauchs. Schon die Unterschiede der Interessen innerhalb des deutschen Zollvereins zwischen Nord und Süd, Ost und West seien schwer und nur mit dem guten Willen zu überwinden, der der nationalen Zusammengehörigkeit entspringe. »Zwischen Ungarn und Galizien einerseits und dem Zollverein andererseits ist die Verschiedenheit des Verbrauchs zollpflichtiger Waren zu stark, um eine Zollgemeinschaft durchführbar erscheinen zu lassen.«

Diese Bismarcksche Ansicht ist als Theorie nicht haltbar. Sie ist aber verständlich aus dem absoluten Willen zur Konfrontation mit Österreich; 1866 war es dann so weit: Krieg. So kamen vom Einigungsgedanken beflügelt 1848 zwar noch die Verbindung der bayerischen und sächsischen Bahnstrecken bei Hof und damit die Überbrückung der Mainlinie zustande. Doch schon bereiten sich die beiden Großen, Preußen und Österreich, auf ihren Waffengang vor. Bahnen werden nun, nach dem Scheitern der 48er Bewegung, nicht mehr nach dem Prinzip Einigung, sondern vielmehr nach dem Prinzip Auseinandersetzung gebaut. Vordergründig dient der Bahnbau nach wie vor Handel, Wandel und Wohlfahrt; hintergründig ist der Bahnbau militärisches Operationselement.

Die Strecke Wien – Berlin über Oderberg ist die einzige, die die beiden Machtblöcke Österreich und Preußen miteinander verbindet. Die Saarbrückener Bahn – die erste Bahn, die der Staat Preußen selbst baut – wird 1847 zwecks Verbindung des Saargebiets mit dem Rheinland gebaut. Der preußische Staat

sieht sich hier im Zugzwang: Die Franzosen haben mittels ihrer großen Ostbahn bis nach Forbach, also an die preußische Grenze, Schienen gelegt; die pfälzische Ludwigsbahn-Gesellschaft wiederum baut in Richtung Neunkirchen – Saar. Preußen mußte, um eine Verbindung zum Saargebiet und in Richtung Frankreich zu haben, hier eine Strecke bauen. So entstand die erste Verbindung nach Frankreich sicherlich nicht ohne militärische Hintergedanken von Seiten Frankreichs und Preußens.

Die aufgeschreckten Kabinette und Generalstäbe bestimmen nun nach den 48er Unruhen weitgehend Richtung, Länge und Ausgestaltung der Systeme. Jetzt, 1852, baut Preußen eine von Hannover unabhängige Strecke über Halle, Erfurt und Kassel; eine zweite über Kreiensen, Holzminden und Altenbeken, die ebenfalls hannoversches Gebiet strikt vermeidet. Die preußische Ostbahn nach Königsberg war für König Wilhelm Ehrenpflicht, »sein geliebtes, durch die Ungunst der geographischen Lage so schwer bedrängtes Altpreußen baldigst mit der Hauptstadt und dem großen mitteleuropäischen Verkehre zu verbinden« (Treitschke). 1851 wird Berlin – München fertig; man muß aber in Hof umsteigen.

Bayern und Sachsen, Verbündete Österreichs, schaffen sich Linien mit Übergängen nach Österreich: Zittau, Reichenberg und Prag für Sachsen, für Bayern Passau, Linz und Salzburg. Dies alles kurz vor dem 66er Krieg zwischen Preußen und Österreich und seinen Verbündeten. Zwischen Preußen und Österreich selbst bleibt es bei dem einzigen Übergang Oderberg: gewissermaßen ein von beiden Seiten besetzter Beobachtungsposten.

Baden, Württemberg, Bayern bauen Nord-Südlinien. Um Hamburg-Altona, Mölln, das bergisch-märkische Gebiet, Frankfurt, Braunschweig, Magdeburg und Leipzig bilden sich Systeme, sie sind teils wirtschaftlicher, teils politisch-militärischer Herkunft. Zwischen Nord- und Süddeutschland klafft ein tiefer Spalt: Es sind die Fronten von 1866.

Die Verhältnisse in Hessen, wo »der Prinzregent alles durch Trägheit und bösen Willen verzögerte« (Treitschke), sind ein Fall für sich. Noch am Vorabend des Zusammenstoßes zwischen Österreich und Preußen am 14. Juni 1866 führt Bismarck mit dem Thronfolger in Kurhessen, Friedrich Wilhelm I.,

Einsegnung der Lokomotive durch den Erzbischof von München bei der Einweihung der Strecke München – Salzburg am 12. August 1860 (Zeitgenössische Darstellung).

eine Besprechung in Berlin. Er empfiehlt dem Fürsten, mit einem Extrazug nach Kassel zu fahren und die Neutralität Kurhessens sicherzustellen: der hessische Thron sei immer ein Extrazug wert. Aber der Fürst bestand eigensinnig darauf, mit den fahrplanmäßigen Zug später zu fahren. Kurhessen verlor den Krieg. Es wurde von preußischen Truppen besetzt und später zusammen mit Schleswig-Holstein, Nassau, Hannover und Frankfurt von Preußen annektiert. Der Fürst wurde auf seinem Schloß bei Kassel gefangen genommen und auf die preußische Festung Stettin verbracht. Dort hatte er Muße, über den Wert eines Extrazuges nachzudenken.

Bis 1866 sind die Bahnen mit den bereits gezeigten Einschränkungen ein Spiegelbild der Bismarckschen militärischen Konzeption. Sie ist allerdings nicht ausreichend durchgeführt wie der Krieg zwischen Deutschland und Frankreich 1870/71 beweisen wird. Jetzt beginnt auch der preußische Staat zu begreifen, daß Länder wie Baden, Württemberg, Bayern, allen voraus aber Braunschweig von Anfang an mit ihrem Staatsbahnprinzip auf die richtige Karte setzten. Wer Staatsbahnen baut, hat den Verkehr, die Kommunikation in der Hand. Er gibt an – er bestimmt. Jeder Staat baut die, wie er glaubt, für seine Erhaltung wichtigen Bahnen. Er kann auch transportieren, was er will: So kann er zum Beispiel den Transport mißliebiger oder aufrührerischer Gruppen aus Staatssicherheitsgründen verbieten.

Und noch etwas: Die Staatsbahn bedingt Beamte. Der Beamte ist in unruhigen Zeiten der zuverlässige Diener des Staates. So wurden grundsätzlich alle mit dem eigentlichen Betrieb befaßten Arbeitskräfte Beamte. Beamter war vor allen Dingen der Lokomotiv-

Links: Die »Genietruppen« (Pioniere) hatten sich auch um die Eisenbahnen im Kriege zu kümmern.
Hier Wachen und Arbeiter am Bahndamm 1870. Auf dem Damm ein Flügelsignal. – Rechts: Preußischer Soldat als Bahnwärter.
An der Hauswand lehnt die zusammengerollte Signalflagge.

führer. Denn die Lokomotivführer sind wichtige Personen; es sind Spezialisten neuer Gattung, auf die die Regierung angewiesen ist. Zwar ist keine Rede mehr von dem riesigen Gehalt des ersten Lokomotivführers Wilson, der 1500 Gulden Jahresgehalt bekam, mehr als der Direktor der Ludwigsbahn. Er ist auch keine Mangelware mehr. Es gibt inzwischen viele ausgebildete Lokführer. Doch ist er immerhin im Gehalt vor anderen Bediensteten herausgehoben; er bezieht Prämien sowie Meilen- und Übernachtungsgelder. Allerdings muß er eine Kaution stellen. Nur zu gut erinnerte man sich daran, daß ein Lokführer im aufrührerischen Dresden des Mai 1849 sich geweigert hatte, einen Zug mit Truppen des Alexanderregiments zum Einsatz gegen die Revolutionäre zu fahren. Soldaten mit aufgepflanztem Bajonett hatten ihn zur Lokomotive eskortiert, und während der Fahrt saß eine Wache mit geladenem Gewehr auf dem Tender.

Zwischen 1866 und 1870 bleibt nur wenig Zeit, die kommende Auseinandersetzung mit den Franzosen, die Königgrätz, die österreichische Niederlage von 1866 als eigene Niederlage – revanche pour Sadova – empfinden, durch Bau strategischer Eisenbahnlinien vorzubereiten.

Dennoch erregt der Aufmarsch 1870 gegen Frankreich mit knapp 1500 Transporten – über eine halbe Million Mann und 170 000 Pferde wurden befördert – bei Fachleuten allgemeine Bewunderung. Nur Bismarck ist unzufrieden, weil »die Beförderung des Belagerungsgeschützes für Paris mit den Fortschritten des Heeres nicht Schritt gehalten hatte«. Die Eisenbahnmittel versagten an den Stellen, wo die Bahnen unterbrochen waren oder wie bei Cagny ganz aufhörten. So mußten in Ermangelung von Bahnmaterial, Lokomotiven und Wagen 4000 Pferde angekauft werden – Pferde statt Lokomotiven –, und nur so konnte endlich die vielen Beobachtern rätselhafte Stagnation der Eroberung von Paris überwunden werden.

Jetzt nach dem gewonnenem Krieg und neu gegründetem deutschen Reich ist Bismarck eines klar: Das

Die Deutschen Eisenbahnen
1870

—————— *Von 1835 bis Ende 1865 eröffnete Eisenbahnen*

- - - - - - - *"   1866 "   "   1870   "   "*

Reich braucht eine zentral gesteuerte Reichseisenbahn, eine einheitliche Staatsbahn, die vor allem streng nach militärischen Gesichtspunkten zu ordnen und auszubauen ist. Dies ist das Ergebnis der zweiten Periode des Bahnbaus, in der die einzelnen Landesregierungen ihre Eisenbahn nach ihren Interessen, teils energisch, teils zögernd bauen ließen oder selbst gebaut hatten. Wie dies zum Teil recht wirre und vom geographischen und geopolitischen Standpunkt aus oftmals unverständliche Netz aussah, zeigt die Karte auf dieser Seite.

Nach dem Kriege 1870/71 beginnt die dritte große Periode der Eisenbahn.

GRÜNDERKRACH
UND STAATSBAHNGRÜNDUNG

Jubelte Friedrich List noch in den ersten Gründerjahren der Bahn, daß »die Eisenbahn aus einer Kriegsmilderungs-Abkürzungs- und Verhinderungsmaschine« – denn die schnellen Beförderungsmöglichkeiten für die Truppen müßten die Dauer eines Krieges abkürzen – »am Ende gar eine Maschine werden würde, die den Krieg selbst zerstört«, so ist heute sicher, daß im ersten Weltkrieg, dessen Beginn mit der Hoch- und Blütezeit der Eisenbahnen zusammenfällt, die Eisenbahn zum ersten Mal ein wesentlicher, integrierter Teil der Kriegsmaschinerie war.

Man hat mit Recht die ungeheuere wirtschaftliche Entwicklung und den zunehmenden Wohlstand, der durch die Bahn in jenen Jahren erzielt wurde, in den Vordergrund gerückt; dabei hat man übersehen, daß in gleichem Umfang die zerstörerischen Möglichkeiten als Folge der technischen Perfektion außerordentlich gewachsen waren. Das ist keine Schuld der Eisenbahn, die wie jedes technische Prinzip jenseits von Gut und Böse steht. Aber es gab den Militärs aller

Auch in England wurde das Geld knapp angesichts der stets zunehmenden Eisenbahnbauten. Die Kapital fressende Eisenbahnschlange ist eine englische Karrikatur aus dem Jahre 1848.

THE GREAT *LAND* SERPENT!

Staaten die Chance, ihre Rüstung voranzutreiben und die bereitstehenden Armeen nach genau vorbereiteten Eisenbahnmobilmachungsplänen in den Kampf zu werfen.

Nach dem gewonnenen Krieg von 1870/71 flossen die fünf Goldmilliarden Kriegsentschädigung, die Frankreich prompt und schnell bezahlte, in die Staatskassen. Sie sollten unter anderem für den Festungsbau, militärische Einrichtungen und staatliche Bauten aller Arten verwendet werden. Daraus resultierten große Aufträge, die nicht nur die Industrie und den Handel belebten, sondern auch die Phantasie »der Börsen und Banken gewaltig anregten«.

Überall schießen vermehrt und vergrößert neue Industrien aus dem Boden, vor allem dort, wo die Reviere sind, wo Kohle und Eisen eine Symbiose eingingen: im Rhein-Ruhr-Gebiet, in Lothringen, in Oberschlesien. Aber auch der Umkreis der Nord- und Ostseehäfen gehört zu diesen besonders interessanten Industriedistrikten.

Trotz der ersten Eisenbahnkrise von 1839/44, als der Spekulantensturm sich der Eisenbahn bemächtigt hatte und der Staat mit Krediten und Subventionen helfen mußte, trotz der zweiten Krisenwelle während der Unruhen von 1848/49, die den Geldstrom versiegen ließ, hielt die Öffentlichkeit, vor allem der inzwischen vermöglich werdende Mittelstand, die Eisenbahn für eine besonders attraktive Geldanlage. Denn immer nur ein Teil der Eisenbahnen wurde notleidend. Die anderen verdienten auch noch in der Krise.

Wie weit die Spekulation im Publikum um sich gegriffen hatte, läßt sich aus dem Titel eines damals in zweiter, hoher Auflage erschienenen Werkes ersehen:

Großdeutschlands Eisenbahnen

Ein Handbuch für Geschäftsleute, Kapitalisten und Spekulanten, enthaltend Geschichte und Beschreibung der Eisenbahnen, deren Verfassung, Anlagekapital, Frequenz, Einnahme, Rentabilität und Reservefonds nebst tabellarischer Übersicht der Aktienkurse nach offiziellen Quellen

Bearbeitet von Dr. Julius Michaelis

Zweite durchaus umgearbeitete und bis auf die neueste Zeit fortgeführte Auflage; Leipzig 1859

Die neuen Industrien und die dazugehörenden Handels- und Verteilerorganisationen brauchten die Bahnen für die Rohstoffe und die Fertigprodukte. Allen Bahnen geht es nach den Krisenjahren glänzend. Sie können den Ansturm der Transporte kaum bewältigen. Jetzt ist es vor allem der Güterverkehr, der für die Bahnen besonders lukrativ ist.

Wieder war es die große Zeit der Gründung von Aktiengesellschaften mit dem angeblichen Ziel, Eisenbahnen zu bauen. Es sind vor allem die Privatbahngesellschaften selbst, die, statt ihr überbeanspruchtes Netz in Stand zu setzen und ihren Wagenpark zu vergrößern, nun Linien zu den Revieren bauen, um mitzuverdienen. So verlaufen drei neue Strecken der selbständigen schlesischen Bahngesellschaften nahezu parallel bis zum Ostseehafen Stettin! Im norddeutschen Raum entstanden so allein 22 neue Eisenbahngesellschaften zwischen 1871 und 1873. Und in Sachsen bewilligte 1872/73 der Landtag 50 neue Konzessionen! Viele dieser Aktiengesellschaften nahmen den Bau einer Bahn niemals in Angriff; es war ein reiner Börsenhandel mit im Grunde wertlosen Papieren. Die Gründerkrise von 1873, der sogenannte »Gründerkrach«, brachte für alle diese übertriebenen oder schwindelhaften Unternehmungen den Augenblick der Wahrheit. Die Aufträge der Industrie gingen zurück, und damit sank das Transportvolumen. Bauten, vor allem Eisenbahnbauten, konnten nicht mehr finanziert werden. Als eine der ersten mußte die Berliner Nordeisenbahngesellschaft ihre Insolvenz anmelden. Weitere Gesellschaften folgten, die Schwindelfirmen flogen auf, und der Börsenkrach war da. Wieder waren es vor allem die kleinen Leute, die in blindem Vertrauen auf die Ertragskraft der Eisenbahnen ihr Geld anlegend zum dritten Mal innerhalb der letzten 30 Jahre wertlose Aktien in der Hand hielten. Wie sich Eisenbahngründung und Gründerkrach finanzpolitisch, monetär und soziologisch auswirkten, das ist am spektakulärsten Fall, dem Fall Strousberg, deutlich abzulesen.

Strousberg, aus einer Neidenburger Schutzjudenfamilie stammend, war nach England gegangen und dort zu Vermögen gekommen. Als er die großen Eisenbahnbauten in Deutschland sah, kam er auf die Idee, daran teilzunehmen. Er zog nach Berlin und

Nach durchfahrener Nacht. Nach einem Gemälde der »kleinen Exzellenz« Adolf von Menzel.

führte im Auftrag englischer Firmen die Tilsit-Insterburger und die ostpreußische Südbahn aus.

Er erkannte, daß im Bau solcher Bahnen enorme Gewinnmöglichkeiten liegen könnten. Da ihm weder eigenes Kapital in ausreichendem Umfang zur Verfügung stand, noch die Banken geneigt waren, ihm Kredit zu gewähren, erdachte er sich ein eigenes Kreditsystem. Er vergab die Arbeiten und Lieferungen an neu zu bauenden Bahnen nur an solche Firmen, die bereit waren, die Aktien der Bahnen als Bezahlung anzunehmen.

Das war insofern nichts Ungewöhnliches, als es damals einigen Eisenbahnen gestattet war, eigene Banknoten auszugeben, allerdings unter der Bedingung sofortiger Einlösbarkeit in landesüblicher Währung. Jetzt fing Strousberg an zu bauen: Die Berlin-Görlitzer, die rechte Oderufer-Bahn, die Märkisch-Posener, die Halle-Sorauer, die Hannover-Altenbekener Bahn. Im Ausland baute er die Brest-Grajewo-Bahn, die ungarische Nord-Ost-Bahn und rumänische Eisenbahnen, zusammen etwa 3000 Kilometer Bahnstrecke.

Als alle diese Unternehmen im Gang waren, kaufte er die große Herrschaft Zbirow in Böhmen, die Egestorff'sche Lokomotivfabrik zu Minden bei Hannover, Gruben, Hütten, kurz alles, was in dieser Branche damals gerade zum Verkauf stand. Offensichtlich wollte er ein gewaltiges Eisenbahnimperium samt Zulieferungsunternehmungen schaffen. Tatsächlich hat er als erster im Lokomotivbau die rationalisierende Beschränkung auf bestimmte »Normalbauarten« eingeführt.

Sein Haus in Berlin war einer der Treffpunkte der eleganten Welt. Es war mit wertvollen Kunstschätzen ausgestattet, darunter auch zwei Gemälden des berühmten Malers Adolf von Menzel (1815–1905), der »kleinen Excellenz«. Als Menzel hört, daß sich Herzöge und Grafen an Strousbergs Unternehmen beteiligen, da beschließt er, ebenfalls mitzuhalten: Er kauft Aktien der Eisenbahn, die auf der Insel Rügen gebaut werden soll. Zuvor allerdings erkundigt er sich bei Strousberg nach der Bonität dieser Unternehmungen. Strousberg erklärt ihm lachend, es stehe alles rosa, »tout en couleur de rose«.

Als die ersten Gesellschaften bankrott machten, da begann es, auch im Gebälk der Unternehmenskonstruktion von Strousberg zu knistern. Kurze Zeit konnte er den Zusammenbruch noch hinauszögern.

Dann kommt es zum Konkurs. Strousberg ist endgültig erledigt. »Bei der Rügen-Bahn, mit deren Aktien sich Menzel eingedeckt hat, verliert allein der Fürst Putbus als Hauptaktionär acht Millionen Mark.

Die wertlosen Aktien wirft Menzel in den kleinen Kanonenofen im Atelier; bei dem wärmenden Feuer fängt der kleine Meister mit der großen Energie wieder von vorne an. Das erste ist eine kleine Bleistiftzeichnung: Ein Schienenstrang, über den das Gras wild wuchert, im Hintergrund die sinkende Sonne, darunter: »En couleur de rose!« (v. Kürenberg)

Strousberg wurde 1875 in Moskau verhaftet, zur Verbannung verurteilt und schließlich ausgewiesen. 1877 kehrte er mittellos nach Berlin zurück, wo er Denkschriften verfassend bis zu seinem Tode 1884 in dürftigen Verhältnissen lebte.

In der Bank- und Finanzpolitik jener Zeit brachte das Jahr 1873 eine entscheidende Wendung. Karl Morawitz, der Präsident der Anglo-österreichischen Bank, berichtet darüber: »Die in großer Anzahl errichteten Baugesellschaften brachen kläglich zusammen, und das Eisenbahnwesen erlebte eine Krise von ungeahnter Schärfe. So heiß vorher die Konkurrenz um

Erlangen von Eisenbahnkonzessionen gewesen war, so sehr mied man jetzt diese Unternehmensform. In den folgenden Jahrzehnten sind die Hauptbahnen mit geringen Ausnahmen vom Staate gebaut worden.«

Diese Schilderung der Verhältnisse in Österreich gilt genauso für das deutsche Kaiserreich.

Hier ist es die große Gelegenheit, unter dem Druck der öffentlichen Meinung allen klar zu machen, daß die privaten Bahnen dem Auftrag, der Öffentlichkeit zu dienen, Handel und Wandel zu fördern, offensichtlich nicht gerecht werden können. Zwar scheitert Bismarck 1875 mit seinem Entwurf eines Reichseisenbahngesetzes, das im Grunde nur den Artikel der Reichsverfassung vom 16. April 1871 verwirklichen will, wonach alle Bahnen des Reiches als einheitliches Netz verwaltet werden sollen: Die süddeutschen Staaten wollen ihre Hoheitsrechte in Post und Bahn nicht preisgeben. Schließlich haben sie begriffen, daß – der Krieg mit Preußen liegt gerade vier Jahre zurück (1866) – Truppen ohne Kommunikation nichts nützen. Doch die Einrichtung eines Reichseisenbahnamtes gelingt: Es übt nach der Verfassung die Oberaufsicht über die Bahnen aus. Ein parlamentarischer Untersuchungsausschuß deckt den Skandal der Spekulationen und die Ursachen des Gründerkrachs auf. Sein Votum:

Man schaffe Staatsbahnen.

Denn dort, wo das Staatsbahnprinzip herrschte, also in Süddeutschland und zum Beispiel in Braunschweig, wurde der wilden Spekulation von vornherein Einhalt geboten.

Jetzt setzten sich Bismarcks Gedanken wenigstens in Preußen durch: Es ist von Maybach, der seit 1878 Handelsminister, 1879 zum Minister der öffentlichen Arbeiten bestellt, als »Eisenbahnminister« – er war oberster Verwalter der Eisenbahn – das Verstaatlichungswerk mit großer Energie zustande bringt. 1885 sind alle wichtigen Hauptbahnen im Staatsbesitz; waren ursprünglich etwa ein Drittel des Gesamtnetzes Staatsbahnen, so erstreckt sich nunmehr der Umfang der Privatbahnen auf 1650 Kilometer gegenüber 21 624 Kilometer der Staatsbahnen.

Seit 1872 sind auch die Bahnen Elsaß-Lothringens, das von Frankreich im Frankfurter Frieden vom 10. Mai 1871 abgetreten worden war, mit einer

Streckenlänge von 766 Kilometer als »Reichseisenbahnen« den preußischen Bahnen angegliedert.
1896 beschließen Preußen und Hessen, ihre Bahnen
zusammenzulegen, und es entstehen die preußisch-hessischen Staatseisenbahnen. In dieser Zeit,
zwischen 1885 und 1900, werden die noch bestehenden Lücken im Netz ausgefüllt, um dem System eine
größere Einheit zu geben. Der Verkehr wird jetzt
ohne die Nebenrücksichten, die bisher oft die Trassen der Privatbahnen bestimmten, nach den Aspek-
ten des Gemeinwohls und nach militärischen Gesichtspunkten gefördert; durch Neben- und Kleinbahnen wird die Fläche erschlossen, das heißt die
kleineren Orte und das Land werden an den Verkehr
herangebracht.
Um 1900 existiert ein Netz von insgesamt 50 000 Kilometer in Deutschland. Bis zu diesem Jahr sind alle
deutschen Bundesstaaten dem preußischen Beispiel
gefolgt; in Bayern bleibt als letzte große Bahn die
Pfalzbahn (800 Kilometer Betriebslänge) bis 1908
selbständig. Baden, Württemberg und Braunschweig und Oldenburg hatten sich von Anfang an
für das System der Staatsbahn entschieden.
Die Ländereisenbahnen müssen den Anforderungen
des Reiches zum Zwecke der Landesverteidigung
entsprechen! Dieser Grundgedanke Bismarcks, in
der Reichsverfassung von 1871 verankert, ist um
1900 verwirklicht.

EINTEILUNG DER EISENBAHNEN
(vereinfachtes preußisches Schema)

A Hauptbahnen (vollspurige Bahnen)

B Nebenbahnen (Bahnen untergeordneter
  Bedeutung mit Normal- zuweilen auch
  Schmalspur)

  (Zubringer zu A)

C Kleinbahnen (Schmalspurbahnen für den
  lokalen Verkehr)

  Nebenbahnähnliche Kleinbahnen

  Spezialbahnen

  Straßenbahnen

Die Einteilung in Staatsbahnen und Privatbahnen hat mit dem oben genannten
Schema nichts zu tun. A, B und C können
staatlich oder privat betrieben werden.

Kasten V

STAATSBAHN ODER PRIVATBAHN

Nach den Krächen und Pleiten des Jahrhunderten-
des hatte sich in Deutschland das Staatsbahnprinzip
durchgesetzt. Die süddeutschen Staaten bauten von
Anfang an, dem Beispiel Belgiens folgend, ihre
Bahnen von Staats wegen. Nur Bayern behielt um die
Jahrhundertwende ein gemischtes System bei.
Zu Beginn des Weltkrieges sind alle Hauptbahnen*)
im Kaiserreich verstaatlicht. Welche Rolle strategi-
sches Denken dabei spielte, ist bekannt. Dort, wo wie
in den USA die Privatbahnen von Anfang an allein
den Eisenbahnverkehr in der Hand haben, kommt es

nach einiger Zeit zu Fusionen. Kleine oder durch heftige Konkurrenz lästige Bahnen werden einfach aufgekauft und, wenn sie rentabel sind, weiterbetrieben,
sonst stillgelegt.
In England, wo das Parlament die Rechte der Gesellschaften gegen Verstaatlichungstendenzen stützt,
fusionieren an die sechzig Gesellschaften zu den
London and Northern Railways; in Frankreich vergrößert sich die PLM = Paris – Lyon – Méditerranée
zu einer solchen Fusionsgesellschaft.
Überall aber versucht der Staat nach dem wilden
Eisenbahnfieber des letzten Jahrhunderts, die Zügel
der Aufsicht über die Privatbahnen stärker anzuzie-
hen. Daß dies auch mit Blick auf die kritischer werdende politische Lage aus militärischen Gründen
geschieht, ist sicher. Man sprach nicht darüber.

*) Zum Begriff Hauptbahnen vgl. Kasten V »Einteilung der Eisen-
   bahnen«.

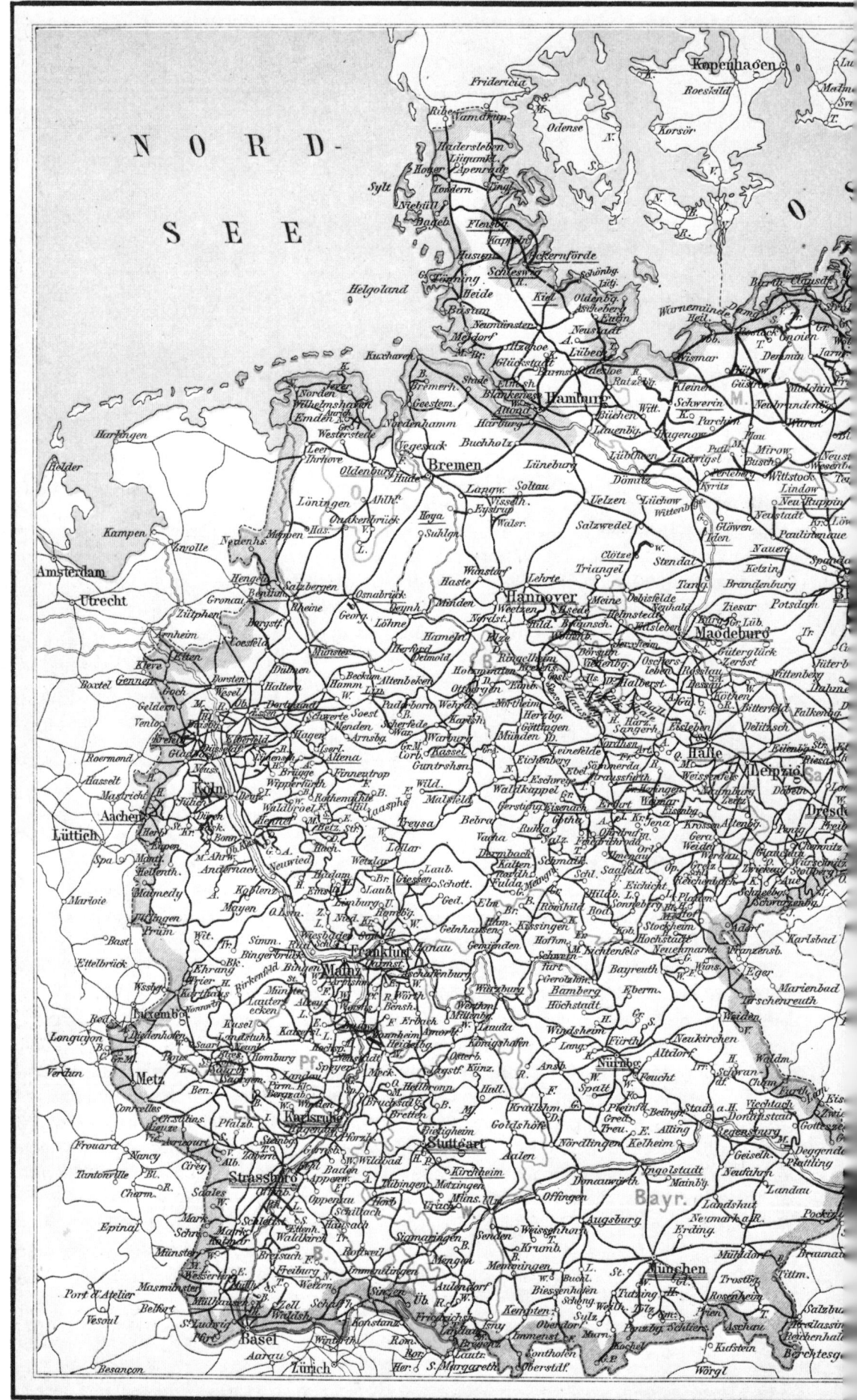

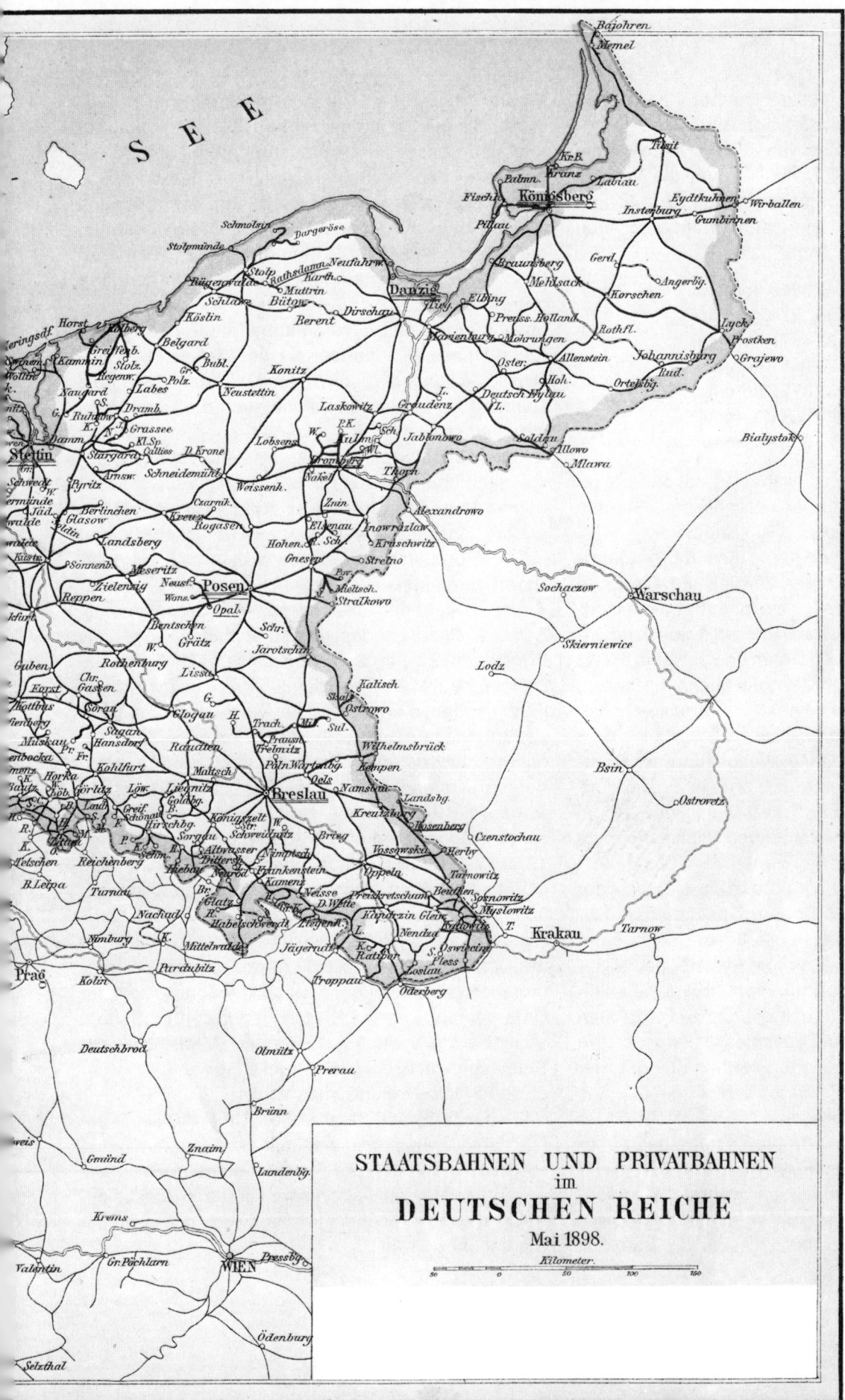

STAATSBAHNEN UND PRIVATBAHNEN
im
DEUTSCHEN REICHE
Mai 1898.

Kilometer.

113

In England kümmerte sich der Board of Trade neben der Eisenbahn- und Kanalkommission um die Bahnen in dieser Beziehung. In den USA war seit 1887 die Interstate Commerce Commission um die Verwaltung und Betriebsführung der Bahnen bemüht.

1892 besitzen die wichtigsten Industriestaaten Streckennetze von folgender Länge:

Deutschland	42 325 Kilometer
Frankreich	35 327 Kilometer
England	32 487 Kilometer
Österreich	28 066 Kilometer
Rußland	32 372 Kilometer
USA	274 497 Kilometer
Kanada	23 550 Kilometer

Die Streckenlänge der USA überragt also in dieser Zeit die Streckenlänge aller europäischen Staaten zusammengenommen um 30 000 Kilometer.

Um die Jahrhundertwende denkt man in Eisenbahnfragen schon in militärischen Vergleichen. Der Erste Weltkrieg zeichnet sich in Vorbereitungen eisenbahnbautechnischer Art ab. In Frankreich konzentrieren sich »die einzelnen Linien und das ganze Netz ersichtlich um Paris. Vom Zentrum laufen die Radien in den Hauptrichtungen nach den Grenzen, nach welchen leicht Truppenmassen zu werfen sind«. Aufsicht führt hier die Generalinspektion der Brücken und Chausseen. Das Netz wurde in Zusammenarbeit mit dem Staat aufgebaut. Das »Privatkapital erwies sich allein zum Ausbau des Netzes nicht als ausreichend«. (Meyer) Die Formen der Staatsunterstützung waren mannigfaltig: Zuschüsse in bar oder in Form von Grund und Boden, Zinsgarantien, Begünstigung von Fusionen, lange Konzessionsdauer, milde Beaufsichtigung. Eine vom Minister de Freycinet eingeleitete Staatseisenbahnpolitik erwies sich nur so als durchführbar, daß mit den sechs großen Gesellschaften Verträge geschlossen wurden, in denen sich die Gesellschaften verpflichteten, unter Mithilfe des Staates die besonderen Ausbaupläne des Ministers auszuführen.

»An die Ostgrenze«, so fährt die Beschreibung über Frankreichs Heerwesen fort, »führen (1892) zehn doppelgleisige Eisenbahnlinien, während Deutschland 16 Zufuhrlinien (darunter auch eingleisige) nach seiner Westgrenze besitzt; aber die französischen Strecken sind kürzer; sie werden mit Zeitabstand (die deutschen mit Stationsabstand) befahren und sind überall durch Befestigungen gedeckt!«

Wie man also sieht, hat nicht nur das deutsche Kaiserreich bei seinen Staatsbahnen, sondern auch die französische Republik bei ihren Privatbahnen nach dem Krieg 1870/71 die notwendigen Vorbereitungen für einen neuen, eventuellen Waffengang getroffen.

Es ist interessant, daß man dabei die französischen Privatbahngesellschaften (sie besaßen 32 662 Kilometer, wogegen 2665 Kilometer Staatsbahnnetz standen) für diesen Zweck tauglich hielt und auch dafür einspannte. Dies in einem so zentralisierten Staate wie Frankreich. Bismarck seinerseits hielt davon gar nichts: Er wollte ein staatliches Reichseisenbahnnetz. Im Grunde hatte er es insofern erreicht, als um die Jahrhundertwende 80 v. H. der Hauptbahnen in der preußisch-hessischen Eisenbahngemeinschaft vereinigt waren.

Bis heute geht der Streit darum, was besser sei: die Bahnen eines Landes als Staatsbahnen oder als Privatbahnen zu organisieren. Das Defizit, in das die Bahnen heute beinahe überall fahren, ist bei Staatsbahnen ebenso unabwendbar wie bei Privatbahnen. Es rührt in erster Linie aus der explosionsartigen Zunahme der Kosten im Personalbereich her, besonders gravierend bei einem Dienstleistungsbetrieb wie es die Eisenbahnen sind. Bei den Schweizerischen Bundesbahnen betrugen die Personalkosten 1971 65 v. H. der Gesamtkosten. Bei der Deutschen Bundesbahn liegt der Personalkostenanteil etwa bei 70 v. H. (1972).

Während nun die amerikanischen Privatbahnen, um ihre Verluste einzuschränken, den nicht mehr rentablen Personenverkehr einfach aufgaben – auch der Güterverkehr in den USA bringt zur Zeit im Schnitt nicht viel mehr als 2 v. H. Rendite –, ist dies einer Staatsbahn nicht möglich – zum Glück für die Bürger dieses Staates möchte man sagen.

Daß aber selbst ein Staat wie die USA, der keine gefährdeten Grenzen besitzt, im letzten Moment heute eingreift, um über die halbstaatliche Amtrak die wichtigsten Linien im Personenverkehr weiter zu betreiben, könnte ein Indiz für die Zweckmäßigkeit der Staatsbahnen sein.

VII Die Spinne baut ihr Netz

SPINNE

Der Vergleich hinkt; denn bei der Eisenbahn handelt es sich um ein neues Tier, um ein »Monster«, um eine Erscheinung, die, was die Fremdheit und Neuartigkeit betrifft, die Zeitgenossen eher an ein Mondkalb als an eine vertraute Erscheinung erinnert. »Wenn ich nur wüßte, was das bedeuten soll«, sinnierte nicht nur der Vater Kußmaul beim Anblick der ersten Eisenbahn. Das Fremdartige, Unwirkliche, das uns noch heute aus den Lichteraugen einer Lok, eines Autos oder eines startenden Düsenjets ansieht, ist der Roboter, der sich selbst bewegende und andere tragende Automat – Zauberteppich, Flügelpferd und fliegender Drache zugleich.

Daß dieses neue Geschöpf der Technik seine eigene Bahn, seine besondere Trasse, seine Anlagen, seine Signale, seine Organisation und seine besondere Kommunikation, ja, Sprache mitbrachte, war nicht selbstverständlich. Es ist signifikant, daß in der Frühzeit der Eisenbahn erbaute Gebäude, Bahnhöfe, Güterschuppen, Wärterhäuschen ihren ganz besonderen Eisenbahnstil aufweisen. Bahnen in Form von eingefrästen Geleisen oder selbst Schleifspuren gab es schon in der Steinzeit, Holzschienen lagen in den Stollen der Bergwerke des Mittelalters. Das kurz vor Beginn der Neuzeit erfundene Schwarzpulver bescherte der Schweiz den ersten Straßentunnel von 60 Meter Länge im Jahre 1708, das Urner Loch.

Dies alles kann man vergessen angesichts der Tatsache, daß die Eisenbahnspinne um die Jahrhundertwende mit fast einer Million Streckenkilometern alle Kontinente erfaßt und mindestens partiell überspannt hat.

DEFINITION DER EISENBAHN

»Eine Eisenbahn ist ein Unternehmen, gerichtet auf wiederholte Fortbewegung von Personen oder Sachen über nicht ganz unbedeutende Raumstrecken auf metallener Grundlage, welche durch ihre Konsistenz, Konstruktion und Glätte den Transport großer Gewichtsmassen, beziehungsweise die Erzielung einer verhältnismäßig bedeutenden Schnelligkeit der Transportbewegung zu ermöglichen bestimmt ist, und durch diese Eigenart in Verbindung mit den außerdem zur Erzeugung der Transportbewegung benutzten Naturkräften (Dampf, Elektrizität, tierischer oder menschlicher Muskeltätigkeit, bei geneigter Ebene der Bahn auch schon der eigenen Schwere der Transportgefäße und deren Ladung, usw.) bei dem Betriebe des Unternehmens auf derselben eine verhältnismäßig gewaltige (je nach den Umständen nur in bezweckter Weise nützliche, oder auch Menschenleben vernichtende und die menschliche Gesundheit verletzende) Wirkung zu erzeugen fähig ist.«
Entscheidungen des Reichsgerichtes in Zivilsachen – erster Band – Leipzig 1880, Seite 252

Kasten VI

Das »Monster« wird besichtigt: Zuschauerbühne des Bahnhofhotels in Dachsen am Rheinfall um 1858.

Die Geschichte aller Bahnen zu erzählen, würde viele Bände füllen. Hier können nur die interessantesten erwähnt werden.

Bahnen fuhren ebenso am Polarkreis wie in Englands südafrikanischer Kapkolonie. Im Bau war die Erzbahn vom schwedischen Kiruna nach dem norwegischen Hafen Narvik und die große transsibirische Eisenbahn, von der Gerstner und List schon träumten: Der russische Thronfolger Nikolaus II tat 1891 im eisfreien Hafen Wladiwostok den ersten Spatenstich. Und zwei Jahre vor der Jahrhundertwende fuhr der erste »Sibirien-Express« der Internationalen Schlafwagen und Speisewagengesellschaft (ISG). Spanien und Portugal waren – beide mit Breitspur (1676 Millimeter) – erschlossen. Eine Meisterleistung im Eisenbahnbau vollbrachte die Schweiz, die mit zahlreichen Tunnels und Viadukten die Alpen und ihre Ausläufer bezwang.

Alle europäischen Staaten gehören um die Jahrhundertwende einem engmaschigen europäischen Eisenbahnstreckennetz an. Es hat (1891) eine Länge von 227 995 Kilometern. Diese Streckenlänge wird nur noch übertroffen von dem Netz Amerikas mit 341 393 Kilometern, in dem die Vereinigten Staaten mit einer Streckenlänge von 274 497 Kilometern dominieren, worunter mehrere Transkontinentallinien sind. Wenn in Europa die Bahnlinien Handelsplätze oder Hauptstädte untereinander verbanden, so diente der Bahnbau in Amerika hauptsächlich der Erschließung unbewohnter Gegenden; die Geleise führten in die Wildnis, in Urwald oder Steppe und sollten die Gründung von Städten und Häfen ermöglichen oder Rohstofflager erschließen.

Neben den Vereinigten Staaten hatte auch Kanada seit 1886 eine transkontinentale Bahn in Betrieb von Montreal nach Port Moody, heute Vancouver. Unter

Entwickelung des Eisenbahnnetzes der Erde 1840—1891.

Länder	Betriebs-Eröffn. d. ersten Eisenb.	Länge der im Betrieb befindlichen Eisenbahnen am Schluß des Jahres 1840	1850	1860	1870	1880	1885	1887	1888	1889	1890	1891	Ende 1891 Bahnlänge auf je 100 qkm	Ende 1891 auf je 10000 Einw.
Deutschland	1835	549	6 044	11 633	19 575	33 838	37 572	39 785	40 826	41 793	42 869	43 424	8,0	8,7
Österr.-Ungarn m. Bosnien	1828	144	1 579	4 543	9 589	18 512	22 613	24 705	25 767	26 587	27 015	28 066	4,1	6,6
Großbritannien u. Irland	1825	1 348	10 653	16 787	24 999	28 854	30 843	31 501	31 878	32 088	32 297	32 487	10,3	8,6
Frankreich	1828	497	3 083	9 528	17 931	26 189	32 499	34 227	35 258	36 370	36 895	37 946	7,0	9,8
Rußland mit Finnland	1838	26	601	1 589	11 243	23 857	26 847	28 517	29 432	30 159	30 957	31 071	0,6	3,2
Italien	1839	8	427	1 800	6 134	8 715	10 484	11 689	12 351	12 807	12 907	13 186	4,6	4,3
Belgien	1835	336	854	1 729	2 997	4 120	4 409	4 760	4 828	5 088	5 263	5 307	18,0	8,6
Niederlande m. Luxembg.	1839	17	176	335	1 419	2 300	2 800	2 957	3 000	3 014	3 061	3 079	8,7	6,4
Schweiz	1844	—	27	1 096	1 449	2 571	2 854	2 919	2 974	3 104	3 199	3 279	7,9	11,2
Spanien	1848	—	28	1 918	5 475	7 481	8 933	9 422	9 583	9 774	9 878	10 131	2,0	5,8
Portugal	1854	—	—	137	714	1 150	1 529	1 829	1 910	2 060	2 125	2 293	2,5	4,9
Dänemark	1847	—	32	111	764	1 579	1 942	1 965	1 969	1 969	1 986	2 008	5,1	9,2
Norwegen	1854	—	—	68	359	1 059	1 562	1 562	1 562	1 562	1 562	1 562	0,5	7,8
Schweden	1851	—	—	522	1 708	5 906	6 892	7 388	7 527	7 888	8 018	8 279	1,8	17,3
Serbien	1884	—	—	—	—	—	385	517	526	537	540	540	1,1	2,5
Rumänien	1870	—	—	—	245	1 387	1 682	2 405	2 475	2 493	2 543	2 543	1,9	5,0
Griechenland	1869	—	—	—	11	11	323	613	670	706	776	915	1,4	4,2
Türkei, Bulgar., Rumelien	1860	—	—	66	291	1 394	1 394	1 394	1 649	1 690	1 765	1 769	0,6	2,0
Malta, Jersey, Man	—	—	—	—	11	60	102	110	110	110	110	110	—	—
Europa:	**1825**	**2 925**	**23 504**	**51 862**	**104 914**	**168 983**	**195 665**	**208 265**	**214 295**	**219 799**	**223 766**	**227 995**	**2,3**	**6,4**
Verein. Staat. v. Nordamer.	1827	4 534	14 515	49 292	85 139	150 717	207 508	241 210	251 292	259 687	268 409	274 497	3,5	43,6
Brit.-Nordamer. (Kanada)	1840	26	114	3 359	4 018	11 087	16 330	19 842	20 442	21 439	22 533	22 928	0,3	47,4
Neufundland	—	—	—	—	—	—	145	145	175	179	179	179	0,2	9,0
Mexiko	1850	—	11	32	349	1 120	5 600	6 609	7 826	8 455	9 718	10 025	0,5	8,4
Mittelamerika	1855	—	—	76	120	210	618	800	858	900	1 000	1 000	0,2	3,2
Kolumbien	1855	—	—	77	103	121	265	287	342	371	380	380	—	1,1
Cuba	1837	194	399	604	604	1 382	1 600	1 600	1 600	1 700	1 731	1 731	1,5	10,6
Venezuela	1866	—	—	—	38	113	154	293	430	709	800	800	0,1	3,4
Dominikan.Republ.(Haïti)	—	—	—	—	—	80	80	115	115	115	115	115	0,2	2,8
Puerto Rico	1855	—	—	18	18	18	18	18	18	18	18	18	0,2	0,2
Brasilien	1854	—	—	129	691	3 200	7 062	8 486	9 300	9 500	9 700	9 700	0,1	6,6
Argentinische Republik	1857	—	—	39	732	2 273	4 626	6 446	7 256	8 255	10 244	12 353	0,4	30,4
Paraguay	1865	—	—	—	8	72	72	72	152	203	240	253	0,1	5,5
Uruguay	1869	—	—	—	98	370	500	556	642	757	1 127	1 595	0,9	21,3
Chile	1852	—	—	195	732	1 800	2 100	2 838	2 900	3 100	3 100	3 100	0,4	11,0
Peru	1851	—	—	89	411	1 852	1 309	1 347	1 347	1 600	1 667	1 667	0,1	5,6
Bolivia	1873	—	—	—	—	56	70	70	130	171	209	209	—	1,4
Ecuador	—	—	—	—	—	60	69	151	204	269	300	300	0,1	2,0
Britisch-Guayana	1864	—	—	—	35	35	35	35	35	35	35	35	—	1,2
Jamaica, Barbados, Trinidad, Martinique	1845	—	25	25	43	100	228	429	474	474	474	508	—	—
Amerika:	**1827**	**4 754**	**15 064**	**53 935**	**93 139**	**174 666**	**248 389**	**291 349**	**305 168**	**317 737**	**331 779**	**341 393**	**—**	**—**
Britisch-Indien (Ostindien)	1853	—	—	1 350	7 683	14 977	19 308	22 665	23 266	25 488	26 395	27 808	0,6	0,0
Ceylon	1865	—	—	—	118	219	286	291	291	291	308	308	0,5	1,0
Kleinasien (Anatolien)	1860	—	—	43	234	372	372	598	658	720	853	978	—	0,6
Russisches Transkaspien	1880	—	—	....	—	125	500	1 277	1 433	1 433	1 433	1 433	0,3	33,3
Persien	1888	—	—	—	—	—	—	—	18	18	30	54	—	—
Niederländisch-Indien	1867	—	—	—	150	450	926	954	1 230	1 270	1 361	1 541	0,3	0,6
Japan	1872	—	—	—	—	121	559	935	1 460	1 952	2 333	2 747	0,7	0,7
Portugiesisch-Indien	—	—	—	—	—	—	54	54	54	54	54	82	2,2	1,6
Malaiische Staaten	1884	—	—	—	—	—	13	45	60	80	100	140	0,2	2,3
China (Stammland)	1871	—	—	—	—	11	11	45	138	200	200	200	—	—
Kotschinchina, Pondi-tscherri, Tongking	1879	—	—	—	—	12	83	83	83	83	105	105	—	—
Asien:	**1853**	**—**	**—**	**1 393**	**8 185**	**16 287**	**22 112**	**26 947**	**28 691**	**31 589**	**33 172**	**35 396**	**—**	**—**
Ägypten	1856	—	—	443	1 056	1 500	1 500	1 519	1 541	1 541	1 547	1 547	0,2	2,3
Algerien und Tunis	1862	—	—	—	517	1 379	2 085	2 476	2 850	3 094	3 105	3 149	0,4	5,0
Kapland	1860	—	—	12	105	1 459	2 573	2 795	2 858	2 873	2 922	3 326	0,6	21,8
Natal	1876	—	—	—	—	158	280	350	376	417	546	550	1,1	10,1
Südafrikanische Republik	1887	—	—	—	—	—	—	81	81	81	120	201	0,1	—
Oranjefluß-Republik	1890	—	—	—	—	—	—	—	—	—	237	759	0,6	36,5
Mauritius, Réunion, Senegal, Angola, Mosambik	1862	—	—	—	108	150	650	800	830	860	910	964	—	—
Afrika:	**1856**	**—**	**—**	**455**	**1 786**	**4 646**	**7 088**	**8 002**	**8 514**	**8 866**	**9 387**	**10 496**	**—**	**—**
Neuseeland	1863	—	—	—	71	2 072	2 662	2 977	3 007	3 076	3 147	3 232	1,2	51,5
Victoria	1854	—	—	151	443	1 930	2 697	3 137	3 487	3 682	4 325	4 501	2,0	39,5
Neu-Südwales	1855	—	—	113	545	1 368	2 860	3 348	3 548	3 624	3 641	3 641	0,5	32,2
Süd-Australien	1854	—	—	103	306	1 073	1 711	2 340	2 614	2 827	2 854	2 933	0,1	91,7
Queensland	1865	—	—	—	331	1 019	2 308	2 840	3 107	3 320	3 446	3 706	0,2	94,1
Tasmania	1870	—	—	—	69	269	413	512	526	603	643	683	1,0	46,5
West-Australien	1873	—	—	—	—	116	283	389	719	800	825	1 047	—	209,4
Australien:	**1854**	**—**	**—**	**367**	**1 765**	**7 847**	**12 934**	**15 543**	**17 008**	**17 932**	**18 881**	**19 743**	**0,2**	**51,8**
Auf der Erde:	**1825**	**7 679**	**38 568**	**108 012**	**209 789**	**372 429**	**486 188**	**550 106**	**573 676**	**595 923**	**616 985**	**635 023**	**—**	**—**

圖之道鉄縄高

Eisenbahn in Takanara / Japan 1880. Ein freundlicher, rauchspeiender Drache mit langem Schweif schiebt sich aus einem Einschnitt ins Bild herein. Der Maler erreicht so den Zusammenklang von Wirklichkeit und Mythos. (Der Drache gilt in Japan als Glücksbringer.)

den mittel- und südamerikanischen Bahnen besaßen Mexiko, Brasilien, Argentinien, Chile und Peru recht ansehnliche, doch meist voneinander getrennte Netze. Von diesen Ländern hat – ausgenommen die Vereinigten Staaten – 1827 – Kuba schon 1837 eine erste Bahnstrecke zwischen Havanna und Guiness aufzuweisen. Es ist zugleich die erste spanische Bahn in der damaligen spanischen Kolonie Kuba, bevor das Mutterland selbst einen Zug fahren sah. (1848)

In Kleinasien sprach man zu jener Zeit von der Hedschas-Bahn, die Pilgerzüge von Damaskus bis Medina transportieren sollte. Sie fiel dem Ersten Weltkrieg zum Opfer. Auch die Bagdad-Bahn – wurde zu jener Zeit geplant. Sie war den Engländern, die um den Suezkanal und damit den Weg nach Indien bangten, ein Dorn im Auge. Deutsche sollten sie

bauen; Bismarck hatte um ihretwillen mit dem Sultan verhandelt.

In ihrer Kronkolonie Indien bauten die Engländer ein Netz von fast 28 000 Kilometern, doch in verschiedener Spurweite. König Tschulalongkorn von Siam ließ 1893 den ersten Zug von Bangkok nach Paknam abdampfen. Nach Rußland und Indien besaß Japan das größte asiatische Netz mit 2747 Kilometern Streckenlänge; es entstand erst in den 70er Jahren des vorigen Jahrhunderts. Der russischen Sibirienbahn, ist ein eigener Abschnitt im letzten Kapitel dieses Buches gewidmet. China aber steht in der Statistik von 1891 mit ganzen 200 Kilometern Streckenlänge zu Buch!

Afrikas südliche Bahnen sind eng mit dem Namen von Cecil Rhodes verknüpft. Er, der es vom Diaman-

Abnahme der hundertsten Lokomotive der ehemaligen Lokomotiv-Bauanstalt Hartmann, Chemnitz (zeitgenössische Steinzeichnung).

ten- und Goldsucher zum Ministerpräsidenten gebracht hatte, ließ Bahnen bauen, um den Export zu fördern und das Land für die weißen Siedler zu erschließen. Im Kongo schufen die Belgier die Linie Matadi – Leopoldville, später folgte die Große Seenbahn. Engländer bauten die Ugandabahn. Im Norden Afrikas gab es Küstenbahnen; die einzige Bahn, die nach Süden führte, war die 1856 eröffnete Strecke Alexandria – Kairo, die mit ihrer Fortsetzung bis nach Suez gelangte. Die Idee einer Kap-Kairo-Bahn, also einer Transafrikalinie, die Rhodes vorschwebte, wird wohl nicht mehr wahr werden: Flugzeug und streckenweise Omnibuslinien haben auch hier die Bahn ersetzt.

Der australische Kontinent, nur an den Küsten und von Süden her etwa bis zur Mitte (Alice Springs) durch Eisenbahnen erschlossen, erhielt seine erste Strecke, bestückt mit Stephenson-Loks 1854. Die Strecke verlief von Sydney nach Parramatta. 1891 betrug die Länge der Bahnen zusammen mit Neuseeland und Tasmanien immerhin rund 20 000 Kilometer.

Wahrhaftig, gigantische Spinnennetze über den Kontinenten!

Viele der seinerzeit geplanten Bahnen wurden nicht gebaut: Der Erste Weltkrieg und die Evolution der neuen Verkehrsmittel Auto und Flugzeug machten sie obsolet. Doch Bahnen fuhren überall: als Straßenbahnen in den Städten (seit 1852 in New York), als Untergrundbahnen zwanzig Meter tief im Bauch der Großstädte, zuerst 1863 in London. Die erste Zahnradbahn erklomm 1869 mit Marsh's Lokomotive »Old Peppersass« den 1917 Meter hohen Mount Washington in New Hamphire. Der Schweizer Riggenbach erprobte sein Zahnstangen-Zahnradsystem 1871 an der Vitznau-Rigi-Bahn.

Heute werden nur dort noch neue Bahnen gebaut, wo Schnellverkehre zwischen Großstädten erforderlich sind oder weit entfernte Rohstofflagerstätten mit Industriezentren verbunden werden müssen, was besonders in Entwicklungsländern der Fall ist. Unerläßlich endlich ist der Einsatz von Bahnen im Nahverkehr der Großstädte.

Mit den ersten Eisenbahnen entstand auch die besondere Eisenbahntechnik, die geistige Welt der Eisenbahn: die Konstruktion von Eisenbahnen, Eisenbahnfahrzeugen, ihrem Zubehör und ihrem Bedarf. Bis heute war und ist die Eisenbahn einer der größten Auftraggeber der Industrie. Eisenbahntechnik wird als besonderes Fach an den technischen Hochschulen und Universitäten gelehrt. Lokomotiv- und Wagenbau, Strecken- und Oberbau, Tunnel- und Brückenbau, Sicherungs- und Fernmeldewesen, endlich die Eisenbahnbetriebstechnik haben mit Erfahrungen und Erfindungen das allgemeine Verkehrswesen und seine Technik befruchtet und bereichert. Die Forderungen des Eisenbahnverkehrs und die Einpassung in die moderne Technik haben wiederum die Eisenbahntechnik perfektioniert.

Dies ist der Punkt, an dem es Zeit wird, einen Blick auf die besondere Gestalt, Organisation und Technik des alten und neuen, immer wieder sich verjüngenden Verkehrsmittels zu werfen.

TRASSEN-LINIENFÜHRUNG

Wo heute eine Landstraße führt, war zumeist schon immer ein Weg, ein Wildpfad, eine Fußspur, kurz eine Verbindung zwischen zwei menschlichen Siedlungen.

Straßen baute man in der Regel entlang diesen ersten Wegen. Nur die Römer bauten ohne Rücksicht auf vorhandene Wege ihre strategischen Straßen.

Bahnen muß man planen. Ob es sich um Eisenbahnen handelt oder um Autobahnen: Die technischen Beförderungsmittel haben ihre besonderen Gesetze der Linienführung. Die Linienführung einer solchen Bahn auf der Karte ist die Trasse.

Es ist seltsam, wie immer wieder gewissermaßen technische Vorurteile die Geschicke der Eisenbahn fehlleiteten. Ein solches Vorurteil war bei den ersten Lokomotiven die Vorstellung, die glatten Räder müßten beim Anfahren auf glatten Schienen durchrutschen. Ergebnis dieser Vorstellung war William Bruntons »Hinterbein«-Lokomotive, die mit ihren zwei Kunstbeinen sich vom Boden abstoßend vorwärtsbewegte, bis endlich der explodierende Kessel dieser Quälerei ein Ende machte.

Ein weiteres Vorurteil bestand darin, daß man glaubte, Eisenbahnen könnten nur gerade und ebene Strecken befahren. Dies war der eigentliche Grund, warum der Ritter von Baader schon 1814 die fast völlig ebene und gerade Strecke Nürnberg – Fürth als erste zu bauende Eisenbahnstrecke vorschlug. Damals zog die durchschnittliche Stephenson-Lokomotive eine Zwanzigtonnenlast mit zirka 40 Stundenkilometer Geschwindigkeit. Bei einer Steigung im Verhältnis 1 : 300 sank die Geschwindigkeit aber schon auf die Hälfte herab.

Das gleiche Vorurteil galt für Krümmungen, das heißt für Kurven. Je enger eine Kurve war, desto größer war auch die Reibung zwischen den Lokomotiv- und Wagenrädern und der Schiene. Die Zugkraft der Lokomotive hängt aber von der geringen Haftreibung zwischen Lokomotivrädern und Schienen ab. Bei der um 1840 eröffneten Bahn zwischen Magdeburg und Leipzig lag die zunächst geplante Trasse deshalb schnurgerade, so daß man auf 15 Kilometer östlich an der großen und bedeutenden Stadt Halle vorbeigefahren wäre! Eine Stichbahn hätte dann nach Halle geführt. Glücklicherweise sah man damals schon den Wettbewerb der Straße heraufziehen: »Umsteigen nach Halle?« So sah man von einer direkten Trassenführung Magdeburg – Leipzig ab und beschloß, die Bahn selbst bei etwas größeren Terrainhindernissen und einer größeren Anzahl von Krümmungen indirekt über *Halle* nach Leipzig zu führen.« (Erläuterungsbericht z. Bahnbau)

Das bedeutete die für die damalige Zeit ungewöhnlich starke Steigung von 1 : 300 und zugleich Krümmungshalbmesser von etwa 2230 Metern, an einer Stelle von nur 930 Metern. Heute beträgt der kleinste Krümmungshalbmesser 300 Meter und in Ausnahmefällen sind sogar 180 Meter zugelassen.

Um Steigungen zu vermeiden, unternahm man große Anstrengungen beim Bau der Bahndämme. Thüringische Eisenbahn bei Apolda nach einem alten Holzschnitt.

Das war auch der Grund, weshalb man lieber durch den Berg bohrte als etwa den Versuch zu wagen, über den Berg oder um den Berg herum zu fahren. So sind nach zuverlässigen Zeugnissen die drei kurzen Tunnels durch den Isteiner Klotz auf der Strecke Freiburg – Basel entstanden. Man wollte Schwierigkeiten aus dem Wege gehen und geriet dadurch in Schwierigkeiten. Man bohrte nämlich dort hohlen und morschen Kalkstein an, so daß teure Stützmauern gegen nachrutschende Massen und noch teurere Maurerarbeiten notwendig wurden. Darum herumfahren wäre billiger gewesen.

Wo vor allem in der Frühzeit des Eisenbahnbaues ganze Bergketten überwunden werden mußten, da plante man, sofern man von Steilrampen mit stationären Dampfmaschinen absah, künstliche Verlängerungen, um die Steigung zu verringern und die notwendige Höhe zur Überquerung der Berge zu gewinnen. Man fuhr den Flußtälern entlang, benützte wohl auch Seitentäler, baute Einschnitte oder zog die Trasse an der Berglinie in halber Höhe hoch, um mittels einer Spitzkehre denselben Weg, jedoch entsprechend höher zurückzufahren. Umständlicherweise muß zu diesem Zweck die Lokomotive ans andere Ende des Zuges gesetzt werden. Hat man die Höhe erreicht, so wird die Lokomotive wieder an ihre alte Stelle verbracht.

Solch eine Spitzkehre lag in der Strecke Berlin –

Der Klotz-Tunnel, 1846–1847 erbaut.

Frankfurt am Main beim Bahnhof Elm nahe Bebra. Bis 1925 behielt man dort das zeitraubende Verfahren bei. Die Wasserscheide zwischen Main und Fulda war dort mit etwa 350 Meter Höhendifferenz zu überwinden. Dann war man der Zwangsaufenthalte leid; man baute einen Tunnel durch den Diestelrasenberg und gewann über eine viertel Stunde an Fahrtzeit.

Hemmende Spitzkehren sind im Grunde auch heute noch alle Kopfbahnhöfe. Sie stammen aus einer Zeit, da der Bahnhof das Ende der Strecke war. Die Beispiele sind zahllos: Frankfurt, Stuttgart, München, Berlin und viele andere. Die rasche Besiedlung des Bahnhofviertels verhinderte später meistens den Umbau in einen viel schnelleren und besseren Durchgangsbahnhof. Nur dort, wo es der Platz zuließ, so zum Beispiel beim schweizerischen Haupt-

bahnhof in Bern oder beim Bahnhof Heidelberg, der dafür allerdings seine zentrale Lage einbüßte, wurde noch nach dem Zweiten Weltkrieg eine Verkehrsverbesserung – unter Einsatz riesiger Mittel – geschaffen.

Wenn man hier auch nicht von Fehlplanungen sprechen kann, so doch in den Fällen, wo »böser Wille« oder engstirniges dynastisch-partikularistisches Denken eine großzügige oder wenigstens vernünftige Linienführung verhinderte.

So vermied die hannoversche Südbahn hessisches Gebiet aus militärischen Gründen. Man nahm dafür eine viel teurer zu bauende Streckenführung in Kauf. Die Strecke Berlin – Hamburg, eine wahre Rennstrecke, erhielt einen unschönen Knick bei Hagenow: keine Durchfahrt durch hannoversches Gebiet! Im Süden Deutschlands sei an die Strecken Mün-

Bahnstrecke am Illerufer bei Immenstadt um 1853 (zeitgenössisches Aquarell).

chen – Lindau oder die Schwarzwaldbahn mit ihren ursprünglich 39 Tunnels erinnert, die in ihrer Linienführung, wie so manche andere kleinere und unbedeutendere Strecke jener Zeit, nur verständlich sind, wenn man auf der Karte zugleich mit der Strecke die Landesgrenze eingezeichnet sieht.

Was aber, und das ist der dritte und sozusagen ärgerlichste Fall, landesherrliche, absolutistische Willkür und Schlamperei, Trägheit oder Gewinnsucht aus einem wohlerdachten Plan machen können, zeigt das Beispiel Kurhessens.

Dort hatte sich in den 30er Jahren ein »Verein für Eisenwegbau« konstituiert, der nach seinem Mitglied, Oberberginspektor Scheffer, Kassel zum »Zentralpunkt aller Eisenbahnen Deutschlands« werden lassen wollte. Übrigens plante der Verein schon damals den obenerwähnten Tunnel durch den Diestelrasen, entsprechend der heutigen Linie Fulda – Würzburg.

Aber der regierende Kurfürst Wilhelm II. war uninteressiert an Verkehrsfragen. Er schwebte in eigenen schweren Nöten: Hatte er doch eine Mätresse, die ehemalige Berliner Juweliertochter Emilie Ortlöpp, in den Grafenstand erhoben; sie hieß jetzt Gräfin Reichenbach. In die vielfältigen und meist unheilvollen Aktivitäten der Gräfin verwickelt, merkte er nicht, wie sich, zumal im Verlauf der Pariser Julirevolution, die Stimmung im Lande gegen ihn gewandt hatte. Er mußte Kassel fluchtartig verlassen und übergab seinem Sohn, dem Kronprinzen Friedrich Wilhelm, die Regierungsgewalt als »Mitregent«.

Friedrich Wilhelm I., der eine hübsche Bonner Weinhändlerstochter geheiratet und sie als Gräfin Schaumburg in den Adelsstand erhoben hatte,

Bau eines Einschnittes an der Strecke Oberstaufen – Lindau um 1850 (zeitgenössisches Aquarell).

zeigte sich in der Eisenbahnfrage unschlüssig. Förderer und Gegner des Eisenbahngedankens zerstritten sich über der Linienführung und stießen Preußen, das einer Linie Halle – Kassel – Lippstadt zugestimmt hatte, vor den Kopf. Damit waren die Chancen für Kassel, Mittelpunkt eines Nord-Süd-und Ost-West-Netzes zu werden, vertan. An Kassels Stelle rückte der Knotenpunkt Bebra.

Besonders unheilvoll wirkte sich ein Junktim aus, das Regierung und Kurprinz sich selbst in Verkennung der Sachlage auferlegt hatten:
Sowohl die Bahn Kassel – Marburg – Frankfurt, die sogenannte Main-Weser-Bahn, als auch die Bahn Kassel – Halle durften nur gebaut werden, wenn für beide die Finanzierung sichergestellt war. So wirkte sich jeder ungünstige verzögernde Umstand bei der einen Bahn sogleich auch auf die andere Bahn aus.

Diese schon 1841 geplanten Bahnen wurden erst 1844 beschlossen. »Endlich durfte eine Aktiengesellschaft zur Verbindung von Thüringen und Westfalen zusammentreten; sie gewann die Gnade des Landesherrn, weil sie den Namen der Friedrich-Wilhelm-Nordbahn annahm.« (Treitschke)
Übrigens setzte sich das zur Gründung einer Aktiengesellschaft zusammengekommene Bankenkonsortium aus den Frankfurter Bankiers Gebrüder Bethmann, Franz Bernus du Fay und Philipp Nikolaus Schmidt zusammen. Auf die Aktien dieser Gesellschaft begann ein ungeheurer Ansturm; das Aktienkapital war nach kurzer Zeit um das Doppelte des vorgesehenen Betrages überzeichnet.
»Die Main-Weser-Bahn zwischen Kassel und Frankfurt sollte auf Staatskosten, gemeinsam mit Hessen-Darmstadt gebaut werden.« Also hier in Kurhes-

sen ein gemischtes Staatsbahn-Privatbahnsystem, weil sich der Kurprinz weder für das eine noch für das andere entscheiden konnte. »Der Landtag«, so fährt Treitschke fort, »bewilligte dazu eine Anleihe von sechs Millionen Talern. Das Haus Rothschild, das diese Anleihe aufzulegen hatte, überschritt die vereinbarte Summe um 750 Tausend Taler und beanspruchte diesen Überschuß von $12^1/_2$ vom Hundert für sich selbst als sauer verdiente Provision.«

Das Haus Rothschild in Frankfurt hatte ebenso wie die Bruderhäuser in Wien und Paris von Nathan Rothschild in London einen Tip erhalten. »Nathan Rothschild hatte gleich so vielen anderen die Stephenson-Versuche zwar mit Interesse, aber auch mit Mißtrauen verfolgt. Jedenfalls war er entschlossen, keinen Heller an ein Unternehmen zu wagen, das nicht nur die Allgemeinheit, sondern auch sehr geschätzte und gewiegte Männer für hirnverbrannt erklärten. Auch er war zunächst der Meinung, daß die überall hingelangenden Pferde durch eine Maschine niemals übertroffen oder gar verdrängt werden konnten. Deshalb ließ er mit Vergnügen die unerfahreneren Provinzbankleute ihr gutes Geld an diese mehr als unsicheren Unternehmen wagen ... Als sich aber die Erfolge Stephensons mehr und mehr aussprachen, als nach dem Bau der ersten und zweiten Bahn in England ein wahres Eisenbahnfieber das Land ergriff und sich unzählige Gesellschaften für neue Bahnprojekte bildeten, da sagte sich Nathan, der diese Entwicklung trotz seiner Nichtbeteiligung aufs Genaueste verfolgt hatte, daß in dieser neuen Erfindung unabsehbare Gewinnmöglichkeiten lägen, die für sein Haus nicht verlorengehen dürften. In England freilich war es in gewissem Sinne zu spät; da gab es schon genug Unternehmer. Anders aber war es auf dem Festland, wo seine Brüder lebten; noch nirgends auf dem Kontinent gab es eine mit Lokomotiven betriebene Eisenbahn; nur spärlich hier und dort kurze Strecken von Pferdeeisenbahnen. Das war ein Feld für das große Vermögen seines Hauses. Wenn seine Brüder in Österreich, in Frankreich, in Deutschland die Initiative zur Herstellung von Dampfeisenbahnen ergriffen und allen anderen zuvorkämen, so konnte das eine Quelle ungeheuren Gewinnes an Macht und Geld für sein Haus werden. Nathan gab seinen Brüdern Kenntnis von diesem

Gedankengang und fand sogleich auch das nötige Verständnis dafür...« (Corti)

So war zwar Rothschild bei dem Bau der Friedrich Wilhelms-Nordbahn in Hessen nicht beteiligt, dafür hatte er sich die Beteiligung an der Main-Weserbahn gesichert.

»Es war ein öffentliches Geheimnis«, wie der preußische Gesandte Graf Galen sagte, »daß der getreue Hofbankier sich mit dem Kurprinzen in den Gewinn teilte, so daß er also auf Kosten des Landes ... gute Geldgeschäfte machte.« (Treitschke)

So war der Kurprinz doch noch zu der »Belohnung« gekommen, die er sich in den ersten Verhandlungen über die Main-Weser-Bahn von den Bevollmächtigten der »reichen Stadt Frankfurt« vergeblich auszubedingen suchte.

Solcher Beispiele für das Zustandekommen der Strecken und den seltsamen Verlauf der Linien gäbe es aus den 36 Staaten des deutschen Bundes noch viele zu berichten.

OBERBAU

An der Bahn aus Eisen ist nicht nur rein sprachlich gesehen die Bahn das wichtigste. So spektakulär die Dampflokomotiven und alle anderen Triebfahrzeuge auch sein mögen, ihre Magie läßt den Fachmann niemals das Grunderfordernis der Schiene übersehen. Ohne Oberbau – das ist das Gleis und seine Bettung – keine Eisenbahn. Und dieses Gleis ist nicht für stehende Lasten gedacht; es muß dem rollenden Ansturm von 100 Tonnen schweren Lokomotiven, 800 bis 1000 Tonnen schweren Zügen bei Geschwindigkeiten bis zu 150 Stundenkilometern gewachsen sein.

Trevithick scheiterte im Grunde daran, daß seine tüchtigen Lokomotiven Schienen zerbrachen oder die Bahn unzeitgemäß verließen. Stephenson, der das Problem sehr rasch erkannte, verwendete nach vielen Versuchen schließlich eine Doppelkopfschiene, in der Hoffnung, die abgenutzte Oberseite einfach umzudrehen und dann die Unterseite befahren zu können. Doch zeigte sich, daß die Unterseite nach kurzer Zeit zerdrückt, verformt und verrostet war.

1832 brachte Robert L. Stevens die Breitfußschiene: Der Engländer Charles Vignoles verbesserte sie zur Pilzform, die sie heute noch hat. 1868 gab es in Deutschland 79 verschiedene Querschnittformen dieser Stevens-Schiene. Erst die vom Verein deutscher Eisenbahnverwaltungen erstrebte Vereinheitlichung brachte dann die heute allgemein übliche Form.

Trevithiks Problem besteht im Grunde heute noch. Das heißt, daß ein Schienenfahrzeug immer nur so schnell sein kann, wie es der Oberbau erlaubt. Der Oberbau aber hinkt bei allen Bahnen stets der Entwicklung im Fahrzeugbau nach. Das erklärt sich schon aus der unterschiedlichen Höhe der Aufwen-

Der Oberbau der ersten deutschen Eisenbahn Nürnberg – Fürth 1835.

dungen für Fahrzeuge und Oberbau. Um eine neue auf 300 Stundenkilometer ausgelegte Lokomotive fahren zu lassen, müssen viele Tausende Kilometer Schienenstrang umgebaut und mit zusätzlichen Sicherungseinheiten versehen werden.

Die ersten Schienen waren aus Gußeisen; sie waren spröde und zerbrachen schnell. Berkinshaw erfand die Gußschiene, aus der mit den Fortschritten der Stahlindustrie gewalzte Flußstahlschienen wurden. Remy, das Walzwerk, lieferte der Ludwigsbahn die ersten Schienen von 4,4 m Länge. 1850 hatte man Schienen von zirka 7 Meter. Um die Jahrhundertwende wurden Schienen zwischen 12 und 15 Metern verwendet. Längere Schienen als 15 Meter zu verwenden versagte man sich wegen der sogenannten »Wärmelücke«. Nicht nur länger, auch schwerer wurden die Schienen: So stieg das Gewicht eines Meters Schiene von 1835 = 12 kg auf 1935 = 50 kg.

Mit der Forderung nach der »Wärmelücke« wollte man den Gesetzen der Physik entsprechend den zusammenstoßenden Schienen die Möglichkeit geben, sich auszudehnen. Würde man die Schienen zusammenschweißen oder ohne Lücke zusammenstoßen, so gäbe es zwar keinen Schienenstoß, die Schienen würden sich aber unter der Hitze im Sommer ausdehnen, gegeneinandersperren und sich so verziehen.

Unter Schienenstoß versteht man zweierlei: Einmal den Zwischenraum, der notwendigerweise entsteht, wenn man zwei Schienen mit stumpfen Enden zusammenstößt und dabei zwecks Ausdehnung eine Lücke läßt, die »Wärmelücke«. Zum zweiten ist Schienenstoß jener Stoß, den der Reisende im Zuge verspürt, wenn das Rad den Zwischenraum zwischen zwei Schienenenden überbrückt. Es ist verständlicherweise der schwächste Punkt des Gleises.

Ein Karikaturist würde sagen, der Schienenstoß sei ein ungeratener Sohn aus der Ehe zwischen Rad und Schiene.

Von den Steinwürfeln der Ludwigsbahn war man längst abgekommen. Kunz, der Erbauer der Leipzig-Dresdner-Eisenbahn, lagerte die Schienen auf kiefernen Querschwellen. Hakennägel verbanden die Schienen mit den Schwellen. Um das rasche Faulen des Schwellenholzes zu verhindern, tränkte man die Schwellen mit Steinkohlenteeröl. Doch auch so

Einheitsoberbau der Deutschen Reichsbahn 1935. Rumpf einer doppelten Gleisverbindung mit anschließender einfacher und doppelter Kreuzungsweiche auf Eisenschwellen.

war die Fahrt noch hart und unbequem. Daher legte man erst die Schienenstöße auf gewalzte Unterlagsplatten. Dann kam man beim Bau der badischen Strecke oberhalb Freiburg darauf, die beiden Schienenenden mit Laschen untereinander zu verbinden. Der »ruhende Stoß« lag dabei auf der Schwelle; später verwendete man den seit 1850 in England üblichen »schwebenden Stoß«; er liegt zwischen den Schwellen. Im übrigen lagen die Schienenstränge auf einer Klesbettung, die durch seitliche Steinschlagrigolen entwässert wurde. Diese Kunz'sche

Grundkonzeption des Oberbaus ist heute noch trotz vieler Veränderungen und Verbesserungen im einzelnen, trotz mannigfacher Umgestaltung des Kleinzeugs – Platten, Schrauben, Nägel und so fort – bei der Deutschen Bundesbahn gültig.

Doch das beste Oberbausystem konnte die Folgen der Schienenstöße, der »Wärmelücken«, nicht beseitigen. Lokomotiven, Wagen und Oberbau nehmen Schaden. Man hielt die Wärmelücke für unvermeidlich.

So rechnete man sich aus, daß ein lückenloser

EISENBAHN UND KUNST

In vielen Kunstgeschichten und -lexika wird man das Stichwort Eisenbahn vergeblich suchen. Tatsächlich ist die hohe Malkunst arm an Bildern, die sich mit dem Thema hauptsächlich und nicht nur als Reportage, Dekoration, Staffage oder Zutat beschäftigen. Die Gabelung Kunst und Technik, aus dem griechischen Stammwort, in dem Kunst und Technik noch das Gleiche bedeuten, inzwischen herausgewachsen, scheint nur schwer vereinbar. Den Künstlern der Vorzeit in Altamira und Lascaux gelang es mühelos, einen Aspekt ihres Lebens in ein Kunstwerk zu bannen. Der Künstler von heute sucht verzweifelt nach neuen Möglichkeiten, unser Leben in unserer Zeit darzustellen.

Vor Erfindung der Daguerrotypie (1838) ist es Aufgabe vieler bildender Künstler, Unerhörtes, Neuartiges, Abenteuerliches abzubilden, um das Informationsbedürfnis zu befriedigen. Das geschieht in Techniken, die Vervielfältigung erlauben wie Kupferstich, Holzschnitt, Lithografie. So entstehen fast von jeder feierlichen Bahneröffnung Bildberichte. Wenn später die Landschaftsmalerei in ihren verschiedenen Kunstformen auch die Eisenbahn als dargestellten Gegenstand miteinschloß, so war es bei den Impressioni-

William Turner, englischer Maler (1775–1851) »Regen, Dampf und Geschwindigkeit«. (Ölgemälde, London, National Gallery).

Kasten VII

sten wie bei den Expressionisten, bei den Kubisten und den Futuristen nur selten das uns hier interessierende Thema Mensch und Maschine, Mensch und Automat.

Es gibt einige Ausnahmen; zu ihnen zählt der Engländer William Turner, dessen 1844 entstandenes Ölgemälde »Regen, Dampf und Geschwindigkeit« eine großartige Vision des vom Menschen heraufgeführten Maschinenzeitalters darstellt. Es ist genial. Nach ihm wäre Adolf Menzel zu nennen, der neben seiner Historienmalerei auch die Arbeitswelt darstellte. Sein Ölgemälde von 1847 »Berlin – Potsdamer Bahn« zeigt wie ein rasend in den Vordergrund stürmender Zug eine Landschaft zerreißt. Wir zeigten Menzels Bild »Nach durchfahrener Nacht«, eine Stimmung, die jeder aus Eisenbahnen, Schiffen und Flugzeugen kennt. Sozialkritisch Honoré Daumier, französischer Maler Lithograph und Bildhauer in seinem »Personenwagen III. Klasse«, etwa 1850 –, Einsamkeit und Kälte des Massenverkehrs vorausahnend.

Die künstlerischen Bestrebungen der Architekten wurden in den Abschnitten Bahnhöfe, Brücken und Viadukte gewürdigt; Dichter und Komponisten lassen wir zu den von ihnen gewählten Themen selbst sprechen.

Honoré Daumier, französischer Maler und Lithograph (1810 – 1879) »Wagen III. Klasse«. (Ölgemälde, Aberdeen, Coll. Murray).

Schornsteine rauchen. Smog über der Stadt im Hintergrund, in die von links ein Zug hereinfährt.
Ein bewachter Alleeübergang. Im Vordergrund ist noch die gute alte Zeit sichtbar mit Schäfer, Herde und Pferdegespannen; doch ragt eine kleine Fabrik mit Gleisanschluß schon in den Abendfrieden. Das Bild stammt aus einem Geografie-Schulbuch vom Ende des 19. Jahrhunderts.

Schienenstrang von Berlin nach München, da es Temperaturunterschiede bis 85°C im freiliegenden Stahlgleis geben kann, sich um 650 Meter verlängern würde. Das bedeutet, daß eine 60 Meter lange Schiene ihre Länge um 60 Millimeter verlängern würde, wenn sie es könnte. Seit 1900 hatte man Straßenbahnschienen schon zusammengeschweißt, und die gefürchteten Gleisverwerfungen waren nicht aufgetreten. Also kam es wohl darauf an, die Ausdehnungskräfte durch eine bessere Einbettung und eine stärkere Verspannung von Schwelle und Schiene zu parieren. So hat man vor dem Zweiten Weltkrieg schon Versuche mit 60 Meter-Schienen ohne Schwierigkeiten durchgeführt.
Heute kann man ein stoßfreies endloses Gleis in

einem besonderen Schweißverfahren herstellen. (Kapitel XII)

TUNNEL

»Was, nicht einmal einen Tunnel hat die Bahn?«, rief Österreichs Kaiser enttäuscht aus, als ihm die Fertigstellung der Kaiser-Ferdinands-Nordbahn gemeldet wurde. Der Ausruf ist symptomatisch für das Mißverständnis, mit dem viele hohe Häupter dem Abenteuer Eisenbahn begegneten. Zugleich scheint bereits etwas von dem »Panorama«-Denken des letzten Jahrhunderts durch, das Sternberger in dieser Zeitspanne entdeckt hat. Dafür ist bezeichnend das ra-

Liverpool-Manchester-Eisenbahn 1826–1830. Tunnel durch die Stadt Liverpool.

sche Vorübersausen der Landschaft gegenüber dem gemächlichen Auftauchen eines jeweils neuen Bildes im Fensterrahmen der Reisekutsche.

Der Eisenbahnzug mit dampfender Lokomotive wird jetzt auch von den Malern wahrgenommen: Radierungen, Stiche, Aquarelle oder Ölgemälde aus jener Zeit stellen eine Landschaft mit Zug dar. (Vgl. Kasten »Eisenbahn und Kunst«) Auch in Schulbüchern wird jetzt die Eisenbahn erwähnt.

Zu einer richtigen Eisenbahn gehört auch ein Eisenbahntunnel, so die Meinung des Kaisers und vieler seiner Untertanen. Brücken gab es seit je; Viadukte und Dämme kannte man aus der Römerzeit. Aber der Tunnel ist spezifisch für die Eisenbahn, vor allem für die frühe Eisenbahn. In späteren Jahren hat man oftmals Tunnel, die nicht sehr tief lagen, beseitigt, indem man sie aufschnitt; eine Leistung, die – manches Mal – auch damals schon möglich gewesen wäre.

Es gibt nur ein paar Schriftsteller, die warnend auf die Störung des Landschaftsfriedens durch den Eisenbahnbau hinweisen. Sehr viele Poeten preisen das neue Verkehrsmittel und feiern es enthusiastisch. Viel eher scheint es nämlich die Landschaft zu beleben als sie zu stören.

Unter den Kunstbauten beansprucht vor allem der Tunnel die Phantasie der Menschen. Von der unterirdischen Einfahrt in Liverpool sind Stiche in Deutschland bekannt, bevor hierzulande der erste Zug fährt. Es ist eine hohe Halle zu sehen, in der neben den beiden Gleisen ein paar winzige Fahrgäste oder Zuschauer stehen. Der riesige unterirdische Raum ist durch elegante, »moderne« Gaslichter taghell erleuchtet.

Vom ersten, dem Oberauer Tunnel auf der Strecke Leipzig – Dresden war schon die Rede. Er wurde, da es Tunnelbauer damals nicht gab, von Freiberger Knappen nach Bergmannsart erbaut. Von der Oberfläche »teufte« man vier senkrechte Schächte bis zur Tunnelsohle ab, von dort aus arbeitete man nach

Erster deutscher Eisenbahntunnel bei Oberau. Ausgeführt durch Freiberger Bergleute 1837–1839 (zeitgenössische Darstellung).

beiden Seiten gleichzeitig: acht Sohlen wurden gebohrt. Dieser erste Tunnel existiert übrigens heute nicht mehr. 1933 wurde er aufgeschnitten und die Massen abgeräumt. Er war zu eng geworden: nur immer ein Zug konnte durchfahren. Die Abraumarbeiten dauerten ein Jahr; drei Jahre hatte die Erbauung des Tunnels gedauert. Jetzt fahren die Züge durch einen tiefen Einschnitt.

Hatten schon düstere Prophezeiungen die ersten Fahrten der Eisenbahn begleitet, so verstärkten die Unheilspropheten ihre Voraussagen, wenn sie auf die Tunnels zu sprechen kamen. Zwar stellten sich all die schrecklichen Dinge vom delirium tremens der Eisenbahnpassagiere bis zur Verursachung der Kartoffelkrankheit durch den Maschinendampf als Unsinn heraus.

Aber die Gegner und Feinde der Eisenbahn wurden nicht müde, neue schreckliche Folgen, insbesondere des Tunnelbaues oder der Tunneldurchfahrt vorauszusagen. So erklärte der berühmte französische Physiker Francois Arago (1786–1853), daß die Passagiere eines Zuges allesamt in der Kälte des Tunnels an Brustfellentzündung erkranken müßten. Er unterließ nicht, hinzuzufügen, daß diese Krankheit häufig tödlich ende. Auch deutsche Ärzte hatten Bedenken, ob die vom Luftzug erhitzten Fahrgäste nicht im eiskalten Tunnel sich eine Lungenentzündung holen würden. Wiener Zeitungen gaben »Fachmänner«-Gutachten ab, die bewiesen, daß die menschlichen Atmungsorgane schon eine Geschwindigkeit von 5 Meilen in der Stunde nicht aushalten könnten. Es wäre daher eine unerhörte Tollkühnheit, eine solche Fahrt zu unternehmen. Kein halbwegs kluger Mann würde sich dergleichen aussetzen. Die ersten Reisenden müßten gleich ihre Ärzte mitnehmen und so fort. Die »Fachmänner« erklärten, »daß den Reisenden das Blut aus Nase, Mund und Ohren austreten, bei der Durchfahrt eines Tunnels von mehr als 60 Meter Länge die Reisenden ersticken, ja, sogar bei den Fahrten nicht nur diese gefährdet, sondern auch die bloßen Zuseher durch die rasende Schnelligkeit beim Vorüberfahren wahnsinnig« würden! (Corti)

Einige dieser Bedenken waren vielleicht verständlich, da die Fahrgäste der dritten und eventuell vierten Klasse in offenen Wagen, die in der zweiten in Wagen mit offenen Fenstern befördert wurden.

Auch moralische Bedenken wurden laut: Würden nicht in der Dunkelheit eines kilometerlangen Tunnels liebestolle Jünglinge über Frauen und Jungfrauen herfallen? Ihnen mindestens einen Kuß rauben? So hielten in jenen ersten Zeiten, da es keine Beleuchtung – weder im Wagen noch im Tunnel – gab, Damen ihre Hutnadeln als Waffe in der Hand; ganz vorsichtige weibliche Wesen bewehrten ihre Lippen mit Stecknadeln.

Die Angst vieler kleiner Leute, in das »kohlfinstere Loch« zu fahren, aus dem es »wie Grabesluft weht«, hat Peter Rosegger in der Geschichte »Als ich das erste Mal auf dem Dampfwagen saß« beschrieben. Lange kämpft der Patenonkel, der mit dem kleinen Peter zur Wallfahrtskirche Maria-Schutz am Semmering gewandert ist, mit sich, ob er das »Blendwerk des Satans« besichtigen solle. Schließlich aber siegt die Neugierde des Oheims Jochem über die Angst. Sie sehen vom Berge aus »einer scharfen Linie entlang einen braunen Wurm kriechen, der Tabak rauchte«, und sie beschließen, mit »dem neumodischen Teufelszeug zu fahren«. »Das ist meine Totenglocke«, murmelt der in den Wagen steigende Jochem, als der Zug zur Einfahrt in den Tunnel abgeläutet wird. Aus dem Tunnel herausfahrend stößt der Onkel den Peter an: »Du, Bub! Jetzt hebt's an, mir zu gefallen. Richtig wahr, der Dampfwagen ist etwas Schönes! ...«

So wie hier hat die Praxis des Eisenbahnfahrens und das Erproben des neuen Verkehrsmittels die Bedenken auch der Gelehrten und Fachleute beiseite geräumt.

Übrigens war die Semmeringbahn die erste unter den großen Gebirgsbahnen, der Semmering-Tunnel überhaupt der erste große europäische Tunnel. Österreich-Ungarn hatte bei manchen Eisenbahnproblemen den Pionier gespielt. So war die erste europäische Pferdebahn 1830 die Kohlenbahn von Prag nach Lána; es folgte 1832 die berühmte Linz-Budweiser-Pferdebahn, die alten Kanalplänen Karls IV. folgend die Moldau mit der Donau verbinden und so eine Straße zwischen Nordsee und dem Schwarzen Meer schaffen sollte. Franz Anton Ritter von Gerstner erhielt die Konzession für 50 Jahre.

Sein Vater, Professor Franz Joseph Ritter von Gerstner, eine Art österreichischer Baader, hatte schon im Jahre 1813 die Notwendigkeit einer Bahnverbindung auf dieser Strecke in einer Schrift dargestellt.

Die Pferdebahn Budweis – Linz, 129,3 Kilometer lang mit einer Rendite von sieben Prozent jährlich, bestand bis zum Jahre 1871 – dann wurde sie von der Kaiserin Elisabeth-Westbahn AG übernommen und zur »Lokomotiveisenbahn« umgebaut.

Die weitgespannten Pläne von Vater und Sohn Gerstner – Verlängerung der Bahn bis nach Rußland, ja, bis China – wurden in den Büros der K. u. K. Regierung in Wien nur belächelt. Man war dort mit sehr viel konkreteren und moderneren Plänen befaßt. Nicht der phantastische Zug in die weite Welt, sondern die Erschließung der österreichisch-ungarischen Provinzen durch die offenbar immer unabwendbarer heraufkommende Eisenbahntechnik bestimmte die Regierung, einem Mann, den sie als »unbestreitbar tüchtig« kannte, Karl Ritter von Ghega, den Auftrag zu geben, eine Eisenbahn von Wien aus quer durch die Alpen in Richtung Triest zu bauen.

Man folgte dabei dem Plan des Wiener Professors am Polytechnikum, Franz Xaver Riepl. Er hatte für die Donaumonarchie eine Stammlinie entworfen, die über 1500 Kilometer Länge von Brody an der galizisch-russischen Grenze über Wien bis nach dem damals österreichischen Triest als maritimes Ausfalltor zur Adria führte.

Schon 1835 hatte man dem Freiherrn von Rothschild die allerhöchste Entschließung zukommen lassen, ihm ein Privilegium zum Bau der Bahn von Bochnia nach Wien zu erteilen. Es war die Kaiser Ferdinand-Nordbahn. Hinter diesem Unternehmen stand vor allen Dingen die Gunst des Grafen Metternich, aber

Die »Austria«, eine Stephenson 1 A Lok fuhr als erste Lok auf der ersten österreichischen Strecke Floridsdorf – Deutsch Wagram der Kaiser-Ferdinand-Nordbahn.

auch anderer hoher Verwaltungsbeamter. So bleibt festzustellen, »daß die sonst und besonders heute so viel geschmähten, obersten Staatsstellen des Vormärz weit mehr Scharfblick und Voraussicht bewiesen als die sogenannte öffentliche Meinung und die Fachmänner der Presse«. (Corti) Ghega war Venezianer, er hatte das Ingenieurfach erlernt und baute im Auftrag der Regierung Gebirgsstraßen, auch die Kettenbrücke über die Etsch.

Die Nordbahn war finanzielle Domäne Rothschilds (Floridsdorf – Deutsch Wagram war die erste Dampfbahnstrecke); die Südbahn (Wien – Gloggnitz – Semmering – Mürzzuschlag – Graz – Laibach – Triest – so der Plan –) war finanziell französisch orientiert. (Bankhaus Pereira: Pereira soll den Ausspruch getan haben, daß er einem Mitglied des Hauses Rothschild jederzeit einen »Kommis-Posten« freihalte!) (Stöckl) Seit 1836 stand Ghega im Dienst der »Kaiser-Ferdinand-Nordbahn«. Er beschäftigte sich sogleich mit dem »Semmeringproblem«.

Schon fuhr damals – 1837 – Österreichs erste Dampfeisenbahn zwischen Wien-Floridsdorf und Deutschwagram. Doch die Verlängerung der Stammlinie stockte bei Gloggnitz vor den Ausläufern der Norischen Alpen, dem Semmering, mit einer Scheitelhöhe von immerhin 985 Metern. Er war der niedrigste Alpenpaß und als Teilstück eines Saumwegs zwischen Wien und Venedig im späten Mittelalter zu Handelszwecken viel benutzt. Schon die Römer marschierten über den Semmering.

Vielerlei Pläne wurden studiert, um das Semmeringproblem zu lösen. Der österreichische Ingenieursverein plädierte für eine Seiltraktion, selbst der Einsatz der atmosphärischen Bahn wurde wieder einmal empfohlen. Drei solcher Bahnen gab es in England, sie funktionierten nicht: Die eingefetteten Lederklappen, welche die Röhre mit dem Kolben luftdicht halten sollten, wurden von den Ratten gefressen. Ghega fuhr, nachdem er den Auftrag gegen den Widerstand mächtiger Fachleute erhalten hatte, zu-

Einfahrt des Eröffnungszuges in Gloggnitz am 5. Mai 1842 (Ölgemälde).

erst nach Amerika, um den Streckenverlauf einer ganzen Anzahl von Linien, insbesondere den Verlauf der Baltimore und Ohio Eisenbahn über das Alleghany-Gebirge zu testen. Diese Studien und eigene Berechnungen ermutigten ihn, der Regierung die Verwendung einer gewöhnlichen »Lokomotivreibungsbahn« vorzuschlagen. Das setzte zweierlei voraus: Einmal einen Semmering-Scheiteltunnel von nahezu 1½ Kilometer (1431 Meter) Länge, ein für damalige Verhältnisse unerhörtes Unternehmen, zum zweiten Lokomotiven, die imstande waren, statt der möglichen 1 : 200 eine Steigung von 1 : 40 zu nehmen. Die Steilstrecke lag bei Eichberg.

Als dieses Vorhaben bekannt wurde, setzte ein Sturm der Entrüstung ein. Selbst der alte Stephenson, kurz vor seinem Tode noch von Ghega selbst befragt, warnte vor dem »Semmeringexperiment«. Doch die österreichische Regierung blieb hart und vertraute ihrem inzwischen zum Sektionsrat ernannten Baumeister. 1848, mitten in den Unruhen dieses auch für Österreich blutigen Revolutionsjahres, begann Ghega mit dem Bau des Tunnels.

1850 veranstaltete die Regierung auf Vorschlag Ghegas, der sich an Rainhill und das dort veranstaltete Lokomotivrennen erinnerte, ein Preisausschreiben. Es wurde ein Preis von 20 000 vollwichtigen kaiserlichen Dukaten für eine kurvengängige Semmering-Lokomotive ausgesetzt, welche bei einem

135

Semmeringbahn 1850 – 1854. Trasse an der Boleroswand.

Achsdruck von sieben Tonnen die Steilstrecke (1 : 40) mit einem 140-Tonnen-Zug bei einer Geschwindigkeit von zwölf Stundenkilometern bezwingen sollte.

1851 fand der Wettbewerb bei Eichberg statt. Vier Lokomotiven standen am Start. Zwar waren nicht so viele Zuschauer zu diesem Wettbewerb erschienen wie seinerzeit zu den berühmten Rainhilltrials; doch die Bedeutung des Rennens war mindestens so groß wie seinerzeit bei Rainhill. Ging es dort um die für einen Dauerbetrieb auf ebener Strecke tauglichste Maschine, so hier um die Frage, ob Lokomotiven mit einer Zuglast auch Gebirge erklimmen könnten. Denn noch war man – und dies galt sogar für den an sich so risikofreudigen Stephenson – der Meinung, daß die Reibung des Rades auf der Schiene nicht

ausreichte, um auch Steilstrecken zu bezwingen. Ghega bedrückte die Ungewißheit über die Erfolgsaussichten des Lokomotivbetriebes. In Wien sprach man vom »größten Schwindel des Jahrhunderts«. Mit der relativ schwachen Südbahn-Lokomotive »Save« erprobte Ghega am 8. Juli 1851 einen Steilabschnitt der Strecke Payerbach bis Küb. Der Lokomotive wurden bei einer Steigung von 1 : 40 über 56 Tonnen angehängt. Die »Save« ging »festen Schrittes mit einer Geschwindigkeit von zwanzig Stundenkilometern über die Steigung, ohne daß Sand gegeben« werden mußte. Ghega war überglücklich. Er rief: »Dies ist der schönste Augenblick in meinem Eisenbahnleben!« Nun sah er dem Rennen gefaßt entgegen.

Eine große Zahl von Fachleuten stand entlang den

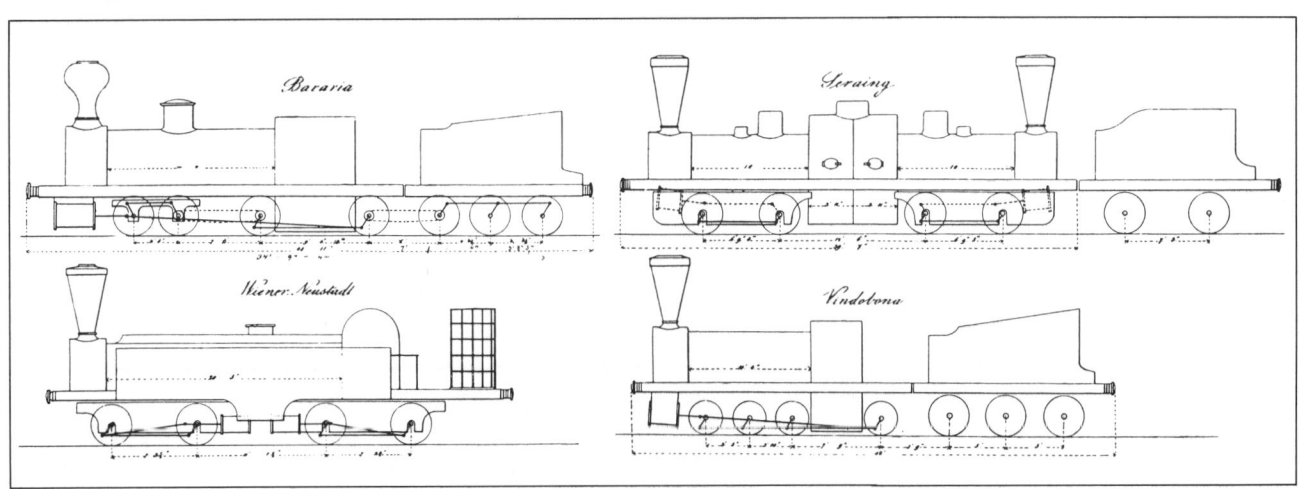

Die Preislokomotive »Bavaria« von I. A. Maffei in München.

Die vier Wettbewerbslokomotiven.

137

Rampen, um den Lauf der Lokomotiven zu beobachten. Ein hoher Gast war darunter: Bismarck, der bei dieser Gelegenheit um ein Haar in eine tiefe Felsspalte gestürzt wäre.

Alle vier Lokomotiven waren eine Sensation für die Ingenieure. Während bisher, von wenigen Spezialtypen wie der »Puffing Billy« abgesehen, alle Loks starre Rahmen besaßen, verfügten sämtliche vier Neuerscheinungen über Drehgestelle. Zwei davon waren sogar Doppellokomotiven.

Da standen unter Dampf: Die »Bavaria« aus der Lokomotivwerkstatt Maffeis in München, ein Werk des Engländers Hall. Auch die »Vindobona« aus den Werken der Wien-Gloggnitzer Bahn war mit englischer Hilfe konstruiert. Die »Wiener Neustadt« von Günther war ebenso wie die belgische kleine »Seraing« von Cockerill, die mit ihren zwei Schornsteinen eine starke optische Wirkung erzielte, eine Doppellokomotive.

Bei den Wettfahrten Mitte August bis Mitte September 1851 gewann die »Bavaria« den Preis: Sie erfüllte die Bedingungen zur Not. Anschließend fuhr sie in Reparatur. Die anderen Maschinen, die übrigens sämtlich von der Regierung angekauft wurden, enttäuschten beim Einsatz auf der Bergstrecke noch mehr.

Die Erfahrungen aus der Konstruktion der vier Lokomotiven, die Erfahrungen bei den Wettfahrten, insbesondere aber die technischen Vorzüge der »Vindobona« vereinte der Grazer Professor der Ingenieurwissenschaften, Wilhelm Freiherr von Engerth in einer Semmeringlokomotive System Engerth. Alle ihre Räder waren durch Stangen gekuppelt, eine Blindwelle garantierte die Elastizität. Sie bestand auch länger dauernden Einsatz und genügte nach weiteren Verbesserungen für den Verkehr am Semmering.

Aber noch war der große Semmeringtunnel nicht fertiggestellt. Vorbilder für einen solch schwierigen Durchbruch gab es nicht. In Deutschland waren damals der 500 Meter lange Oberauer Tunnel auf der Strecke Leipzig – Dresden 1837 und 1841 der 1620 Meter lange Königsdorfer Tunnel auf der Strecke Köln – Aachen gebaut worden. Beide durchmaßen nur geringe Bergeshöhen, was man daraus ersieht, daß sie heute durch Geländeein-

schnitte ersetzt worden sind. So begann man auch beim Semmeringtunnel mit dem Abteufen von oben und dem Stollenbau beiderseits der Schächte. Es war eine ungeheuer mühsame Arbeit, die Österreicher, Tschechen, Ungarn und Italiener zu bewältigen hatten.

Die Technik war primitiv. Es war die alte Grubentechnik: mit Hammer und Meißel, mit dem Fäustel wurden Gesteinsbrocken abgeschlagen. Die uralte Kunst des »Feuersetzens« wurde geübt: Der Stein wird durch Feuer erwärmt, möglichst zum Glühen gebracht, dann schreckt ihn kaltes Wasser ab, und er zerfällt, wenn man Glück hat. Aber Feuersetzen verbraucht Sauerstoff, und so erloschen die Lampen der Tunnelarbeiter »vor Ort«. Viele wurden ohnmächtig. Schwarzpulver verhalf zu kleineren Sprengungen. Doch kam es dabei häufig zu Unfällen.

Ein guter Schlag: Ein Felsstück krachte herab. Aber dahinter stürzten Wasser hervor. Die ersten ertranken, und erst später gelang es, die Quellen abzuleiten.

Der Arbeitstag war lang, oft 14 bis 16 Stunden, die Ruhezeit kurz bemessen. Meist gab es zwei Schichten, eine Tag- und eine Nachtschicht. Später, wie man dem Bericht eines Spitalarztes beim Bau des Simplontunnels entnehmen kann, wurden drei Schichten gefahren, jede zu acht Stunden. Insgesamt waren es ganze Armeen von Arbeitern, die die Aufgaben bewältigten: Hauer, Steiger, Erdarbeiter, Zimmerleute zum Verschalen, Maurer zum Ausmauern.

Aber nicht nur der Scheiteltunnel, der nur wenige Meter im Monat voranschritt, war im Bau; es wurden 15 weitere Tunnels kleineren Ausmaßes gebohrt und 16 Viadukte, darunter der 227 Meter lange, 15 Meter hohe Viadukt über das Schwarza Tal und der 184 Meter lange und 46 Meter hohe imposante zweistöckige Bogenviadukt über die »Kalte Rinne«. Galerien – an einer Seite offene Tunnels – wurden angelegt. Berühmt sind die Galerien an der Weinzettelwand. Sie schützen vor Schnee und Erdlawinen, den sogenannten Muren.

Bei einem solchen Bau löste sich an einer hohen Felswand ein Stein, der weitere Steine mit sich riß: Die Steinlawine raste in eine Arbeiterkolonne. 70 Tote waren zu beklagen.

Semmeringbahn-Viadukt über die »kalte Rinne« mit der Preislokomotive »Bavaria«.

In jenen Jahren ging die Cholera um: Die ausgemergelten, erschöpften Arbeiter fielen ihr scharenweise zum Opfer, allein in Klamm waren es 700 Tote; kein Wunder bei den Wohnverhältnissen: primitive Holzhütten standen vor dem Tunnel. Die sanitären Anlagen waren kümmerlich. Ein Pestfriedhof in Klamm nahm die Opfer auf.

Die Lokomotive »Lavant« durchfuhr am 23. Oktober 1853 die ganze Strecke. Mit Recht errichtete der österreichische Ingenieurs- und Architektenverein, der das Projekt als unmöglich begutachtet hatte, in später Wiedergutmachung »dem großen Ghega«, der die Gebirgswelt für die Eisenbahn erschlossen

hatte, einen Gedenkstein an der Station Semmering. Der höchste Punkt der Bahn liegt in der Mitte des Scheiteltunnels mit 897 Meter über der Meereshöhe, knapp 100 Meter unter der Paßhöhe.

Seit 1857 konnte man von Wien nach Triest per Bahn reisen. Die viele Tage verschlingenden, beschwerlichen Kutschenreisen waren plötzlich zu Ende. Noch Seume hatte von seinem Spaziergang nach Syrakus, der ihn (1802) über den Semmering führte, ausführlich berichtet: »Oben auf den Bergabsätzen begegneten mir einige Reisewagen, die in dem schlechten Wege nicht fort konnten. Herren und Bedienstete waren abgestiegen und halfen fluchend dem Postillon das leere Fuhrwerk Schritt für Schritt weiter hinaufwinden.«

Auf der Semmeringhöhe wurde es einsam. Auch das beschreibt Rosegger (1857): »Im Gasthause auf dem Semmering war es völlig still; die großen Stallungen waren leer, die Tische in den Gastzimmern, die Pferdetröge auf der Straße waren unbesetzt. Der Wirt, sonst der stolze Beherrscher dieser Straße, lud uns höflich zu einer Jause ein ...« Aber Peter und sein Oheim lehnten dankend ab.

Bei einer der vorhergehenden Bahnbauten hatte die Postbehörde, die mit Recht eine Konkurrenz für ihre Postkutschen befürchtete, in das dem Erbauer erteilte Privilegium einen Vorbehalt eingeschmuggelt, wonach das Postregal Entschädigungsansprüche stellen konnte, wenn die Interessen der Post auf den Straßen geschädigt würden. Salomon Rothschild, der Privilegiumsberechtigte, remonstrierte jedoch sogleich dagegen. Er schrieb, »daß bei dem hierbei stattfindenden Kampf der Privatinteressen ununterbrochene Streitfragen und Reklamationen herbeigezogen würden, indem, von einer solchen vorzugsweisen Begünstigung der K.K. Posthalter geleitet, auch bald die Wirtsleute, Landkutscher, Fuhrleute, Wagner, Schmiede und so weiter sich auf der Strekke ... zu Entschädigungsgesuchen ermuntert finden dürften.« Salomon schlug deshalb einen Pauschalausgleich mit der Postverwaltung vor. Der wurde zunächst abgelehnt mit der Begründung »Freiherr von Rothschild hat in keiner seiner Eingaben die Absicht geäußert, auf dieser Eisenbahn auch Briefe zu übernehmen und zu befördern, was auch als ein fremdartiges Geschäft ganz außer den eigentlichen Zwecken dieser Unternehmung zu liegen scheint.« Schließlich wurde doch die Bestimmung über die Post im Wege des Kompromisses eingeschränkt. Ein solcher Kompromiß wurde auch für die Semmeringbahn vereinbart.

Um die Jahrhundertwende gab es vier Bahnen, die das gewaltige und scheinbar uneinnehmbare Hochgebirge der Alpen durchquerten:
Die Semmeringbahn, (Wien – Triest)
Die Mont-Cenisbahn, auch Route Napoleon genannt, die Frankreich und Italien verband.
Die Brennerbahn (München – Verona),
Die Gotthardbahn (Luzern – Chiasso).

Die Route Napoleon über den Mont Cenis war die Hauptverbindungslinie zwischen Paris, Lyon und auf der anderen Seite Turin, Mailand und Rom. Begonnen wurde der Bau von den Piemontesen unter ihrem König Vittorio Emmanuel II., dem König von Sardinien und späteren König des geeinten Italiens: Verrückte schalt man sie in der Öffentlichkeit, weil sie an ein derart unmögliches und praktisch undurchführbares Unternehmen sich wagten. Aber es war weder der Ehrgeiz noch der besondere Wagemut der Piemontesen, die diese Strecke in Angriff nahmen. Es war vielmehr einfach die immer deutlicher werdende Tatsache, daß alle großen Hauptstädte Europas mit Eisenbahnlinien untereinander verbunden waren;

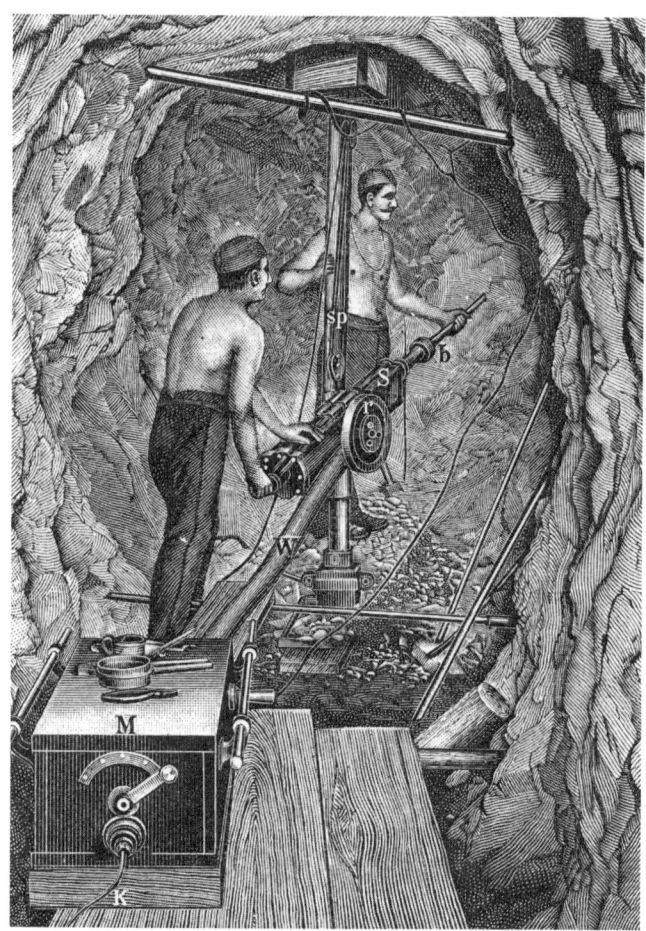

Stoßbohrmaschinen, elektrisch, mit Preßluft oder hochgespanntem Druckwasser betriebene Maschinen erleichtern die Arbeit.

Das Basler Eisenbahntor, eigens erbaut für die erste schweizerische Eisenbahnstrecke von St. Louis Grenze nach Basel (Teilstück der französischen Linie Straßburg – Basel). Ein Eisenbahnkommissar hatte täglich für richtiges Öffnen und Schließen des Tores zu sorgen (1844). Mitte der 60er Jahre wurde das Symbol vornehmer Zurückhaltung gegenüber dem technischen Zeitalter abgerissen.

nur Italien hatte keinerlei Zugang zu diesem immer stärker anwachsenden Verkehr.

Der Paß, unter dem der Tunnel hindurchführen sollte, lag, verglichen mit dem Semmeringpaß, mehr als doppelt so hoch: 2098 Meter. Die Arbeiten zu beiden Seiten des Gebirgsstocks wurden aufgenommen, nachdem neuerfundene Bohrmaschinen erfolgreich ausprobiert worden waren. Es waren dies maschi-

nengewehrartige, mit Preßluft betriebene Bohrer, die bis zu 300 Stöße in der Minute erreichten. Abgesehen von einer stahlharten Quarzschicht war der 12 819 Meter lange Tunnel nicht schwierig zu bohren – immerhin dauerte es dreizehn Jahre, bis am 26. Dezember 1870, also mitten im Kriege zwischen Deutschland und Frankreich, der Durchstich vollzogen werden konnte. Die Zeitungen waren voll vom

Lärm des Krieges. So ging das große Ereignis des Zusammentreffens italienischer und französischer Mineure 1650 Meter tief unter dem Scheitel des Gebirges in den Kriegsmeldungen unter.

Die dritte große Verbindung war die Brennerbahn, erbaut seit 1864 von der österreichischen Südbahngesellschaft. Der Brenner ist mit seinen 1362 Metern die im Hochgebirgsteil der Alpen niedrigste Paßstraße; praktisch zu allen Zeiten passierbar. Die Auffahrten waren steil. Seitentäler mußten mit gewaltigen Kurven und Kehrtunnels, einer Technik, die man schon im Semmering angewandt hatte, erschlossen werden. Insgesamt wurden 27 Tunnels, davon der längste der Mühltaltunnel, mit 950 Metern erbaut. Die Bahn fährt über die Paßhöhe unter freiem Himmel. Der Brenner ist auch nach der Erbauung des

Gotthardtunnels die kürzeste Verbindung zwischen der Osthälfte Deutschlands und Italien.

Der vierte Tunnel war der Tunnel durch das Gotthardmassiv, dessen höchster Gipfel 3192 Meter in den Himmel ragt. Die Quellen von Rhône, Aare, Reuss, Rhein und Tessin entspringen diesem Zentralmassiv. Die Städte Basel und Luzern waren schon in den fünfziger Jahren daran, eine Linie entlang dem Vierwaldstädtersee durch das Tessin nach Italien zu studieren, entsprechend einer alten Paßstraße, über die schon Kaiser Barbarossa gezogen war. 1708 wurde im Urner Loch der erste 60 Meter lange Straßentunnel gesprengt, der freilich für die Überquerung des Gebirgsstocks keine große Hilfe darstellte. Aber die Schweiz war damals noch nicht das reiche und unternehmende Land von heute. Die ge-

Die Lokomotive »Limmat« verkehrte auf der ersten Bahnlinie der Schweiz. Nachbildung am Verkehrshaus der Schweiz in Luzern.

waltigen Kapitalien für eine Alpenstrecke und insbesondere für einen Alpentunnel (allein die Brennerbahn hatte Österreich 23 Millionen Goldgulden gekostet) konnte die Schweiz allein nicht aufbringen. Man schätzte den Betrag auf 50 Millionen Schweizer Franken.

Lag die Schweiz doch im Bau von Eisenbahnen gegenüber den Nachbarländern zurück: Die erste Eisenbahnstrecke führte 1844 von der zwei Kilometer entfernt liegenden französischen Grenze nach Basel, wobei die Bürger von Basel die größten Bedenken hatten, den Bahnhof für die aus dem Ausland kommenden Wagen innerhalb der Stadtmauern zu bauen: Es könnte ja plötzlich ein gepanzerter Zug voll fremder Soldaten einfahren! (Wenger)

Die nächste Strecke in der Schweiz war die sogenannte »Spanisch Brötli Bahn« (lustigerweise trägt sie die Anfangsbuchstaben der heutigen Schweizerischen Bundesbahnen: SBB) zwischen Zürich und Baden, auf der die Dienerschaft der vornehmen Züricher täglich nach Baden und zurück reiste, um die Badener Gebäckspezialitäten röstfrisch auf den Frühstückstisch zu schaffen. Die Bahn wurde am 9. August 1847 eröffnet.

Für den Plan, das Gotthardmassiv zu durchstechen, um eine direkte Trasse von Deutschland nach Italien zu gewinnen, waren nicht nur wirtschaftliche Interessen maßgebend. Sicherlich: der Weg der Ruhrkohle ins kohlearme Italien war über solch eine Direttissima vorgezeichnet. Aber die strategischen Gesichtspunkte, wie sie Bismarck in einer Reichstagsrede vom Mai 1870 vernehmen ließ, waren wohl noch ausschlaggebender! Man wolle über eine Linie verfügen, die durch die neutrale Schweiz führe und von den großen Mächten nicht tangiert werden könne. So kam 1871 ein Staatsvertrag zwischen der Schweiz, Italien und Deutschland zwecks Finanzierung der Gotthardbahn zustande.

Robert Gerwig, der Erbauer der Schwarzwaldbahn, leitete 6 Jahre lang das Bauunternehmen, bis er es wegen »Unstimmigkeiten der Berechnung« aufgab zugunsten des deutschen Oberingenieurs Konrad Wilhelm Hellwag und dann des Schweizer Ingenieurs Gustav Bridel.

Der ausführende Baumeister und Ingenieur war Louis Favre, ein Bauunternehmer, der bei der Aus-

Louis Favre, der Erbauer des Gotthard-Tunnels.

schreibung des Objektes die Mont Cenis-Erbauer aus dem Sattel warf. Er war reich, doch ging es ihm beim Gotthardprojekt nicht darum, seinen Reichtum zu vermehren. Für ihn war es ein Objekt, in das er seinen ganzen Stolz und Ehrgeiz, letzten Endes sogar sein gesamtes Vermögen setzte. Acht Jahre hatte er sich für den Bau ausbedungen – doch kam es in den acht Jahren nur bis zum Durchbruch. Hohe Konventionalstrafen waren für die Verzögerung zu bezahlen, und Favre zahlte sie, ohne mit der Wimper zu zucken, aus eigener Tasche.

Bei Airolo im Süden und bei Göschenen im Norden begannen rund 3000 Arbeiter den Tunnelbau. Hier waren die Schwierigkeiten bedeutend größer als beim Mont Cenis, der sich verhältnismäßig harmlos zeigte. Es gab Wassereinbrüche; im Inneren des Berges herrschte eine Hitze bis zu 55°C; die Arbeitsbedingungen waren mißlich: Es wurde nur mit einem Stollen und nicht – wie später üblich – mit Stollen und Hilfsstollen vorgearbeitet. Zwar besaß man auf Wagen montierte Stoßbohrmaschinen; auch ver-

Brücke über die
Reuss bei
Göschenen, nahe
dem Nordportal
des 15 Kilometer
langen
Gotthardtunnels.

wendete man Alfred Nobels neuerfundenes Dynamit zum Sprengen. Doch Hitze, Enge und geringe Frischluftzufuhr machten die Arbeit zur Qual.

Immer mehr Arbeiter erkrankten und fielen aus. Endlich wurde noch am Lohn gespart, da es sich rasch zeigte, daß die Bausumme nicht ausreichen würde. So kam es im Juli 1875 bei Göschenen zu einem Streik und dann anschließend zu einem Aufstand der Arbeiter. Der Einsatz schweizerischer Soldaten wurde notwendig.

Die anstrengende Arbeit am Tunnel und die immer wieder auftretenden Schwierigkeiten bautechnischer und finanzieller Art hatten dem unermüdlichen Favre inzwischen stark zugesetzt.

Es war am 19. Juli 1879, als Favre, der wegen einer Kontrolle die Arbeiten am Tunnel hatte unterbrechen lassen, mitten im Tunnel, umgeben von seinen Gehilfen, mit Plänen und Meßgeräten hantierte. Noch nie

hatte ihm die Hitze im Tunnel so zu schaffen gemacht. Heute wollte er sich selbst von der Hiobspost überzeugen, die ihm sein die Bauaufsicht führender Ingenieur Gelpke, der aus Basel stammte, vor wenigen Stunden im Baubüro mitgeteilt hatte. Gelpke, eben von der rätselhaften Tunnelkrankheit genesen, hatte sich mehrere Wochen lang um den Bau nicht kümmern können. Als er die Richtungen der beiden Tunnelröhren vermaß, mußte er zu seinem Entsetzen feststellen, daß man in einer leicht verschobenen Achse weitergebaut hatte, so daß sich die beiden Tunnelröhren in der Mitte des Berges etwa um 30 Meter verfehlen mußten. Sie hätten also aneinander vorbeigeführt, ohne sich zu berühren. Das bedeutete, daß man fast »200 Meter Tunnelstrecke, zum Teil bereits ausgemauert« (Grundmann), umsonst gebaut hatte. Favre warf nochmals einen Blick auf die Pläne und die Berechnungen der Neigungs-

Auf Wagen montierte Stoßbohrmaschinen beim Bau des Gotthardtunnels um 1897.

Gotthard-Durchstich am 28. Februar 1880.

Einweihung des Gotthardtunnels, Nordseite, Göschenen am 23. Mai 1882.

Erster Gotthardzug in Airolo (Tessin) 1882.

winkel der beiden Röhren. Dann erhob er sich von dem Felsstück, auf dem er gesessen hatte, und taumelte, die Laterne in der Hand, in den jetzt überflüssigen Teil des Tunnels hinein. Die Laterne glitt ihm aus der Hand und zerbrach, er stürzte.

Die Begleiter, die ihm zögernd gefolgt waren, eilten zu ihm und legten ihn auf Decken. Ein Arzt wurde geholt. Doch kam jede Hilfe zu spät. Ein »Herzschlag« hatte seinem Leben ein Ende bereitet. Auf dem Friedhof in Göschenen erinnert ein Grabstein mit Büste an den Mann, der Leib und Leben, Hab und Gut dem Gotthardtunnel zum Opfer brachte.

Am 28. Februar 1880 hörten Mineure nach einer Sprengung undeutlich und weit entfernt Stimmen. Mit einer Sonde stießen sie ein kleines Loch durch den Fels. Der Durchbruch war geschafft. Doch bevor das Loch erweitert wurde, schoben Arbeiter eine

Viadukt der Bern-Lötschberg-Simplon-Bahn bei Kandersteg im Berner Oberland.

Immer perfekter wurden die Maschinen der Tunnelbauer.
Die früheren Stoßbohrer wurden beim Bau des
Simplontunnels durch hydraulische Rotationsbohrmaschinen
ersetzt (1906).

Rechts: Auch beim Bau des Simplontunnels hemmten
Wassereinbrüche den Fortgang der Arbeit.

kleine Blechkapsel mit einer Fotografie Favres hindurch: »Favre als Erster!« riefen sie.
Luzern – Chiasso wurde zum ersten Mal am
23. Mai 1882 mit dem Zug befahren.
Die Westschweiz mit Genf und vor allem die Hauptstadt Bern drängten auf eine direkte Nord-Süd-Ver-
bindung (Bern – Mailand). Sie wurde mit dem Basistunnel durch den Simplon (1906) und mit der
»Durchbohrung« des Lötschberg als Simplon-
Lötschberg Kombination 1913 geschaffen. Heute
können die Berner in vier Stunden in Mailand sein.
Der Albulatunnel (1903) und die Tunnels der
Berninabahn erschlossen über die schmalspurige
(ein Meter) Rhätische Bahn das Graubündener
Land.

150

Links: Staatsrat Karl Friedrich Nebenius (1784–1857), Staatsmann, Förderer der badischen Eisenbahnen und Verfechter des Staatsbahngedankens. – Rechts: Robert Gerwig, der Erbauer der Schwarzwaldbahn (1820–1885).

Deutschlands bedeutendste Tunnelstrecke ist die Schwarzwaldbahn. Der Nutzen der Eisenbahn war im badischen Land früh erkannt worden. Ein Kirchenmann, der Dekan Fecht, hatte als Abgeordneter im badischen Landtag dafür plädiert, »daß das großartige Verkehrsmittel Eisenbahn in Bälde auch in Baden als Hebel des Fortschritts mit Naturnotwendigkeit seinen Einzug halten müsse . . .«

Staatsrat Nebenius, später ein Förderer dieses Gedankens, war zuerst dagegen. 1835 erschreckte die Badener Friedrich Lists Konzessionsgesuch, »die Herstellung der Mannheim-Baseler Eisenbahn zu negociieren«.

Als sich der Bau einer linksrheinischen Eisenbahn abzeichnete, beschloß im März 1838 ein außerordentlicher Landtag, »eine Bahn von Mannheim über Heidelberg bis Basel zu bauen«. Dies auf Staatskosten.

Schon damals plädierte man dafür, ab Freiburg oder Offenburg durch den Schwarzwald nach Konstanz und zum Bodensee zu fahren. Da man voraussah, daß dieser Bau sehr teuer werden würde, bot man die Strecke Privatgesellschaften an. Doch niemand wollte es wagen. Später, als die Einnahmen aus dem staatlichen Eisenbahnnetz stiegen, beschloß man mit einem Gesetz vom 24. Juni 1862 – auch unter dem Druck der Städte und Gemeinden des Schwarzwaldes –, die schon vorgesehenen Strecken Offenburg – Hausach und Villingen – Singen in eine Schwarzwaldbahn einzubinden.

Robert Gerwig, Oberbaurat bei der Oberdirektion des Wasser- und Straßenbaues in Karlsruhe, bekam den Auftrag, eine ältere Studie mit zwei Spitzkehren (Kopfstationen) und Kurvenhalbmessern von weniger als 300 Metern zu überarbeiten. Die Schwierigkeit bei der Schwarzwaldbahn war die Überwindung

Die gestrichelte
Schiltachlinie führt
über Schramberg
nach Königsfeld.
Sie wäre die
einfachste und
billigste Linie
gewesen.

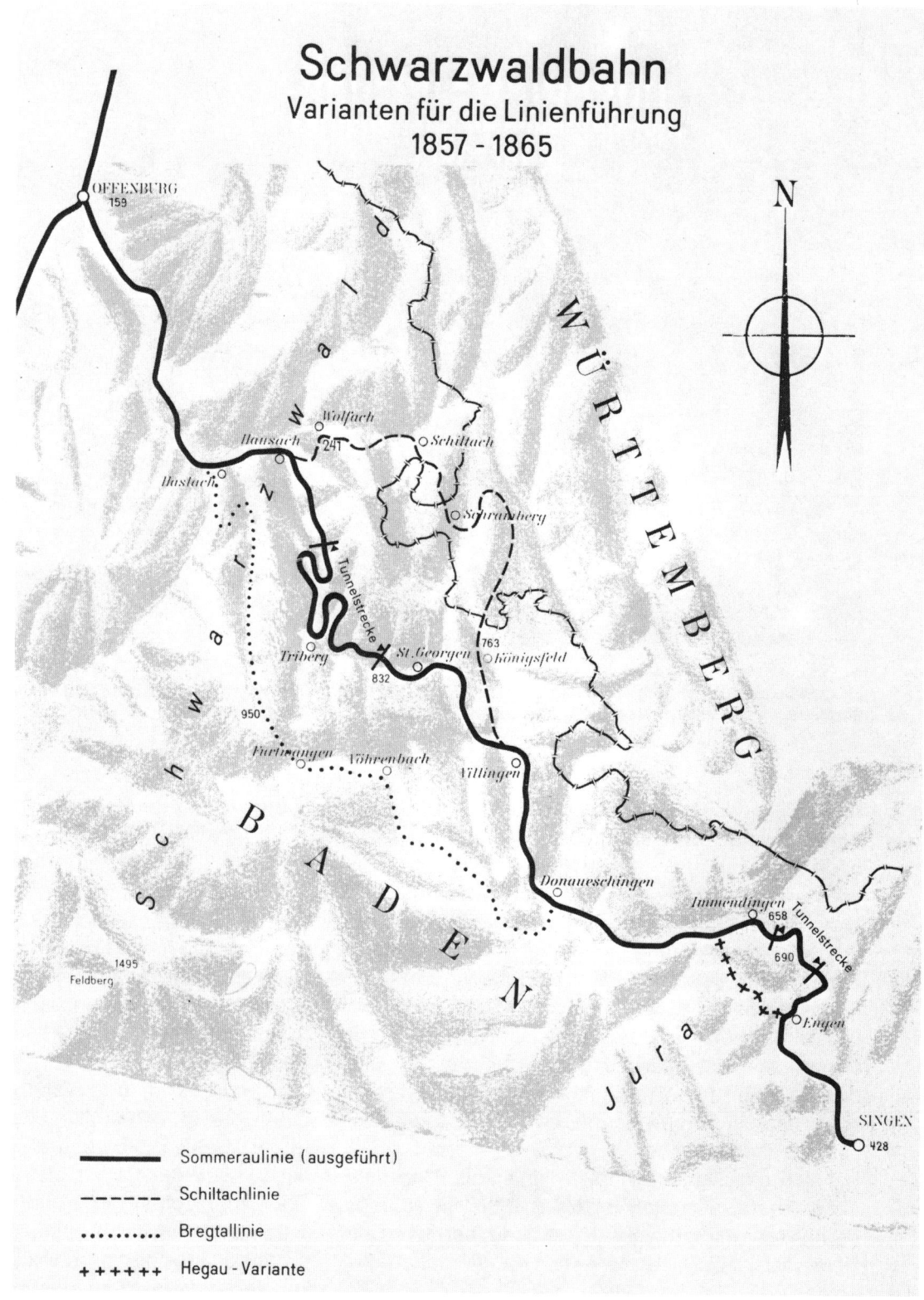

Schwarzwaldbahn
Varianten für die Linienführung
1857 - 1865

─────── Sommeraulinie (ausgeführt)

─ ─ ─ ─ Schiltachlinie

· · · · · · · Bregtallinie

+ + + + + Hegau - Variante

besonders großer Höhenunterschiede bei geringsten Luftlinienentfernungen. Von Hornberg bis Sommerau mußte die Bahn 450 Meter steigen bei einer Entfernung von lediglich elf Kilometern.

Es hätte eine viel einfachere und billigere Lösung gegeben: die sogenannte Schiltachlinie. Aber sie führte über Schramberg und damit über württembergisches Gebiet, das hieß über potentiell feindliches Ausland. »Lieber keine Schwarzwaldbahn als eine Schramberger Linie!« sagten die Industriegemeinden des badischen Hochschwarzwaldes.

Doch wäre es töricht, die badische Regierung deshalb zu schelten. Eben, mitten im Bau – 1866 – war ein blutiger Krieg unter deutschen Staaten zu Ende gegangen. Wer konnte wissen, ob dies ein für alle Mal das Ende der Bruderkriege sein würde? Dieses Mal war es ein Krieg zwischen Nord und Süd, Preu-

ßen und Österreich und seinen Alliierten. Das nächste Mal vielleicht zwischen West und Ost?

Bei der relativ geringen Steigfähigkeit der Lokomotiven jener Zeit war es notwendig, durch eine künstliche Längenentwicklung der Strecke der Lokomotive die nötige Höhe zur Überwindung des Berges zu verschaffen. Vorrangige Hilfsmittel waren, wie beim Semmering, Tunnels und kurvengängige, kräftige »Bergsteigerloks«. Dazu aber gesellten sich, und das ist Gerwigs Verdienst, Kunststücke planungstechnischer Art in der Längenentwicklung. Höhe wird in Länge umgesetzt und der Berg gewissermaßen »umgangen«.

Gerwigs erster Vorschlag enthielt den genialen Plan einer Kreiskehre (Spirale). Doch sprach man von einem »unerhörten Wagnis«. Erst bei der Gotthard-, der Lukmanier- und der Albula-Linie in der Schweiz

Unteres Portal des kleinen Triberger Kehrtunnels während der Bauzeit um 1870. Der Tunnel ist für zwei Gleise gebaut.

Schwarzwaldbahn zwischen Hornberg und Triberg. Die Dieseltraktion (V 220) ist seit kurzem durch elektrische Traktion ersetzt.

sowie bei der Wutachtalbahn in Deutschland wurden solche Kehrtunnels zusammen mit den berühmten Doppelschleifen Gerwigs mit Erfolg eingeplant. Gerwig selbst hatte sie in die Pläne für die Gotthardlinie eingearbeitet.

Viele Konstrukteure von Gebirgsbahnen in aller Welt – von den Vereinigten Staaten bis Neuseeland – haben sich der Gerwigschen Kehrtunnel- und Schlaufentricks bedient. Die Schwarzwaldbahn mit ihren ursprünglich 39 Tunnels – der Kaisertunnel unterhalb Tribergs wurde 1926 aufgeschlitzt – wurde eingleisig im Herbst 1873 fertig. Am 10. November 1873 lief der Betrieb auf dieser Bahn an. Aus militärischen Gründen wurde später auch das zweite Gleis eingebaut, das Gerwig bei der Anlage schon vorgesehen hatte.

Beim Rücktritt Gerwigs von der Bauleitung der Gotthardbahn schrieb eine Schweizer Zeitung: »Herr Gerwig baut sehr solid und schön, kümmert sich aber blutwenig um die Kosten.« Sie beklagte seine »Opulenz«.

Die »Opulenz« Gerwigscher Bauten hat sich bei der Schwarzwaldbahn schon beim Einbau des zweiten

Vignette: Zur Erinnerung an den Durchstich des Simplon 1898–1905 allen Beteiligten gewidmet.

MEIGGS BEZWINGT DIE ANDEN

Gesucht wegen Urkundenfälschung wird dem abenteuerlustigen jungen Amerikaner Henry Meiggs der Boden der Vereinigten Staaten zu heiß. In Südamerika macht er nach Vollendung mehrerer kleiner Bahnen den kühnen Vorschlag, das Andenmassiv von Lima nach Oroya mit der Bahn zu bezwingen. Mit dieser Idee befaßte sich schon Trevithick anläßlich seines Aufenthaltes in Peru. Es geht um den Abtransport von Silbererzen. Von den vielen Tausenden von Indios kehrten, als der Bau vollendet war, nur wenige zurück: Höhenkrankheit und Gelbfieber dezimierten immer wieder die Kolonnen. Auch für Meiggs endete das Abenteuer tödlich. 1877 starb er an Erschöpfung. 1884 wurde die Strecke, die mit ihren vielen Spitzkehren, den kühnen Brücken und dem Galera-Tunnel zu den großartigsten Eisenbahnstrecken gehört, als bisher höchstgelegene Bahn der Welt eröffnet. Die Zentralbahn Perus (FCC = Ferrocarril Central) führt vom Hafen Callao über Lima zum höchsten Punkt am La Cima-Paß (15,848 Fuß = 4830 m) nach Oroya und Huancayo. (Zum Vergleich: Höchstgelegener Punkt der Brennerbahn: 1367 m; höchstgelegene Bahnstation Europas ist der Endbahnhof Jungfraujoch der Schweizerischen Jungfraubahn mit 3454 Metern, eröffnet 1912.)

Dieselloks ersetzen heute die einst vielfach bewährte, vierfach gekuppelte »Andenlok« nordamerikanischer Konstruktion:

Kasten VIII

Gleises bezahlt gemacht. »Opulenz« ist beim Bau von Bergbahnen offenbar angezeigt.

Übrigens erschlossen diese Hoch- und Mittelgebirgsbahnen mit ihren Viadukten und Tunnels Strecken von hoher landschaftlicher Schönheit vor allem für den heraufkommenden Tourismus.

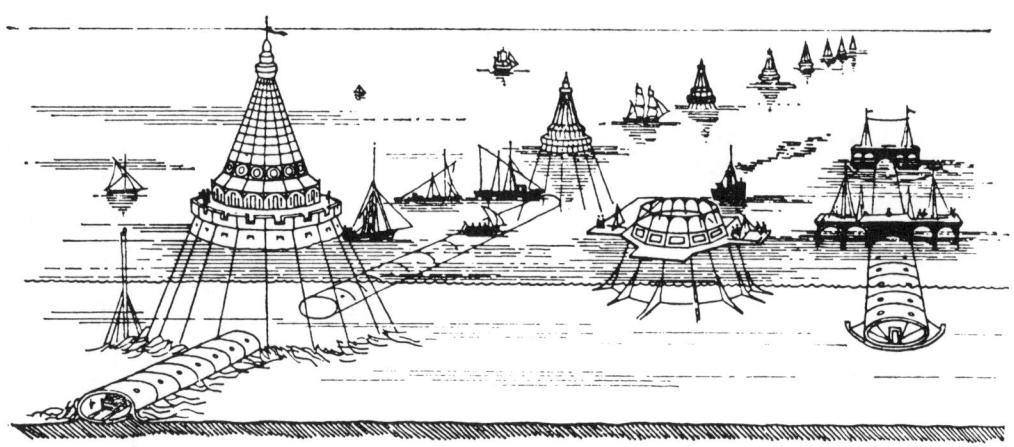

Die künstlichen Entlüftungstürme für einen Eisenbahntunnel (nach einer Skizze um 1856).

DER ÄRMELKANALTUNNEL

Es gibt technische Themen, die seit Urzeiten die Phantasie des Menschen beflügeln. Einige dieser Themen sind praktisch gelöst, andere nur im Märchen wahrgeworden. Der fliegende Teppich ist heute kein Problem mehr; die Tarnkappe ist noch nicht erfunden. Trockenen Fußes durch das Rote Meer zu gehen gelang mit Hilfe eines Wunders – trockenen Fußes den Ärmelkanal zu durchqueren ist ein bisher ungelöstes Problem.

Auf einem Kupferstich aus dem Jahre 1804 wird die Eroberung Englands durch die Franzosen karikiert. Die neuesten technischen Errungenschaften werden darin vorgeführt, und – sie funktionieren sogar auf das glänzendste!

Auf der linken Seite des Blattes ist die französische Küste abgebildet; auf dem Hügel oberhalb des Ufers und am Ufer stehen Türme mit optischen Zeigertelegrafen. Mit über 60 großen Kriegsschiffen ist die französische Flotte ausgelaufen: es muß sich um Dampfschiffe handeln, da man keine Masten entdecken kann. Übrigens hatte man zu jener Zeit schon die ersten Dampfschiffe auf der Seine und auf der Themse fahren sehen.

Die Flotte hat den Ärmelkanal zu zwei Dritteln überquert, und ihre vordersten Schiffe feuern bereits auf das Dutzend altmodischer Segelkriegsschiffe der Engländer, das zum Schutz der englischen Küste aufgefahren ist. Rund zwanzig riesige französische Fesselballone befinden sich auf dem Flug nach England: Der erste mit einer Mannschaft besetzte Fesselballon wirft soeben eine Bombe auf die englische Küste ab.

Die Engländer antworten mit einer Geheimwaffe: Große Drachen, an denen schießende Soldaten hängen, bekämpfen in der Luft die Ballone und werfen Geschosse auf die gegnerischen Schiffe.

Am Fußende des Bildes sieht man einen Schnitt durch den Ärmelkanal: durch einen riesigen Tunnel, der mit gewaltigen Holzpfeilern abgestützt ist, marschiert die französische Armee mit Kavallerie und bespannter Artillerie gegen England auf dem Grunde des Meeres. Voraustruppen langen eben am englischen Ufer an.

Der politische Hintergrund dieses Blattes ist klar: Napoleon beschäftigt sich mit der Invasion Englands. Robert Fulton bietet Napoleon 1804 seine neue Erfindung, das Dampfschiff, an: Sei die kaiserliche Marine erst mit Dampfschiffen bestückt, werde die Überquerung des Kanals ein Kinderspiel sein. Der Kaiser empfiehlt die Prüfung des Projektes durch die Akademie der Wissenschaften; er ist begeistert: »Denn das Dampfschiff ist geeignet, die Welt zu verändern...«

Der Ingenieur Matthieu hatte schon 1802 einen Tunnel unter dem Kanal zwischen Frankreich und England vorgeschlagen; er sieht darin die Chancen einer Invasion: Aus diesen beiden Ideen ist wohl der Kupferstich entstanden.

Grund genug für die Engländer, die den Triumpfzug einer neuen Technik, die Verwirklichung unmöglich erscheinender Ideen in ihrem eigenen Lande erlebten, dieses Kanaltunnelprojekt, das auch nach dem Scheitern der napoleonischen Invasionspläne immer wieder auftauchte, äußerst skeptisch zu betrachten. Tatsächlich steht das Kanaltunnelprojekt, seitdem es unter dem Zeichen der Invasion gestartet worden war, unter einem Unglücksstern. Es würde zwar auch für die Engländer Vorteile bringen, schnelle Verbindungen zum Kontinent von England aus zu schaffen. Aber wie vertrüge sich ein Tunnel mit dem Inselbewußtsein Englands, »dies Kleinod in die Silbersee gefaßt«?

Vollkommen unmöglich erschien es nicht: Die Untertunnelung der Themse war Marc Isambard Brunel 1825 bis 1843 mit der »Gallerie«, dem »Stollen« unter Wasser, geglückt. Sogar Amerika könnte man mit einem Tunnel erreichen, hatte Brunel gemeint. Auch die Untertunnelung der Meerenge von Gibraltar, also die Landverbindung zwischen Europa und Afrika, wurde damals erörtert.

Während die englische Flotte den Angriff auf den Ärmelkanal erwartet, dringen die Franzosen, den gallischen Hahn als Wappentier tragend, über den Kanaltunnel in England ein. Englische Karrikatur von 1884.

1856 machte der französische Ingenieur Thomé de Gamond den Vorschlag einer Untertunnelung des Kanals zu einer glücklicheren Stunde. 13 künstliche Inseln sollten im Kanal entstehen; sie sollten die Schächte zur Be- und Entlüftung der Röhre aufnehmen. Gedacht war an eine Eisenbahn. Er trug das Projekt den beiden Partnern vor; denn nur mit Zustimmung beider Regierungen und nur in einer Zeit

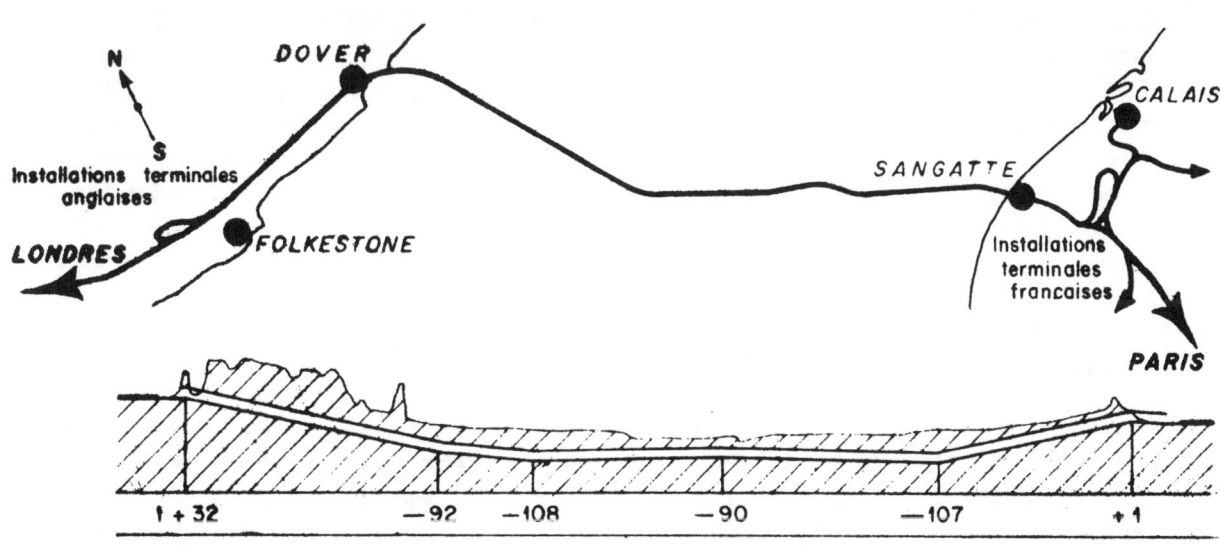

Plan und Längsschnitt des Tunnels 1960.

hoher politischer Übereinstimmung zwischen den großen Zwei konnte der Kanaltunnel Wirklichkeit werden. Königin Victoria, die Queen, setzte ihrer Genehmigung die Worte »im Namen aller Ladies Großbritanniens« hinzu. Wer die bösartigen kurzen Wellen im Kanal bei grober See auf Ober- oder Mitteldeck eines Kanaldampfers erlebt und die bei allen Passagieren, besonders aber Müttern und Kindern, grassierende Seekrankheit gesehen hat, der kann diesen Zusatz verstehen.

Auf der anderen Seite gab auch Napoleon III sein Einverständnis. Er versprach sich viel Prestige von diesem gigantischen Projekt. Ein eifriges Hin und Her der Pläne und Vorbereitungen wurde jäh durch den 70er Krieg zwischen Deutschland und Frankreich und den Sturz Napoleons unterbrochen. Doch 1878 begann man ernstlich mit dem Bau von Versuchsstollen.

In den folgenden Jahren verdüsterte sich aber der politische Himmel. England überlegte die Gefahren, die ein fertiger Tunnel im Kriegsfall bringen könnte. So kam auch 1884 auf Einwirkung der britischen Admiralität ein Parlamentsbeschluß zustande, der das Projekt ablehnte. Am Vorabend des Weltkriegs war die Stimmung in England und Frankreich wieder mehr für den Bau eines Kanaltunnels; doch die zwei folgenden Weltkriege stoppten alle Pläne und Vorbereitungen.

Erst 1954 hob die britische Regierung ihren ablehnenden Beschluß auf. 1960 legte eine 1957 gegründete Studiengemeinschaft Tunnelgruppe, an der über die UIC auch die französischen, englischen, belgischen und niederländischen Eisenbahnen sowie die DB beteiligt waren, den Plan eines Eisenbahntunnels vor, der in zwei Röhren unter dem Kanal zwischen Calais und Folkestone (bei Dover) verlaufen sollte. Der Straßenverkehr durch den Kanal wird von Pendelzügen für Lkws und Pkws bedient. Der Tunnel sollte im Jahre 1980 fertig sein. Die Kosten waren mit ca. zehn Milliarden französischer Franken angegeben. Eine französische und eine britische Kanalbau-Aktiengesellschaft sollten Aktien ausgeben; auch an Anleihen der öffentlichen Hand war gedacht. Man errechnete eine Rendite bis zu 17%.

Die früheren Pläne, die entweder eine Straßenbrücke mit riesigen Bogenpfeilern, um die Schiffahrt nicht zu behindern, oder Tunnelröhren auf planiertem Seegrund vorsahen, gab man auf.

Man errechnete auf der Grundlage eines Wirtschaftswachstums von ca. 3% in Großbritannien und von 4% bei den Kontinentalstaaten einen hohen Schienenfernverkehrsanteil im Personen- und Güterverkehr, gerechnet vom Gesamtkanalverkehr. Mindestens stündlich sollten die Pendelzüge für die Lkws und Pkws in beiden Richtungen verkehren. Untersuchungen ergaben, daß der Kanalbau – das Kanalgelände stellt einen geologischen Grabenbruch aus Kreide mit einem Anteil aus Mergel dar – im wesentlichen keine bautechnischen Schwierigkeiten bereiten würde.

Auch dieses Mal wurde mit den Vorarbeiten, dem Bau von Zugangsstollen und Hilfsstollen, schon begonnen.

Auch dieses Mal kam wieder ein Stoppsignal aus London: Die sich schnell verschlimmernde Wirtschaftslage der Jahre 1974 – 1975 warf die Rentabilitätsberechnungen über den Haufen. Die britische Regierung sah keine Möglichkeiten für Finanzierung und Weiterbau.

Doch glaubte man, auch einen Seufzer der Erleichterung aus England zu hören; hatte doch der Feldmarschall Montgomery 1960 bei der Wiederauferstehung der ersten Pläne vor dem Tunnel gewarnt.

Ob er je gebaut wird? Kellermanns Roman »Der Tunnel« von 1913 ist die literarisch-technische Vision eines Transatlantik-Tunnels, ähnlich der Art wie sie seinerzeit Jules Verne in seinen Romanen geschildert hatte. Sicherlich ist die Geschichte des Kanalprojekts noch nicht zu Ende. Ob er je gebaut wird, das hängt heute von einer langen Schönwetterperiode der Wirtschaftskonjunktur und des politischen Einverständnisses zwischen England und dem Kontinent ab. Die Europäische Wirtschaftsgemeinschaft hätte von dem Tunnel zweifellos den größten Nutzen. Der Güterverkehr könnte sich beschleunigen; für den Kontinent würde ein europäisches Intercity-Netz zwischen den Großstädten Englands und des Kontinents schnelle Reisen vom Herz zu Herz der Städte möglich machen. In wenigen Stunden könnte man von Köln oder Frankfurt aus nach London fahren. Ob er je gebaut wird? Eines Tages könnte eine neue

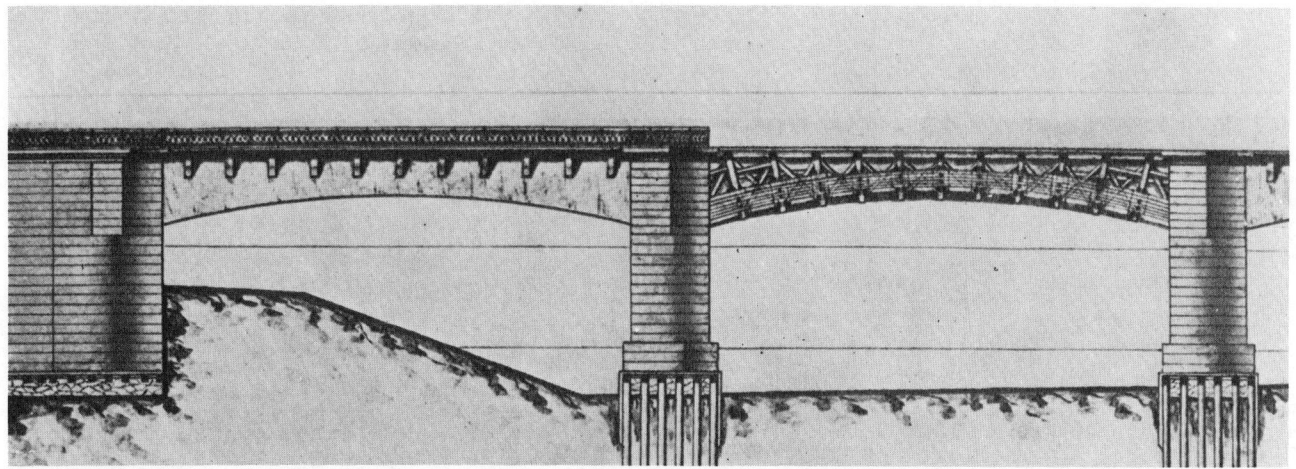

Hölzerne Eisenbahnbrücke über die Elbe bei Riesa.

Verkehrstechnik mit einem neuen Verkehrsmittel die Idee eines Kanaltunnels in den Bereich einer längst vergangenen Technik, ins Reich der Nostalgie verweisen.

BRÜCKEN UND VIADUKTE

In der 1841 in Köln erschienenen malerischen Beschreibung der Eisenbahn zwischen Köln und Aachen heißt es, daß Tunnels »dem Reich der Gnomen und Kobolde« angehören. Tatsächlich fuhren ja die ersten »Bahnwagen«, die Hunde, in den unterirdischen Stollen und Gängen der Erz- und Kohlengruben. Doch sind es nicht nur die Berge, die der Bahn die geraden Wege verlegen. Auch Flüsse, Seen und Meeresarme müssen überquert werden.

Freilich mit den Brücken, wie sie bisher in Fortsetzung der Straßen das Wasser überspannten, konnte die Eisenbahn nichts anfangen. Schon die erste Lok

Göltzschtalbrücke bei Reichenbach im Vogtland auf der Strecke Leipzig – Hof. Erbaut 1846 – 1851. Gesamtlänge 574 Meter. Granit- und Ziegelgewölbe von 2,3 bis 30,9 Meter lichter Weite.

Elbbrücke der sächsisch-böhmischen Eisenbahn in Dresden (zeitgenössischer Stich).

in Deutschland, »Der Adler«, wog 10 Tonnen, ein Vielfaches der Gewichte der Postkutschen und Lastfuhrwerke jener Zeit. Und auf das Gewicht der Pferdefuhrwerke, das ja durch die Zugkraft der Pferde begrenzt war, waren die Brücken ausgelegt. Es mußten also völlig neue Brücken mit höherer Tragkraft konstruiert werden.

Dazu kam, daß die Brücken meist das Wasser an Furten überquerten, die Straße führte steil ans Ufer hinab und jenseits am anderen Ufer wieder hinauf. Auch diese Bewegung konnte die Eisenbahnbrücke nicht unmittelbar nachvollziehen. In Überschwemmungsgebieten oder in schlammigem ufernahem Gelände mußte man einen Damm aufschütten oder mit genügend langem Anlauf und entsprechenden Wasserdurchlässen für den Fall von Hochwasser die Verbindung zum anderen Ufer schlagen.

Aus diesem Grunde erschien die Pontonbrücke, aus der zeitenweise Teile für den Schiffsverkehr ausgefahren werden müssen, für die Eisenbahn ungeeignet: Sie ist nur selten verwendet worden.

Es gab zwei Eisenbahnschiffbrücken in Europa, sie stammen aus den Jahren 1864 und 1872; bei Maximiliansau und bei Speyer überquerten sie den Rhein. Sie wurden 1938 durch feste Brücken ersetzt. Die Maximiliansauer Brücke war die erste Schiffseisenbahnbrücke der Welt.

Die erste deutsche Eisenbahnbrücke, die 1838 fertiggestellt wurde, führte über die Mulde bei Wurzen. Es war eine 400 Meter lange Holzbrücke, deren Flachbögen auf Massivpfeilern ruhten. Ein Jahr später wurde die Elbebrücke bei Riesa im Zuge der Strecke Leipzig – Dresden übergeben. Auch sie, vom selben Baumeister erbaut, war eine Holzbrücke, die auf gemauerten Pfeilern aufsaß.

Bald zeigte sich, daß die Holzbrücken den wachsen-

Großhesseloher Brücke, erbaut 1854–1857. Der Blick geht Isarabwärts;
im Hintergrund München mit den Türmen der Marienkirche; Zug auf der Brücke; ein Floß auf der Isar.
(Stich von Gunkel)

den Zuggewichten und dem plötzlichen Druck der mit immer größerer Geschwindigkeit in die Brücke einfahrenden Massen nicht standhielten. In den folgenden Jahrzehnten wuchs die Meterbelastung der Brücke von ursprünglich 2,5 Tonnen bei einem Gewicht der Lok von 10 Tonnen auf ein künftig erwartetes Lokgewicht von 175 Tonnen mit einer Meterbelastung von 13,67 Tonnen.

So entstanden früh steinerne Brücken mit gewaltigen Abmessungen. Berühmt ist die Göltzschtalbrücke im Vogtland, die nach Art der römischen Aquädukte in vier Stockwerken mit einer Länge von 574 Metern das Tal überquert. Die mittleren weiten Bogen, von denen nur zwei aufeinander stehen, blicken 80 Meter auf das Tal hinab; sie geben dem Bauwerk, dessen weite Seiten von schmäleren und niederen Bogen, vierfach aufeinander getürmt, getragen werden, eine kühne und zugleich romantische Ansicht. Man hat sie oft mit dem Pont du Gard bei Avignon verglichen.

Dieses größte und höchste steinerne Brückenbauwerk der Welt ist bis heute in Betrieb. Die aus Ziegeln und Naturstein hochgemauerten Gewölbe tragen ohne jede Verstärkung die schweren Züge von heute – nur die Fahrbahn ist in Eisenbeton umgewandelt worden. Eine ganze Anzahl solcher Brücken in Massivbauweise entstanden damals. Von ihnen seien hier die Elbbrücke in Dresden, die 70 Meter hohe Elstertalbrücke, die Brücken der kurhessischen Staatsbahn über Werra und Fulda, die Moselbrücke bei Konz und der Enzviadukt bei Bietigheim genannt. Sie sind zum Teil wegen der Sprengungen der Jahre 1944/45 in ihrem Mittelstück durch Stahlfachwerkkonstruktionen repariert worden.

In Baden baute man seit 1843 Brücken auch aus Gußstahl, doch wurde dies spröde, immerhin auf Druck beanspruchbare Material bald mit den Fortschritten in der Metallurgie und der Technik des Walzens durch das ungleich zähere Schweißeisen verdrängt, das zuerst Friedrich Harkort mit dem sogenannten Puddelverfahren einführte. Beispiel ist die 1854 von Gerber konstruierte Isarbrücke bei Großhesselohe (»Selbstmörderbrücke«), nahe München. Die schweißeisernen Träger, die auf Pfeilern ruhten, waren von Kramer/Klett in Nürnberg geliefert. Sie waren gegenüber gemauerten Gewölben eminent billig. Durch Probefahrten widerlegte man die Gerüchte, der kühne Kunstbau sei Zuglasten nicht gewachsen. Neben dem Gleis und wohlabgetrennt von der Schienenspur lief eine hölzerne Fahrbahn über die Brücke: Sie war für den Publikumsverkehr gesperrt; nur die Feuerwehr und königliche Kutschen durften sie befahren.

Wer um die 60er Jahre des vergangenen Jahrhunderts in einer Mainacht am Hochufer der Isar stand und über die Brücke blickte, konnte buchstäblich eine Szene aus einem Märchen erleben. Da nahte sich mit klingendem Geschirr, klappernden Hufen und rollenden Rädern ein golden blitzendes Fahrzeug von lodernden, im Winde flammenden Fackeln erleuchtet. Voraus der Vorreiter im Galopp mit Dreispitz und tressenbesetzter blauer Uniform, vierspännig vor der Kutsche die königlichen Schimmel hochaufgeputzt und mit zwei uniformierten Reitern besetzt, dann der König im offenen Zweisitzer in die Kissen zurückgelehnt, darüber die verzierte Königskrone. Hintauf, zwei Fackeln in der Hand, ein Lakai des Hofes.

Ludwig II: »Schön und geistvoll, seelenvoll und herrlich«, so erscheint der König, der träumend vor sich herblickt, nicht nur Richard Wagner, sondern auch dem gemeinen Volk, das dem wahrhaft königlichen Schauspiel staunend und bewundernd nachsieht.

Ludwig II hatte nichts gegen die Eisenbahn, er fand sie nur unvollkommen, sie mußte verzaubert werden, und er wußte, wie man dies macht. So verspürt mar heute noch einen Hauch dieses Zaubers im Salonwagen des Königs, der zeigt, wie Technik mit Kunst versöhnt werden kann.

Den Ästheten und Schöngeistern vor der Jahrhun-

dertwende mißfielen die eisernen Gitter- und Balkenbrücken. So versuchte man, die sachlichen Stahlkonstruktionen durch gewaltige Tore, Türme und Türmchen am Eingang der Brücken zu bemänteln, wovon verschiedene Rheinbrücken heute noch Zeugnis ablegen. Doch bald nach der Jahrhundertwende kam man wieder davon ab. Dort wo Steinbrüche in der Nähe lagen und billigen Stein abgaben, kehrte man zur Massivbauweise zurück. Kühne Viadukte, bauten so die schweizerischen Bahnen. Als neueste Errungenschaft der metallurgischen Industrie verwendete man den Flußstahl. Eine besonders imposante Flußstahlbrücke ist die Bogenbrücke über das Wuppertal bei Müngsten aus dem Jahre 1897. Auf dem Scheitel eines Bogens von 170 Metern Spannweite liegt die 500 Meter lange Brücke, 107 Meter unter ihr die Wupper.

Innenansicht des Salonwagens des Königs Ludwig II. von Bayern.

Alte Kölner
Rheinbrücke mit Toren
und Türmchen,
1855–1857 erbaut.

Viadukt der
Rhätischen Bahn bei
Filisur in Graubünden.

163

Müngstener
Bogenbrücke
über die Wupper
1897.

Brücke über den
Fehmarnsund
1963.

Der Massivbau aus Steinen erhielt neuen Auftrieb durch die Einführung des Eisenbetons in den Brückenbau; 1923 entstand ein großer Viadukt im Bezirk Stuttgart; viele kleinere abgängige Brückenbauwerke aus Holz oder Gußstahl wurden durch Betonbrücken ersetzt.

Eines der jüngsten und größten Brückenbauwerke der Deutschen Bundesbahn ist die an Seilen aufgehängte Brücke über den Fehmarnsund im Zuge der Vogelfluglinie nach Dänemark, vollendet 1963; eine Brücke mit riesigen Bügeln – einem Balkentragwerk –, das ihr den Spitznamen »Kleiderbügel« verschafft hat.

Im Zweiten Weltkrieg sind vor allem in den letzten Monaten des Kriegs entsprechend dem feindlichen Vormarsch sinnlos Brücken gesprengt worden. Allein im heutigen Gebiet der Bundesrepublik Deutschland waren es rund 3300 Brücken, die zerstört oder beschädigt wurden. Die Zahl zeigt zugleich, in welchem Ausmaß die Eisenbahn in etwas mehr als 100 Jahren Brücken gebaut und den Brückenbau gefördert hatte. Nicht umsonst hatten nach den kühnen

Bauten der Engländer und Amerikaner zu Beginn des 19. Jahrhunderts die Deutschen den Ruf hervorragender Brückenbauer erhalten.

BAHNHÖFE

Pilger brachten 1856 aus Rom die Kunde, der Heilige Vater, Pius IX, habe für die Pilger eine Eisenbahn gebaut, die von Rom nach Frascati fahre. Da die beiden

Der Bahnhof des Vatikanstaates in Rom 1856.

Der Bahnhof von Frascati 1856.

165

Die Bahnlinie Neapel – Portici 1839.

Älteste Posthalterei der Kaiserlich Taxis'schen Post zu
Augsburg: Ställe, Einfahrten, Übernachtungsräume.

Bahnhöfe weit außerhalb der Städte lagen, gehe das
Scherzwort um: Die Bahn von Rom nach Frascati
fährt in Rom nicht ab und kommt in Frascati nicht
an.

Papst Pius IX (1846–1878), der das Dogma von der
unbefleckten Empfängnis der Jungfrau Maria verkündet hatte und unter dessen Führung das vatikani-
sche Konzil das Dogma der päpstlichen Unfehlbar-
keit annahm, war zwar ein Erzfeind des Liberalismus.
Aber er war im Gegensatz zu seinem Vorgänger Gregor XVI (1831–1846) kein Gegner der Eisenbahn.
Von Gregor, der den Bau einer Eisenbahn in seinem
damals noch über 40 000 Quadratkilometer großen
Herrschaftsbereich stets abgelehnt hatte, erzählte
man sich, er habe nach seinem Tode auf dem Weg
zum Himmel Petrus getroffen und sich beklagt, der
Weg sei so weit und er sei so müde. Da habe Petrus
gesagt: »Hättest du die Eisenbahn gebaut, die man
dir so oft vorgeschlagen hatte, so wärest du längst im
Paradies.«

Zu jener Zeit fuhren in dem zersplitterten und in Staaten unter fremder Herrschaft zerfallenen Italien nur
drei kurze Bahnen: Mailand – Monza (1848) und Mailand – Venedig (1843), die zu Österreich gehörten,

166

Bahnhofsportier: »Wenn ich läute, trinken alle auf mein Wohl die Gläser bis zum letzten Tropfen aus.« (1884)

während die Bahn im Königreich Beider Sizilien, Neapel – Portici (1839) das Königsschloß mit dem Kasernenbereich verband. Alle drei waren aus militärischen Gründen gebaute Bahnen. Den Witz über die Bahnhöfe Rom und Frascati hätte man auch in Deutschland machen können. In der Zeit der ersten Bahnen standen vielerorts noch Stadtmauern, und innerhalb der Mauern war wenig Platz. Nürnberg und München aber auch Wien sind Beispiele aus den ersten Jahren. Südbahnhof und Ostbahnhof Wiens mußten 1846 noch »vor den Linienwall« gelegt werden.

Wo man den Bahnhof erbauen sollte, das war gewiß eine schwierige Frage. Doch ungleich schwieriger war die Lösung des Problems, *wie* man einen Bahnhof erbauen sollte. Die Aufgabe war vollkommen neu; den einzigen Anhaltspunkt gaben allenfalls die damaligen Posthaltereien. Sie besaßen Räume, in denen die Reisenden warten, sich verpflegen und übernachten konnten, was wichtig war wegen der oft tagelangen Verspätungen der Postdienste. Besondere Hallen und überdeckte Einfahrten standen auch für die Aufnahme von Postwagen und die mitgeführten Güter bereit. Auch hatten die meisten Posthaltereien ein großes Vordach zur Straße, unter dessen Schutz die Reisenden bei schlechtem Wetter ein- oder aussteigen konnten. Größere Poststellen hatten einen abschließbaren Hof, in dem die Reisenden umstiegen; die Güter wurden dort umgeschlagen.

All dies waren Bauten für wenige Reisende; Ankunfts- und Abgangszeiten waren mit vollen Stunden »in den Posttabellen« angegeben, es findet sich bei den Stunden der vielsagende Vermerk: »Winterszeit später«.

Bei den neuen Eisenbahnen aber wird von Anfang an nach Minuten gerechnet; schon die ersten Züge befördern Hunderte von Menschen. So errichtet man zunächst einmal ein hölzernes Provisorium, das einen Versammlungssaal beherbergt, in dem sich die Reisenden eine halbe Stunde vor Abfahrt des Zuges

Die Bahnhöfe der verschiedenen Eisenbahngesellschaften in Leipzig 1862.

auf das Signal der Bahnhofsglocke hin einfinden. An einer Verkaufsbude kann man sich vor Abfahrt des Zuges noch stärken.

Doch ist nur wenigen, auch in der Eisenbahnverwaltung, klar, daß der Bahnhof – es heißt Bahnhof, nicht Bahnhaus – der zentrale Punkt des Eisenbahnbetriebs ist. Es ist die Stelle, an der Statik in Dynamik übergeht, an der auf ein Zeichen hin sich der fahrende Automat in Bewegung setzt. Er ist zugleich der Ort der ersten Begegnung der damaligen Gesellschaft mit dem neuen Verkehrsmittel und die Visitenkarte des Eisenbahnunternehmens. Alle diese Gesichtspunkte werden sich in den folgenden Jahrzehnten auswirken.

1850 wurden seitens der deutschen Eisenbahnverwaltungen »Empfehlungen für den Eisenbahnbau«, die 1866 in den »Technischen Vereinbarungen«

auch für große Stationen ergänzt wurden, ausgegeben. Darin werden »gedeckte Hallen für Ankunft und Abfahrt der Personenzüge; eine gegen die Straße abschließbare Vorhalle in Verbindung mit der Billett- und Gepäckexpedition, der Post und mindestens zwei Wartesälen mit Restauration« empfohlen. »Ferner ein Büro für den Bahnhofsvorsteher, ein Telegrafenzimmer und eine Stube für die Schaffner. Die Wartesäle und die Güterexpeditionen müssen mit der Wagenhalle in direkter Verbindung stehen.« . . . »Das Einsteigen in Droschken, Omnibusse und Equipagen soll unter Dach stattfinden können.« Da in größeren Städten – Leipzig, Berlin, München – inzwischen mehrere Gesellschaften auf ihren eigenen Bahnhöfen mündeten, so schlugen die Empfehlungen vor, daß dort, wo Anschlußreisen zwischen zwei Bahnen vorgesehen waren, ein gemeinschaft-

Hauptbahnhof Leipzig 1925.

licher Bahnhof von den Gesellschaften errichtet werden solle. Im Klartext: Das Umsteigen sollte erleichtert werden.

Solange kein geschlossenes System der Eisenbahnlinien vorhanden war, dominierten vor allem in den Großstädten bis zur Jahrhundertmitte die Kopfbahnhöfe. Man fand sie erweiterungsfähig nach den Seiten – der Durchgangsbahnhof brachte große Schwierigkeiten beim Überschreiten der Gleise mit sich; Fußgängertunnels waren damals noch nicht erfunden. Innerhalb der großen Bahnhöfe, so zum Beispiel in Stuttgart und München, drehten die Lokomotiven vor der Empfangshalle auf einer Drehscheibe, da Ankunfts- und Abfahrtssteige streng voneinander getrennt waren.

Inzwischen waren die Holzbauten durch Bauten aus Stein oder schmiedeeisernen Walzprofilen für die

Hallen ersetzt worden. Vor allem der im italienischen Renaissance-Palazzo-Stil erbaute Ostbahnhof in Paris, Gare de l'Est, aber auch die von Robert Stephenson errichteten Bahnhöfe von Houston (1839) und Derby (1841) mit ihren Eisenkonstruktionen setzten neue Maßstäbe. Nach Braunschweigs erstem Staatsbahnhof (1838) im gotischen Stile mit beigesetztem Turm und dem neuen Nürnberger Bahnhof (1850), ebenfalls gotisch, ist aus diesen Jahren vor allem der Breslauer Bahnhof (1857) zu nennen.

In der zweiten Jahrhunderthälfte setzen sich Prestigedenken und die Erfahrung des großen Raumes in den Konstruktionen der Architekten auf der Frontseite – und der Ingenieure auf der den Gleisen zugewandten Seite durch. Zugleich haben die Gesellschaften die Bedeutung der Eisenbahn erkannt; sie sind sich ihrer eigenen Wichtigkeit bewußt. Nun ent-

169

Das erste
Bahnhofsgelände
Braunschweigs
1838. Ältester
Staatsbahnhof
Deutschlands.

Das war der alte
Nordbahnhof in
Wien.

170

**Empfangsgebäude
des Stuttgarter
Hauptbahnhofs.
Architekt
Paul Bonatz 1922.**

stehen gewaltige Hallen und Riesenkuppeln; das Bürgertum ist wohlhabend geworden; der aus der Industrialisierung fließende Reichtum, der sich mit der wachsenden Industrie ständig steigert, macht Imponierbauten wie Leipzig möglich. Die großen Hallen und überdimensionierten Bahnsteigdachkonstruktionen von München, Frankfurt (Main), Dresden und Hamburg werden errichtet. Das gilt in gleichem Umfang für das gesamte industrialisierte Ausland. Als Beispiel möge hier der Wiener Nordbahnhof stehen, der dritte Bahnhofsbau der Kaiser-Ferdinand- Nordbahn, der KFNB, der ersten Lokomotiveisenbahn Österreichs (im Volksmund Kein-Fleisch-Nur-Brot). Der »maurische Rundbogenstil« entspricht dem Geschmack der Jahre 1858–1865.

Die neunziger Jahre bringen die Einführung der Bahnsteigsperren. Die Fahrkartenprüfung soll auf eine Stelle konzentriert werden. Das bedeutet, daß der Weg des Reisenden nicht mehr vom Wartesaal auf den Bahnsteig führt. Künftig führt der Weg an den Fahrkartenschaltern, der Auskunft und dem Gepäck vorbei durch die Bahnsteigsperre und durch einen Personentunnel direkt zu den Gleisen. Vorhandene Bahnhöfe werden nach diesen Prinzipien umgebaut oder umorganisiert; neue Bahnhöfe nach diesen Richtlinien gebaut. Bei den großen Kopfbahnhöfen geht der Weg von den Fahrkartenschaltern über die Bahnsteigquerhalle und die Bahnsteigsperre direkt auf den Bahnsteig.

Inzwischen hat man die Vorteile des Durchgangsbahnhofes für den Verkehrsfluß erkannt. Er wird möglich vor allem durch die Untertunnelung der ebenerdigen Bahnsteige oder durch das Hochlegen der Gleise: Hannover (1879), aber auch die Stadtbahnhöfe Alexanderplatz (1885) und Friedrichstraße (1887) in Berlin.

Aus Frankreich stammt der originelle Gedanke, die Haupthalle als Brücke über die Gleise zu legen:

Hamburgs Hauptbahnhof ist dafür ein Beispiel. Wenn der Leipziger Hauptbahnhof eine Wiederholung der Kolossalbauten darstellt (1902–1915), so ist der zur gleichen Zeit entstandene neue Hauptbahnhof in Stuttgart (1911–1924) eine recht sachliche und zugleich originelle Arbeit des Architekten Paul Bonatz, wegweisend für künftige Bauten. Beiden großen Bahnhöfen ist gemeinsam, daß man viele Stufen zum Querbahnsteig hochsteigen mußte. Aber wenn Leipzig noch die Bahnsteighallen alter Art kennt, so hat in Stuttgart das niedere, über den Gleisen offene Fabrik-Sched-Dach die Ökonomie der neuen Eisenbahn bestätigt. In Leipzig spiegelte sich die ehemals große Anzahl der einzelnen Empfangsgebäude immer noch in einer Zweiteilung: hie preußische, hie sächsische Bahnen, wenn auch jetzt unter einem Dach.

In Stuttgart zieht der ehemals im Herz der Stadt am Schloßplatz gelegene alte Bahnhof vor das Königstor; ein nachgeholter später Akt des Abrückens aus dem Zentrum. Es war wohl eine Platzfrage. In Heidelberg mußte nach dem Krieg um den Preis des Verlassens des Stadtinneren der heute bestehende Durchgangsbahnhof erkauft werden. Zu gern würden auch anderswo manche Städteplaner den Bahnhof weit außerhalb der Stadt sehen. Die Bahn hat die Erfahrung machen müssen, daß der Geschäftsverkehr im Zeitalter des Autos der Bahn nicht mehr nachfolgt.

Dabei wird der entscheidende Vorteil, ja das Überleben der Bahn, mit davon abhängen, daß sie mit ihren Zügen bis ins Herz der Städte führt. München und Frankfurt mit ihrem neuen Nahverkehrsverbund sind neben den alten Stadtbahnsystemen von Berlin und Hamburg das einleuchtende Beispiel dafür, wie Großstädte heute auf eine dem Einzelmenschen zuträgliche Art das Problem der Massenbeförderung lösen können.

172

VIII Maschinen

HÖLLENMASCHINEN – INFERNAL MACHINES

Wahre Höllenmaschinen, infernal machines, nannte der Volksmund in England die ersten Lokomobile und Lokomotiven. Nichts Liebliches fand er an diesen rauchenden, puffenden und spuckenden Ungeheuern, die gelegentlich, wie die erwähnte »Tierbein«-Lokomotive, samt ihrem Kessel in die Luft flogen.

Erst Miss Frances Kemble, jene von Stephenson zu einer Testfahrt geladene Schauspielerin, ermöglichte den Zuschauern und später den Mitreisenden die Vorstellung von einer »nervösen, kraftvollen, entzückenden kleinen Stute«! Sie fand es schön, zu reisen, »die Zaubermaschine vor uns mit ihrem weithin wehenden weißen Atem«!

Die permanente Faszination der Eisenbahn erweist sich bis heute auf allen Spielwarenmessen, in Spielzeugläden, auf Ausstellungen und in zahllosen Eisenbahnmodellclubs der ganzen Welt. Sind es hier ganze Züge, Bahnhofsanlagen oft komplizierter Natur, zuweilen ganze Systeme, so gilt das Interesse einer besonderen Spezies von Eisenbahnfans den Dampflokomotiven. Es sind in aller Regel Männer, die dieser Leidenschaft verfallen. Und einer von ihnen erzählt, daß er sogar ein Rendevouz mit einer Schönen geopfert habe, um ein Rendevouz mit einer selten zu sehenden Lokomotive auf dem Bahnsteig eines Bahnhofes nicht zu versäumen. Es gibt eine umfangreiche Literatur über Dampflokomotiven; es gibt ein regelmäßig erscheinendes Lokmagazin; es erscheinen Bücher über »ungewöhnliche Dampflokomotiven« oder über die »letzten Dampflokomotiven«.

Informativ ist die Eisenbahnabteilung des Deutschen Museums in München; das Nürnberger Verkehrsmuseum befaßt sich besonders mit dem Thema Eisenbahn und Post. Man findet dort Originale berühmter Lokomotiven und Wagen und viele Modelle im Maßstab 1:10. Die Deutsche Gesellschaft für Eisenbahn-Geschichte hat nicht nur ein Archiv, sondern auch eine Sammlung von ausrangierten interessanten Lokomotiven in Neustadt/Weinstraße.

Für Eisenbahnfans und Modelliebhaber erscheint monatlich das Eisenbahn-Magazin des Bundesverbandes der Deutschen Eisenbahn-Freunde.

Eisenbahn-Museen gibt es in der Schweiz (Verkehrshaus Luzern), in Mailand, in Mühlhausen (Elsaß), in London (Museum of Science, Kensington), in Wien (Technisches Museum) und in Japan (Tokio). Fast alle Staaten des Ostblocks, insbesondere die Sowjetunion (in Leningrad) besitzen ein Eisenbahnmuseum.

Serien alter Lokbilder oder Stiche von alten Loks sind im Handel; es gibt sogar ein Buch über »alte Lokomotiv-Annoncen«, und nichts verkauft sich so gut, wenn man den Angaben von Posterhändlern trauen darf, wie harter Sex und alte Loks, meist getrennt voneinander, doch zuweilen sogar gemixt auf Plakaten. Es gibt Schallplatten mit der Story, dem Pfiff und dem Auspuffgedröhn von Dampfloks. Wie man hört, kann man neuerdings sogar Lokomotivrauch in Konservendosen kaufen. Insgesamt bezieht sich diese Leidenschaft nur auf Dampflokomotiven und deren Zubehör. Diese und andere Utensilien aus der Dampflokzeit, zum Beispiel Lokomotivnummernschilder, sind begehrte Stücke bei Tombolas und Auktionen.

Der
Lokführer
und seine
Lok.

Elektrische oder Dieselloks werden zwar der Vollständigkeit halber registriert – sie finden jedoch bei weitem nicht das Interesse, das Dampfloks nun einmal in aller Welt hervorrufen. Die Nostalgiewelle hat die Neigung zum Oldtimer und zu den frühen Bahnen noch bekräftigt.

Nicht nur in Filmen – »der General« mit Buster Keaton – und Romanen – Korffs »Sezessionslokomotive« – erlebt die alte Eisenbahn eine Wiederauferstehung; es gibt zum Schrottpreis erworbene Güter- und Schnellzuglokomotiven in großen, alten schwarzen Parks und in Gärtchen, die kaum breiter sind als der Standplatz der Lok. Es gibt ausgemusterte Loks auf Kinderspielplätzen und Dampfzüge, zum Beispiel in Deutschland, England, Österreich und der Schweiz, die in Regie von Eisenbahnfreunden oder einer Modellbahngesellschaft auf einer stillgelegten Strecke in der Touristensaison nach Fahrplan und streng nach Betriebsvorschrift zirkulieren. In Philadelphia fährt für Touristen ein extra ausgestatteter Dampfzug auf einer ausgedienten Strecke, und auf Gran Canaria fahren drei Talmizüge auf Gummireifen mit Chattanooga-Choo-Choo-Geheul jede Stunde durch die Straßen – immer voll.

Auf der ganzen Welt leben immer mehr Fabriken von der Herstellung von Eisenbahnspielzeug oder Eisenbahnmodellen in allen Spur- und Maschinengrößen vom Streichholzschachtelformat bis zur Kleinbahn, auf deren Lok man sitzen kann und deren Wagen von lärmenden Kindern gefüllt sind.

Begonnen hat das Modellbahnwesen mit der Herstellung von Modellen in Lokomotiv- oder Waggonbauanstalten zu Lehr- oder Verkaufszwecken. So wird berichtet, daß Napoleon III. 1859 für seinen Sohn im Schloßpark eine Eisenbahnanlage bauen ließ. Schon sehr früh – Ende der 40er Jahre des letzten Jahrhunderts – tauchen die ersten von Hand zu schiebenden Lokomotiven und Wagen aus Blech als »Nürnberger Spielware« auf. Doch erst zu Ende des Jahrhunderts gibt es dann Schienen, auf denen eine zweiachsige Uhrwerkslokomotive mit Wagen im Kreis schnurrt. Auch dampfbetriebene Lokomotiven mit Spiritusbrenner sah man. Die heutigen Modellbahnen fahren fast alle mit Strom. Ihren Spielzeugcharakter haben sie durchweg abgestreift; wer heute eine »elektrische Eisenbahn« für seine Kinder er-steht, kann damit eine modellgetreue, »echte« Eisenbahnanlage aufbauen.

Vergeblich scheint der Versuch, etwa mit Autobahnen ein ähnliches Spielzeugvergnügen zu entfesseln. Rennen auf Spielzeugautobahnen sind Rennen zwischen zwei oder mehr auf parallelen Schienen laufenden Zügen, die eine Autokarosserie wie eine Maske aufgesetzt haben. Echte Rennen zwischen elektronisch gesteuerten Autos ohne Schiene zu veranstalten scheitert an Platz- und Konstruktionsdetails – ein solches Rennen würde einem Autodrom oder Autoscooter, wie sie auf Jahrmärkten zu sehen sind, vor allem in den Karambolagen gleichen. Auch die elektronisch gesteuerten Schiffe auf Bassins oder auf Seen und die Propeller- und Düsenmodellflugzeuge können sich an Beliebtheit mit der Eisenbahn bis zum heutigen Tage nicht messen.

Liebhaber und Profis unterscheiden übrigens streng zwischen dem reinen Spielzeug der Kinder, das oft in Wahrheit das Spielzeug der Erwachsenen ist, und dem formvollendeten, exakten Modell, das nach der Bau- und Betriebsordnung der Bahn behandelt wird.

Hintergrund der Leidenschaft, ein System, ein Planspiel mit Zügen zu betreiben, ist neben dem Spielvergnügen, das für viele im Vordergrund steht, der Wunsch, aus eigenem Willen vollautomatisch oder mechanisch geregelte Transportsysteme nachzuahmen oder selbständig darzustellen. Solche Darstellungen auf begrenztem Raum sind bei den Modellen des Straßenverkehrs oder der Luftfahrt aus mancherlei Gründen nicht möglich. Der Wunschtraum der echten großen Eisenbahn wäre es, einen automatischen Betriebsablauf so leicht zu erzielen, wie es bei einigen Modelleisenbahnsystemen möglich ist.

Ein anderes ist die Liebe zu Loks. Hier ist ein wenig vom abgeleiteten Eros im Spiel; es ist die Leidenschaft des Antiquitätensammlers und die Neigung zu den »Kunstfiguren«, jenen Androiden, die als zauberhafte Automaten sich selbst bewegen und sogar noch für andere arbeiten können.

Doch wäre die Aufzählung der Motive unvollständig, wenn man nicht noch des allbekannten Berufswunsches fast eines jeden Knaben gedenken würde. »Ich möchte Lokführer werden!« Solche Kindheitserleb-

Der nachgebaute »Adler«, der in Wirklichkeit »Der Adler« hieß.

nisse und -erinnerungen mögen für die große Zahl der Lokfans heute verantwortlich sein.

Zu bestaunen und zu bewundern gibt es da genug. Denn wenn früher die typische Arbeitsmaschine, eine Drehbank, eine Bohr- oder Schleifmaschine, bis in die zwanziger Jahre dieses Jahrhunderts eisengrau oder schwarz angestrichen war, so verstanden schon die ersten Lokomotivbauer von Trevithick über Stephenson bis zu Maffei, Borsig und Henschel ihren Lokomotiven ein farbenreiches Design zu geben. Selbst die rußgeschwärzten Dampfungetüme, die noch bis in unsere Zeit hinein Güterzüge schleppen oder noch auf Neben- und Privatbahnen ihren Dienst versehen, verließen die Herstellerfabrik als schmukke, farbige Dampfrosse.

Stephensons »Der Adler« war übrigens nicht die erste Lokomotive, die in Deutschland fuhr. Als die Kunde von den ersten Lokomotiven nach Deutschland drang, da schickte die preußische Bergbauverwaltung, der auch die staatliche Berliner Eisengießerei unterstand, zwei Beamte – Eckardt und Krieger – nach England, um die Versuche der englischen Konstrukteure zu studieren. Sie müssen dabei auch die Blenkinsop'sche Zahnradlokomotive besichtigt haben; denn die Lokomotive, die nach der Rückkehr der beiden Forschungsreisenden von Carl Ludwig Althaus unter der Aufsicht des technischen Hütteninspektors Krieger gebaut wurde, erinnert stark an die Blenkinsop'sche Konstruktion. Dort wie hier griff das Zahnrad der mit zwei aufrecht stehenden Zylindern konstruierten Lokomotive in das mit Zahnstangen versehene Gleis, um die angeblich fehlende Haftung zwischen Schiene und Rädern zu ersetzen. Die erste deutsche Lokomotive konnte im Sommer 1815 täglich von neun bis zwölf Uhr und nachmittags von drei bis acht Uhr im Hof der Eisengießerei besichtigt werden. Eintritt: Vier Groschen. Die »Vossische Zeitung« berichtet in der Ausgabe von 9. Juli 1815: »In

In der linken unteren Ecke steht die Blenkinsop nachempfundene Lokomotive, die erste 1815 in Deutschland (Berlin) gebaute Lokomotive.

der Eisengießerei ist auch seit einiger Zeit der neu erfundene Dampfwagen zu sehen, der sich in eigenem Gleise und mit eigener Kraft dergestalt fortbewegt, daß er eine angehängte Last von 50 Zentnern zu ziehen imstande ist.«

Man kann sich vorstellen, wie dieses Ungetüm krachend, knackend und stöhnend, Rauch und Dampf ausstoßend gemächlich seine Kreisform durchfuhr. Es muß ein großes Erlebnis für die Berliner gewesen sein, daß selbst die hochnäsige »Tante Voss«, die sonst nur von »Staats- und Gelehrtensachen« handelte, sich dazu herabließ, einen Bericht darüber zu bringen.

In den Unruhen des Jahres 1848 griffen streikende Arbeiter die Gebäude der königlichen Eisengießerei an. Das Konstruktionsbüro verbrannte und mit ihm alle Skizzen und Zeichnungen, auch die der ersten deutschen Lok. Dennoch gibt es von ihr eine Abbildung. Die Gießerei pflegte nämlich allen ihren Gönnern und Abnehmern zu Neujahr eine Glückwunsch-

karte zu überreichen, ein dauerhaftes und schweres Geschenk, das aus Gußeisen bestand. Die rechteckige Platte, die im Kunstgewerbemuseum zu Berlin noch vorhanden ist, zeigt neben zwei Kruzifixen und drei Grabmälern, die man preiswert dort bestellen konnte, als typisches Erzeugnis eine Kanone und im Lorbeerkranz die Inschrift:

Glorreiche
Waffen giebt das Eisen
in Künsten schafft es Schmuck
und Nutzen
Die Eisenarbeit segne Gott
1816

In der linken unteren Ecke steht die Lokomotive. Deutlich sind die Balanciers zu sehen und in der Mitte das Zahnrad, das in die Zahnstange des Gleises eingreift.

Die Lokomotive sollte auf der Königshütte in Ober-

177

schlesien eingesetzt werden. Dort angekommen, versuchte man, sie auf die Gleise zu stellen – doch siehe da, die Spurweite von Maschine und Gleisen stimmte nicht überein. Wie und wo die Lokomotive blieb, ist unbekannt. Im Verkehr eingesetzt wurde sie nie.

Eine zweite Maschine wurde für das Saargebiet gebaut, jedenfalls, um Kohle zu transportieren. Sie konnte, wie berichtet wurde, »Wagen mit 8000 Pfund Bomben« hinter sich herziehen. Nach dem Saargebiet wurde sie über Spree, Havel, Elbe, die Nordsee und den Rhein geschafft. Ihre einzelnen Teile waren in Kisten verpackt. Doch die größten Schwierigkeiten bereitete es, sie wieder zusammenzusetzen. »Aus zahlreichen Fugen und Öffnungen strömte der Dampf, und obschon man sie mit allen möglichen Mischungen aus Öl und Mehl, aus Essig und Stärke, ja sogar aus Rindsblut und Käse verschmierte – die Sache wurde nicht besser! Schließlich wurde diese erste deutsche Lokomotive als altes Eisen verkauft!« (Neuburger)

Die Engländer, die von diesen Mißgeschicken erfahren hatten, spotteten über tragikomische deutsche Lokomotivkonstruktionen.

Wenig bekannt ist, daß der kurhessische Bergrat Carl Anton Henschel in Kassel – sein Vater war kurfürstlich hessischer Stückgießer, er goß Glocken und Kanonen, zog aber auch Bleirohre und baute Feuerspritzen – schon 1803 einen Entwurf zu einem Dampfwagen schuf. Man fand den Entwurf beim Hof interessant, doch dabei blieb es.

Carl Anton Henschel war seit 1817 Teilhaber im väterlichen Betrieb; er wollte gern aus dem Staatsdienst ausscheiden, um sich ganz der väterlichen Gießerei zu widmen, die er mit neuartigen Konstruktionen und Erfindungen bereicherte. Der Hof entließ ihn jedoch nicht aus seiner Stellung als Oberberg- und Salzwerkinspektor, wo er unentbehrlich erschien; er duldete aber die Beschäftigung in dem inzwischen zu einer Maschinenfabrik ausgedehnten väterlichen Unternehmen. 1817 erhielt Carl Anton ein Patent auf Dampfwagen für Kurhessen; er hatte in natürlicher Größe die einzelnen Maschinenteile für den Dampfwagen gebaut und vorgestellt. Freilich ist der Dampfwagen – es dürfte sich um ein Lokomobil gehandelt haben – nie gefahren.

1832 unternimmt Henschel eine Studienreise nach England, bei der er Stephenson und Brunel den Älteren kennenlernt. Seit 1833 verfaßt er als Frucht seiner Reise Artikel über Eisenbahnbau und -betrieb, schlägt auch eine Eisenbahnlinie Bremen – Frankfurt am Main vor.

Inzwischen beschäftigt er in seinem Unternehmen über zweihundert Arbeiter. Dampfmaschinen, Öfen, Druckpressen, Turbinen und Gewehre werden nun hergestellt.

1843 verläßt ein Dampfschiff die Werkstatt. Es heißt »Eduard« und soll zwischen Kassel und Bremen verkehren. Für seine erste Lokomotive – der »Drache«, 1848 – traf er noch die notwendigen Vorbereitungen, die bis in das Jahr 1844 zurückreichen. Damals beteiligte sich die Firma Henschel und Sohn an der Gründung der Aktiengesellschaft »Kurfürst Friedrich-Wilhelms-Nordbahn« durch Zeichnung von Aktien. Dann trat er krankheitshalber zurück. Die Doppelbelastung als Oberbergrat und Industrieller, aber auch Ärmlichkeit, Enge und Unentschlossenheit des schwach geführten Kleinstaates hatten ihm zugesetzt. Er starb 1861. Mit Recht nennt man ihn den Begründer des Kasseler Lokomotivbaues. (Heute Thyssen Industrie AG Henschel, Kassel)

Carl Anton Henschel ist ein Pioniertyp der beginnenden Industrialisierung: Er überführt den Handwerksbetrieb in eine Maschinenfabrik, er konstruiert, er erfindet, überwacht und leitet zugleich den kaufmännischen Teil des Unternehmens: er geht auf Geschäftsreisen, verhandelt mit dem Hof und mit den Kunden und sucht die Marktlage zu ergründen.

Man muß wissen, daß solche Erfinder wie der Bergrat in Deutschland und anderswo damals nicht selten waren; die Chancen für Erfindungen waren deshalb so groß, weil nicht nur der Dampf, sondern seit neuestem auch die Elektrizität und das Gas als neue Kräfte bereitstanden. Es gab schon Mechaniker, die mit Erdöl experimentierten. Aber nur wenigen glückte es, ihre Erfindungen industriell auszuwerten.

Und dann fahren die ersten Lokomotiven aus deutschen Werkstätten über die Schienen. Noch überwiegen ums Jahr 1842 die Loks aus englischen und amerikanischen Fabriken. Doch um 1848 gibt es schon 21 Lokomotivfabriken in Deutschland, von

Die »Saxonia« war die erste brauchbare deutsche Lokomotive.

denen es acht zu großer Bedeutung bringen. Borsig, Maffei und Henschel bauen jetzt laufend Lokomotiven. Die erste deutsche Lokomotive, die betriebsfähig war, die Saxonia, hatte Professor Schubert vom Polytechnikum in Dresden 1839 in der Werkstätte der Actien-Maschinen-Baugesellschaft in Übigau für die Strecke Leipzig – Dresden erbaut. Es war nach der Eisenbahnfachterminologie eine B1-Lokomotive.

Um in die Fachsprache der Eisenbahnexperten und Lokfans einzudringen, stehen hier die Abkürzungen, wie sie der Verein der mitteleuropäischen Eisenbahnverwaltungen sich ausgedacht hat.

Die großen Buchstaben A bis F bezeichnen die Zahl der gekuppelten Achsen. Die Achsanordnung ist neben Merkmalen der Bauart das wichtigste Unterscheidungskennzeichen der Dampflokomotiven. Um die Lokomotive und den angehängten Zug fortzubewegen, bedarf es nämlich – ein altes Problem, das schon Trevithick beschäftigte – der ausreichenden Reibung des Rades auf der Schiene. Vor allem die »treibenden« Räder der Lok, die Räder, die »greifen«, steigern die Zugkraft der Maschine. Es ist also zweckmäßig, die Zahl der Treibachsen zu erhöhen, um die Zugkraft zu verstärken. Nun wird aber norma-

Längen- und
Horizontalschnitt
einer
Lokomotive. Es
handelt sich um
die Schnellzug-
lokomotive
»Rittinger« der
österreichischen
Südbahn.

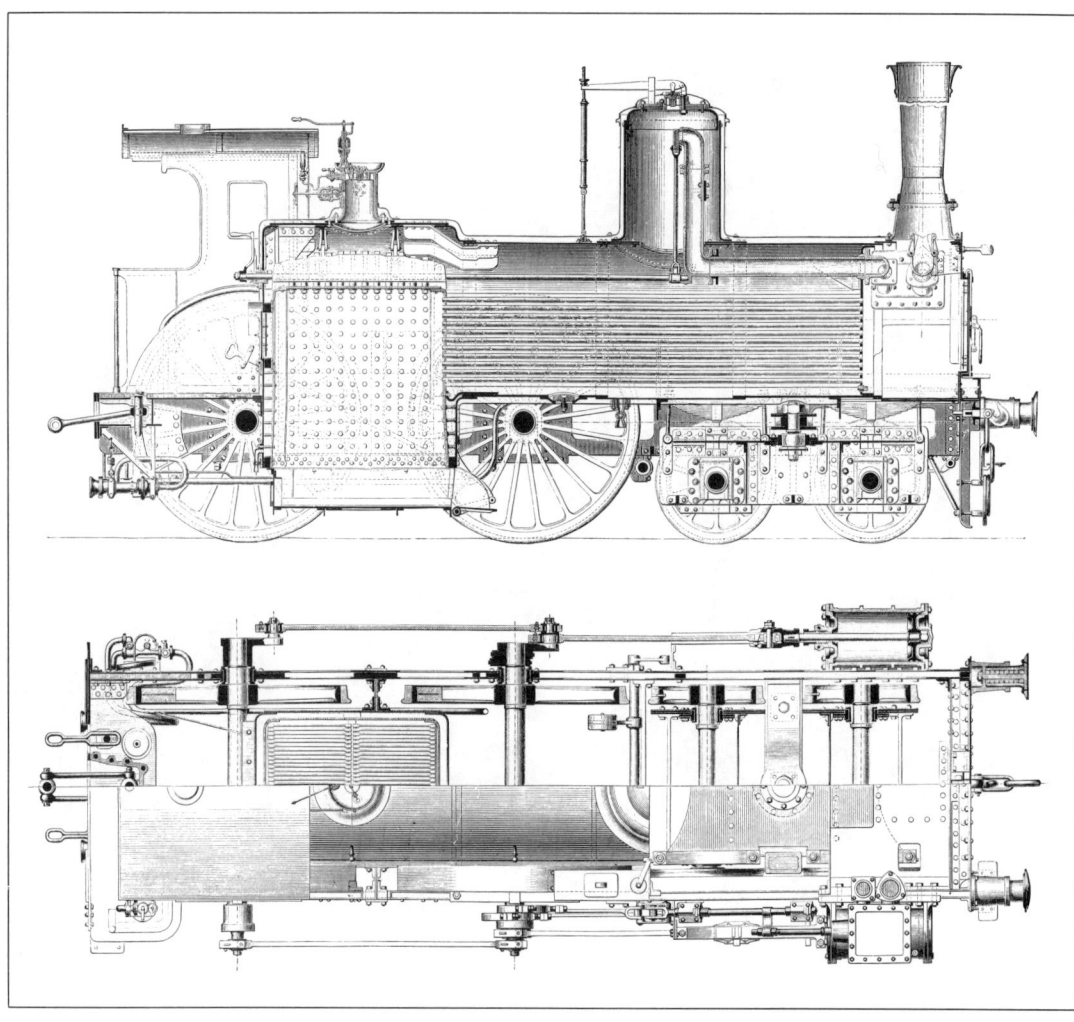

lerweise nur eine Achse, die wirkliche Treibachse, durch die Bewegung der Kolben in den Zylindern angetrieben. Deshalb übertragen besondere Gestänge diese Treibkraft auch auf andere Achsen, eben auf gekuppelte Achsen. Die nicht gekuppelten Achsen, die nicht ziehen, sondern lediglich das Gewicht der Lok tragen helfen, heißen Laufachsen oder auch Schleppachsen. Sie werden, je nachdem wir sie zu den Kuppelachsen stehen, mit Zahlen bezeichnet. Man zählt von vorne, also vom Schornstein aus, nach hinten, zum Tender. Der Tender enthält die Vorräte an Brennstoff und Wasser für die Lokomotive; er ist angekuppelt. Tenderloks führen ihre geringen Vorräte seitlich oder in einem festmontierten Kasten beim Führerstand mit sich; es sind dies Rangier-

oder Kurzstreckenloks. Bei der Achsenzählung zählt man übrigens Tenderachsen nicht mit!

Ein einfaches Beispiel: Der »Adler« war eine 1 A 1 Lokomotive, das heißt, er besaß eine Treibachse und davor und dahinter je eine Laufachse. Professor Schuberts erste deutsche Lok, die sich im Verkehr bewährte, war eine B1 Lokomotive, sie besaß also zwei gekuppelte Treibachsen und dahinter eine Laufachse.

»Der Adler« und ihm nachfolgend alle Dampflokomotiven bis in die Hoch- und Spätzeit des Dampflokbaues hinein bestanden aus den Bauelementen, die Stephenson schon seiner »Rocket« und der ihr nachfolgenden verbesserten, sogenannten Patentee-Klasse 1 A 1 mitgegeben hatte:

Stehkessel mit Feuerbüchse und Rost, auf dem das Feuer brennt. Das Feuer erzeugt im doppelwandigen, wassergefüllten Stehkessel den Dampf. Die ungleich größere Menge Dampf entsteht freilich im Langkessel, in dem die Heiz- und Rauchrohre liegen. Der Dampf des Kessels wird im Dampfdom entnommen; er wird durch eine Steuerung den Zylindern zugeleitet, die mit der Bewegung ihrer Kolben über Treib- und Kuppelstangen die Räder antreiben.

Alle diese Teile, wozu noch Meßgeräte, Speisepumpen zum Nachfüllen des verdampften Wassers im Kessel sowie Sicherheitsventile kommen, haben in den rund 150 Jahren ihre technische Perfektion erfahren. Sie haben sich weiterentwickelt, doch haben sie nicht nur im Namen die Erinnerung an ihre Ur-

form behalten. »Bis auf den heutigen Tag (1935) blieb der Stephenson'sche Kessel mit seiner Stehbolzenfeuerbüchse bis etwa 20 bis 25 Atmosphären Kesseldruck Sieger, und nur bei den Versuchsbauten der letzten Zeit für hohe und höchste Drucke mußten neue, dauerhaftere und festere Formen an seine Stelle treten.« (125 Jahre Reichsbahn)

Dampfdom und Schornstein der Lok waren oft nicht nur Markenzeichen der Firmen; an ihnen erwies sich ein frühes Bedürfnis der Konstrukteure, das, was man heute Design nennt, reichlich zu zeigen. Von der eigenartigen Form des Stehkessels, der Gestaltung der Räderkästen bis zum besonders ausgeführten Dampfdom oder der Signalpfeife war alles in Farben und Material darauf abgestellt, der Maschine ein

»Die Pfalz« von Maffei 1853 erbaut (Crampton-Lokomotive der pfälzischen Eisenbahn).

interessantes, glänzendes Ansehen zu geben. Daß dies noch bis heute nachwirkt, erkennt man an den immer wieder in hohen Auflagen nachgedruckten farbigen Zeichnungen oder Stichen der frühen Lokomotiven.

Von den ersten amerikanischen Lokomotiven – typisch die 2 B Lokomotive – gibt es Bilder, die deutlich den Stolz des Lokpersonals auf ihre Lokomotive zeigen: Von den blankgeputzten Armaturen und frischgestrichenen Maschinenteilen bis zum Hirschgeweih am Schornstein.

Im allgemeinen reichten bei den verhältnismäßig geringen Streckenlängen der ersten Jahre die A-Maschinen, also die Lokomotiven mit einer Treibachse, aus. Nur in dem mit Bergen gesegneten Württemberg wurden von Anfang an zweifach gekuppelte Maschinen verwendet.

Die Badener bezogen für ihre Breitspur Lokomotiven aus Manchester; es waren 1 A 1 Maschinen. Doch schon 1842 lieferte auch hier die Firma Kessler in Karlsruhe die ersten deutschen Lokomotiven für die badische Bahn.

Mit der Streckenlänge wuchs die Länge der Züge; höhere Zuggeschwindigkeiten wurden verlangt. Das wiederum setzte stärkere Maschinen und damit größere Kessel voraus. Die Zylinder, die zwischen den Laufachsen lagen, wanderten nach außen, eine neue Achsanordnung tauchte auf. Sie ist mit dem Namen des Engländers Crampton verbunden. Er kam um die Mitte der 40er Jahre auf die Idee, seine Lokomotiven schneller zu machen, indem er das Treibrad, das ungewöhnlich großen Durchmesser haben mußte (1830 bis 2124 mm), mit der Achse hinter die Feuerbüchse, also ans Ende der Lokomotive verlegte. Zylinder, Triebwerk und Steuerung waren außen angeordnet und leicht zugänglich: eine moderne Maschine.

Bayerische Schnellzuglokomotive Gattung S 2/6, eine 2B2 mit hohen Treibrädern (1906).

Schnellzuglokomotive dreifach gekuppelt. Preußische Staatsbahn um 1910.

Diese Loks erreichten schon bei Probefahrten 120 Stundenkilometer; sie waren ausgesprochene Schnelläufer. In England hatte Crampton damit wenig Erfolg. Um so mehr in anderen Ländern. In Frankreich fand man sie besonders häufig. »Le Continent« z. B., der für die französische Ostbahn fuhr, dampfte bis 1919 vor leichten Zügen; die Maschine hatte schon bei Sedan 1870 Truppen zurückbefördert. Die Kadetten von der Militärschule St. Cyr, sprachen von

»prendre le crampton«, wenn sie den Crampton nehmen wollten. »Le Continent« ist heute noch fahrfähig und gelegentlich als Filmstar zu bewundern.
In Deutschland fuhr die Crampton, 1853 von Maffei erbaut, als Schnellzuglokomotive der pfälzischen Eisenbahnen unter dem Namen »Die Pfalz«. Eine zweite Maschine dieses Typs hieß »Phoenix«. Sie ist im Nürnberger Verkehrsmuseum zu sehen.
Immer größere, immer stärkere Schnellzugmaschi-

Einheitsschnellzuglokomotive der Deutschen Reichsbahn. Baureihe 03, erbaut 1930.

Güterzuglokomotive der Preußischen Staatsbahn um 1900.

nen folgten: die doppelt gekuppelte 2B1 wurde erst in der Pfalz, später in Bayern als 2B2 mit hohen Treibrädern (2200 mm) für eine Höchstgeschwindigkeit von 150 Stundenkilometern eingesetzt.

Seit 1910 gab es in Preußen dreifach gekuppelte und seit 1918 in Sachsen und Preußen vierfach gekuppelte Schnellzugloks. (1D1) Diese Serien liefen aus, als von 1925 an in den Bauartreihen der Deutschen Reichsbahn sogenannte Einheitslokomotiven als 2C1 Schnellzuglokomotiven entwickelt wurden.

Im Güterverkehr und auch im langsameren Personenverkehr wurde der Bedarf durch weiterentwickelte B-Typen gedeckt. Diese Lokomotiven mit der Anordnung B1, also einer hinteren Laufachse, hieß man »Scherenmaschinen«, was eine Anspielung auf die gegenläufige Bewegung der Treib- und Kuppelstangen war. Speziell für den Güterzugverkehr wurde dann – das hohe Zuggewicht verlangte verstärkte Reibung – die dreifach gekuppelte C-Lokomotive eingesetzt. Sie galt ihrer hohen Raddurchmesser wegen auch als Schnelläufer und wurde stellenweise vor Schnellzüge gespannt. Das endete schlimm mit der Fahrt der C-Lokomotive »Kniebis«, die mit ihrer überhängenden Feuerbüchse bei zu hoher Geschwindigkeit in der Nähe von Hugstetten zwischen Freiburg (Breisgau) und Colmar entgleiste und in Brand geriet. 63 Menschenleben kostete das Unglück, eines der schwersten jener Zeit.

Fünffach gekuppelte Güterzuglokomotive der Gattung G 12 von 1917. Sie war die erste deutsche Einheitslokomotive.

Sechsfach gekuppelte Güterzuglokomotive der Württembergischen Staatsbahn. Erbaut 1918 von der Maschinenfabrik Esslingen.

Von nun an waren 60 Stundenkilometer das äußerste, was man diesen C-Lokomotiven zumutete. Um den Überhang der Feuerbüchse abzufangen, verwendete man den Tender als Stütze. Solch eine Stütztenderlokomotive war schon beim Semmering-Wettbewerb in den 50er Jahren von Engerth vorgestellt worden.

Die D-Lokomotive versprach noch höheres Reibungsgewicht. Sie wurde in den Jahren der Jahrhundertwende die verbreitetste Güterzugslokomotive.

Um die Geschwindigkeiten für die Güterzüge zu steigern, baute man seit 1919 fünffach gekuppelte (E) Lokomotiven. Dazu stießen vierfach gekuppelte Lo-

komotiven mit geteiltem Triebwerk. Als Krönung des Kupplungsgrades fungierte seit 1905 eine preußische und sächsische E-Tender-Lokomotive. Eine 1 B 1 war eine Güterzug-Tenderlokomotive, die seit 1932 in die Einheitslokomotive der Bauartreihe 85 der Deutschen Reichsbahn überging.

Nur in Württemberg gab es noch eine 1 F-Schlepptenderlokomotive für Güterzüge. Das war also eine sechsfach gekuppelte Lok. Sie ist 1918 von der Maschinenfabrik Esslingen erbaut worden. Für höhere Kupplungsgrade verwendete man das System der Doppellokomotive.

Die Idee der Verbundwirkung erzeugte um 1865 eine neue Art von Lokomotiven: Der nicht ganz ent-

Heißdampf-Verbund-Schnellzuglokomotive der Sächsischen Staatsbahn. Erbaut 1917 von Hartmann.

Schnellzuglokomotive der Badischen Staatsbahn, eine Pacific 2C1 (231), Gattung IVh aus dem Jahre 1918.

spannte Dampf, der aus dem Zylinder austritt, ist noch arbeitsfähig. Warum sollte man ihn nicht einem zweiten Zylinder zuführen, in dem er nochmals den Kolben bewegt? So entstand 1880 die erste Verbundlokomotive für die preußischen Staatsbahnen. Die Ersparnis betrug immerhin 15%; seit 1895 wurden für Schnell- und Durchgangsgüterzüge nur noch Verbundlokomotiven verwendet. Es waren zumeist Vierzylinderloks.

Um 1890 befaßte man sich mit einem neuen Gedanken, den Dampf noch wirtschaftlicher arbeiten zu lassen: Die Heißdampflokomotive. Der Dampf, den man bisher zum Arbeiten in den Lokomotiven verwendete, war zu naß: Er führte bis zu 12% Wasser-

tropfen mit sich. Der nasse Dampf aber setzte auf seinem Weg bis zu den Kolben Wasser ab, das die Arbeit der Kolben bremste. Also galt es, den Dampf durch Überhitzen in einen Zustand zu bringen, in dem er kein Wasser mehr enthält. Dabei entstanden Dichtungs- und Schmierprobleme, die erst zu jener fortgeschrittenen Zeit der Technik lösbar waren. Das Endergebnis bestand in einer Überhitzung des Dampfes bis zu 400°C. Auch sie brachte eine Ersparnis an Wasser von 25% und an Brennstoff von etwa 20%. Der Aktionsradius der Lokomotiven erhöhte sich von 300 auf 400 Kilometer.

1897 wurde in Preußen die erste 2B Heißdampflokomotive, und zwar in je einer Ausführung als Schnell-

Schnellzuglokomotive der ehemaligen Bayerischen Staatsbahn, Gattung S 3/6. Eine Maffei-Lokomotive von 1907/8.

zug- und als Personenzuglokomotive, im Dienst erprobt.

Der Schweizer Anatole Mallet erfand die Lokomotive mit dem geteilten Triebwerk; praktisch löste er das Problem der Kurvengängigkeit.

Aus Amerika kam der »Stoker«, der mit einem spiralförmigen Gewinde Kohlen aus dem Tender auf den Rost schob. War dies schon eine große Erleichterung für den Heizer, so konnte man sich bei den europäischen Bahnverwaltungen lange nicht dazu durchringen, dem Lokpersonal größeren Schutz durch ein verglastes Führerhaus und größere Bequemlichkeit durch Sitze zu verschaffen.

Eine Statistik ergibt, daß vor allem durch die neuen Verfahren und technischen Verbesserungen mengenmäßig der Dampfverbrauch, bezogen auf die PS-Stunde auf ein Sechstel, der Kohlenverbrauch auf ein Achtel des ursprünglichen Wertes gesunken war.

Eine der letzten großen und schönen Schnellzuglokomotiven ist die 2C1, eine Heißdampf-Vierzylinder-Verbundlokomotive, unter dem Namen »Pacific« bekannt. Die erste dieser Loks lief 1907 in Baden. Ihr zur Seite steht an Schönheit ebenbürtig die bayerische Schnellzuglokomotive S3/6 von Maffei 1907/8.

Nach dem Ersten Weltkrieg, der aufgrund des Ver-

sailler Vertrages Deutschland zur Ablieferung von 8200 der modernsten Lokomotiven, 1300 Personen- und 280 000 Güterwagen verpflichtete, trat ein großer Mangel an Lokomotiven ein. Er führte zur Vereinheitlichung der Lokomotivnormen und damit letzten Endes zur Erschaffung einer Anzahl von Einheitslokomotivtypen:

einer 2C1 Schnellzuglokomotive, Bauart Reihe 01/02;

einer 1C1 Personenzuglokomotive, Reihe 64 als Muttertype, von der Tochterbauarten abgeleitet werden konnten;

einer 1E Muttertype, Reihe 43/44,

ferner Verschiebelokomotiven und Schmalspurlokomotiven.

Dies war ein großer Schritt zur Rationalisierung des Lokomotivbaues, der auch den Fabriken und den bahneigenen Werkstätten zugute kam.

Seit 1910 kündet sich in einer Reihe von Phänomenen, uns heute erkennbar, das Ende der Dampflokära an. Auch auf dem Gebiete des Dampflokomotivbaues erweist sich in immer neuen Experimenten die Unzufriedenheit mit dem geringen Wirkungsgrad der Dampflokomotive. Er liegt bestenfalls bei acht bis 10% der Wärmeenergie der verbrauchten Kohle. Jetzt erscheinen Versuchslokomotiven: Dampfturbinen von Krupp und Maffei um 1924, Hochdruck-

**Kruckenberg führte 1931 seinen Propellertriebwagen vor.
Der Schienen-Zepp-Propeller wurde durch einen
Verbrennungsmotor angetrieben.**

lokomotiven von Henschel 1928, Mitteldrucklokomotiven, die einen Kesseldruck von 25 Atmosphären aufweisen um 1932, Kohlenstaublokomotiven, die Braunkohle in Form von Kohlenstaub verfeuern, von AEG und einer besonderen Studiengesellschaft um 1930. Andere Lokomotiven und Kleinlokomotiven (vor allem zum Rangieren) wurden mit Ölmotoren (Diesel, Benzol) oder Akkumulatoren (Speicher) ausgerüstet. 1935 baute man drei Schnellfahrloks 2C2 mit Stromlinienverkleidung, von denen gleich noch die Rede sein wird. Auch in Frankreich machte man schon vor dem Zweiten Weltkrieg Versuche mit stromlinienverkleideten Lokomotiven.

Schon wurden um diese Zeit die ersten dieselelektrischen Schnelltriebwagen konstruiert. Ein Flugzeugingenieur, Franz Kruckenberg, gab dazu mit seinem »Schienenzeppelin« den Anstoß. Er erreichte am 21. Juni 1931 zwischen Hamburg und Berlin 230 Stundenkilometer! Leider mußte diese Leistung einmalig bleiben. Daß es den Zuschauern auf dem Bahnsteig die Hüte vom Kopfe riß, wäre noch zu ertragen gewesen. Daß aber dem »Zepp« der Schwellenschotter aufgewirbelt wie eine Schleppe folgte, das ließ die neue Konstruktion unbrauchbar erscheinen.

Das war 1931: Aber schon am 23. und 27. Oktober 1903 fuhren zwei Versuchstriebwagen mit elektrischen Drehstrommotoren auf der Militärbahn Marienfelde – Zossen 210 Stundenkilometer.

Nur zögernd wurden jetzt die ersten Strecken elektrifiziert. Doch die Vorteile lagen auf der Hand: Überall, wo eine Bahn elektrisch betrieben wurde, stieg der Verkehr um mehr als das Doppelte; kürzere Fahrzeiten, kein Rauch. Kohle und Wasser und alle dampfspezifischen Anlagen samt dem Heizer an Bord der Lok entfallen. Endlich: Der Wirkungsgrad der E-Lok liegt bedeutend höher als der der Dampflok. Umgerechnet verbraucht die E-Lok nur den dritten bis vierten Teil der Kohlenmenge, welche für die gleiche Leistung die Dampflok verbraucht. Oder anders ausgedrückt: Während die Dampflokomotive ihr eigenes Kraftwerk mit Kohlenvorrat, Heizkessel, Flammenrost und Wasserbehälter mit sich herumschleppen muß, verbraucht die E-Lok lediglich die ihr über den Draht direkt zugeleitete Energie, die aus Dampfkraftwerken oder Wasserkraftturbinen stammt.

Eine Stromliniendampflokomotive dieser Bauart von 1935 mit 2360 PS erreichte am 11. Mai 1936 eine Geschwindigkeit von 200,4 Stundenkilometern!

Diese Überlegungen schlugen so zu Buch, daß um 1910 alle Staatsbahnen erste elektrische Strecken in Betrieb hatten oder planten. Von Verdieselung spricht man erst in den Jahren vor dem Zweiten Weltkrieg.

Eine späte österreichische Erfindung für Dampflokomotiven war der 1947 bis 1949 entstandene »Giesl-Ejektor«, praktisch eine Aneinanderreihung von Einzelschornsteinen. Zusammen mit anderen technischen Maßnahmen ergab sich eine Ersparnis von fast zehn Prozent der Energie. Zuerst fand der Ejektor vor allem in den USA Anklang, doch dann siegte dort der Dieselmotor.

Elektrifizierung und später Verdieselung schränkten überall auf der Welt den Wirkungsbereich der Dampflok ein. Und so war tatsächlich das Ende der Dampflok in Sicht. Es war ein langsames Sterben, und es dauert noch an. Erst Herbst 1977 werden die letzten

Dampfloks ausgemustert sein; man wird sie an Liebhaber oder Vereine verkaufen, besonders seltene Stücke wandern ins Museum, und der Rest wird zum Schrott wandern.

Noch einmal, zum letzten Mal sozusagen, versuchte die Dampflok den Nachweis, daß sie die 200-Kilometer-Grenze schaffen könne. Die drei Stück eben erwähnter Schnellfahrloks 2C2 von Borsig – Baureihe 05 – stromlinienverkleidet, wollte man zu einem Schnellfahrversuch verwenden. Im Lokversuchsamt Grunewald glaubte man, das letzte aus diesem Loktyp »herausholen zu müssen«, denn der »fliegende Hamburger«, der neue Dieseltriebwagen, hatte eine reguläre Höchstgeschwindigkeit von 160 Stundenkilometern. Man wollte zeigen, daß eine Dampflok noch mehr leisten könne.

Nach zwei mißlungenen Versuchen war im Mai 1936 die Gelegenheit da: In diesem Jahr gab es Schnell-

fahrversuche im Dreieck Berlin–Hannover–Bremen – Hamburg – Berlin, und zwar mit dem Henschel-Wegmann-Zug*), mit einigen Dieseltriebwagen und auch wieder mit der Lok 05002, eben dieser Schnellfahrlok. Auf dem Heimweg zwischen Hamburg und Berlin hatte diese Lok am 11. Mai vier Wagen im Gewicht von rund 200 Tonnen angehängt; als fahrplanmäßige Geschwindigkeit waren 180 Stundenkilometer vorgesehen, so daß anfangs auch niemand daran dachte, mehr herauszuholen. In Wittenberge aber hatte ein außerplanmäßiger Halt einige Minuten Verspätung verursacht, die aufgeholt werden sollten! Dazu kam der Umstand, daß die Lokmannschaft soeben von der Fahrt eines Dieseltriebwagens gehört hatte, der zwischen Hannover und Hamburg die 200-Kilometer-Marke erreicht hatte; der Ehrgeiz war wieder erwacht! Gutes Wetter und das relativ leichte Gewicht des Zuges boten eine einmalige Gelegenheit. Lokführer Langhans drehte auf und ließ sich auch durch das bei 195 Stundenkilometern auftretende sirenenartige Geheul am Schornstein nicht aus der Ruhe bringen, auch nicht, als der mitfahrende Meßwagen bei 200 Stundenkilometern ein langes Hupsignal gab. Vermutlich in dem Bestreben, ganz sicher zu gehen, drehte Langhans noch ein wenig auf und siehe da: Der Meßstreifen ergab hinterher eine Geschwindigkeit von genau 200,4 Stundenkilometern, womit eine Dampflok erstmals die 200-Kilometer-Grenze tatsächlich erreicht und überschritten hatte! Die 05002 war also Weltrekord gefahren! Dr. Dorpmüller (damals der Generaldirektor der Deutschen Reichsbahn) begrüßte die Mannschaft auf dem Lehrter Bahnhof in Berlin mit Sekt, worauf sich Reichsbahndirektor Günther bemüßigt sah, selbst die Lok zu besteigen und so lange auf ihr zu bleiben, bis sie sicher im Heizhaus gelandet war.
(vom »Adler« zum TEE)
Zur Erklärung des letzten Satzes muß man noch sagen, daß diese Fahrt eigentlich verbotswidrig zustande gekommen war. Bei einer früheren Versuchs-

fahrt war nämlich bei 196 Stundenkilometern an der Lok ein Bolzen gebrochen.
Die »Schwarzen« triumphierten. So heißen nämlich bei der Bahn alle, die mit dem Lokwesen zu tun haben. Doch was nützte es? Mehr als acht oder höchstens zehn Prozent Ausnützungsgrad der Wärmeenergie der Kohle haben alle noch so genialen Ingenieurskonstruktionen bei der Lokomotive nicht erreichen können. Und die höhere Wirtschaftlichkeit einer neuen Antriebsmaschine ist der Tod der alten.
Der Rekord der 002 hielt nicht lange. Am 3. Juli 1938 fuhr die Pacific »Mallard«, eine englische stromlinienverkleidete A4 sichere 202,8 Stundenkilometer. Für alle, die den Loks nachweinen, steht hier das Bekenntnis des großen Komponisten Arthur Honegger (1892–1955), der einer Pacific 231 (2C1) mit dem gleichnamigen »mouvement« ein Denkmal setzte. Er war übrigens nicht der einzige Komponist, der für Loks oder Eisenbahnen schwärmte. Vor allem Anton Dvorák (1841–1904) war ein vom Eisenbahnfieber Befallener.*)
Honegger kommentiert seine »sinfonische Bewegung Pacific 231« so: »Ich habe immer eine Leidenschaft für Lokomotiven gehabt. Für mich sind sie lebende Wesen gewesen, die ich liebe wie ein anderer Frauen oder Pferde liebt. In »pacific 231« wollte ich nicht den Lärm der Lokomotive nachahmen, sondern einen visuellen Eindruck und einen physischen Genuß ins Musikalische übersetzen. Das Werk geht von der sachlichen Beobachtung aus. Das ruhige Atemschöpfen der Maschine im Stillstehen, die Anstrengung beim Anziehen, das allmähliche Anwachsen der Geschwindigkeit – bis sie einen lyrischen Höhepunkt erreicht, die Pathetik eines Zuges von 300 Tonnen, der mit 120 Kilometer pro Stunde durch die tiefe Nacht stürmt.«

Lokomotiven – auch in ihnen wohnt der Eros.

---

*) Lok- und Waggonindustrie versuchten mit der stromlinienförmig verkleideten Lok und vier Stromlinienschnellzugwagen zu zeigen, daß sie dem neuen dieselelektrischen Triebwagen – Typ Fliegender Hamburger – gewachsen waren. Der Zug war 175 Stundenkilometer schnell.

*) Er fragte alle Besucher, die mit der Bahn gekommen waren, nach der Lokomotive. Sein Schwiegersohn wollte ihm eine Freude machen und schrieb sich daher auf dem Bahnhof eine Nummer ins Notizbuch. Als er sie Dvorák vorlas, rief der Komponist: »Du Trottel, das ist der Kohlentender, nicht die Lokomotive!«

Erster deutscher Speisewagen auf der Berlin-Anhalter Bahn. Holzschnitt von 1888.

PULLMAN: SCHLAFWAGEN – SPEISEWAGEN

»Ich habe es gern, wenn der Regen klatschend gegen die Abteilfenster schlägt und die Tropfen hastig schräg nach unten laufen. Dann ist es besonders gemütlich, und ich denke an meinen Großvater mit dem Bordeaux, worauf ich bald in den Speisewagen gehe. Die schönsten Bücher habe ich in einer Fensterecke gelesen ... «

Dies Zitat aus einer »Liebeserklärung« benannten Glosse Walter Foitzicks enthält schon den letzten Komfort der Eisenbahn unserer Tage. Jener Großvater, der, wie Foitzick sagt, einem »alten Eisenbahnpassagiergeschlecht« entstammte, nahm zu jeder Fahrt eine Flasche Bordeaux und ein halbes gebratenes Huhn mit ins Coupé, denn es gab damals noch keine Speisewagen.

Die Geschichte muß vor dem Siebziger Krieg gespielt haben, denn die ersten Schlafwagen und Speisewagen in Deutschland liefen seit 1872 (Schlafwagen) und 1880 (Speisewagen).

Zuvor gab es Mitte der 60er Jahre nur besonders ein-

Innenraum eines der ersten
amerikanischen Schlafwagen
von Pullman um 1859.

gerichtete Personenwagenabteile der 1. und 2. Klasse: Man konnte, wie heute in den Schnell- und Eilzugsitzwagen, zwei gegenüberliegende Sitzpolster bis zur Mitte des Abteils vorziehen. Einige Eisenbahnverwaltungen hatten dies als Bequemlichkeit für ihre Nachtpassagiere eingeführt.

Die Schlafwagen waren von dem belgischen Ingenieur Nagelmackers (1845–1905) konstruiert, der seine Erfahrungen bei Pullmann in Amerika gesammelt hatte.

Wieso entstanden die ersten Schlaf- und Speisewagen in den USA? Einmal verkehrten in den ersten Jahren die Züge in Europa nachts nicht; die Wagen hatten deshalb auch keine Beleuchtung – zum zweiten aber waren die ersten Strecken nicht lang genug, um das Bedürfnis nach solchen Wagen aufkommen zu lassen. Um 1850 stehen den 14 515 Bahnkilometern in den USA nur 6044 Streckenkilometer in Deutschland gegenüber!

Es heißt, daß schon um 1850 in Südrußland und zur selben Zeit auch in den USA auf der Cumberland-valley-railroad Schlafwagen verkehrten. In den amerikanischen güterwagenartigen Fahrzeugen lagen hintereinander Strohsäcke, auf die sich die müden Reisenden mit Hut, Stiefeln und Colt warfen. George Mortimer Pullman (1831–1897), ein amerikanischer Tischler, fand die Bezeichnung Schlafwagen dafür übertrieben. Er stellte sich darunter etwas ganz anderes vor. Und ähnlich wie Stephenson begnügte er sich nicht mit phantastischen aber utopischen Plänen. Er konstruierte mit einem Gehilfen zusammen einen Schlafwagen eigener Fertigung mit Waschgelegenheit, Toiletten und bezogenen Betten.

Der Wagen hatte bei einer Probefahrt 1859 einen großen Erfolg. Und schon gab es Nachahmer: Seit 1869 verkehrte auf der Great Western Railway von Kanada ein Hotelwagen, in dem man essen, schlafen und wohnen konnte. Ermutigt durch den Erfolg baute Pullman den verbesserten Typ »Pionier«. Da den Privatgesellschaften aber der Kauf der Spezialwagen zu teuer erschien – sie waren durch den Konkurrenzkampf und die stetige sofortige Gewinnabschöpfung immer knapp bei Kasse – so kam Pullman auf die Idee, die Wagen zu vermieten. Er fand Geldgeber; das Geschäft blühte, Pullmanfabriken wuchsen; es gab eine eigene Pullmanstadt im Süden von

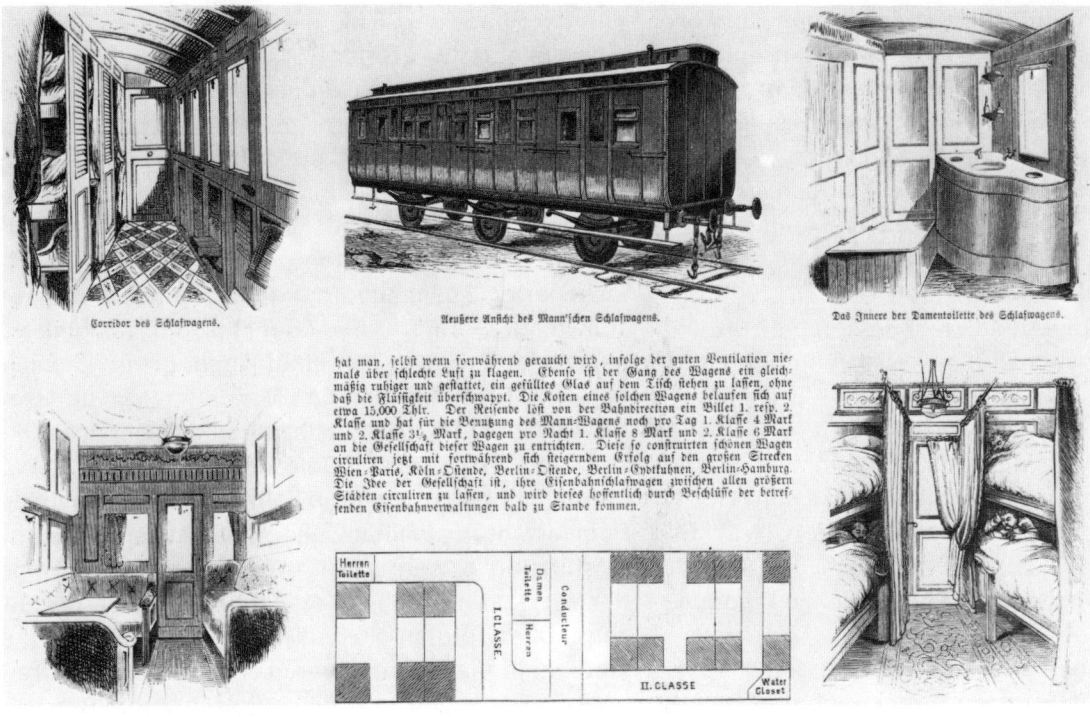

Corridor des Schlafwagens.

Aeußere Ansicht des Mann'schen Schlafwagens.

Das Innere der Damentoilette des Schlafwagens.

hat man, selbst wenn fortwährend geraucht wird, infolge der guten Ventilation niemals über schlechte Luft zu klagen. Ebenso ist der Gang des Wagens ein gleichmäßig ruhiger und gestattet, ein gefülltes Glas auf dem Tisch stehen zu lassen, ohne daß die Flüssigkeit überschwappt. Die Kosten eines solchen Wagens belaufen sich auf etwa 15,000 Thlr. Der Reisende löst von der Bahndirection ein Billet 1. resp. 2. Klasse und hat für die Benutzung des Mann-Wagens noch pro Tag 1. Klasse 4 Mark und 2. Klasse 3½ Mark, dagegen pro Nacht 1. Klasse 8 Mark und 2. Klasse 6 Mark an die Gesellschaft dieser Wagen zu entrichten. Diese so construirten schönen Wagen circuliren jetzt mit fortwährend sich steigerndem Erfolg auf den großen Strecken Wien-Paris, Köln-Ostende, Berlin-Ostende, Berlin-Eydtkuhnen, Berlin-Hamburg. Die Idee der Gesellschaft ist, ihre Eisenbahnschlafwagen zwischen allen größeren Städten circuliren zu lassen, und wird dieses hoffentlich durch Beschlüsse der betreffenden Eisenbahnverwaltungen bald zu Stande kommen.

Chicago. Um 1880 gehören zu Pullmans Gesellschaft 2500 Spezialwagen.

Dieses Geschäft mußte nach Ansicht des belgischen Ingenieurs George Nagelmackers auch in Europa einschlagen. Allerdings waren die weiten europäischen Strecken, für die Speise- und vor allem Schlafwagen in Betracht kamen, aus zwei Gründen nur unter Schwierigkeiten mit solchen Wagen zu befahren. Einmal waren die großen Linien Ende der 50er Jahre zum Teil noch im Bau, zum zweiten unterbrachen viele Landesgrenzen die längeren Strecken. An diesen Grenzen behinderten langwierige Paß- und Zollformalitäten den Fernreisenden. Das bedingte Wagenwechsel und »langwierige Prozessionen der Fahrgäste durch muffige Zollokalitäten« (Behrend).

Auch die Eisenbahnverwaltungen machten Schwierigkeiten. Zwar würden die Reisenden den vollen Fahrpreis der Bahnen entrichten und dies, obwohl Nagelmackers sie mittels seines eigenen rollenden Materials beförderte. Aber schließlich besorgten die Bahnen die Traktion – gut: Nagelmackers wollte auch dafür bezahlen. Als erste Verwaltung willigten

die belgischen Bahnen ein. König Leopold II und seine Regierung hatten sanften Druck ausgeübt. Sie waren an dem Unternehmen beteiligt. Aber ein weiteres Abkommen mit den deutschen und französischen Bahnen annullierte der 70er Krieg – auch andere Pläne, zum Beispiel mit den Engländern, stellten sich letzten Endes als nicht realisierbar heraus.

So fuhren die ersten, bei Tag und Nacht benützbaren Schlafwagen, 10 m lange Zweiachser, aus einer Wiener Waggonfabrik, Ende 1872 auf Routen zwischen Berlin und Ostende, Paris und Köln, München und Wien.

Ein verbesserter Schlafwagen war auf der Weltausstellung 1873 in Wien zu sehen: Er war eine Attraktion!

Doch der kleinen, 1873 in Lüttich gegründeten Firma – Compagnie Internationale des Wagons-Lits – fehlte das Geld. So kam Nagelmackers auf den Gedanken, mit dem amerikanischen Ingenieur William D'Alton Mann, der den englischen Markt mit Schlafwagen eigener Konstruktion belieferte, zwecks Vergrößerung des Wagenparks zu fusionieren.

Jetzt fuhren in Europa 16 »Mann-Boudoir-Sleeping-Cars«. Doch Pullman, der schon den Konkurrenten Mann aus Amerika verdrängt hatte, setzte nach. Er wollte mit seinem Pullman-Car Europa erobern. »Midland«, ein Wagen mit offen daliegenden Betten rechts und links eines Mittelganges, wurde allen europäischen Eisenbahnverwaltungen gezeigt: Man nannte ihn schlicht unmoralisch. Auch hatte man gegen den schweren, vierachsigen Drehgestellwagen technische Bedenken.

Denn anders als die Amerikaner hielten die europäischen Eisenbahnverwaltungen streng auf Sitte und Zucht. Es gab besondere Damencoupés. Und Manns Schlafwagenabteile waren geschlossen.

1876 gründete Nagelmackers – Mann war inzwischen aus der Firma ausgeschieden – die neue Compagnie Internationale des Wagons-Lits (CIWL). Es bleibt anzumerken, daß in Frankreich der Schlafwagen »Le sleeping« und in England »The Wagons-Lits« hieß.

Die neue Firma bediente 53 Verbindungen in Belgien, Deutschland, England, Frankreich und Österreich. Um 1880 begannen erste Versuche, mit Vierachsern; bisher hatte man Zwei- und Dreiachser gebaut. Im selben Jahr konstruierte Nagelmackers einen Wagen der Anhalter-Bahn zu einem Salonwagen mit Tischen und Stühlen um: der erste noch unvollkommene Speisewagen war da. 1881 baute die Firma Rathgeber in München den ersten richtigen Speisewagen: Raucher- und Nichtraucher-Abteil, insgesamt 12 Sitze an Tischen mit zwei und vier Plätzen. Zwei Jahre später war Nagelmackers stolzester Tag: Nach unendlichen und mühsamen Verhandlungen mit den Eisenbahnverwaltungen Frankreichs, der kaiserlichen Verwaltung der elsässisch-lothringischen Bahnen, der badischen, württembergischen, bayerischen, österreichischen und rumänischen Staatsbahnen kam in Konstantinopel der Vertrag mit der CIWL zustande: Der Orient-Expreß, »Express d'Orient«, konnte fahren.

Am 4. Oktober 1883 fanden sich 40 Verwaltungsfunktionäre, Bankiers, Ingenieure, Politiker und Zeitungsreporter in der Gare de l'Est ein. Tausende säumten die Bahnsteige, um das einmalige Ereignis mitzuerleben.

Der Zug sah nach der Beschreibung des Journalisten Edmond About so aus:

»An der Spitze der 75 Meter langen Komposition war eine Lokomotive 2 B der EST mit Außenzylindern zu sehen«. Es war eine zweifach gekuppelte mit zwei zusätzlichen Laufrädern versehene Lokomotive. »Die Bahnhoflichter spiegelten sich im polierten Messing des Schornsteins und in den neuen Radkränzen. Das keuchende Stampfen der Westinghouse-Luftpumpe übertönte die Aufregung der interessierten Zuschauer, der scharfe Rauch und der schweflige Geruch, die von der Maschine ausgingen, gaben der Szenerie den einmaligen, unverwechselbaren Rahmen. Hinter der Maschine war der Gepäckwagen zu sehen: vollbeladen mit Gepäckstücken und Post, deren Beförderung für die CIWL ebenso wichtig war wie die Fahrgäste, hatte doch die Postverwaltung in finanzieller Hinsicht namhafte Unterstützung gewährt. Die Angestellten lehnten aus der Verladetüre, sich auf die Sicherungsstange stützend. Dann folgten die beiden Schlafwagen, welche eineinhalb mal so lang waren wie die größten Dreiachser. Sie trugen stolz die aufgeschraubte Bronzeinschrift über der Fensterflucht, welche nun erstmals den Zusatz » ... et des Grands Express européens« aufwies.

Der Speisewagen zog die Aufmerksamkeit der Menge besonders auf sich: seine schneeweißen Tischtücher, das funkelnde Geschirr und Besteck, alles bildete einen eindrucksvollen Kontrast zu den schokoladefarbenen Uniformen der Kellner und zu den Rotweinflaschen auf den Tischen. Im Hintergrund warf der schwarzbärtige, aus dem Burgund stammende Chef strenge Blicke auf den jungen »Plongeur«, das heißt auf den Geschirrspüler, der auf der offenen Endplattform eben Gemüse wusch. Zu hinterst sah man den Zweiachser-Gepäckwagen, gefüllt mit Gepäck und Proviant für den Speisewagen, und daneben stand der Schaffner der EST, mit gewichstem Schnurrbart, seine Handlampe einstellend.

Dann kam der große Augenblick: Der Zug fuhr ab. Die Reisenden hatten ihre Abteile in Augenschein genommen, als sich die Lokomotive in die Stricke zu legen begann. Das Fehlen von Lärm und Gerüttel wurde sogleich sehr geschätzt und stand im gewaltigen Kontrast zum Geschüttel der bisherigen Fahrzeuge.«

Der Orient-Expreß im Jahre 1883.

Hier wäre zu erwähnen, daß der gute Nagelmackers nicht vergessen hatte, einen der alten Mann-Schlafwagen, einen sogenannten »Dauerschüttler«, ins Nebengleis stellen zu lassen, so daß Publikum, Presse und Gäste den Schüttler gut sehen und ihre Vergleiche anstellen konnten.

Im Zuge befanden sich Vertreter des Postministers und der verschiedenen französischen Eisenbahngesellschaften sowie vier Journalisten; ferner Vertreter der belgischen Regierung und der Staatsbahn sowie die Direktoren der CIWL. Die österreichischen Vertreter mit ihren Damen stiegen erst in Straßburg zu.

»Das Nachtessen wurde um 20.15 Uhr serviert. Die Kellner waren voller Vertrauen in das Wohlgelingen des Banketts, der Küchenchef vollbrachte wahre Wunder in seiner zündholzschachtelgroßen Küche. Die Bedienung war zwar ziemlich langsam, das Essen aber so reichlich und gut, daß man sich drei Stunden lang daran gütlich tun konnte. Der rote Wein schimmerte wie Rubin, der weiße wie Topas, das Wasser war der reinste Kristall, und die einzelnen Gänge rivalisierten untereinander um die Siegespalme des Wohlgelingens. Der Inhalt der silbernen Champagnerkübel setzte diesem Essen die Krönung

auf. Nach dem Rauchen einer Nachtischzigarre auf den offenen Endplattformen der Wagen – ein amüsanter Aufenthaltsraum, denn der Luftzug blies den Rauch gleich weg – kehrten einige der Fahrgäste in ihre Abteile zurück. Andere stiegen in Straßburg aus, um die neuen elektrischen Bahnhoflampen zu bestaunen, und wurden von M. Porges, dem Direktor der französischen Edison-Elektrizitätsgesellschaft, empfangen.

Übrigens besaß der Zug tadellose, mit Seife (damals sogar in vielen Hotels eine Rarität!) Kalt- und Warmwasser ausgerüstete Toiletten. Zu bemängeln war lediglich die Tatsache, daß es auf die zwanzig Betten eines Wagens nur zwei Toiletten gab, so daß man viele Zeit mit dem Warten verlor. Und doch war auch dies ein gewaltiger Fortschritt, wenn man bedenkt, daß es damals in normalen Zügen auf hundert Sitzplätze bestenfalls nur eine Toilette gab.

Die Passagiere kamen immer wieder auf das sanfte, weiche Fahren der Drehgestelle zu sprechen, deren neuartiger Gesang, gedämpft durch geschlossene Türen, gezogene Vorhänge und dicke Teppiche, wie ein Wiegenlied tönte, verglichen mit den betäubenden Hammerschlägen der Zwei- und Dreiachser. Die hohe Geschwindigkeit und die noch nicht richtig

Inneres eines
Großraumes
I. Klasse im
»Rheingold«
um 1930.

eingefahrenen Achsenden des neuen Speisewagens führten zum Heißlaufen einer Achsbüchse, so daß dieser Wagen in München abgekuppelt werden mußte. Dank der Voraussicht der Gesellschaft war aber der Ersatz vorhanden. Die bayerischen Staatsbahnen waren darauf bedacht, ja keine Zeit zu verlieren, und gaben dem Speisewagen durch eine Verschiebelokomotive just in dem Augenblick einen heftigen Stoß, als der Kaffee serviert wurde.« (Behrend)

Der Zug konnte allerdings noch nicht bis Konstantinopel durchfahren, da die Strecke nicht vollendet war. Man mußte daher ab Warna aufs Schiff.

Vom 1. Juni 1889 konnte man ohne Umsteigen nach Konstantinopel durchfahren. Die Fahrt dauerte 67 Stunden, 35 Minuten. Der Fahrpreis betrug 58 Pfund = rund 700 Mark.

Diese Züge mit den großen Namen – Night Ferry, Train Bleu, Mistral – haben nicht nur die Schriftsteller aller Länder zu phantasievollen Romanen bis in unsere Tage angeregt.

Vom schöngeistigen Roman bis zum Krimi, von Graham Greene bis zu Agatha Christie, gibt es eine weitverzweigte Literatur. Auch Film und Fernsehen verwenden gern die großen Luxuszüge als Staffage für Reportagen und Krimis.

Der Beitrag an Werbung für die Ferntouristik aus diesen Namen und aus der dazugehörigen Literatur ist kaum zu ermessen. Denn noch heute beschäftigt sich die Fantasie vieler Menschen mit einer solchen Traumreise, etwa mit dem »Rheingold«, dem deutschen Luxuszug, der auf eine 40jährige Tradition zurückblickt. Er war immer ein Nord-Süd-Zug auf deutscher Strecke des Rheins zwischen Holland und der Schweiz. Während die Ausländer ihren Zügen schon früh häufig Namen gaben, ist die Namensgebung für deutsche Züge, insbesondere für die TEE-, Intercity und die neuen Schnelltriebwagen erst nach der Einführung der TEE und der verstärkten Werbung für die Bahn in Gang gekommen. Daß man Lokomotiven Namen gibt, gehört weitgehend der Vergangenheit an.*) Nur in der Schiffahrt und in der Luftfahrt hat

*) Die für den durchgehenden Verkehr nach Frankreich verwendeten Mehrsystemlokomotiven haben Namen erhalten.

Der »Rheingold« auf der Strecke bei Kaub.

sich für die Schiffe und die großen Vögel die Namensgebung erhalten.

Die CIWL blieb allerdings in Deutschland nicht allein. Immer mehr Interessenten fanden sich für den Speisewagenbetrieb, der damals noch rentabel war. Selbst die Preußisch-Hessische Staatsbahn trat als Wirt in Speisewagen auf.

Der ausbrechende Erste Weltkrieg verstärkte den Wunsch nach Vereinheitlichung: 1916 wurde in Berlin mitten im Kriege die Mitropa – Mitteleuropäische Schlafwagen und Speisewagen-AG – gegründet. Ihre Nachfolgerin ist seit 1950 für die Bundesrepublik die DSG (Deutsche Schlafwagen- und Speisewagen-Gesellschaft). Seit 1971 haben die DSG und die ISTG = Internationale Schlafwagen und Touristik-Gesellschaft (CIWL) Verträge mit der Deutschen Bundesbahn und acht weiteren europäischen Eisenbahnen. Die Schlafwagen der DSG sind in das Eigentum der DB übergegangen. Die DSG ist auf diesen Fahrzeugen eine reine Betriebsgesellschaft.

Ein moderner Speisewagen, der zudem noch für die Fahrten auf internationalen Strecken mit den Geräten für verschiedene Spannungen ausgerüstet ist, kostet über eine Million Mark.

Auf dem Gebiet der DDR betreibt die MITROPA, die den alten Namen beibehalten hat, als selbständiges, staatliches Unternehmen, strukturmäßig der Reichsbahn der DDR angegliedert, zahlreiche Schlaf- und Speisewagenläufe im Ostblock und nach Westdeutschland.

Ein Speisewagen der CIWL ist in die Geschichte eingefahren: »Die 2 C 2 Tenderlokomotive mit dem rotgestrichenen Speisewagen 2419 D, einem typischen Vertreter der Teakholzbauweise, steht abfahrtsbereit. Um 7.30 Uhr am 11. November 1918 gleitet die Maschine mit dem 2419 D in Rethondes neben den aus Schlaf-, Speise- und Salonwagen bestehenden Zug Marschall Fochs. Um 8 Uhr trifft ein zweiter Zug ein. Man zählt drei deutsche Wagen. Außer dem müden Ächzen der Schienen und dem gelegentlichen, vorlaut anmutenden Puffen einer Lokomotive ist alles ruhig. Was geht hier vor? Niemand weiß es. Doch eine Stunde später eilt die Meldung um das ganze Erdenrund: Bei Compiègne ist der Waffenstillstand unterzeichnet worden. Der Krieg ist zuende. Marschall Foch, General Weygand und Lord Wemyss vertraten die Alliierten. Die deutsche Delegation bestand aus Staatssekretär Erzberger, Graf Oberndorf, Generalmajor von Winterfeld und Kapitän zur See Vanselow.«

Von 1921 bis 1926 steht der 2419 D, nunmehr ein Geschenk der CIWL an den französischen Staat, im Palais des Invalides in Paris. Später findet er Aufnahme in einem eigens erstellten Gebäude in Rethondes.

»22 Jahre später, am 22. Juni 1940, wiederholt sich das Ereignis, diesmal mit umgekehrtem Vorzeichen: Die Herren des Dritten Reiches nehmen die Kapitulation Frankreichs entgegen. Hitler, Marschall Göring, Admiral Raeder, die Generäle von Brauchitsch und Keitel steigen in den 2419 D, gefolgt von den französischen Abgeordneten, dem General Huntzinger, Botschafter L. Noël und General Bergeret. Auf den Befehl Hitlers wird der 2419 D, das französische Nationalheiligtum, nach Berlin geschleppt und am Brandenburger Tor als Schaustück aufgestellt. Von hier evakuiert man ihn 1944 nach Ohrdruf auf der Strecke Trottstatt – Crawinkel. Bevor die amerikanischen Truppen hierhin vorrücken, sprengen deutsche Einheiten den 2419 D und beenden damit den Lauf des schicksalreichen, 1914 erstellten Wagens. Eine Nachbildung steht heute wiederum in Rethondes bei Compiègne.« (Hornstein)

Ein ganzer Zug hat 1917 Geschichte gemacht: Anfang April 1917 fuhr nächtlicherweise dieser Zug von der Schweizer Grenze versiegelt und verschlossen durch das deutsche Reich nach Norden, Richtung Schweden. Darin saßen 30 Exilrussen, unter ihnen der wichtigste Mann: Lenin. Sicherlich fuhr der Zug mit Wissen und Unterstützung der deutschen Regierung; daß sie aber den Russen gleichzeitig noch 22 Millionen Mark mitgegeben oder nachgeschickt habe, um die russische Revolution zu finanzieren, wie man manchmal lesen kann, ist nach neuen Forschungen unrichtig.

Die strahlenden Namen der großen Luxuszüge mit

Ein Speisewagen, von der DSG bewirtschaftet.

ihren Speise- und Schlafwagen sind heute im Zeichen des Luftverkehrs etwas verblaßt. Sie sind aber im Vergleich zu den Zeiten vor dem Ersten Weltkrieg praktisch für jeden erschwinglich: Der Zudrang der Gastarbeiter vor den Festtagen zu diesen Zügen beweist es.

HOFWAGEN – SALONWAGEN

Doch neben dem »Stern des Nordens«, dem »Calais-Méditerranée«, dem »Süd-Express« und dem »Italien-Skandinavien-Express« haben sich die Hof- und Staatszüge von jeher des besonderen Interesses der Öffentlichkeit erfreut. Wer lächelt nicht, wenn er erfährt, daß es allein im Gebiet des Vereins deutscher Eisenbahnverwaltungen im Jahre 1870 schon 5 Salonwagen und 22 Hofwagen gab? Der Salonwagen ist eigentlich ein Hof-Salon-Wagen, während die

Salonwagen des Königs Ludwig II. von Bayern.

Hofwagen aus allen möglichen Arten von Wagen bestehen können, beispielsweise aus Gefolgewagen, aus Personalwagen, aus Speisewagen, Küchenwagen, Büffetwagen und Thronfolgerwagen.

Fünf Jahre später waren es schon 15 Salonwagen in dem Verzeichnis. Die Zahl der Hofwagen wird nicht mehr genannt. Sie ist beträchtlich größer als die in der ersten Meldung erwähnten 22 Hofwagen. Unter diesen Wagen waren auch die zwei berühmten Salonwagen Ludwigs II, früher als Kitsch verschrien, heute als Köstlichkeit bewundert: Ein Traum in Blau und Gold, Barock und Rokoko aus der Biedermeierzeit. Sie stehen heute im Nürnberger Verkehrs-Museum im Original. Immerhin war es ein Versuch, die neue rollende Technik zu verzaubern.

Jahrmarkt der Eitelkeiten: Der Erbprinz Reuss des Fürstentums Reuss mit Sitz in Greitz mußte einen Salonwagen haben, ebenso wie Fürst Leopold IV. von Lippe-Detmold. Selbstverständlich gab es mehrere Hofzüge in Preußen; in Bayern waren Hof-Sonderzüge eher eine Ausnahme. Man reiste dort mit Salonwagen. Salonwagen in Österreich, in Frankreich, in Dänemark, in Rußland, in Italien. Selbst der Papst besaß schon um 1860 zwei Wagen, darunter einen Thronwagen. »Das innere des Wagens war in drei Abteile geteilt: ein Vorzimmer, ein Schlafzimmer und ein Salon, in dem ein Thronsessel auf erhöhtem Podest aufgestellt war. Die äußeren Seitenwände des Wagens waren mit Gold und Silber überzogenen Reliefs geschmückt, welche die päpstliche Krone darstellten sowie die Symbole für Frieden, Wahrheit und Märtyrertum.« (Dost)

Heute ist es so, daß zwar der Vatikan einen eigenen Bahnhof hat. Dieser Bahnhof steht aber lediglich zur Verfügung, falls ein ausländischer Staatsgast auf den Gedanken kommen sollte, den Papst mit der Bahn zu besuchen. Im übrigen dient er dem Güterverkehr. Für Reisen des Papstes mit der Bahn stellen

Papst Pius IX. mit seinem Hofzug auf dem Bahnhof des Vatikans 1867.

die italienischen Staatsbahnen einen Sonderwagen zur Verfügung.

Auch der König von Hannover besaß einen Salonwagen mit Thron.

Zu keinen Zeiten fahren so viele Sonderzüge und Staatszüge wie in den Zeiten politischer Anspannung. Solche Züge sind auch besonderen Gefahren ausgesetzt: Es gibt eine lange Reihe von Entgleisungen, Attentaten und mit Absicht herbeigeführten Zusammenstößen, in die Hof-, Salon-, Staats- und Sonderzüge mit hohen und höchsten Persönlichkeiten verwickelt wurden.

»Eine betriebliche Sonderheit des Hof- und Staatszuges und in weitesten Kreisen geradezu als typisch dafür betrachtet wird die Gewährleistung des richtigen Anhaltens gegenüber einer bereits vorbereitend aufgestellten Aussteigetreppe mit dem festlichen roten Teppich. Um das zu erreichen, wird zuvor im Zuge selbst festgestellt, aus welcher Tür des Sonder-

zuges der hohe Fahrgast auszusteigen gedenkt. Die Entfernung zwischen dieser und der Pufferscheibe der Lokomotive wird genau ausgemessen und an den Zielbahnhof telegrafiert. Dazu muß man natürlich auch wissen, welche Lokomotivgattung den Zug ziehen wird. Hier wird ein Bahnposten mit Signalflagge so an den Bahnsteig gestellt, daß der Zug mit der Ausgangstür an der Treppe oder in der Mitte des Teppichs zum Halten kommt. Maßgebend ist dafür die »Zugspitze«, das heißt die Pufferscheibe der Lokomotive, wie es auch bei dem Halten vor Hauptsignalen und Kennzeichen der Fall ist.« (Dost)

Das Dritte Reich war besonders erfindungsreich in der Behandlung von solchen Sonderzügen. Da gab es einmal das sogenannte Tandemfahren, das heißt das Fahren zweier Staatszüge nebeneinander auf je einem Gleis.

Beim Besuch Mussolinis 1937 wurde dieses Spektakel zum ersten Mal vorgeführt. Tagelang sollen, wie

201

die Zeitungen berichteten, die Lokomotivführer geübt haben. Und ein italienischer Zeitungsberichterstatter beschreibt: »Der Tandemzug scheint mir eine ganz besondere Erfindung Hitlers zu sein: sich wieder zu trennen, nachdem man sich schon begrüßt hatte, in zwei verschiedene Züge zu steigen und zusammen anzukommen, um sich wieder zu begrüßen – das entbehrt nicht eines gewissen Reizes und erhöht das herzliche Einvernehmen.«

Man erzählt sich, daß sich die beiden »Führer« durch die geöffneten Fenster längere Zeit während der Fahrt miteinander unterhalten hätten. Eine zweite solche Spielerei bestand darin, daß man zwei Sonderzüge zu gleicher Zeit in einem Bahnhof aus gleicher oder aus entgegengesetzter Richtung an beiden Kanten eines Bahnsteiges einfahren ließ.

Den luxuriösesten Zug besaß tatsächlich Göring. Als Chef der Luftwaffe verfügte er schon 1939 über die beiden Züge »Asien« und »Robinson«. Meist fuhren beide Züge gleichzeitig. Der etwas kürzere »Robinson« vor dem »Asien«.Die Begleitmannschaft bezeichnete »Robinson« als »Bombenräumer«. Über die Kriegsfahrten Görings mit diesen Zügen berichtet Eitel Lange: »Wenn der Monarch dieses üppigen Zuges sich morgens zum Bad anschickte, mußte der Zug und natürlich auch der Vorzug so lange stehenbleiben, bis das Bad beendet war. Göring liebte es nicht, wenn das Wasser in der Wanne schwappte. So blockierten wir oft ganze Strecken, und wenn es eine lange Strecke war, wie jene von Berchtesgaden nach Rastenburg in Ostpreußen, dann blockierten wir auch Hauptstrecken. Es spielte nicht die geringste Rolle, ob durch das Bad des Herrn Reichsmarschalls hinter uns Transportzüge, Lazarettzüge und Flüchtlingszüge lange Stunden liegen blieben. Es war alles gleichgültig . . .«

»Die Fahrpläne, die mit den zunehmenden Fliegerangriffen und den Zerstörungen der Bahnanlagen ohnehin nur noch mit unerhörten Schwierigkeiten und nur noch durch die sagenhafte Pflichttreue und Aufopferung des Bahnpersonals ungefähr aufrecht zu erhalten waren, wurden durch diese Bäder- und Frühstückszeremonien verwirrt, und so verwirrt, daß es Tage dauerte, um wieder Ordnung zu schaffen.«

Aber nicht nur Hitler und Göring besaßen derartige Sonderzüge; auch die anderen »Führer« des Dritten Reiches hatten mindestens ein oder zwei derartige Wagengruppierungen, die im Kriege durch je einen Flakwagen vorn und hinten geschützt wurden.

Ein großer Teil der Salon- und Dieseltriebwagen mit Sondereinrichtungen fiel den Alliierten in die Hände; ein Teil der Wagen war beschädigt oder zerstört. Der persönliche Wohnwagen Görings ist erhalten geblieben. Man fand ihn ausgestattet mit besonderen Einrichtungen wie Fernheizungsmesser, Belüftungsregulierung von der Schalttafel aus, Messung und Kontrolle der Badewassertemperatur, Kartentischbeleuchtung von unten, zentrale Sommerklimaregelung. Die Badewanne war aus rotem Marmor.

Die Deutsche Bundesbahn, verfügt wie die meisten anderen Bahnen auch heute wieder über Salonwagen und Wagen für die besonderen Zwecke eines Staatsbesuches. Jede Direktion besitzt außerdem einen oder zwei Salonwagen, die an jedermann vermietet werden. Für zwanzig Erster-Klasse-Fahrkarten und eine Stellgebühr kann jeder sich in der Bundesrepublik Deutschland einen Salonwagen leisten.

Für zwanzig Erster-Klasse-Fahrkarten nebst Stellgebühr kann sich jeder einen Salonwagen als »rollenden Konferenzraum« mieten.

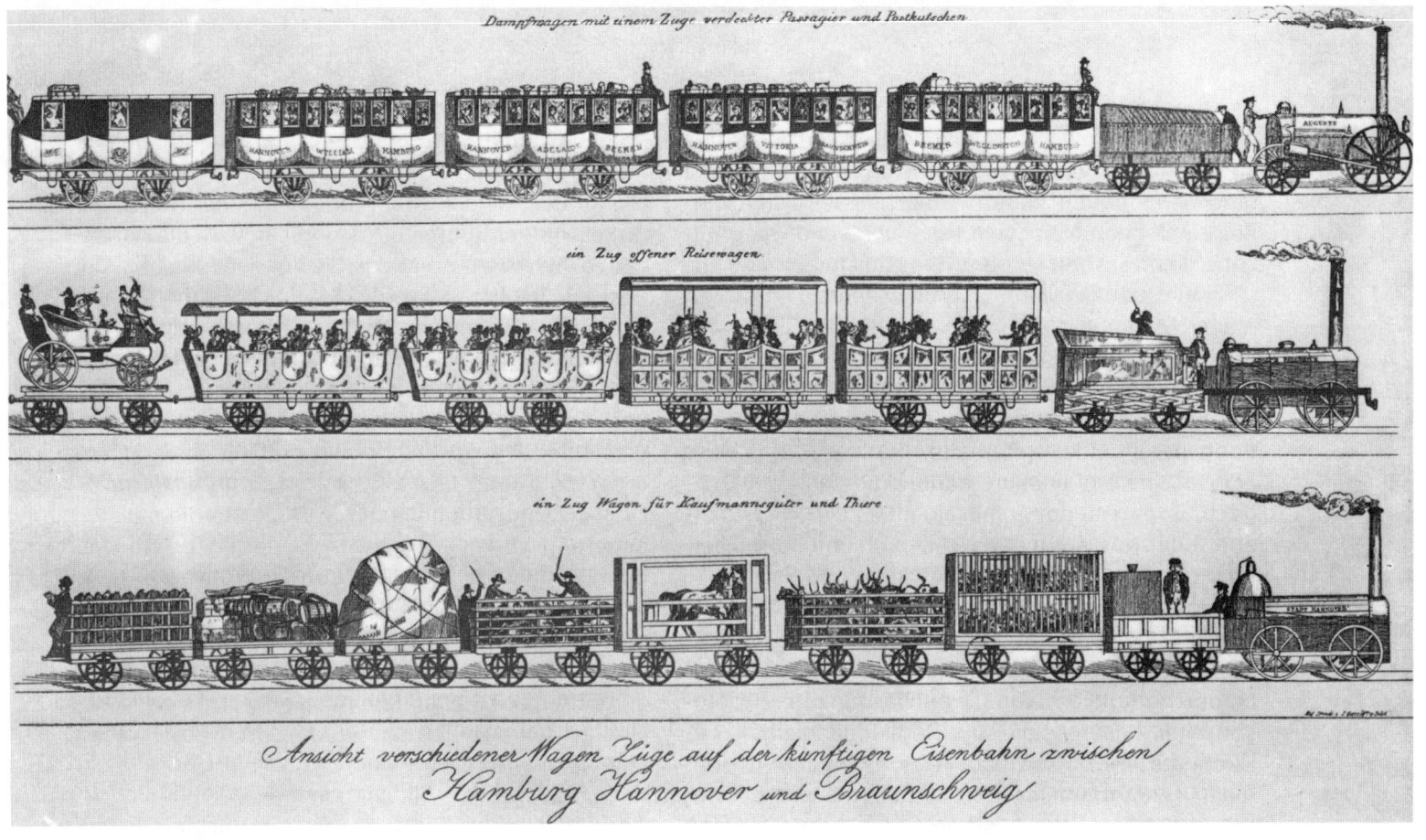

Dampfwagen mit einem Zuge verdeckter Passagier und Postkutschen

ein Zug offener Reisewagen

ein Zug Wagen für Kaufmannsgüter und Thiere

Ansicht verschiedener Wagen Züge auf der künftigen Eisenbahn zwischen
Hamburg Hannover und Braunschweig

»Passagierwagen«, den Postkutschen nachgebaut, offene Reisewagen dritter und vierter Klasse, Güter- und Viehwagen,
auch ein »Equipagewagen«. (Kupferstich um 1842 zur künftigen Eisenbahn zwischen Hamburg und Hannover und Braunschweig).

WAGEN FÜR BÜRGER
Wagen 1. bis 4. Klasse

Das fahrbare Haus, der Wagen, in dem man essen, trinken und schlafen kann wie in einem Hotel, ja wie zuhause: Es ist die angenehmste Form des Reisens. Das war nicht immer so:

Die ersten Wagen waren den Kutschen nachgebildet. Was sollten die Stellmacher, die den Auftrag erhielten, die Wagen für die ersten Eisenbahnen zu bauen, anderes schaffen als das, was sie bisher für die Reisenden der Post gebaut hatten?

Man reihte also mehrere Postwagenkästen auf einem Eisenbahnfahrgestell aneinander: Daraus entstand bei den ersten Bahnen der Abteilwagen, der übrigens bis heute in England noch vorherrschend ist. Die Türen gingen nach außen auf wie bei allen Postkut-

schen. Zwar wurden in den meisten europäischen Ländern die ersten Lokomotiven aus England geholt. Aber die Wagenkästen und also auch die Wagenuntergestelle baute man möglichst im eigenen Land. Diese ersten Wagen hatten normalerweise zwei Achsen: des besseren Laufs und auch der leider so häufigen Achsbrüche wegen fügte man bald eine dritte Achse hinzu.

Ganz anders verlief die Entwicklung in den Vereinigten Staaten. Dort baute man den sogenannten Saalwagen mit großem Innenraum und Einstieg an den beiden Enden. Hier nahm man als Vorbild den Flußdampfer oder das Schiff. Dem großen Saal, der erst auf zwei starren Achsen lief, wurden bald des ruhigeren Laufes wegen auf dem schlechten Oberbau zweiachsige Drehschemel untergeschoben. Er war damit der Vorläufer des Drehgestellwagens. Als ein-

203

zige deutsche Bahn verwendete Württemberg von Anfang an den offenen Durchgangswagen; sehr früh übernahm es auch das Drehgestell.

Der Unterschied hat auch soziologische Bedeutung. Während die Abkapselung in deutschen Abteilen, sogenannten Coupees, der differenzierten Schichtung und der Eigenbrötelei deutscher Bevölkerung entgegenkam, entsprach der offene Saal eher dem amerikanischen Bewußtsein, das prinzipiell keine Standesunterschiede kannte. Nur die Neger wurden abgesondert befördert, soweit sie nicht das Bedienungspersonal stellten.

Schon bei den ersten deutschen Bahnen gab es auch die Klasseneinteilung, die zugleich auch eine Tarif- und Fahrpreiseinteilung war. –

Die erste Klasse reiste in perfekten Wagen mit beweglichen Fenstern und Polstersitzen; die zweite Klasse hatte lederne Vorhänge und war weniger weich gepolstert. In der dritten Klasse saß man auf Holzbänken, den blauen Himmel über sich, der oft genug von Rauch, Ruß und Staub verdunkelt war. Wenn es regnete, mußte man im Wagen den Schirm aufspannen. Es gab genug Bahnen, die eine vierte Klasse führten: Die Wagen waren offen und zuweilen

ohne Bänke. Wer dort stehend fuhr – Stehplatz – verließ buchstäblich gerädert, verstaubt, betäubt den Zug.

Die Taunusbahn führte nach einer Mitteilung der Vossischen Zeitung vom 13. Juli 1840 sogar Wagen fünfter Klasse, die »gänzlich offen sind und für die der Platz bis höchstens auf sechs Groschen bestellt ist . . .« Ruß und die Feuersgefahr durch Funkenflug – auch die explosive Stimmung in der Bevölkerung – führten dazu, daß ab 1845 für die Personenbeförderung nur noch gedeckte und mit Fenstern versehene Wagen gebaut wurden.

Die Ausstattung der Wagen war spartanisch. Der Einstieg war unbequem. Das Reglement der österreichischen Kaiser-Ferdinand-Nordbahn verbot, daß die Reisenden selbständig auf die Wagen »hinaufkletterten«. Die Beleuchtung fehlte: nachts fuhren ja keine Züge. In Preußen war seit 1844 die Wagenbeleuchtung eingeführt worden. An den Einbau einer Belüftung dachte noch niemand. Auch Heizung war nicht vorgesehen. Im Winter nahmen die Reisenden Wärmflaschen mit oder hüllten sich in Decken.

Die sanitären Verhältnisse waren ungenügend. In den ersten Wagen gab es kein Klosett. Der Erste-

Der Postkutsche entlehnte Abteilwagen erschwerten den Übergang des Schaffners von Abteil zu Abteil; er mußte auf – im Winter vereisten – Trittbrettern halsbrecherisch während der Fahrt kontrollieren! (1842)

Bild unten: Abteilwagen mit Seitengang nach Heusinger.

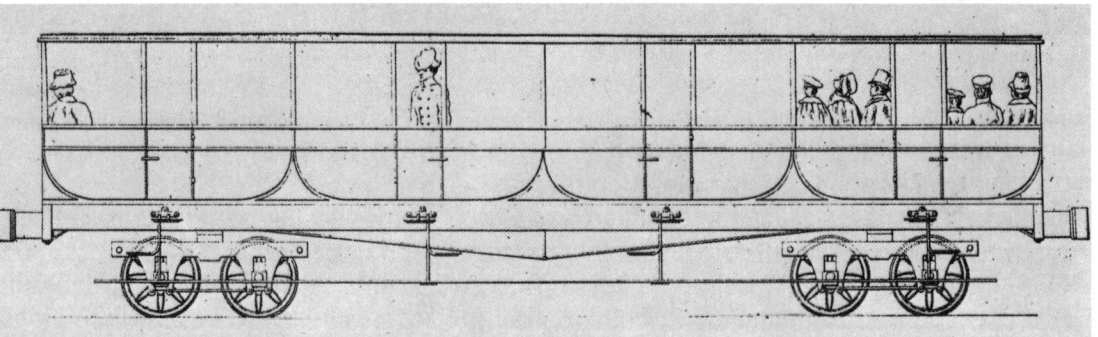

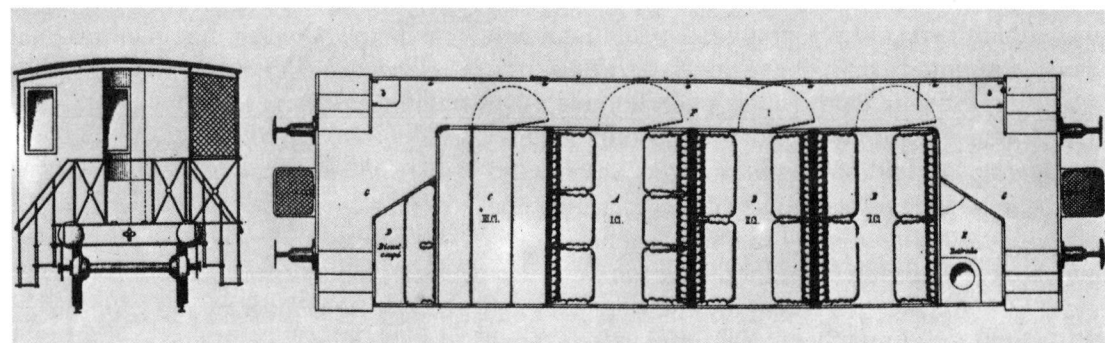

Doppelstockwagen dritter Klasse bei der Berliner Stadt- und Vorortbahn 1880.

Klasse Reisende pflegte sowieso bei den langen Unterwegshalten seine Mahlzeiten im Bahnhofsrestaurant oder in einer nahe gelegenen Wirtschaft einzunehmen. Dort hatte er alle sanitären Bequemlichkeiten. Die anderen Reisenden mußten eine Station abwarten, um den im Packwagen eingebauten Abort aufzusuchen. Dort aber mußte man bis zur nächsten Station »sitzenbleiben«, weil ein Übergang vom einen zum anderen Wagen damals jedenfalls noch nicht möglich war. Salon- und Hofwagen hatten von Anfang an ein eingebautes Klosett. Das hing damit zusammen, daß der Salonwagen-Reisende zumeist in diesem Salon auch übernachtete. Alle diese Dinge besserten sich im Zuge der raschen technischen Perfektion: Es waren die Salon- und Hofwagen, in denen als erstes der fortgeschrittene Komfort eingeführt wurde. Für diese Wagen war immer Geld da. »Fürsten und Standesherren wetteiferten im Einbau einer luxuriöseren und komfortableren Innenausstattung; was dort erprobt war, fand

aber auch bald seinen Weg in die für die Öffentlichkeit bestimmten Wagen. So schaffte der Hofwagen die Vorbilder für den allgemeinen Personenwagenbau«. (Dost)

Nach dem Siebziger Krieg kam die entscheidende Wendung. Eduard von Heusinger, bekannt durch die nach ihm benannte verbesserte Lokomotivsteuerung, die sich inzwischen überall durchsetzte, wo man mit Lokomotiven fuhr, machte den entscheidenden Vorstoß: Er schlug den Abteilwagen mit Seitengang vor, wie er heute in fast allen europäischen Ländern geläufig ist, den Durchgangswagen. Die Weltausstellung von 1873 in Wien zeigte auch diesen Wagen.

Die Süddeutschen, aber auch die Österreicher, bauten diesen Wagen sofort. In Preußen hielt sich der Abteilwagen länger. Dort fuhr der erste Schnellzug mit D-Zug-Wagen von Berlin nach Köln erst 1892. Die ersten Durchgangswagen fuhren aber schon 1870 auf der hessischen Ludwigsbahn. Die Erfindung des

Preußischer Bahnpostwagen 1869.

Faltenbalgs, der heute durch Gummiwülste ersetzt wird, vollendete die Erscheinungsform des D-Zuges.

Die technische Seite der Entwicklung im Personenwagenbau ist gekennzeichnet durch die Einführung des Drehgestells, der selbsttätigen Luftdruckbremse System Westinghouse, in der Schweiz und Österreich Oerlikon, in Deutschland heute Kunze-Knorr und Knorr, und der Kupplung der Wagen mittels einer Verschraubung. Die automatische Kupplung soll, in erster Linie für Güterwagen, grundsätzlich auch bei Personenwagen eingeführt werden. Ein Termin steht noch nicht fest.

Die Bremsen waren ursprünglich auf wenige Wagen verteilte Handbremsen.

Die Bremser saßen in der ersten Zeit auf erhöhten Sitzen bei Abteilwagen, bei Saalwagen auf den offenen Plattformen bei jedem Wind und Wetter. Um zu halten, stellte zuerst der Lokführer die Dampfzufüh-rung zu den Zylindern ab. Dann gab er mit der Dampfpfeife ein bestimmtes Signal. Auf dieses Zeichen hin stürzten sich die Bremser auf die Plattform, wo sie die Spindeln ihrer Handbremsen drehten. Es dauerte lange, bis der Zug auf diese Weise zum Stehen kam.

Waren bei den ersten Wagen die Decken so nieder, daß man nur gebückt stehen konnte, so wurde bald auch hier der Gedanke an die Bequemlichkeit der Reisenden Sieger. Aber kaum hatten die Wagen eine vereinbarte Höhe erreicht, kamen ökonomisch veranlagte Wagenkonstrukteure auf den Gedanken, unter Ausnutzung des Profils auf demselben Fahrgestell die doppelte Anzahl von Passagieren zu befördern. So entstand der Doppelstockwagen, erst auf Berliner Vorortstrecken Ende der Siebziger Jahre – die überhaupt auf eisenbahntechnischem Gebiet äußerst fruchtbar waren –, sodann bei der Lübeck-Büchener Eisenbahn, wo Doppelstockwagen bis heute noch zwischen Hamburg und Lübeck auf der inzwischen der Bundesbahn gehörenden Strecke verkehren.

Ein Vorläufer des Autoreisezuges und des Huckepackverkehrs war der sogenannte Equipage-Wagen. Er stammt aus der Kutschenzeit, in der nur erst Teilstücke und Streckenfragmente der ersten Bahnen bestanden. Auf Flachwagen verlud man teils von Hand, teils mittels Portalkränen wie in Frankreich um 1840 die Kutschen. So konnte man von einem Endbahnhof zum anderen fahren, auch gewissermaßen einen Haus-Haus-Verkehr mit der eigenen Kutsche inszenieren. Während der Fahrt saßen die Reisenden in der Kutsche, der Kutscher auf dem Bock. Er brauchte bei der Rheinischen Eisenbahn zum Beispiel nur eine Karte dritter Klasse, die Herrschaft aber hatte außer der Kutschenfracht noch den Fahrpreis zweiter Klasse zu entrichten.

Die neuesten Bequemlichkeiten der Hof- und Salonwagen wurden als erstes von der Post für ihre »Postambulanzwagen« übernommen. Sie, ebenso wie die Packwagen, die das Gepäck der Passagiere und das eilige Frachtgut, das Expreßstückgut, mitnahmen, wurden im Äußeren und in der Ausstattung – Beleuchtung, Heizung, Bremsen – auf die in den Zügen mitlaufenden Personenwagengarnituren abgestimmt.

Um 1840 verlud man zum Teil mit Portalkränen vollständige Equipagewagen (Reisekutschen) mit Insassen.

Vor allem der Postwagen, in dem ja die Briefe und Pakete sortiert werden und in dem also konzentriert gearbeitet wird, mußte angemessene Arbeitsmöglichkeiten bieten. Doch saßen in dem Postwagen damals nicht nur Postbeamte. Vor Erbauung der Eisenbahnen, schreibt Bismarck in seinen »Gedanken und Erinnerungen«, hat es Zeiten gegeben, in denen nach Überschreitung der Grenze ein österreichischer Beamter zu dem preußischen Kurier in den Wagen stieg, unter Assistenz des letzteren die Depeschen mit gewerbsmäßigem Geschicke geöffnet, geschlossen und exzerpiert wurden, bevor sie an die Gesandtschaft in Wien gelangten.

»Nachdem Eisenbahnen verkehrten«, galt es als eine vorsichtige Form amtlicher Mitteilung von Kabinett zu Kabinett nach Wien oder Petersburg, wenn dem dortigen preußischen Gesandten per Bahn ein einfacher Postbrief geschrieben wurde. (»Gedanken und Erinnerungen«)

Der Inhalt wurde von beiden Seiten, also von Seiten Berlins und Wiens oder Berlins und Petersburgs als dem Gegner »zugeflüstert« angesehen. »Man bediente sich dieser Form der Zuträgerei durch den Postspitzeldienst der Gegenseite gelegentlich dann, wenn die Wirkung einer unangenehmen Mitteilung im Interesse der Tonart des formalen Verkehrs abgeschwächt werden sollte...«

Ein Aspekt aus der Zeit der Geheimdiplomatie: Bahn und Post als Mittel fein abgestufter diplomatischer Kommunikation!

UND SO REISEN SIE...
(Tarif und Fahrplan)

Ein Jahr nach der Eröffnung der ersten Eisenbahn in Deutschland verfügte der Regierungspräsident, daß die Kirchenuhr in Fürth von nun an nach der Bahnhofsuhr gestellt werden müsse. Reisende hatten sich darüber beklagt, daß die beiden Uhren voneinander »um beträchtliche Zeiträume« abwichen.

Diese Weisung hat geradezu symbolischen Charakter. Sie zeigt deutlicher als viele andere Geschehnisse den Anbruch einer neuen Zeit. Auch die Kirche weiß nun, was die Stunde geschlagen hat.

Mutteruhr (Zentraluhr) der Bundesbahndirektion Hamburg 1976.

Kam es der Post auf die Stunde oder den halben Tag damals nicht an; der Bahn waren von Anfang an die Minuten wichtig. Auf vielen Bahnhöfen besitzt die Uhr heute sogar einen Sekundenzeiger. (Übrigens gab es elektrische Uhren schon seit 1838.)

Von Anfang an hat sich die Eisenbahn die Pünktlichkeit auf das Programm geschrieben. So enthalten die sicherheitspolizeilichen Anordnungen der Techni-

kerversammlung zu Berlin 1850 – eine Unterabteilung des Vereins deutscher Eisenbahnverwaltungen – außer der Beschreibung des Fahrens im Zeitabstand auch die Forderung, daß die Lok- und Zugführer sowie Bahnwärter mit einer »richtig gehenden Uhr« versehen sein müssen.

Aber war die Zeit denn überall gleich? Seitdem Eisenbahnen fuhren, dehnte sich der Verkehr innerhalb kurzer Zeit auf große Strecken aus. Wo dies von Ost nach West oder in umgekehrter Richtung geschah, entstanden Schwierigkeiten, weil man zweierlei Fahrpläne machen mußte: einen unter Benützung der Eisenbahnzeit für den inneren Dienst und einen für das Publikum nach mittlerer Ortszeit.

Erst 1890 beschloß der Verein deutscher Eisenbahnverwaltungen, die Zonenzeit des 15. Längengrades östlich von Greenwich als Mitteleuropäische Zeit im inneren Eisenbahndienst einzuführen. Der Meridian der MEZ geht durch Stargard. Diese Zeit wurde am 1. April 1893 durch Reichsgesetz für das gesamte bürgerliche Leben des Deutschen Reiches eingeführt.

Heute erhält die Bahn ihre Zeit über eine Zentraluhr der Bahn in Hamburg vom Deutschen Hydrographischen Institut, das die MEZ für die Bundesrepublik nach einer Atomuhr ermittelt. Diese Atomuhr stellt mit »atomarer« Genauigkeit die Zeit fest. Die Zentraluhr der Bahn gibt diese Zeit über ein hierarchisches System von Unteruhren an alle angeschlossenen Uhren der Bahn weiter mit der geringen Verzögerung, die der Geschwindigkeit des elektrischen Stromes entspricht.

Die ersten Fahrpläne waren reine Streckenfahrpläne. Solche Pläne enthielten zwei Abschnitte, die mit der Richtung – zum Beispiel Richtung Berlin, Richtung Magdeburg – überschrieben waren und neben den untereinander aufgeführten Stationsnamen den »ungefähren Abgang« von dieser Station mitteilten. Außer diesen Fahrplantabellen befand sich manchmal eine geographische Skizze der Strecke auf dem Anschlag und dazwischen eingepaßt waren Werbeanzeigen z. B. der Berliner Gasthöfe und anderer Etablissements an der Strecke. Es gibt auch Fahrpläne ohne Werbung, die nach Abgangsstationen unterteilt sind, wie der Fahrplan der Wien-Raaber Eisenbahn aus dem Jahr 1841.

Fahrteneinteilung für Sonntag, den 22. August 1841 der Wien-Raaber-Eisenbahn.

Allmählich wurden dann die Strecken innerhalb eines Landes zum Netz, die Nachbarländer rückten mit Übergangsstrecken heran. So kam es, daß jede Bahnverwaltung zuerst sich eigene Bahnanlagen und Verwaltungsräume baute. Man mußte umsteigen, Güter umladen, neue Fahrkarten lösen, und der Fahrplan blieb getrennt.

Am 1. Juli 1848 endlich war es soweit, daß man dem Gedanken eines Durchgangsverkehrs Rechnung trug: Um die Verbindungen Berlin – Leipzig – Köln zustande zu bringen, schlossen sich sechs Eisenbahnverwaltungen zum Norddeutschen Verband zusammen. Gemeinsam wollten sie fortan die Fahrpläne, die Tarife und die Beförderungsbedingungen für den Durchgangsverkehr festlegen. Im Zeitalter des Partikularismus, der Länderbahnen, ja selbst noch der Reichsbahn gab es immer wieder die Gegensätze zwischen den ortsgebundenen Bedürfnissen – dem Markt- und Nahverkehr, soweit er nicht über besondere Gleise verfügte – und dem Fern- und Durchgangsverkehr. Bei dem immer dichter werdenden Verkehr mußten in kurzen Abständen Lokalzüge, Arbeiterzüge, Personenzüge, Eilzüge, Expreß-, Kurier-, Blitz- und Jagdzüge, ferner Güterzüge mit Stückgut oder Wagenladungen, Eilgüterzüge mit Viehwagen und endlich Bauzüge über die Schienen gebracht werden. Das alles ging nicht mehr ohne übersichtliche Planung, und so entstanden 1880 »Fahrschaubilder« grafischer Art, die zum heutigen Bildfahrplan führten.

Senkrecht erscheinen auf diesem Fahrplan die Stationen, waagerecht verläuft die Zeit in Zehn-Minuten-Blocks. Dazwischen ziehen die Züge ihren Weg-in-der-Zeit, schräg oder weniger schräg, je nach ihrer Geschwindigkeit.

Auf Fahrplankonferenzen – erst regionalen, dann überörtlichen – werden die Grundlagen für die Europäische Fahrplankonferenz vorbereitet, auf der die Fahrpläne für den Fern- und Durchgangsverkehr festgelegt werden. Aus ihm entsteht das Kursbuch für den Kunden der Bahn, aber auch der Buchfahrplan, nach dessen exakten Angaben der Lokführer seinen Zug über die Strecke führt. Auch für den Güterverkehr gibt es eine solche Fahrplankonferenz, die ebenfalls Fahrpläne auf diese Weise koordiniert.

Nach Einzelkursbüchern der Länderbahnen, die für die Konkurrenzlinien der Nachbarn keine Werbung betreiben mochten, und einem seit 1850 vom königlichen Generalpostamt in Berlin herausgegebenen Eisenbahn-, Post- und Dampfschiff-Coursbuch erschien erstmals in Zusammenarbeit mit der Post 1926 ein Reichs-Kursbuch. 1933 kam das erste eigene »Deutsche Kursbuch« der Bahn heraus, daneben gab es das »Reichskursbuch« der Post.

Nach dem Krieg waren es Behelfe der einzelnen Direktionen, bis sich 1947 die Bahnzentren der drei Besatzungszonen zur Herausgabe eines Kursbuches entschlossen, das 1954 den Titel »Amtliches Kursbuch der Deutschen Bundesbahn« erhielt. Heute nennt es sich schlicht: »Kursbuch«. Daneben gibt es eine Serie von Spezialfahrplänen, vom Regionalkursbuch bis zum Taschenfahrplan.

Mit dem Fahrplan stand damals wie heute das Angebot der Eisenbahn fest. Jetzt konnte man daran gehen, die Preise festzusetzen. Die ersten Fahrpläne enthielten manchmal gleich die Preise für die angegebene Strecke und für die Art des Zuges.

Die »Fahrkarten« der englischen Bahnen waren 1832 in Wirklichkeit keine Karten, sondern Kupfermarken; sie sind erst seit 1836 aus Karton. Bei der Ludwigsbahn waren sie farbig, aber die Farbe bedeutete keine Klasse, sondern den Wochentag. Später übernahm man das Edmondsonsche System mit seinen kleinen, rechteckigen, bedruckten Stücken aus Pappe.

Bei der Festsetzung der ersten Eisenbahnfahrpreise hielt man sich an die »Passagiertaxe« der Postkutschen. Sie betrug im Schnitt sechs Silbergroschen für die Meile; also etwa acht Pfennig für den Kilometer.

Aber um eine Eisenbahnreise zu unternehmen, genügte es zum Beispiel im Königreich Sachsen nicht, daß man sich eine Fahrkarte kaufte. Der Reisende mußte sich zuvor bei der Polizei ausweisen, dort wurde er namentlich registriert. Bis 1841 wurde sodann dem Passagier vor der Reise der Paß abgenommen. Den Zug begleiteten Polizisten, die Listen mit sich führten, auf denen alle Reisenden verzeichnet waren. Auch unterwegs zusteigende Passagiere mußten sich bei den Polizeioffizianten melden und wurden in die Listen aufgenommen. Am Reiseziel bekam der Reisende seinen Paß wieder zurück. Für diese hochbürokratischen Schikanen war Sachsen im ganzen Ausland »verschrien«.

Die bayerischen Reichstagsabgeordneten wiederum beklagten sich über die Vorschriften in Preußen. »Wenn sie, Gott sei es geklagt, auf der Fahrt nach Berlin die preußischen Grenzpfähle passieren mußten, so hatten sie im Speisewagen ihre brennenden Zigarren auszulöschen!«

Die Eisenbahnen, von Anbeginn an auf Massenverkehr eingestellt, blieben bei niederen Tarifen; sie erhöhten nur dort, wo die Attraktion nachließ. »Mittlerweile«, so schrieb tröstend nach einem schlechten Geschäftsabschluß der Bahn das Jenaer Neue Nachrichten-Comptoir 1848, »fahren schon ein paar mehr Leute mit der Eisenbahn; es kann sich alles entwickeln!«

Statt erst nur zwei Klassen, einer für offene und einer für geschlossene Wagen, kam man bald auf vier Klassen: die vierte Klasse, der sogenannte »Kälberwagen« bot nur Stehplätze an.

Dafür war er billig: Die preußische Staatsregierung

Eisenbahn-Fahrkarten aus den ersten Jahren der deutschen Eisenbahnen, unten ein Reisebüro-Fahrscheinheft.

verlangte 1856 auf der ihr gehörenden Niederschlesisch-Märkischen Bahn in der vierten Klasse einen Streckensatz von 1,5 Silbergroschen für die Meile – also zwei Pfennig für den Kilometer; ein Satz, der bis zum Beginn der Inflation nach dem Ersten Weltkrieg galt.

Die Vielfalt der Tarife war immer wieder Ärgernis erregend: Nach langem Hin und Her zwischen Tarifverbänden benachbarter Verwaltungen und schönen, aber nutzlosen Empfehlungen des Vereins für Eisenbahnverwaltungen kam man endlich – 1877 – zur Bildung der »Ständigen Tarifkommission der Deutschen Eisenbahn-Verwaltungen«. Sie galt für Personen- und Gütertarife. Sie ist der Vorgänger der heutigen Ständigen Güter-Tarif-Kommission, in der nur noch ein im Reiseverkehr befördertes Gut behandelt wird: das Expreßgut.

Zur Zusammenarbeit der Eisenbahnen untereinander vgl. Kasten IX UIC!

Es gibt eine reizvolle Schilderung von der Abreise eines Passagiers der Rheinischen Eisenbahn in Köln:

»Eine Stunde vor Abgang des Zuges hat sich der Reisende eingestellt. Das ist besser so, denn er muß eine Reihe von Formalitäten erledigen, und man kann nie sicher sein, daß alles glatt abgeht. Hat doch erst neulich ein Nachbar den Zug verpaßt, weil er kein Wechselgeld bei sich hatte und deshalb von dem Beamten nicht abgefertigt wurde, als er sein Billett kaufen wollte.

Heute hat es aber keinen Zwischenfall gegeben: Der Fahrschein ist sorgsam in der Tasche verwahrt, das Gepäck ist abgewogen und verladen. Auch die Vorschriften, die an den Expeditionsfenstern aushängen, hat der Reisende noch einmal genau studiert, um ja nichts zu versehen. Nun kann er sich noch auf einen kleinen Schoppen ein schattiges Plätzchen im Merzenich'schen Garten suchen. Seine Uhr hat er genau mit der großen Bahnhofsuhr, die die Kölner

Kasten IX

UIC

Von den ersten Zusammenkünften der einzelnen Eisenbahnen, die stattfanden, um gemeinsame Probleme zu regeln (vom Frachtbrief bis zur Kupplung), geht der Weg über die Europäische Fahrplankonferenz von 1872, über die Konferenz für die technische Einheit der Eisenbahnen von 1882 bis zur rechtlichen Einheit über den Güterverkehr von 1890, ergänzt 1923 durch Konventionen über den Gepäck- und Reiseverkehr. 1921 wurde der Austausch von Personen- und Güterwagen im RIC und RIV geregelt. Für Güterwagen entstand 1953 ein Pool-Abkommen zwischen neun europäischen Staaten.

Doch fehlte eine übergeordnete Organisation zur Lösung allgemeiner Fragen. Zwar gab es seit 1846/47 den Verein Deutscher Eisenbahnverwaltungen, aus dem der Verein mitteleuropäischer Eisenbahnverwaltungen entstand.

1922 wurde die Internationale Vereinigung der Eisenbahnen (UIC = Union Internationale des Chemins de fer) gegründet. Ihr Sitz ist Paris. Sie umfaßt heute 54 Mitgliedsbahnen mit einer Streckenlänge von insgesamt 500 000 Kilometern sowie neun angeschlossene Unternehmen. Ihre Funktionen sind: Vereinheitlichung und Forschung, Koordinierung, Information und gemeinsame Vertretung. Realisiert wurde bisher die Bildung von Tochtergesellschaften, von denen als besonders wertvoll gelten müssen: die Europäische Güterwagengemeinschaft, der internationale Schlafwagenpool, Interfrigo, Intercontainer, Trans Europ Expreß, Trans Europ Expreß für Güter (= TEEM) und die Vereinigung Eurailpaß.

»Auf dem Bahnhofsvorplatz herrscht ein reges Treiben.« Hamburg-Bergedorf um 1852.

Postzeit angibt, verglichen. Auch das wäre nicht nötig gewesen, denn deutlich kann er auch hier die Bahnhofsglocke hören, die eine halbe Stunde, ehe der Zug abfährt, verkündet, daß das »Versammlungslokal« seine Türen öffnet.

Der Reisende zahlt schnell seine Zeche und greift zu Reisetasche und Hutschachtel, die er behalten durfte, da er sie unter dem Sitz und im Gepäcknetz über seinem Platz unterbringen kann.

Auf dem Bahnhofsvorplatz herrscht ein reges Treiben. Pferdeomnibusse und Fiaker bringen Fahrgäste, Gepäckträger schleppen Reisekisten zur Expedition. Eine Equipage rollt heran, und während die Insassen aussteigen und die Fahrscheine lösen, sind die Mietpferde ausgespannt worden, und die Kutsche wird auf einen bereitstehenden Eisenbahnwagen verladen. Der Türsteher am »Versammlungslokal« hat alle Hände voll zu tun. Er muß sorgsam darauf achten, daß niemand ohne Billett den Raum betritt. Den Herrn, der anscheinend zur Jagd fährt, weist er höflich darauf hin, daß Hunde auf dem Bahngelände an kurzer Leine zu führen sind. Auf der Fahrt muß der Hund in einem besonderen »Behältnis« untergebracht werden, und die Flinte darf nicht geladen sein.

Das »Versammlungslokal« füllt sich. Die Reisenden sitzen auf den Bänken oder stehen in Gruppen beisammen. Einige sind aufgeregt: Sie fahren zum er-

46 Quick-Pick-Wagen mit Selbstbedienung sorgen für das leibliche Wohl der Fahrgäste, zum Beispiel in Fern-Schnellzügen.

Münzfernsprecher in einem IC-Großraumwagen (1. Klasse) mit dem, wie aus der üblichen Telefonzelle auf der Straße, Selbstwählgespräche ins In- und Ausland möglich sind.

sten Mal mit dem Dampfwagen. Die Erfahrenen müssen sie beruhigen und ihnen allerhand Ratschläge geben. Ein »Spaßvogel« schreckt sie mit blutrünstigen Geschichten über allerhand Eisenbahnunfälle. Darüber vergeht die Zeit, und die Bahnhofsglocke erschallt zum zweiten Male: Die Fahrt wird in fünf bis zehn Minuten beginnen.

Die Beamten öffnen die Türen zum Bahnsteig. Unser Reisender beeilt sich, er will sich einen guten Platz sichern. Aber noch darf er den Wagen nicht besteigen. Inzwischen verteilen sich auch die anderen Fahrgäste und warten vor den Türen der verschiedenen Wagen. Eine Reisegesellschaft sucht ihr reserviertes Abteil. Und da ertönt auch schon das dritte und letzte Glockenzeichen.

Die Türen der Warteräume schließen sich. Wer jetzt noch kommt, kann der Abfahrt des Zuges nur noch aus der Ferne zuschauen. Nun erst öffnen die Schaffner die Wagen und weisen den Passagieren die Plätze zu. Diese müssen noch einmal ihre »Fahrzettel« vorzeigen, der Beamte nimmt sie an sich oder reißt den Kontrollabschnitt ab. Schnell sind alle untergebracht.

Die Lokomotive pfeift schrill, und die Bremser erklimmen ihre hohen Sitze. Jetzt kann die Fahrt beginnen. Langsam setzt sich die Maschine in Bewegung, damit die Wagen nicht rucken, wenn sich die Ketten, die sie verbinden, straffen. Manchmal ist schon eine solche Kette gerissen, und ein Teil des Zuges blieb stehen. Laut heult die Dampfpfeife vor jeder Weiche; der Weichensteller muß durch Winkzeichen bestätigen, daß er sie richtig gestellt hat.

Und dann verläßt der Zug den Bahnhof. Die Türme von Köln verschwinden am Horizont. Die Reise hat begonnen ...«

Welch ein Unterschied zum Reisenden von heute! Er

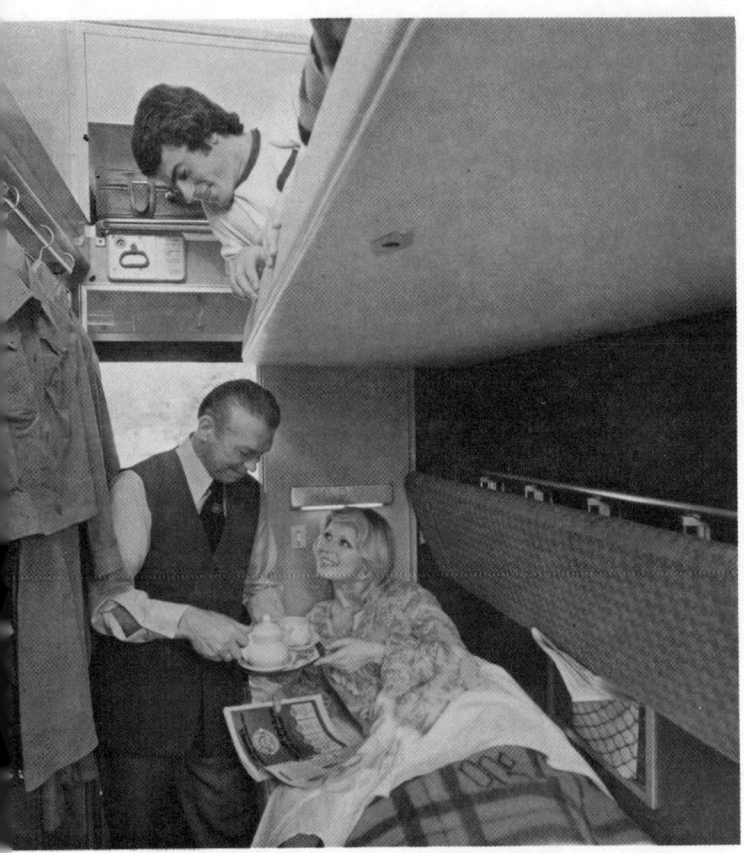

Auch in diesem modernen Schlafwagenabteil der DSG würde sich der Dichter wohlfühlen.

Ruhe gegangen, und schließlich komme ich mit mir überein, ein Gleiches zu tun.

Ich erhebe mich also und gehe in mein Schlafkabinett. Ein richtiges luxuriöses Schlafzimmerchen mit gepreßter Ledertapete, mit Kleiderhaken und vernikkeltem Waschbecken. Das untere Bett ist schneeig bereitet, die Decke einladend zurückgeschlagen. Oh große Neuzeit!, denke ich. Man legt sich in dieses Bett wie zuhause, es bebt ein wenig die Nacht hindurch, das hat zur Folge, daß man am Morgen in Dresden ist...« (Thomas Mann)

Auch wenn damals der Dichter in eine Kalamität geriet: Es gibt so viele lustvolle Beschreibungen von Eisenbahnreisen, daß man sie unmöglich alle zitieren kann. Und trotzdem hat dieser Bahn ein lächerliches Blechgefährt auf vier Rädern, das der Reisende selbst bedienen, betanken und steuern muß, dessen Rad er, wenn es schadhaft ist, auf der Autobahn bei Nässe, Kälte und Dunkelheit selbst auszuwechseln gezwungen ist, den Rang abgelaufen. Noch niemals hat man von einem Reisenden gehört, der dem Lokomotivführer bei einem Radwechsel helfen mußte.

Dennoch ist es nicht unbegreiflich: Das Auto ist der individuellere Automat.

kann sich seine Fahrkarte nebst Platzkarte schicken und das Gepäck von seinem Hause abholen lassen. Er braucht keine Bahnsteigsperre mehr zu passieren und kann kurz vor Abfahrt des Zuges auf den Bahnsteig kommen. Für sein Handgepäck steht ein kleiner Wagen bereit. Er kann essen, trinken, rauchen, schlafen, Zeitung lesen oder durchs Fenster schauen. Er kann mit Los Angeles telefonieren und seine Geschäftsbriefe diktieren. Er sitzt in einem klimatisierten Abteil mit goldbedampften Scheiben, die keine Wärme durchlassen; er kann aufstehen und umhergehen.

»Ich erwäge, was etwa dagegen sprechen könnte, noch eine Zigarre zu rauchen, und finde, daß es so gut wie nichts ist. Ich rauche also noch eine im Rollen und Lesen und fühle mich wohl und gedankenreich. Die Zeit vergeht, es wird zehn Uhr, halb elf Uhr oder mehr, die Insassen des Schlafwagens sind alle zur

GÜTERWAGEN

Aller Eisenbahn Anfang ist der Güterverkehr. Der Satz, gültig für englische, französische und viele andere erste Bahnen, gilt in Deutschland nicht. Die zwei legendären Fäßchen »Lederer Bier«, die bei der ersten Fahrt auf dem Tender der Lokomotive von Nürnberg nach Fürth am 7. Dezember 1835 mitgefahren sein sollen, sind in Wahrheit nicht am Eröffnungstag, sondern erst am 11. Juli 1836 »gegen Vergütung von sechs Kreuzern per Fäßchen für Transportlohn an den Wirt »Zur Eisenbahn« abgegangen. Aber auch auf der Bahn von Leipzig nach Dresden, der zweiten deutschen Lokomotiveisenbahnstrecke, war in den ersten Jahren unter 25 Wagen ein einziger Güterwagen festzustellen. Um 1840 ändert sich dieses Verhältnis zugunsten der Güterwagen, doch immer noch überwiegen Personenwagen.

Alte Bilder zeigen zweiachsige, gedeckte Wagen, auf deren Untergestell aus Holz der hölzerne Wagenkasten saß.

In der ersten Zeit überwogen die gedeckten Wagen. Dies hing einmal mit den Zollvorschriften der zahlreichen Länder zusammen, die für viele Güter im Transit, also etwa zwischen Preußen und Bayern oder zwischen Sachsen und Württemberg, Zollverschluß verlangten. Auf einem gedeckten eisernen Wagen der Bergisch-Märkischen Eisenbahn um 1863 findet sich die Aufschrift: 36 Mann, 6 Pferde; also eine Anweisung, was in Manöver- und Kriegszeiten mit dem Wagen zu geschehen habe.

Neben dem gedeckten Wagen, der für Konsumgüter, Zollgüter und für Truppentransporte gedacht war, gewann der offene Wagen für den Versand von Massengütern an Terrain. Es gab Wagen mit halbhohen Wänden für Kohle und Erze und solche mit hohen (1,90 Metern) Wänden für die Viehverladung.

An Spezialwagen gab es die Drehschemelwagen für die Beförderung von Langholz, zweigeschossige Viehverschlagwagen, gewölbte Kastenwagen mit Mannlöchern zum Einfüllen von Flüssigkeiten.

Auf Sachsens Strecken kannte man 1840 vierachsige Wagen, auf denen ganze Frachtfuhrwerke samt ihrer Fracht und den vorgespannten Pferden verladen werden konnten: eine Art Huckepack-Verkehr aus frühester Zeit.

In den 40 Jahren von 1850 bis 1890 erhöhte sich mit der technischen Verbesserung – eiserne Untergestelle, eiserne Wagenkästen, stählerne Radsätze und Verstärkung der Federn – das Ladegewicht auf zehn, später auf fünfzehn Tonnen.

Aus Amerika kommt der Kühlwagen; die ersten Refrigerators brachten frische Austern nach New York um 1853. Wenig später taucht der Kühlwagen auch in Deutschland auf. Um die Jahrhundertwende werden Tiefladewagen für große Schienenteile, aber auch für Geschützrohre eingesetzt. Ein 16achsiger Geschützrohrwagen der Firma Krupp in Essen ist die technische Sensation des Jahres 1890 auf diesem Gebiet. Im Ersten Weltkrieg gibt es eine Anzahl überschwerer Langrohrgeschütze – »dicke Bertas« – auf solchen Eisenbahn-Spezialwagen.

Auch im Zweiten Weltkrieg gab es Riesengeschütze (Kaliber 80 cm), zum Beispiel vor Sewastopol. Auf

GÜTERTARIF

Nach einem recht lückenhaften »Güterreglement« von 1847 des Vereins Deutscher Eisenbahnverwaltungen, das mangels Einigkeit die wichtigste Frage, den Preis aussparen mußte, kam es 1877 zu einem zwar allgemein verbindlichen, doch noch recht unvollkommenen Tarif. Die Reichsverfassung von 1871 forderte »gleichmäßige und niedere Tarife«, die man im allgemein gültigen und gemischten Tarifsystem von 1877 verwirklichte. Seit 1878 gibt es eine Ständige Tarifkommission.

Wie die meisten anderen Bahnen ist auch die DB in ihrer Preispolitik heute nicht völlig autonom. Gesetzliche Vorschriften, Tarifkommission und endlich der Verkehrsminister wirken mit. Bei der Preisbildung spielen Berechnung der Kostenlage und Einschätzung der Wettbewerbssituation eine wichtige Rolle. Der Preis entsteht nach dem Regeltarif. Bei allen europäischen Bahnen gelten die Prinzipien der Mengenstaffel, der Entfernungs- und Wertstaffel. Es gibt zahlreiche Ausnahmetarife. Besondere Tarife gelten beim Huckepackverkehr, bei dem die Bahn ganze Straßenlastfahrzeuge »huckepack« nimmt. Ihn betreut zusammen mit der Bahn zum Beispiel die Deutsche Gesellschaft für kombinierten Güterverkehr (Kombi-KG). Zum Containerverkehr vergleiche Bild Großcontainerverkehr.

Kasten X

Alle sechs Stunden fahren Ganzzüge mit vierzig sechsachsigen Schwerkraft-selbstentladewagen (101 Tonnen Ladegewicht), 4000 Tonnen Erz von den Erzhäfen (Hansaport Hamburg) in das Industriegebiet von Salzgitter. Die Wagen sind mit automatischer Mittelpuffer-Kupplung versehen; das »rollende Förderband« liefert im Arbeitsjahr 4,8 Millionen Tonnen Importerz.

Im Großcontainerverkehr auf der Schiene bewältigen die Bahnen ein ständig steigendes Transportaufkommen im Binnen- und im Übersee-Großcontainerverkehr. Die DB arbeitet hier mit ihrer Tochtergesellschaft Transfracht eng zusammen. Die Transfracht ist die Verkaufsgesellschaft der DB für Großcontainertransporte. 23 europäische Länderbahnen und die Interfrigo (für Kühlcontainerverkehr) schlossen sich zur Intercontainer-Gesellschaft (Brüssel) zusammen als der gemeinsamen Verkaufsagentur der Mitgliedsbahnen im grenzüberschreitenden Containerverkehr auf der Schiene.

Doppelgleisen wurden sie mit Dieselloks (V 188) in Feuerstellung gebracht.

Im weiteren Verlauf der Entwicklung kommt es, vor allem im Wettbewerb gegen den Lastkraftwagen, zu vielerlei Arten des Spezialwagens, zu Groß- und Kleinbehältern, Containern, und in der Abwicklung der Transportaufträge zu neuen Arten des Haus-Haus-Verkehrs mit und ohne Gleisanschluß.

Wer vom Güterwagen spricht, muß auch vom Gleisanschluß sprechen. Der Gleisanschluß ist sozusagen der private Güterbahnhof eines oder mehrerer Unternehmen. Welche Bedeutung der Gleisanschluß

Kasten XI

FAHRT ÜBERS MEER
FÄHREN UND TRAJEKTE

Wo die Schienen aufhörten, war Wildnis oder weites Wasser. In den Ursprungszeiten der Eisenbahn setzte jeder Strom der Strecke ein Ende. Da gab es Fähren über Rhein und Elbe, die alle von der Eisenbahn betrieben wurden. Denn die Bahn wollte das laufende Band des durchgehenden Transports in der Hand behalten. Aber bald wurde das Umsteigen und Umladen, später das Trajektieren, lästig: Früh schon bezwangen kühne Konstruktionen die weiten Gewässer: Eisenbahnbrücken.

Wo der Brückenbau nicht möglich, kam man um die Mitte des letzten Jahrhunderts auf den Gedanken, den Strom oder den Meeresarm mit Schiffen zu überqueren, auf deren Deck Schienen eingelassen waren. Die ersten Trajektanlagen standen in England am Firth of Forth und Firth of Tay. Der Schaufelraddampfer »Leviathan« überquerte um 1850 den Firth of Forth mit Güterwagen. Fünf Güterwagen trug das dänische Fährschiff »Lillebelt« von Fredericia auf Jütland nach Fünen über den Kleinen Belt (1872). Auch auf dem Bodensee, wo das erste württembergische Dampfboot »Wilhelm« am 1. Dezember 1824 startete, gab es solche Trajektverkehre, von denen eine bis zum 1. Juni 1976 noch bestand: Friedrichshafen – Romanshorn.

Die Hauptschiffslinien des Bodensees werden bis zum heutigen Tage von den Eisenbahnen der Uferstaaten betrieben.

Die bedeutendste Trajektverbindung Europas ist heute die Vogelfluglinie, die sich aus der Linie Großenbrode – Gedser entwickelt hat. Seit 1963 verkehren deutsche und dänische Fährschiffe auf dem nur noch neunzehn Kilometer langen Seeweg. Die Fahrzeit beträgt (gegenüber früher drei) nur noch eine Stunde.

Seit 1972 ist die neue »Deutschland« in Dienst gestellt. Es ist eine kombinierte Eisenbahn-, Auto- und Passagierfähre. Auf dem 144 Meter langen und 17,4 Meter breiten Fährschiff haben zwölf D-Zug-Wagen oder 26 Güterwagen Platz.

Ein besonderer Leckerbissen für Eisenbahnfans ist der »Night Ferry« zwischen London und Paris, beziehungsweise Brüssel. Er wurde 1936 als bisher einzige Eisenbahntrajektverbindung für Personenwagen im Ärmelkanal eingerichtet. Die Trajektschiffe überqueren den Kanal bei Nacht zwischen Dover und Dünkirchen. Lange Zeit benutzte die englische Regierung diesen Zug, bis sie einmal bei einer Konferenz in Paris zu spät kam. Seither nimmt sie das Flugzeug, doch der Herzog von Windsor ist dem Zug treu geblieben.

Fast alle Eisenbahntrajekte befördern auch Pkws, Lkws und Omnibusse.

218

zum Beispiel im Netz der Deutschen Bundesbahn hat, ersieht man daraus, daß 93 Prozent des Wagenladungsbinnenverkehrs der DB im Versand oder im Empfang mindestens einen Gleisanschluß berührt haben.

Seit der Mitte des neunzehnten Jahrhunderts hat sich auch – bis zum heutigen Tag – das Übergewicht der Einnahmen vom Personenverkehr auf den Güterverkehr verlagert. Das gilt nicht nur für die Bahnen Europas und der USA (vergleiche Kapitel XI), sondern, wenn auch nicht so kraß, für alle anderen Bahnen der Industrie- oder Rohstoffländer.

In der Bundesrepublik Deutschland stammen über 60 Prozent der Gesamterträge aus dem Güterverkehr. Innerhalb dieses Verkehrs, wozu Wagenladungs-, Stückgut- und Expreßgutverkehr zählen, ist der Wagenladungsverkehr, der mit 98 vom Hundert der Tonnenkilometerleistungen und der Gutmengen dominiert, der eigentliche Großverdiener. (Vgl. auch Kasten X) Um Größenverhältnisse anzugeben, so stehen zum Beispiel bei der DB den 17 726 Personenwagen 287 365 Güterwagen (nebst 47 760 in den Wagenpark eingestellte Privatgüterwagen) gegenüber. (Stand 1975) Also ein Verhältnis wie 1:15.

IX Sicherheitssysteme

SIGNAL, LÄUTEN UND PFEIFEN

Zu Beginn kam man ohne Signale aus. Lächerlich wäre es gewesen, die mit so geringer Geschwindigkeit betriebenen Bahnen noch mit Signalen auszustatten. Man fuhr auf Sicht, so wie die meisten Straßenbahnen heute noch fahren. Man verließ sich darauf, daß man den Zug schon wegen des Schnaufens und Puffens der Lokomotive, wegen des Rollens der Räder, wegen der ständig klirrenden Ketten, mit denen die Wagen aneinandergekoppelt waren, und nicht zuletzt wegen der häufigen und harten Schienenstöße rechtzeitig hören würde. Die ersten Lokomotiven hatten auch keine Pfeifen. Man würde den Zug zudem sehen, denn man fuhr nicht bei Nacht. Wer wollte auch bei Nacht reisen? Es gab keine Beleuchtung, es gab keine Scheinwerfer, nicht einmal eine Lampe an der Lokomotive.

Das erste Unfallopfer, der Abgeordnete Huskisson, eine bedeutende politische Persönlichkeit bei der Einweihungsfeier Liverpool – Manchester, veranlaßte vor allem Ingenieure und Techniker, über Signale und Einrichtungen zur Sicherung der Eisen-

Bahnwärter vor einem Ballonsignal 1850. Der Korb zeigte dem Lokomotivführer »Halt« oder »Freie Fahrt« an.
Man konnte die Ballonsignale auch als optische Telegrafen benutzen.

Optischer Telegraf der Bayerischen Ostbahn um 1860. Der Bahnwärter läßt in vorgeschriebener Haltung den Reisezug passieren.

bahnen und zum Schutz des Publikums nachzudenken.

Als erstes galt es, die Lokomotive besser sicht- und hörbar zu machen. Stephenson stattete seine ersten Loks mit einer Dampftrompete aus. Später gab es Pfeifen. »Der Pfiff wurde durch Einwirken eines ringförmigen Dampfstrahles gegen eine Messingglocke oder auch eine Schale erzeugt.« (Ellis) Die Pfiffe klingen in jedem Land anders; berühmt ist das Tschuh-Tschuh der amerikanischen Transkontinentallokomotiven, das auch in einem Stück aus dem Glen Miller Repertoire zu hören ist: Chattanooga Choo Choo. Eigentlich stammt es von den großen, melodischen Dampfpfeifen der alten Flußdampfschiffe.

Seitdem die E-Lok die Dampflok verdrängt hat, ge-nügt ein Hebel oder ein Knopf, um einen Schub komprimierter Luft durch die Pfeife zu jagen.

Seit 1850 etwa tragen die Loks vorne oder an beiden Seiten eine Lampe; denn jetzt fing man an, auch nachts zu fahren. Zur selben Zeit begann man auch, die Wagen mit Öllämpchen, seit 1863 in England mit Gas, zu beleuchten. Zwischen London und Brigthon, dem bekannten Badeort an der Südküste, fuhr 1881 erstmals ein Pullmanwagen mit elektrischem Licht.

Auch für den Reisenden in der Bahn gab es erst seit 1880 eine Notbremse. Vorher konnte der Reisende den Zugführer oder Schaffner mit einer Glocke herbeiläuten.

Zur Sicherung des Fahrweges hat man eingehend alle Möglichkeiten der Verursachung von Unfällen

Mechanisches Stellwerk mit Handbedienung.

studiert. Aus den sehr früh angelegten Statistiken fand man als Ursachen heraus:

1. Frontaler oder seitlicher Zusammenstoß zweier Züge; Auffahrunfall;
2. Zusammenstoß mit einem betriebsfremden Fahrzeug auf einem schienengleichen Übergang;
3. Gleisschäden. Schienenbruch oder Verwerfung der Gleise bei Hitze, Steinschlag im Gebirge; Erdrutsch; Folgen eines Wokenbruchs oder Wirbelsturms; Naturkatastrophen, Attentate.

Für den zweiten Fall gibt es ein allerdings teures Allheilmittel: Der Zug fährt unter der Straße durch, oder die Straße unterfährt die Bahnstrecke. Neue Strek-ken, die als Schnellfahrstrecken bis zu 300 Stundenkilometern ausgelegt sind, werden nur noch überwegfrei gebaut.

Als der Abstand auf Sicht wegen der steigenden Geschwindigkeit und Zahl der Züge nicht mehr ausreichte, da begann man, den Abstand nach Zeit zu bemessen, das heißt ein zweiter Zug durfte dem ersten nur dann folgen, wenn eine angemessene Zeit verstrichen war. Doch auch das führte zu Zusammenstößen, wenn etwa ein Zug hinter einer Kurve stehengeblieben oder entgleist war.

So kam man zum Raumabstand. Die Strecke wird in Abschnitte, etwa von Bahnhof zu Bahnhof, eingeteilt, und der zweite Zug darf dem ersten nur dann folgen, wenn der erste den Abschnitt, in welchen der zweite einfahren will, bereits verlassen hat. Mit anderen Worten: Es darf immer nur ein Zug in einem Abschnitt sein. Wird dieser Grundsatz richtig befolgt, so ist ein Unfall nicht möglich.

Den Abschnitt nannte man Blockstrecke. Mit der Zunahme der Zahl der Züge wurde die Strecke zwischen den Bahnhöfen nochmals in Blockstrecken zwischen zwei Blockstellen, unterteilt.

Dieses Blocksystem stammt aus England. To block heißt blockieren, sperren, und die Abschnitte heißt man Blockstrecken oder einfach Block. Innerhalb eines Blocks darf sich also immer nur ein Fahrzeug befinden. Dieses Blocksystem gilt in verfeinerter Form grundsätzlich bis heute.

Die Sicherung der Blöcke untereinander wird durch Signale gewährleistet. Das optische Signal, von dem hier die Rede ist, stammt wahrscheinlich aus der Zeit der optischen Telegrafen, dessen Erfinder Claude Chappe (1791), ein französischer Geistlicher war (Feldhaus).

Deutschlands erster optischer Telegraf wurde 1798 zwischen Frankfurt am Main und Berlin errichtet. Die letzte optische Telegrafenlinie in Preußen bestand noch 1853 zwischen Köln und Koblenz. Auf einem Turm stand ein Mast mit sechs Signalflügeln, die vom Turmraum aus mit Handkurbeln gestellt wurden und deren jeweilige Positionen Buchstaben bedeuteten. Der Signalflügel gleicht den bei der Bahn verwendeten ersten Signalen. Solche Flügelsignale befanden sich erstmals 1842 als optische Telegrafen für den Bahnbetrieb auf der Strecke Leipzig – Dresden.

Gleisbildstellwerk. Hier werden Fahrstraßen durch Tastendruck festgelegt. Das Gleis- und Weichengeflecht nebst Signalen draußen vor dem Fenster gehorcht der elektronischen Automatik, gesteuert von der Hand des Menschen. Der Weg des Zuges ist sicher.

In England bestand bei der Kriegsmarine und auf dem Lande ein optisches Telegrafensystem nach George Murray. Von ihm übernahmen es die englischen Eisenbahnen.

Das bis zum heutigen Tage bestehende deutsche optische Signalwesen ist sodann aus England übernommen und nach den deutschen Bedürfnissen abgeändert worden. Doch jede Bahngesellschaft oder auch Staatsbahn verwendete andere Signale. Handfahnen und Laternen, Ballon- und Korbsignale oder Zeigertelegrafen und Flügeltelegrafen wurden verwandt. Die Dampfpfeife und besondere Läutesignale vervollständigten das bunte Durcheinander.

Eine erste Vereinheitlichung war 1850 durch die Versammlung deutscher Eisenbahntechniker vorgeschlagen worden. Aber erst die 1875 aufgrund der Reichsverfassung beschlossene »Signalordnung für die Eisenbahnen Deutschlands« brachte Einheitlichkeit in die bisherige Vielfalt.

Heute unterscheidet man zwischen Formsignalen (zum Beispiel Signalflügel, Signalscheiben und so fort) und Lichtsignalen, die weniger störanfällig sind. Verwendet werden die drei Farben, die auch vom Straßenverkehr adaptiert worden sind: Rot (für Halt), Grün (für Fahrt) und Gelb (beim Vorsignal zum Beispiel für »Zughalt erwarten«).

Zuerst wurden die Signale von Hand bedient und zugleich mit den Weichen »gestellt«. Um die Jahrhundertmitte vereinigte man die Bedienung der Weichen und Signale in mechanischen Stellwerken. Über Hebel, Drahtzüge und -gestänge – eine im Winter oft schwere Arbeit – wurden die Signale und Weichen fernbedient.

Dort, wo beispielsweise auf der eingleisigen Strecke einer Nebenbahn noch kein Streckenblock eingebaut ist, darf ein Zug, um einen Zusammenstoß mit einem entgegenkommenden Zug auf der eingleisigen Strecke zu vermeiden, nur dann abfahren, wenn in einem besonderen Zugmeldeverfahren ein Bahnhof dem anderen Bahnhof den Zug angeboten und der andere Bahnhof ihn angenommen hat.

Bei den Kraftstellwerken um die Jahrhundertwende wurde das Stellen hydraulisch, durch Druckluft oder elektrisch ausgeübt. Von hier führt der Weg zum Relaisstellwerk und endlich zum sogenannten DR = Drucktasten oder Gleis-Bildstellwerk. Auf einer Art Pulttafel sind in kleinem Maßstab alle Gleise, Weichen, Signale und die fahrenden Züge durch aufleuchtende Punkte und Striche sichtbar. Zur Durchfahrt eines Zuges muß der Stellwerkswärter nur eine Taste im Einfahrgleis des Zuges und eine Taste im Ausfahrgleis drücken, und alle notwenigen Weichen und Signale sind gestellt; alle anderen Einfahrten oder Weichenbewegungen zu diesem Durchfahrgleis hin gesperrt. Den gesicherten Fahrweg bezeichnet man als Fahrstraße. Die Festlegung der Fahrstraße durch Tastendruck ermöglicht erst die Signalstellung. Die letzte Achse des durchlaufenden Zuges löst dann die Festlegung auf. Mit Stand 1975 besitzt zum Beispiel die Deutsche Bundesbahn 1190 moderne Gleisbildstellwerke, durch die 3165 Stellwerke alter Technik ersetzt wurden. Immer noch aber gibt es 5700 Stellwerke alter Art.

Die Übermittlung von Nachrichten des einen Bahnhofes über Zuglauf, Abfahrt und Annahme durch den nächsten Bahnhof oder die Blockstelle machte ein Verfahren notwendig, durch das man Nachrichten übermitteln konnte, die den Zügen vorauseilten. Nach dem Zeigertelegraf, der oftmals ausfiel und die ständige Anwesenheit eines Bediensteten verlangte, kam man um 1849 zum Morsetelegrafen, der schriftliche Aufzeichnungen im Morsealphabet ermöglich-

Induktive Zugsicherung: Lokomotivmagnet an einer Schnellzuglokomotive.

te. Um die Mitte der fünfziger Jahre war er bei rund fünfzig Eisenbahnverwaltungen schon im Einsatz; heute ersetzt ihn das Telefon.

Damit scheinen nahezu alle Gefahren ausgeschaltet bis auf eine, die von Menschen, in diesem Falle vom Lokführer selbst ausgeht. Denn wenn alle Signale und Weichen richtig gestellt und jeder andere Einfluß ausgeschaltet ist, so kann immer noch der Lokführer fahrlässig oder unaufmerksam oder durch irgendeinen unvorhersehbaren Umstand in der Sicht behindert, das Halt gebietende Signal überfahren. Wie aber vom durchfahrenden, stillstehenden Bahnhof zum dahinrasenden Zug, der soeben das Haltesignal nicht beachtet hat, eine Verbindung herstellen? Und dies in einer Zeit, in der es noch keine leicht tragbaren Sprechfunkgeräte, keinen Zugbahnfunk gab? Wie den Automaten, der sich selbständig gemacht hat, anhalten?

Eine automatische Zugbeeinflussung herzustellen ist ein alter technischer Wunsch. Seit 1886 gab es Versuche, die aber erst 1925 einer praktisch durchführbaren Verwirklichung näherkamen. Die mechanische Beeinflussung – die Lok berührt einen Teil der Haltstellung des Signals – ebenso wie die optische Beeinflussung – ein Lichtstrahl als Übertragungsmittel – wurden zugunsten der induktiven Signalbeeinflussung, der sogenannten »Indusi« aufgegeben. Die Sicherung besteht darin, daß zum Beispiel beim Überfahren des Zughalt zeigenden Hauptsignals (Signalflügel waagerecht = rotes Licht) zwei Magnete, der eine am Triebfahrzeug, der andere an der Strecke befestigt, aufeinander einwirken. Dadurch wird eine Zwangsbremsung ausgelöst und der Zug zum Halten gebracht.

Bis Ende 1973 mußten »alle Trieb- und andere führenden Fahrzeuge, die für mehr als hundert Stundenkilometer zugelassen sind oder überwiegend auf Strecken mit Zugbeeinflussung verkehren« mit Indusi ausgerüstet sein.

Um zu verhindern, daß eine Lokomotive, deren Besatzung durch irgendeine Störung ausgefallen, also ohnmächtig oder willenlos geworden ist, nun führerlos dahinrast, hat man zusätzlich die Sifa – Sicherheitsfahrschaltung entwickelt. Es ist der sogenannte Totmannsknopf, den der Lokführer betätigen muß. Tut er es nicht in der vorgeschriebenen Weise, so

leuchtet in der Lok erst ein rotes Licht auf, etwas später ertönt ein Summer. Reagiert der Lokführer auf diese Signale nicht, so wird automatisch die Bremsung eingeleitet, und der Zug kommt zum Stehen. Wie man mittels Computer und dem sogenannten Linienleiter einen vollkommenen Automaten zirkulieren lassen kann, wird im letzten Kapitel des Buches beschrieben.

SICHERHEIT UND UNFALL

Vom ersten tödlichen Unfall durch die Eisenbahn, dessen Opfer der Abgeordnete Huskisson 1830 wurde, ist schon berichtet worden. Unachtsamkeit des Passagiers und mangelhafte Sicherheitsvorkehrungen trugen hier die Schuld. Doch solche Art von Unfällen kam auch bei Postkutschen vor; immer wieder stürzten die Kutschen wegen der schlechten Straßen infolge eines Achsenbruches um. Reisende wurden so gefährdet oder verletzt.

Doch wenn jetzt ein Zug entgleiste oder zwei Züge zusammenstießen, so waren die Folgen ungleich schwerer. Die Zusammenstöße waren in den ersten Zeiten recht häufig; immerhin wiesen 1850 die englischen Bahnen – meist zweigleisig – schon eine Streckenlänge von 10 000 km auf. Sie standen damit an zweiter Stelle (USA: 14 500), gefolgt von Deutschland mit 6000 und Frankreich mit 3000 Kilometern.

Ein Statistiker errechnet um 1850 aus den hohen Unfallzahlen jener Jahre Prozente:

Zusammenstöße und Entgleisungen	56 %,
Rad- und Achsenbrüche	18 %,
Schienenbrüche	14 %,
falsche Signale	5 %,
Behinderungen	3 %,
Vieh auf der Strecke	3 %,
Kesselexplosionen*)	1 %.

*) Nicht erwähnt hat der Statistiker jene »Unfälle«, die man Überfall nennt. Hier haben die amerikanischen Bahnen zuerst mit den Indianern schlechte Erfahrungen gemacht. Die Indianer hatten gute Gründe, sich gegen den Raub ihres Landes zu wehren. Die ihnen nacheifernden Banden, unter denen die Bande Butch Cassidy's hervorragte, waren schlicht Kriminelle. Bekannt ist auch der Überfall der Posträuber auf den Zug Edinburgh–London 1964 und die spektakulären Entführungen holländischer Triebwagen 1976 und 1977 durch indonesische Guerillas.

Erst das Eisenbahnunglück von Meudon bewirkte, daß die Fahrgäste nicht mehr in ihren Wagen eingeschlossen wurden.

Nahezu jede Entgleisung der Lokomotive brachte den Passagieren Not oder Tod. Die umgestürzte Lokomotive setzte mit ihrem Feuerherd die hölzernen Wagen, die über und neben ihr lagen, in Brand. Oftmals, gerade in den ersten Jahren, verbrannten die Passagiere in den Wagen, weil die Türen verschlossen waren. Erst das große Unglück bei Meudon in der Nähe von Versailles brachte hier eine Wandlung. Zwei Personenzüge der Chemin de fer de l'ouest stießen am 8. Mai 1842 auf freiem Felde zusammen; die ersten Wagen beider Züge türmten sich über den beiden Lokomotiven; Feuer erfaßte die Wagen. Eine Zeichnung aus jener Zeit zeigt die verzweifelten Versuche der Passagiere der noch nicht vom Feuer erfaßten Wagen, aus den Fenstern zu entkommen. Fünzig Passagiere verbrannten in den Wagen, darunter der Admiral Dumont d'Urville mit seinem gesamten Stab.

Dieses Unglück veranlaßte zuerst die französischen Bahnen, das lebensgefährliche Einsperren der Passagiere zu unterlassen. Auf die Fragen der Öffentlichkeit stellte sich heraus, daß man, um Kontrollpersonal zu sparen und die Wagenabteile besser beset-

zen zu können, die Abteile, die untereinander nicht (wie später) verbunden waren, einfach abschloß. Ein Sturm der Entrüstung ging durch die europäische Presse. Schleunigst hoben auch die anderen Eisenbahnverwaltungen diese ebenso unsinnige wie lebensgefährliche Verordnung auf. Es ist bezeichnend, daß in jenen Zeiten sofort der Vorwurf auftaucht, die Aktiengesellschaft wolle zugunsten einer hohen Dividende für die Aktionäre das Leben der Passagiere aufs Spiel setzen.

Auch die Ludwigsbahn in Bayern hat ihre Unfälle. Bei einer Dampfzugfahrt scheuen die Pferde einer Kutsche auf der benachbarten Chaussee, der Lenker kommt ums Leben. Andere Unfälle sind harmloser: Der aufgeputzte Federhut einer Dame gerät durch den Funkenflug in Brand. Schlimmer hätte ein Ereignis des Sommers 1845 enden können. Wie immer heizte der Reservelokführer die in Nürnberg zur Mittagsfahrt bereitstehende Lokomotive vor. Er begab sich in Ruhe zum Mittagsmahl in die daneben gelegene Gastwirtschaft. Da hört er Schreckensrufe. Die Lok ist los! Tatsächlich muß sich eine Sperre gelöst haben oder ein Hebel nicht umgestellt gewesen sein:

Die Lok dampft allein in Richtung Fürth, und es ist nicht möglich, sie einzuholen. Von Fürth her aber kommt der Pferdezug, und niemand kann ihn warnen.

Glücklicherweise sieht das Zugpersonal des Pferdezuges auf der ebenen Strecke die Lokomotive schon von weitem. Sie können sich zwar nicht erklären, warum ihnen die Lok entgegenfährt. Aber sie handeln geistesgegenwärtig. Sie halten, lassen die Passagiere aussteigen und spannen die Pferde aus. Der Kontrolleur des Wagenzuges eilt der Lok entgegen und springt auf die nur noch »matt« herandampfende Maschine auf. Er weiß, wie man sie zum Stehen bringt. Inzwischen ist auch der »lange Engländer« Wilson mit dem Tender nachgekommen. Er heizt nochmals kräftig auf, und beide Züge fahren hintereinander nach Nürnberg.

Diese Geschichte eines Beinahe-Unfalles birgt ein großes Problem. Immer wieder bis in unsere Tage hinein ereignen sich Zusammenstöße auf eingleisigen Strecken, meist dort, wo sie nicht durch Streckenblock gesichert sind. Aber auch der Streckenblock bietet keine Sicherheit, wenn der Lokführer aus Unachtsamkeit das Signal nicht beachtet und

losfährt. Im Ausland löste man dieses Problem bei einigen Bahnen durch einen besonders gestalteten Stab, der nur einmal vorhanden war. Wer den Stab besaß, durfte fahren. War die eingleisige Strecke durchfahren, gab der Lokführer den Stab dem Lokführer des Gegenzuges in die Hand. Erst dann durfte dieser seinen Zug in Bewegung setzen. Heute heißt die Lösung des Problems Zugbahnfunk. Er erlaubt auch bei topografisch ungünstigen Verhältnissen – Hügel, Wald, unübersichtlichen Kurven – sichere Sprechverbindungen zwischen fahrenden Zügen und ortsfesten Betriebsstellen. So können die versehentlich zu gleicher Zeit in verschiedener Richtung auf eingleisiger Strecke abgefahrenen Züge von den beiden Stationen angerufen und angehalten werden, bevor sie aufeinander zurasen und ein tödliches Unglück geschieht. Bei der Deutschen Bundesbahn sind 1800 Lokomotiven und Triebwagen auf einem Streckennetz von rund 2200 Kilometern Länge mit Zugbahnfunk ausgerüstet worden. Eine Erweiterung ist im Gange.

Das wohl größte und schwerste Unglück in der Geschichte der zivilen Eisenbahn ereignete sich in der Nacht vom 28. auf 29. Dezember 1879, als der Zug

Die Brücke über den Tay in Schottland. Ihr Mittelteil stürzte am 28./29. Dezember 1879 mit einem Zug ins Wasser (Holzschnitt).

von Edinburg nach Dundee die Brücke über den Tay passieren sollte. Die Brücke, die den Firth of Tay, halb Flußmündung, halb Meeresarm, überspannt, galt als Wunderwerk der Technik. Sie war 3156 Meter lang und besaß 85 Pfeiler.

Am 25. Mai 1877 war sie in Gegenwart der Königin eingeweiht worden. Ein Jahr später wurde sie in Betrieb genommen.

Der Unglückszug, bestehend aus sechs Wagen mit 200 Reisenden, dem Zug- und Lokomotivpersonal, voraus die Lokomotive Nr. 224, durchfuhr gegen 7 Uhr abends den »Süderturm« der Brücke. Er hatte schon die ganze Fahrt von Edinburg her schwer gegen einen Sturm zu kämpfen, der im Augenblick des Eintritts auf die Brücke zum Orkan anschwoll. Eisenbahner blickten dem Zug nach und sahen etwa in der Mitte der Brücke einen hellen Schein, »als ob Feuer vom Himmel fiel«. (Fontane)

Die telegrafische Verbindung zwischen den beiden Brückenenden war ausgefallen: Der Zug kam in Dundee nicht an. Am Morgen sah man, daß der Mittelteil der Brücke in einer Länge von 300 Fuß ins Meer gestürzt war. Taucher fanden den Zug, einen Totenzug, am Grunde des Tay.

Fontane hat dieses Ereignis zum Gegenstand einer großen Ballade gemacht. Max Eyth hat in »Hinter Pflug und Schraubstock« von diesem Unglück berichtet. Danach hat der Konstrukteur der Brücke den möglichen Winddruck auf die Brücke zu niedrig angesetzt.

Später wurde die Lokomotive gehoben und wieder in Dienst gestellt. Von den Eisenbahnern bekam sie den makabren Namen »der Taucher«.

Die Eisenbahnen hören es nicht gerne, wenn man vom Eisenbahnunglück spricht. Aber man kann es nicht ausklammern, das große Unglück, das einen ganzen Zug oder manchmal, wie vor Jahren in England, drei Züge, die ineinanderfuhren, schwer trifft. Es ist im allgemeinen nach der Zahl der Opfer, so groß sie auch zunächst erscheint, ein zahlenmäßig kleiner Verlust gegenüber den Tausenden von Toten, die der Straßenverkehr jährlich fordert. (1974: 14 614 Tote) So zum Beispiel hatte die Deutsche Bundesbahn im Jahre 1972 vier Reisende, 1973 25 Reisende und 1974 lediglich einen Reisenden als Todesopfer zu beklagen.

DIE KATASTROPHEN UND DAS VOLKSLIED

Schlechte Nachrichten, sagt Mc Luhan, sind für die Zeitungen gute Nachrichten. Für die wahrhaft guten Nachrichten interessiert sich im Grund niemand. Eisenbahnunglücke sind wie Schiffsuntergänge oder Luftkatastrophen für Zeitungen stets interessant; sie haben für solche Fälle eine Liste bereit, in der die schlimmsten Unfälle der Vergangenheit registriert sind. Wenn freilich ein hoher Feiertag 78 Todesopfer im Straßenverkehr fordert, so ist das zwar berichtenswert, aber doch eben nur am Rande.

Der Grund für diese ungleiche Berichterstattung ist erklärlich. Das Flugzeug und der Zug sind geschlossene Verkehrseinheiten mit einem gewissermaßen gleichzeitigen und gemeinsamen Schicksal; die Unfälle im Straßenverkehr streuen.

Nicht nur die Zeitungen finden das Eisenbahnunglück berichtenswert; auch Dichter beschäftigen sich mit diesem schaurigen Thema. Fontanes Ballade »Die Brück' am Tay« schildert das Unglück in romantischer Art: Die drei Hexen aus Macbeth sagen den Sturz voraus, und aus dem Schluß:

> »Tand, Tand
> Ist das Gebilde von Menschenhand!«

klingt ein wenig Pessimismus über den Hochmut der Zeit und ihrer technischen Errungenschaften heraus. Auch Liliencron läßt in seiner D-Zug-Ballade einen anderen Zug in seinen D-Zug »mitten hineinfahren«. Thomas Manns »Eisenbahn Unglück« ist vergleichsweise harmlos: Ihn interessiert, wie sich die Menschen nach einer Entgleisung benehmen: Die Entgleisung bewirkt eine Entlarvung. Gerhart Hauptmanns »Bahnwärter Thiel« erlebt die Eisenbahn als Schicksal, sie nimmt ihm sein Kind.

In England ist zur Zeit der großen Eisenbahnbegeisterung ein Lied populär: der große Signal-Song. Ein Bahnhofsvorstand signalisiert auf dem Titelbild Gefahr.

Wesentlich harmloser als alle diese literarischen Themen ist jedoch ein Bericht von einem Mißgeschick, das auf den schwäbischen Eisenbahnen einem Bauern widerfahren ist. Es ist erwähnenswert, weil es, wie eine Umfrage berichtet, das meistgesungene und gespielte Lied von der Eisenbahn ist. Die

THE GREAT SEMAPHORE SONG.

THERE'S DANGER ON THE LINE.

WRITTEN & COMPOSED BY
G. P. NORMAN.
SUNG WITH THE GREATEST SUCCESS
BY
G. H. MACDERMOTT.
LONDON, HOPWOOD & CREW, 42, NEW BOND ST.

Titelbild des Eisenbahnsongs: englischer Bahnhofsvorstand signalisiert Gefahr (1860).

deutschen Landsleute haben es um die ganze Welt getragen. Zugleich schildert es ein Alltagserlebnis der ersten Eisenbahn: Es ist illustrativ.

Die Moritat erzählt vom schwäbischen Bauern, der, im Vertrauen auf die Solidität und Schwerfälligkeit der schwäbischen Eisenbahnen, seinen eben gekauften Geißbock nicht am Schalter aufgab, sondern ihn an den letzten Wagen anband in der Gewißheit, der Bock werde das Tempo der Eisenbahn mithalten können. Nachdem der Bauer den Bock angebunden hatte, setzte er sich vergnügt zu seinem Weib ins Abteil und zündete seine Pfeife an.

Jedenfalls ist der Tatbestand in dem Lied sehr genau angegeben. Jedem Parlamentarier oder Firmenvertreter, der ins Ausland reist, sei dringend geraten, das Lied in allen Strophen auswendig zu lernen. Denn es ist möglich, daß in Bangkok oder Tokio beim Ausklang einer offiziellen Party im kleinen Kreis das schwäbische Lied vom deutschen Firmenvertreter verlangt wird. Es ist dann peinlich, wenn sich – wie unlängst geschehen – herausstellt, daß der japanische Gastgeber, Präsident eines Industrieverbandes, in der Lage ist, dem deutschen Sänger von der zweiten Strophe an mit dem deutschen Text aller elf Strophen auszuhelfen. Er hat nämlich in Tübingen studiert. Es ist aber unerläßlich, alle Strophen zu singen; denn das Lied entwickelt sich dramatisch. Es hat Spannung.

Auf der nächsten Station nämlich, wo der Bauer sein Böcklein holen will, da »findet er nur Kopf und Seil – an dem hintern Wagenteil«.

Das Lied hat es in sich. Es erscheint schon 1873 in losen deutschen Liedersammlungen, findet im gleichen Jahr Aufnahme im Tübinger Kommersbuch und kann damals noch nicht sehr alt gewesen sein, denn die Strecke Stuttgart – Ulm und Biberach – »Mecklebeure« – Durlesbach, auf der sich die Geschichte zugetragen hat, ist erst 1847 in Betrieb genommen worden. Es ist die württembergische Hauptbahn von Heilbronn bis Friedrichshafen, eiligst erbaut, um der badischen Strecke über den Schwarzwald, Offenburg – Villingen – Konstanz, und der bayerischen Bodenseebahn über Kempten nach Lindau zuvorzukommen.

Dies ist der Sachverhalt: Nach der Frachthinterziehung und dem mißlungenen Versuch, den Geisbock den Schienenweg unerlaubterweise benutzen zu lassen, wirft der erst vergnügte, dann grobe Bauer dem Kondukteur – sprich Schaffner – den Kopf mitsamt den Hörnern an den Schädel. In einer anderen Version heißt es: »An den Ranzen«; wobei man wissen muß, daß damit im Schwäbischen der Körper des Bahnbeamten gemeint ist.

In der vorletzten Strophe verlangt dann der unverschämte Bauer von dem betreffenden und getroffenen Kondukteur als dem Vertreter der Eisenbahn noch Schadenersatz, weil er zu schnell gefahren sei.

Damit ist der Tatbestand einer tätlichen Beamten-

229

beleidigung mehr als erfüllt. Möglicherweise hat dies zur weiten Verbreitung des Liedes und zu seiner Beliebtheit beigetragen.

Die im Zweiviertel-Takt und C-Dur komponierte Melodie ahmt auf eine kindhaft-volkstümliche Weise das Schnauben der Lokomotive nach durch die sechsmalige Wiederholung des Anfangstones G, gekrönt durch zwei kurze Dampfschläge drei Töne höher, gefolgt von der sechsmaligen Wiederholung des A und entsprechend drei Töne höheren Dampfschlägen. Es setzt sich ländlerartig im erzählenden Teil fort und nimmt im Refrain die Lokomotivmelodie wieder auf.

Übrigens erfährt man, bevor die eigentliche Handlung beginnt, wie es auf den schwäbischen Eisenbahnen zugeht. Jedenfalls fahren sie schneller als der fröhliche Landmann annimmt, schneller auch als die erste preußische Bahn, von der es hieß, man werde während der Fahrt von Berlin nach Potsdam von Krücken schwingenden, bettelnden, einbeinigen Invaliden belästigt, die während voller Fahrt neben dem Zuge herliefen.

Da das Lied erstmals gedruckt im Tübinger Kommersbuch erscheint, Dichter und Komponist aber unbekannt sind, liegt der Schluß nahe, der Verfasser und wohl auch der Komponist des Liedes könnte ein Tübinger Student, das Lied eine Kneipzeitung gewesen sein.

In jener Zeit war jede Eisenbahnreise ein Abenteuer, ein berichtenswertes Thema. Es ist ein weiter Weg vom Eisenbahn-Lust-Walzer des Johann Strauß (Vater 1836) über das Volkslied von den schwäb'schen Eisenbahnen, über Rossini, Berliot, bis zu Honeggers »Pacific 231«, der Symphonie für eine Lokomotive. In der Beliebtheit kann sich das Volkslied jedenfalls mit »Hoch auf dem gelben Wagen« messen.

X Höhepunkt

EINE MILLION SCHIENENSTRECKE –
BEGINN DER ELEKTRIFIZIERUNG

Die Jahrhundertwende und die ersten vierzehn Jahre des neuen Jahrhunderts brachten den absoluten Höhepunkt des Schienenverkehrs. Es gab zu Lande kein anderes Verkehrsmittel von dieser Bedeutung. In dieser Zeit besaßen die Eisenbahnen der Welt ein tatsächliches, absolutes Monopol.

Zwar lernte man den Segelflug, und die ersten Aeroplane tuckerten über den Ärmelkanal. Auf den Straßen störten hin und wieder Motorräder, Dampfautos, Elektromobile und Benzinkarossen den Pferdeverkehr. Aber das alles sah nur nach Versuch aus, und noch wußte niemand, wohin die Entwicklung gehen

werde. Goldmacher, Scharlatane und erfolglose Erfinder gab es zu allen Zeiten.

Zur technischen Entwicklung der Eisenbahnen und nicht nur der Eisenbahnen hatte Stephenson in seinen letzten Lebenstagen prophezeit, daß eines Tages der ganze Verkehr, auch die Eisenbahn, elektrisch betrieben würde. Eine erstaunliche Voraussage zu einer Zeit, da man von elektrischer Traktion nichts wußte.

1840 hatte ein Johann Philipp Wagner aus Fischbach im Nassauischen eine elektrische Spielzeuglokomotive und einen kleinen Wagen dazu auf einer Holzplatte in seiner Werkstatt herumlaufen lassen »mit unveränderter Schnelligkeit 2½ bis 3 Stunden lang ...« Die Erfindung, durch die Stadt Frankfurt

Die Eisenbahnfahrt.

231

Die kleine elektrische Lokomotive von Siemens zog auf der Berliner Gewerbeausstellung 1879 diesen Zug.

patentiert, wurde dem deutschen Bund vorgelegt. Dieser beschloß, dem Erfinder 100 000 Gulden zu zahlen, wenn er eine große elektrische Lokomotive zustande bringe.

Aber die Batterien, die eine kleine Lokomotive bewegten, waren für eine große Maschine zu schwach. Wagner ließ nichts mehr von sich hören; man hielt ihn schließlich für einen Betrüger.

1842 ließ der Schotte Robert Davidson eine batterie-gespeiste Lokomotive zwischen Glasgow und Edinburg laufen; sie soll dem Unmut der Dampflokeisenbahner zum Opfer gefallen sein.

Fast 90 000 Fahrgäste im Verlaufe von vier Monaten zählte die kleine elektrische Ausstellungsbahn, die Werner von Siemens (1816–1897) auf der Berliner Gewerbeausstellung von 1879 vorführte. Erstmals bezog eine Lok ihre Kraft aus einer Mittelschiene, einer dritten Schiene. Sie fuhr ohne Tender, ohne Kohle, ohne Wasser! Die Lok steht heute im Deutschen Museum in München.

Erste elektrische Lokomotive der Welt, hergestellt von Siemens & Halske, vorgeführt von Werner von Siemens 1879 auf der Berliner Gewerbeausstellung.

Dieser elektrische Triebwagen erreichte am 23. Oktober 1903 eine Geschwindigkeit von 206,7 Stundenkilometern auf der Strecke Marienfelde – Zossen.

Und dann – 1903 – gleich der Sprung der elektrischen Lokomotive in den Schnelligkeitsrekord: 210 Stundenkilometer! Das bedeutete, innerhalb des Schienenwettkampfes, daß das neue Verkehrsmittel mit einem Schlage 70 Jahre Vorsprung nicht nur aufholte, sondern im Finish das gute Dampfroß sogar noch um viele Längen schlug. 210 Stundenkilometer hat die Dampflokomotive auch in ihren besten Zeiten nie erreicht! Unter der Ägide der »deutschen Studiengesellschaft für elektrische Schnellbahnen« fuhren die mit Drehstrommotoren ausgestatteten Versuchstriebwagen Weltrekord. Die deutsche Elektroindustrie, voran Siemens und AEG, galt nun als führend.

Die Versuche fanden nicht umsonst auf der Militärbahn Marienfelde – Zossen statt. »Die Königlich Preußische Militäreisenbahn (KME) war allen technischen Versuchen gegenüber stets aufgeschlossen.« (Pierson)

Zögernd begann man, zu elektrifizieren. Als erstes kam die Hamburger Stadtbahn an die Reihe (1905 – 1908). Dann begann die Planung für die Berliner Stadtbahn (1928). (1913 erste Versuchszüge). Noch vor dem Kriege wurden in Bayern die Mittenwaldbahn (1913), im Kriege (1916) die Strecke Salzburg – Berchtesgaden überspannt. Auch hier gab es erst lange Kämpfe um die Einführung der dritten Schiene in der Luft, der elektrischen Oberleitung und der elektrischen Loks.

Zwar waren die Leistungen imponierend, aber woher den Strom nehmen, wenn im Krieg die Elektrizitätsversorgung aussetzte? Oder wenn es dem Feind etwa gelang, die Kraftwerke zu zerstören? Brennmaterial für Dampfloks war immer zu finden. Der bayerische Verkehrsminister von Seidlein sprach sich noch 1916 deshalb im bayerischen Landtag gegen die Elektrifizierung aus.

Aber der Gedanke der Elektrifizierung setzte sich durch. Die Eisenbahnen waren in einer üblen Zwangslage. Alle Länderbahnen waren in den vierzig

Friedensjahren, die eine weitsichtige Außenpolitik unter Bismarcks Leitung bis zu seinem Rücktritt dem Kaiserreich verschafft hatte, nicht in der Lage, den gewaltigen Verkehrssteigerungen nachzukommen. Die Bahnen mußten in einer ganz außergewöhnlichen Weise versuchen, die Leistungsfähigkeit von Anlagen und Betriebsmitteln zu steigern. Im Grunde war damals schon das Schienennetz veraltet. So bereitete man überall das elektrische Netz vor.

Die leitenden Ingenieure der Eisenbahn wußten, daß Deutschland in der Verwendung elektrischer Energie für das Netz der Eisenbahnen theoretisch und praktisch führend war. Also war dies die einzige große Chance, die Kapazität der Bahn entscheidend zu erhöhen. Elektrische Zugbeförderung bedeutete höhere Geschwindigkeit, mehr Zugkraft, gesteigerten Komfort, schnelles Anfahren.

Die erste große Verkehrswelle war von den Eisenbahnen und den Dampfschiffen verursacht worden. »Der Umschwung war ungeheuer. Die Eisenverzehrung des Zollvereins stieg in den Jahren 1834 bis 1841 von 10,6 auf 18,1 Pfund für den Kopf der Bevöl-

kerung«. (Treitschke) Zunächst mußten Schienen noch aus England eingeführt werden, dann wurden sie im Lande selbst produziert. Remy in Rasselstein und Hoesch waren die ersten Schienenlieferanten. Andere folgten. Aus Zulieferwerkstätten für die Eisenbahn wurden stattliche Fabriken; dann entstanden daraus ganze Industrien. Der Weg von Kramer-Klett in Nürnberg zur Maschinenfabrik Augsburg-Nürnberg (MAN) ist nur ein Beispiel dafür.

Allein mittels der Eisenbahnen kamen Kohle und Eisen zu den volkreich gewordenen Städten; die billigen Frachten halfen die Industrien aufbauen. Einer Statistik des Güterverkehrs für die preußischen Bahnen kann man entnehmen, daß dort 1844 eine Anzahl von 1351 Güterwagen, 1875 aber 139 542 Güterwagen registriert sind. Das bedeutet eine Vermehrung um mehr als das Hundertfache. Allerdings war auch die Streckenlänge von 861 Kilometern in der Zwischenzeit auf rund 16 000 Kilometer angewachsen. Die damit und darauf beförderten Güterverkehrsmengen stiegen von 392 000 t im Jahre 1844 auf 82 Millionen Tonnen im Jahre 1875. Um die Jahrhun-

Versuchszug
für die
Elektrifizierung
der Berliner
Stadt-Ring- und
Vorortbahn 1913.

dertwende führten die Bahnen allein an den preußischen Staat bis zu 800 Millionen Goldmark jährlich
ab! (Vgl. auch Kasten X Gütertarif.)
Ein ungeheurer Menschenstrom entsprang aus dem
psychologischen Aspekt einer erwachenden Hoffnung und dem zunehmenden Vertrauen in eine bessere Zukunft. Die Bevölkerung Europas schwoll von
263 Millionen im Jahre 1850 auf 403 Millionen im
Jahre 1901. Und das, obwohl Europa in der zweiten
Hälfte des neunzehnten Jahrhunderts 17 Millionen
an Auswanderern nach Übersee, vor allem nach den
USA, verlor. Deutschland hatte daran einen Löwen-
anteil.
Die Angst vor Verfolgung – das Wort Demokrat galt
nach den niedergeschlagenen Aufständen der 48er
Jahre eine Zeitlang so viel wie Aufrührer oder Staats-
feind – nahm nach den sechziger Jahren ab.
Die Einigung Deutschlands und vor allem der so
schnell gewonnene Krieg 1870/71 gegen Frankreich
verschaffte, nachdem die Gründerkräche und Grün-
derkrisen vorbei waren, dem Bürgertum Ruhe, Frieden und ein neues gehobenes Bewußtsein. Vom

Spießbürger, vom Kleinstädter, den die romantische
Literatur noch geschätzt hatte, war nicht mehr die
Rede. Er schien wie ausgestorben. Handwerker-
söhne, aber auch junge Patrizier erkannten die
Chancen der Industrialisierung. Sie begannen Fabri-
kationsbetriebe wie Schichau, der Sohn eines Gelb-
gießermeisters aus Elbing, oder Borsig, Sohn eines
Zimmerpoliers und selbst Zimmermann, also ur-
sprünglich fremd in der Maschinenbranche. Baute
Schichau zunächst Dampfmaschinen, reparierte
Dampfboote, stellte eine Werft auf die Beine und fing
an, Lokomotiven und als besonderes Glanzstück die
ersten deutschen Torpedoboote für die kaiserliche
Kriegsmarine zu bauen, so begann Borsig in einer
Berliner Eisengießerei, machte sich mit einer kleinen
Werkstatt selbständig und fing erst an, zunächst
Schienenstühle, dann Lokomotiven nach eng-
lisch-amerikanischem Vorbild zu fertigen. Das waren
Großbetriebe, die, wie Borsig, schon 1850 in seinen
drei Berliner Betrieben 1800 Arbeiter, Schichau in
der Zeit seiner größten Ausdehnung in Elbing, Pillau
und Danzig über 12 000 Arbeiter beschäftigten.

Borsigs Eisengießerei und Maschinenbauanstalt ist ein Beispiel für die Entfaltung der heimischen Industrie durch Eisenbahnaufträge.

Beispiel für den in jener Zeit reussierenden Patriziersohn ist Joseph Anton Ritter und Edler von Maffei, (1790 – 1870) Sohn eines Tabakfabrikanten veronesischer Herkunft. Joseph, der Bildhauer hatte werden wollen, übernahm dann doch die väterliche Tabakfabrik in München, hielt aber nach neuen kommerziellen Möglichkeiten Ausschau. Heute würde man sagen: »Er diversifizierte«. 1837 zum Vorstand der eben gegründeten »München-Augsburger Eisenbahngesellschaft« bestellt, kaufte Maffei einen Dampfhammer mit Wasserkraft. Ihm war klar, daß das bis dahin zu 70% von der Landwirtschaft lebende Bayern ohne Naturschätze und fern der Reviere ein verzweigtes Eisenbahnnetz aus eigener Kraft sich schaffen müsse. So holte er sich, da er von Technik nichts verstand, Ingenieure aus Stephensons Werkstätten zu Newcastle, zwei Engländer namens Hall und Ashton. 1851 gewann Maffei mit der »Bavaria« das Semmering-Lokomotiv-Rennen. Damit war aus

dem diversifizierenden Tabakkaufmann ein Lokomotivfabrikant geworden. Maffeis Name lebt heute noch in dem Namen der bekannten Firma Krauss-Maffei fort.

Doch würde man sich täuschen, wenn man glaubte, die Lokomotivfabrikanten hätten ohne Sorgen, Schwierigkeiten und Risiken ihre Werke hochgebracht.

Zwei Beispiele mögen dies zeigen: Als neu ernannter Vorstand der München-Augsburger Eisenbahn-Gesellschaft bestellte der Tabakfabrikant Maffei zwei Lokomotiven zum Preis von dreißigtausend Gulden inklusive Transportkosten und Zoll in England für seine Gesellschaft. Die hohen Kosten und die Schwierigkeiten des Transports bedenkend schrieb er deshalb an König Ludwig I. 1841, er wolle den »ebenso ersprießlichen wie patriotischen Versuch« machen, »Gleiches mit dem Ausland zu liefern und dessen Produkte entbehrlich zu machen.« Er sprach dabei die Erwartung aus, daß die neugegründete Zentralstelle, die Königlich-Bayerische Eisenbahnbaukommission in Nürnberg seine künftigen Lokomotiven, von denen die erste bereits im Bau sei, ihm abnehmen werde.

Eine Antwort, geschweige denn eine Zusage bekam Maffei nicht, doch riskierte er das Wagnis, mit dem Engländer Hall als Ingenieur diese erste bayerische Lokomotive fertigzustellen. Wenig später meldet er die Vollendung des Werkes und bittet den König, der Lokomotive einen Namen zu geben.

Ludwig I. der sich auf eine dichterische Ader viel zugute hielt, antwortet: »Mit vielem Vergnügen erfuhr des Dampfwagens Erbauung aus München und dem ausgesprochenen Wunsche gemäß, daß ich ihm ei-

nen Namen geben möchte soll er der *Münchner* heißen. Berchtesgaden 11 September 41 Ludwig

Schon am 11. Oktober bescheinigte die Regierung von Oberbayern die Fahrtüchtigkeit der Maschine nach einer Probefahrt. Doch Maffei hatte die Rechnung ohne den Wirt, das heißt ohne die bayerische Bürokratie gemacht. Man teilte ihm trocken mit, daß Maschinen nur nach dem »System der Submissionen« (Vergabe an den Geringstbietenden) angeschafft würden. Eine Prüfungskommission stellte die »vorzügliche« Eignung der Lokomotive fest. Aber die Eisenbahnbaukommission blieb ungerührt: sie bemängelte am 1. Dezember 1842 das Fehlen der »beliebig verstellbaren Expansion« und lehnte einen Kauf der Maschine ab. Damit saß Maffei mit seinem »Münchner« in einem Defizit von zweihunderttausend Gulden einschließlich der Entwicklungskosten. Die Existenz seiner Lokomotivfabrik stand auf dem Spiel. Als auch noch die Beteiligung an einem Auftrag über 24 Lokomotiven für die Nord-Südlinie verloren zu gehen drohte, wandte sich Maffei an den König. Der entschied, daß die Firma Maffei zu berücksichtigen sei neben den ausländischen Anbietern Mayer & Co. in Mühlhausen (Elsaß) und Kessler in Karlsruhe.

Am 15. April 1843 kam der Vertrag über sechs Lokomotiven zustande; allerdings gegen eine Konventionalstrafe von zwanzig Prozent des Wertes nicht rechtzeitig abgelieferter Maschinen und gegen eine Verpfändung der Maffeischen Tabakfabrik.

Inzwischen rostete der verschmähte »Münchner« in einem Lokomotivschuppen seit dem 9. September 1841 still vor sich hin. Nach langem Hin und Her gelang es endlich, diese erste bayerische Lokomotive als Nummer 25 am 18. Januar 1847 für 24 000 Gulden an die Kommission zu verkaufen.

Der Ritter von Maffei bedankte sich in einem Schreiben an den »Allerdurchlauchtigsten Großmächtigsten König«, wobei er zum Schluß eine Bierrechnung aufmachte, die dem König die Schäbigkeit seines Staates vorführen sollte. Danach haben die 230 in der Fabrik beschäftigten Arbeiter in den sechs Jahren des Stillstandes der Lokomotive an Biersteuer in der Fabrik tausend Gulden – drei Maß Bier je Mann und Tag – mehr an den Staat entrichtet als dieser für eine Lokomotive ausgeben wollte.

Joseph Anton Ritter und Edler von Maffei (1790–1870).

Aber nicht nur in den ersten Jahren entstanden für die aufblühende Lokomotivindustrie Schwierigkeiten und existenzgefährdende Situationen.

Als der Oberbergrat und Mitinhaber der Firma Carl Anton Henschel 1861 starb, hatte er in seinem Unternehmen in zwölf Jahren ganze fünfzig Lokomotiven hergestellt. Es gab zu der Zeit viel größere und bedeutendere Lokomotivfabriken: Borsig, von dem schon berichtet wurde, Hartmann in Chemnitz und Kessler. Sein Sohn Oskar gab Brückenbau und Glockenguß in den sechziger Jahren ganz auf, um sich der »Monokultur« des Lokomotivbaues völlig zu widmen. Vom damaligen Landesfürsten war keine Unterstützung zu erwarten. Als Oskar Henschel zusammen mit seiner Frau Sophie, geborener Caesar, 1865 zum Jubiläum der Fertigstellung der hundertsten Lokomotive ein Fest für seine Arbeiter gab, luden sie auch den Kurfürsten dazu ein. Der Kurfürst, so wird überliefert, fragte seinen Flügeladjutanten nach Oskar Henschel: »Großen Bart hat?« Der Adjutant: »Leider nur einen kleinen.« Der Kurfürst: »Nicht sehen wollen, weil Kopfschmerzen habe.« So fand die Feier ohne den erlauchten Herrscher statt.

1866 wurde Kassel preußisch, und ein Jahr später besuchte König Wilhelm I. Kassel und ehrte Henschel »mit einer Anrede.« Durch die Einbeziehung in den preußischen Staat, der das Eisenbahnwesen förderte, nahm die Firma großen Aufschwung.

In dieser zweiten, großen Ära des Eisenbahnbaues Ende der sechziger Jahre reihte sich Henschel nach Borsig (250), Wien (100), Maffei (80) und Henschel (80) in der Mittelgruppe von sieben Lokomotivfabriken mit einer Auslieferung von fünfzig Maschinen jährlich ein. (Hartmann, Egestorff, Karlsruhe, Sigl, Wöhlert und Vulcan).

In den Jahren der nach 1870 folgenden Krise wurde zwar die zweitausendste Lokomotive gebaut, doch verteilte man das Geld für die Feier unter die wenigen noch beschäftigten Arbeiter. Oskar nahm nun, wie alle anderen Fabriken, die kleinsten Arbeiten an, von Werkzeugmaschinen bis zu Bettgestellen und Stationsschildern. Man konnte damals Lokomotiven weit unter den Gestehungskosten kaufen.

Die Firma warf sich dann vor allem auf die Konstruktion von Sekundärbahnlokomotiven; denn der preußische Staat legte großen Wert auf die Erschließung des flachen Landes und die Verdichtung der Netze um die Industriereviere und Großstädte. Die folgende Konjunkturwelle brachte die Firma Henschel an die Spitze des »Lokomotivausstoßes«: Am 1. Februar 1890 verließ die dreitausendste Lokomotive das Werk.

Doch hatten die laufenden Anstrengungen, das notwendige Kapital für Vergrößerungen zu beschaffen und die Aufträge bei der Ministerialbürokratie, den in- und ausländischen Direktoren der Eisenbahngesellschaften hereinzuholen, Oskar Henschel körperlich und geistig erschöpft. Er mußte sich von den Geschäften zurückziehen und starb 1894 an Herzversagen. In seinem Testament vermachte er ausdrücklich die »völlig unbeschränkte Verwaltung und freie Disposition« über die Fabrik seiner Frau, die schon immer in alle Geschäftsvorkommnisse eingeweiht war und ihn ständig beraten hatte.

Dies ist die große Stunde Sophie Henschels. Nur zu genau weiß sie, daß außer ihr in der Fabrik auch unter den bewährten, langjährigen Mitarbeitern niemand in der Lage ist, das schwierig zu steuernde, jetzt gerade im Aufwind stehende große Unternehmen zu meistern. Wie selbstverständlich weist sie Angebote von Beratern aber auch die Fühler des Bankhauses Sal. Oppenheim in Köln ab, die Henschel & Sohn in eine Aktiengesellschaft überführen wollen. Sie wird zeigen, daß sie dem Betrieb gewachsen ist, und sie zeigt es. Von 1894 bis 1900 — 1899 wurde die fünftausendste Lokomotive abgenommen — war sie die unbestrittene Herrin des Betriebs; auch nach dem leichten Schlaganfall im November 1900 führte sie nach kurzer Erholungspause bis wenige Jahre vor ihrem Tode (1915) das Werk weiter, das nach wie vor an der Spitze aller Lokomotiven herstellenden Werke stand. 1910, als das hundertjährige Jubiläum der Firma gefeiert wurde, zog sie sich in die Einsamkeit ihres Hauses zurück. Sie lehnte den erblichen Adel ebenso ab wie den Empfang bei Kaiser Wilhelm II. (Treue) Sie, die überall als »sozial gesinnte Stifterin« gerühmt wurde, – die Firma war für ihre Wohlfahrtseinrichtungen bekannt – ist in Wirklichkeit eine der großen Unternehmerpersönlichkeiten jener Zeit.

Wo die bekannten Namen der Lokomotivfabriken genannt werden, darf ein Name nicht fehlen: der Name Krupp. Zwar baut Krupp Lokomotiven erst seit

1919, doch Alfred Krupp hat um 1850 den nahtlosen Radreifen aus Tiegel-Gußstahl erfunden. Die Erfindung war von großer Bedeutung: Sie erlaubte höhere Fahrgeschwindigkeiten und stärkere Zuglasten. Krupp selbst hielt diese Erfindung, die bei den Bahnen fast aller Länder Eingang fand, für so wichtig, daß er aus drei aufeinandergelegten Radreifen das Wahrzeichen für seine Firma bildete.

Die ständig wachsenden Lokomotivindustrien, ihre Lieferanten und Zubehörfertigungen wurden so zum Wegbereiter der Industrialisierung.

Wo allerdings keine Rohstoffe lagerten, wo keine Küste und kein Hafen zum Handel luden, wo also auch der Eisenbahnbau nicht attraktiv war, da zogen Einsamkeit und in ihrem Gefolge Armut ein. Den Pfiffen der Loks auf dem Schienenstrang folgten wie einem Zauberer die Fabriken und Handelsbetriebe, die Lager und Werkstätten. Beispiele solcher Industriestraßen gibt es im Ruhrgebiet, an den Küsten und in Süddeutschland – man denke nur an den Schienenweg zwischen Stuttgart und Ulm, der mit Fabriken und Werkstätten zu beiden Seiten gespickt ist. Diese Industriestraßen im Umkreis der Städte entstanden überall in Europa und Amerika.

Das alles ist nur ein Ausschnitt aus der »großen Zeit des Feuers«. Tatsächlich handelt es sich um eine Revolution, die in den Ideen eines Locke und eines Newton gründet. Der aufgeklärte freie Mensch in einem großen, von Gott geordneten Weltall vermag alles, wenn er die vorhandenen natürlichen Kräfte durch technische Mittel einfängt und bändigt. Der Einsatz der Dampfkraft in Fabriken, im Schiff und in der Eisenbahn ist nur ein erstes Beispiel.

Doch von diesem Beispiel gehen wie vom Kern einer Spirale die zahllosen Erfindungen aus, die in alle menschlichen Bereiche hineinführen. Sie liegen auf dem Gebiet der Medizin ebenso wie auf dem der Physik und Chemie. Ein neues wissenschaftliches Bild des Mikrokosmos und des Makrokosmos entsteht. Der Mensch wird durchsichtig im Röntgenbild, er offenbart unter dem Mikroskop eine Krankheit, die von Bakterien herrührt; er lernt die Gesetze der Vererbung und der Auslese kennen. Er telefoniert und telegrafiert, er weiß, daß der Äther von unsichtbaren Wellen erfüllt ist. Präzisionsfernrohre zeigen, daß die Sonne nur einer unter den Milliarden Fixsternen der Milchstraße ist, eines Weltsystems, hinter dem unzählige weitere Milchstraßen im unendlichen Raum schweben.

All dies trägt zu einem neuen Selbstbewußtsein der Eliten und der großen Masse des Bürgerstandes bei. Der eigene Raum ist klein geworden; man sieht sich nach anderen Kontinenten um. Kolonien werden als Rohstoffbasen erworben. Auch das Kaiserreich sucht, Räume in anderen Kontinenten zu gewinnen.

Das Großbürgertum ist es, das vor allem auch die wirtschaftlichen Erfolge eben dieses neuen Kaiserreiches sich zuschreibt. Ist doch nach Großbritannien und den Vereinigten Staaten das Deutsche Reich an die dritte Stelle der Handelsnationen gerückt.

»Herrlichen Zeiten führe ich euch entgegen«, verspricht der junge deutsche Kaiser Wilhelm II. Er – wie alle Potentaten jener Zeit – trägt stets eine Uniform mit einem blitzenden Helm; die Brust ist mit Orden geschmückt. Doch nicht alle Deutschen dieses Kaiserreiches folgen dem Kaiser bereitwillig. Die Arbeiterschaft, die sich, unterstützt von Arbeiterführern und Gewerkschaften, mühsam ein erträgliches Los erkämpft und weiter erkämpfen muß, begegnet den politischen Eskapaden des Kaisers mit zunehmender Skepsis. Auch die Eisenbahner haben inzwischen ihre ersten Gewerkschaften gegründet.

Seitdem die Dampfschiffahrt auf den Weltmeeren, die Küsten-, Fluß- und Kanalschiffahrt, vor allem aber die Eisenbahnsysteme im Binnenland die Transporte so sehr beschleunigt hatten, war eine große, in sich verflochtene Weltwirtschaft entstanden. Und in dieser Weltwirtschaft drängt das junge Deutsche Reich sich ungestüm vor; es hat alle Länder des Kontinents, auch Frankreich, längst hinter sich gelassen und bereitet sich zum Sturm auf die Wirtschaftsbastionen der angelsächsischen Imperien vor. Gefahr drohend erscheint den beiden Großen, England und Amerika, auch die neue kaiserliche Kriegsmarine, die kaum nur zum Schutze der Handelsschiffahrt immer weiter ausgebaut wird.

Alle Großstaaten rüsten; alle Eisenbahnsysteme werden nach strategischen Gesichtspunkten ausgebaut, geprüft und vervollständigt.

Von all dem ist im Alltag des deutschen Volkes wenig

die Rede. Man hört ab und zu von der Kriegsgefahr wie von einem fernen Gewitter, das sich mit gelegentlichem Wetterleuchten und Grollen bemerkbar macht. Alle hoffen, daß sich das Wetter bald wieder verzieht.

Leider gibt es aus diesen Vorkriegszeiten noch keine demoskopischen Untersuchungen darüber, was des Deutschen liebste Tätigkeiten sind. Betrachtet man aber die Statistiken der Bahnen im Reiseverkehr, so muß das Reisen schon damals ein bevorzugtes Vergnügen gewesen sein. Daß ein erheblicher Anteil davon auf Privatreisen entfiel, ist gewiß. Anreiz boten die vielen Ermäßigungen: Landeskarten, Kilometerhefte, Schulfahrten (seit 1880: 50% Ermäßigung), Sonntags-, Gesellschafts- und Vereinsfahrten.

Im Jahre 1870 beförderten die deutschen Bahnen bei einer Bevölkerungszahl von 41 Millionen insgesamt 113 Millionen Reisende. Für 1890 lauten die Zahlen 50 Millionen Einwohner und 421 Millionen Reisende. 1913 aber wurden bei einer Bevölkerungszahl von 67 Millionen eine Milliarde 834 Millionen Personen, also beinahe zwei Milliarden Menschen befördert: In den über 40 Jahren ist die Reisehäufigkeit auf das Zehnfache gestiegen! Das war zwar nicht der Tourismus unserer Tage, der andere Gründe hat. Doch nutzte auf der ganzen Welt, überall, wo Eisenbahnen fuhren, eine mobil gewordene Bevölkerung mit Vergnügen und Lust den neuen Automaten. Er verkürzte Tagesreisen auf Stunden, er belebte Handel und Industrie, er erweiterte den Horizont in tatsächlichem und übertragenem Sinne.

DER ERSTE WELTKRIEG

Nicht nur das deutsche Kaiserreich bereitete seine Eisenbahnen und Eisenbahner für den Kriegsfall vor. Die innerdeutschen Kriege, vor allem aber der deutsch-französische Feldzug von 1870/71 hatten gezeigt, welche Bedeutung die Eisenbahnen für die Kriegsführung besaßen. Die Beweglichkeit der Truppe wurde bedeutend gesteigert, Aufmarschpläne konnten von Wochen auf Tage reduziert werden; Heeresverbände hinter der Front umdirigiert oder verlegt werden, der Nachschub rollte, vom Feinde damals noch ungestört.

General Schlieffen, von dem der Plan des Feldzuges im Westen von 1914 stammt, meinte: »Die Eisenbahnen sind zu einem Kriegsmittel, zu einem Kriegswerkzeug geworden, ohne das diese großen Armeen der Gegenwart weder aufgestellt noch zusammengebracht, noch vorwärts geführt, noch erhalten werden könnten.« Dennoch trifft die Behauptung, die man heute in ausländischen Geschichtsbüchern lesen kann, Deutschland habe seine Bahnen für die Kriegsvorbereitung gebaut, in dieser krassen Form nicht zu. Sie ist genauso unfreundlich wie jenes Bonmot, Deutschlands nationale Industrie sei der Krieg gewesen. Vielmehr haben die Bestrebungen der einzelnen Landesfürsten, die sich ihre Netze nach ihren Bedürfnissen bauten oder bauen ließen, ebenso die Vorbehalte der süddeutschen Souveräne, die sich in der Verfassung von 1871 die Hoheitsbefugnisse über die Eisenbahn ausdrücklich reservieren ließen, erhebliche Schwierigkeiten im Ersten Weltkrieg für die deutsche Kriegsführung mit sich gebracht.

Das französische Netz der vier großen Eisenbahngesellschaften, das radial auf Paris ausgerichtet war, war für die Zwecke der Kriegführung viel geeigneter. Die Franzosen hatten sehr gut erkannt, welche Bedeutung die Eisenbahn für den kommenden Krieg haben würde. Seit der geglückten Annäherung an Rußland hatten sie der russischen Regierung zum Bau strategischer Eisenbahnen Milliardenbeträge zur Verfügung gestellt.

In Preußen selbst vollzog sich zu Beginn des neuen Jahrhunderts die Zentralisierung des Eisenbahnwesens unter dem Staatsminister von Maybach Zug um Zug: Die Privatbahnen wurden aufgekauft und verstaatlicht, so daß um 1885 Preußen die Eisenbahnen mit einer Ausnahme in der Hand des Staates hielt. 1896 wurden durch Staatsvertrag die hessischen Bahnen – auch die private hessische Ludwigsbahn – von Preußen übernommen; der Betrieb wurde unter der Bezeichnung »preußisch-hessische Staatsbahnen« geführt. Der Staatsminister von Thielen verlieh 1895 diesem großen Verkehrsverwaltungskomplex eine klug durchdachte und zeitgemäße Organisation. Das 1873 noch unter der Ägide Bismarcks errichtete Reichseisenbahnamt sollte der erste Schritt auf dem Wege zu einer vereinigten

Reichsbahn sein. Doch die gleichzeitig in Gang gebrachten Verhandlungen wegen der Übernahme der Länderbahnen scheiterten an Forderungen Preußens und an der Abneigung der Souveräne, »ihre Bahn« abzutreten.

Zu den Aufgaben des Reichseisenbahnamtes gehörte neben der Bearbeitung der Eisenbahnverordnungen und der internationalen Übereinkommen sowie der Tarifkontrolle vor allem die Wahrung der Interessen der Landesverteidigung gegenüber den deutschen Bahnen, womit die Aufstellung der Militärtransportordnung zusammenhing.

»Daß die Zuständigkeit des Reiches vor den bayerischen Grenzen vielfach Halt machte, ist bekannt. Mit Bayern hatte das Reichseisenbahnamt unmittelbar nur in militärischen Dingen zu tun. Im übrigen wahrte Bayern seine Selbständigkeit auf Eisenbahngebiet mit großer Eifersucht, wenn es auch regelmäßig die für das übrige Reich erlassenen Vorschriften für seinen Bereich einführte.«

»Über die Ohnmacht des neuen Eisenbahnamtes gegenüber den Länderbahnen wurde viel gesprochen und gespottet. Über die Gründe, warum diese oberste Reichsbehörde nicht wirksamer eingreifen konnte, sind sich aber nur wenige klar geworden. In erster Linie ist zu sagen, daß auch eine mit großen politischen Machtmitteln ausgestattete Aufsichtsbehörde den zu beaufsichtigenden Verwaltungen gegenüber nicht durchdringen kann, sobald sich diese auf die Grenzen ihrer finanziellen Leistungsfähigkeit berufen können oder berufen müssen. Oder einfacher ausgedrückt: Wo kein Geld ist, kann auch der Kaiser nichts holen.« (Stieler)

Als zweiten Grund der Machtlosigkeit gibt Stieler die Bismarcksche Verfassung an. »Im Reiche draußen glaubte man an ein Reich, das über den Bundesstaaten, auch über Preußen stehe. In Berlin bekam man dagegen bald einen ganz anderen Eindruck über die herrschenden Machtverhältnisse. Die Grundlagen hierfür sind in der Reichsverfassung (1871) durchaus nicht verschleiert: Die Chefs der obersten Reichsbehörden hätten sich Preußen gegenüber niemals durchsetzen können, da sie als *preußische* Bevollmächtigte zum Bundesrat an die Instruktionen des preußischen Kabinetts gebunden waren. Und vor allem fehlte dem Reich jede Möglich-

keit, seinen Willen, wenn sich je ein solcher in Abweichung von dem preußischen hätte bilden können, zwangsweise zu vollstrecken. Der Kaiser hätte doch nicht gegen Preußen marschieren lassen können.«

Die Verfassung des Kaiserreichs war ganz und gar auf die Persönlichkeit Bismarcks abgestellt. Als der Lotse das Schiff verließ (1890), geriet es in Untiefen und strandete.

Im August 1914 rollten die ersten Züge mit Soldaten an die Front – auf manchem Güterwagen stand mit Kreide: »Hier werden noch Kriegserklärungen entgegengenommen«. Zu diesem Zeitpunkt existierten noch insgesamt acht Staatsbahnverwaltungen: Preußen-Hessen, Sachsen, Bayern, Württemberg, Baden, Elsaß-Lothringen und Mecklenburg sowie Oldenburg. Eine einheitliche Betriebsleitung war nicht zustande gekommen.

Der Aufmarsch vollzog sich planmäßig. Der starre Fahrplan, der im Frieden von einer Eisenbahnabteilung im Großen Generalstab ausgearbeitet worden war, trat in Kraft. Der Güterverkehr, zunächst nach dem Ausland, dann auch im Inland selbst wurde eingestellt. Auf 13 von einander unabhängigen zweigleisigen Strecken fuhren die Truppenzüge – es waren 600 Aufmarschtransporte täglich – an die westliche Grenze. Und ebenso planmäßig vollzog sich der Aufmarsch in Richtung Osten. Insgesamt fuhren in 11 000 Transporten 3 000 000 Mann, 800 000 Pferde und die dazugehörigen Waffen und Geräte an die Front. Verbindungslinien quer durch das deutsche Reich wurden offen gehalten.

Die Schnelligkeit des Aufmarsches vor allem an der Westgrenze war eine der Voraussetzungen des Schlieffen-Planes. Denn die Niederwerfung des Gegners mußte Kräfte für den Osten frei machen, in dem die »russische Walze« dank verbesserter Eisenbahnlinien viel schneller, als es der Schlieffen-Plan vorausgesehen hatte, zu rollen begann.

So kam es im Westen zwar zu dem erhofften schnellen Vormarsch, doch blieb die erste Armee unter Alexander von Kluck 50 Kilometer vor Paris stecken. Plötzlich tritt hier kometenartig ein neues Verkehrsmittel auf, das, wie wenige Jahre später der Panzer, eine der großen historischen Entscheidungen mitherbeiführte. Der französische Oberbefehlshaber Joffre, der den Plan der Deutschen, die Festung Paris rasch zu nehmen, inzwischen durchschaut hatte, warf starke Kräfte aus dem rechten Flügel seiner Front nach Paris. Der Festungskommandant von Paris aber, Galliéni, wollte sich nicht auf Pferde oder Eisenbahnen verlassen. Er requirierte um der Eile willen alle Taxen, Ambulanzen und Kraftfahrzeuge der Hauptstadt, deren er habhaft werden konnte, und warf mit diesen neuen im Kriege eingesetzten Transportmitteln etwa die Hälfte der Kräfte direkt an die Front in den Einsatz. Der zweite Teil kam später mit der Eisenbahn nach.

Verkehrsgeschichtlich wesentlich ist, daß hier erstmals in einer entscheidenden Situation das Kraftfahrzeug, das direkt an den Einsatzort, in die Bereitstellung zum Angriff befördern konnte, der Eisenbahn den Rang abgelaufen hat. Es war die erste motorisierte Truppe der Weltgeschichte.

Das war im September 1914. Danach erstarrten die Fronten, und ein Schützengrabensystem zog sich von der Schweizer Grenze bis zum Kanal.

Im Osten trugen die Bahnen entscheidend zu dem Sieg in der Schlacht bei Tannenberg bei. Die eigentliche Einschließung der Narew-Armee war möglich, weil das erheblich entfernte erste Armeekorps »im Bahntransport weit herumholend über Neidenburg nach Osten vorgeführt und so der Ring von Süden her geschlossen werden konnte.« (Mommsen)

Aber nicht nur in diesen ersten großen Schlachten, die insofern kriegsentscheidend waren, als sich darin, vor allem im Westen, die kräftemäßige Unterlegenheit der Mittelmächte Deutschland und Österreich herausstellte, sondern auch später half die Bahn durch ihr dichtes Netz und die exakt funktionierende Organisation bei der raschen Verschiebung von Heeresteilen in bedrohlichen Situationen. So konnten durch die Beweglichkeit der Truppen in den ersten Jahren englische, französische und russische Angriffe aufgefangen werden.

Das »Hindenburg-Programm« (1916) – auch »Hungerprogramm« genannt – faßte alle wirtschaftlichen Kräfte zusammen; es zeigte sich, daß die Überlegenheit der Alliierten und die Blockade der Seewege zu Ungunsten der Mittelmächte die letzten Reserven beanspruchte: Die Mittelmächte waren weder auf dem Lebensmittel- noch auf dem Kriegsmaterialsektor autark. Sie hatten auch versäumt, die notwendi-

gen Reserven anzulegen. Die letzten Materialien wurden herangeholt, die letzten Arbeitskräfte mobilisiert: Frauen wurden im Betriebsdienst, in den Werkstätten, als Streckenarbeiterinnen in der Rotte eingesetzt. Die Heimateisenbahnen hatten keinerlei Vorrechte, sie waren am Programm nicht beteiligt, sie mußten oft mit der Hälfte des Personals ihre Rolle als Hilfsquelle für die Fronteisenbahnen der besetzten Gebiete – Frankreich, Belgien, Italien, Polen, Rußland und Rumänien, Türkei, Palästina und Mesopotamien – spielen und zugleich auch für die Ausführung der Heimattransporte sorgen. Diese Militärbahnen in den besetzten Gebieten umfaßten immerhin eine Betriebslänge von 25 576 Kilometern.

»Die Durchführung des sogenannten Hindenburg-Programms, 1916, bei dessen Aufstellung die deutschen Eisenbahnverwaltungen nicht gehört worden waren, hat die Eisenbahnrüstung zerstört. Während den Bahnen die größten Leistungen zugemutet werden mußten, wie sie sich aus der Ausdehnung des Kriegsschauplatzes an sich schon ergaben, während immer mehr Leute und Betriebsmittel hergegeben werden mußten, um die Bahnen im Feindesland zu betreiben, während die Bewegung der Truppen von einem Punkte des Kriegsschauplatzes zum anderen fortwährend gewaltige Aufwendungen von Eisenbahnkräften nötig machten, sollten gleichzeitig die Leistungen für Zwecke der Rüstungsindustrie außerordentlich gesteigert werden, und es sollten die Bahnmaterialbedürfnisse völlig zurückgestellt werden hinter die der unmittelbaren Heeresversorgung. Die kupfernen Feuerbüchsen aus den Lokomotiven wurden ausgebaut. Den Lokomotiven mußte in immer stärkerem Umfange der schwierig zu behandelnde Koks beigemischt werden. Kein Wunder, daß die Zugpferde, die Lokomotiven, bald in einen jammerwürdigen Zustand gerieten.« (Stieler)

Eine Darstellung, die man ohne weiteres auch in eine Beschreibung der Verhältnisse bei den Bahnen im Zweiten Weltkrieg hineinnehmen könnte.

Eine besondere Erscheinung des Krieges war die Umpolung der Verkehrsmagistralen. Kohle, die bisher aus England kam, mußte von der Ruhr oder aus Oberschlesien nach Norddeutschland gefahren werden; Erz lief nun über Ostseehäfen und die Bahn ins Binnenland.

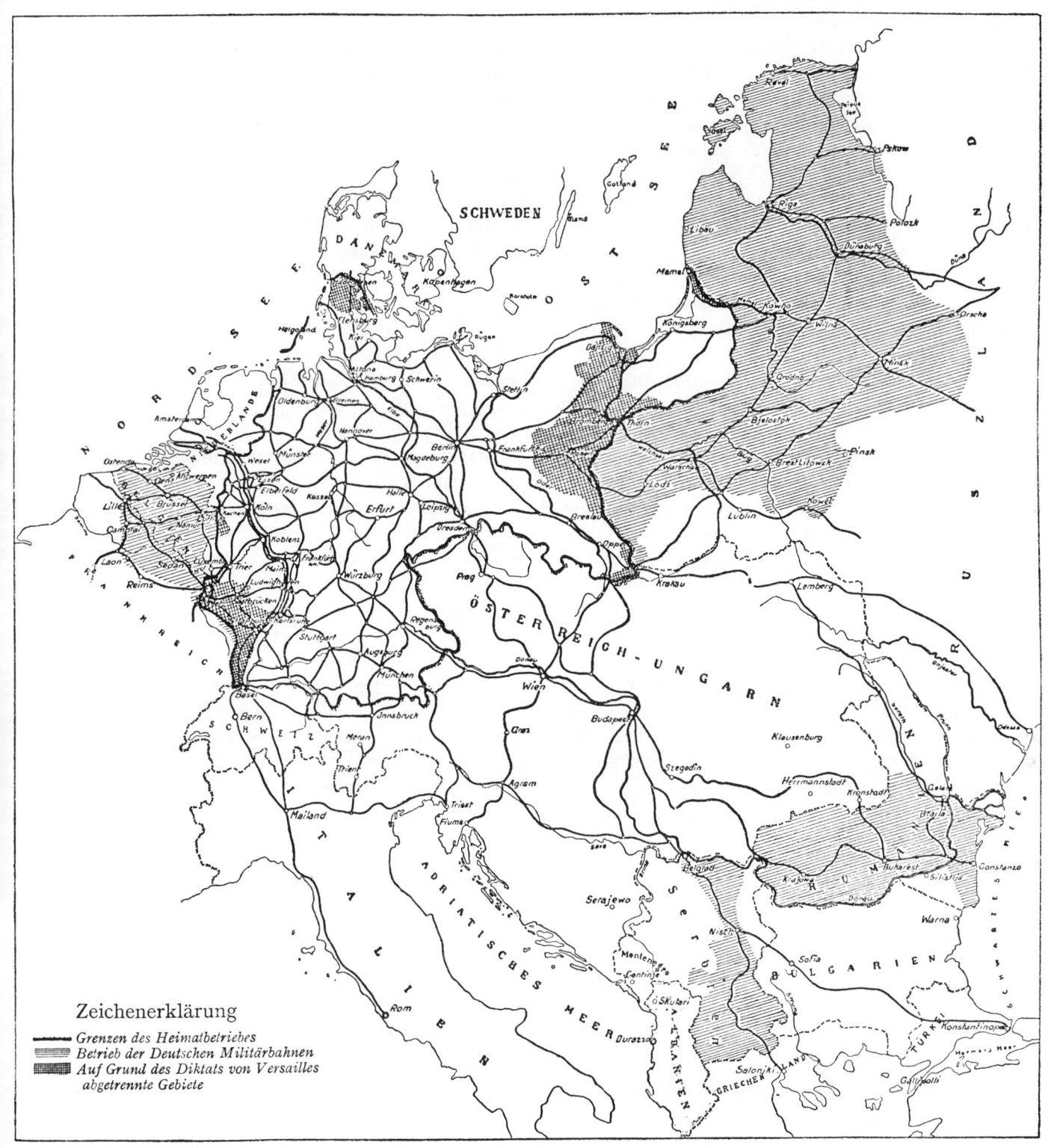

Zeichenerklärung

—— Grenzen des Heimatbetriebes

≣ Betrieb der Deutschen Militärbahnen

▦ Auf Grund des Diktats von Versailles abgetrennte Gebiete

Schraffiert ist die Fläche, auf der deutsche Militärbahnen im Ersten Weltkrieg betrieben wurden.

Obwohl zu Beginn des Krieges das Eisenbahnwesen »als in der Nähe des Kriegsschauplatzes befindlich« anzusehen war und also unter militärischem Einfluß stand – an der Spitze der Militäreisenbahnbehörde stand der Chef des Feld-Eisenbahnwesens – so wurde es doch im Verlauf des Hindenburg-Programmes notwendig, eine Kriegsbetriebsleitung einzurichten. Sie ist die erste einheitliche Betriebsorganisation, eine Vereinigung der acht Staatsbahnen mit drei Generalbetriebsleitungen in Frankfurt für den Süden, in Essen für den Westen und in Berlin für den Osten. Die Kriegsbetriebsleitung war beim preußischen Ministerium der öffentlichen Arbeiten eingerichtet.

Die Kriegsbetriebsleitung und ihre Unterorganisation sind gewissermaßen der Grundstein der neuen Reichsbahn, die nach dem verlorenen Krieg und nach den Schwierigkeiten der Rückführung gewissermaßen wie ein Vermächtnis aus Krieg, Waffenstillstand und Versailler Vertrag entsteht: Der 31. März 1920 bringt den Staatsvertrag zwischen dem Reich und den acht Eisenbahnstaaten: Der Preis der Reichseisenbahnen wird auf 39 Milliarden Mark festgesetzt, die Betriebslänge beträgt gegen 61 404 Kilometer am 31. April 1914 nach dem verlorenen Krieg nur noch 53 560 Kilometer. Dafür übernahm das Reich die Schulden der Bahn in Höhe von 16,9 Milliarden Mark. Der Differenzbetrag sollte verzinst werden, doch wurde all dies infolge der inflationären Entwicklung gegenstandslos. Am 20. November 1923 wird die deutsche Währung auf der Grundlage 1 Dollar = 4,2 Billionen Mark stabilisiert. Von da an tauschte die Reichsbank eine Billion Mark in eine Rentenmark um.

Es ist zu Beginn des Ersten Weltkrieges viel von der Eisenbahn als Waffe phantasiert worden. Das Auto als Panzer, das Flugzeug als Jäger und Bomber und der Zeppelin als nächtlicher Ruhestörer und Bombenwerfer über London sind in diesem Krieg erstmals aufgetreten. Aber der Panzerzug hat – man möchte beinahe sagen zum Glück – versagt: Schon Churchill hat im Burenkrieg zu eigenem Erstaunen festgestellt, daß ein Zug keine Waffe sein könne, da man nur ein paar Zentimeter Schiene zu entfernen brauche, um den ganzen Panzerzug lahm zu legen. Nur in Ausnahmefällen, etwa bei den großen Kano-

nen mit Geschützlafetten auf Schienen, wurden die Lokomotiven dazu verwendet, die Geschütze in die Stellungen zu fahren und sie später wieder herauszuziehen, genauso wie dies 1769 der französische Artillerieoffizier Nicolas Joseph Cugnot seinem Heeresminister, dem Herzog von Choiseul, vorgeschlagen hatte.

Alle Fachleute sind sich einig, daß die Eisenbahnen im Ersten (wie im Zweiten) Weltkrieg »das überragende Transportmittel« (Rohde) waren und blieben.

ZWISCHEN DEN KRIEGEN:
DIE BAHN BEZAHLT DIE KRIEGSTRIBUTE
AN DIE SIEGER

Die Siegermächte forderten aufgrund der Waffenstillstandsbedingungen und des nachfolgenden Versailler Vertrags die Ablieferung von 8000 Lokomotiven, 280 000 Güter- und 13 000 Personenwagen. Ferner mußten im Zuge der Abtretung von Elsaß-Lothringen dessen Streckennetz mit einer Länge von 1970 Kilometern sowie Strecken in Schlesien, Posen, West- und Ostpreußen mit einer Länge von 4115 Kilometern abgetreten werden.

Hierbei wurden Systeme zerrissen; Knotenpunkte gingen verloren, eine Umorganisation und teure Umbauten waren die Folge. Es war Geld, das man dringend zum Neubau und zur Wiederherstellung des rollenden Materials gebraucht hätte.

Die Versorgung vor allem mit Kohlen ging beängstigend zurück. So wurde zum Beispiel am 12. Oktober 1919 der gesamte Schnellzugverkehr östlich der Strecke Dresden – Berlin – Stettin bis zum 2. November einschließlich eingestellt, um Kohlen zu sparen.

Zwischen 1920 und 1924 werden verschiedene Organisationsveränderungen vorgenommen: Der Reichsregierung, insbesondere dem Reichsverkehrsministerium, das den Verwaltungsrat der Reichsbahn ernennt, unterstehen der Generaldirektor mit seiner Hauptverwaltung nebst der Gruppenverwaltung Bayern. Diesen Verwaltungskörpern wiederum sind 30 Reichsbahndirektionen untergeordnet, worunter sechs bayerische, drei Ober-

»Erstmals zum hundertjährigen Jubiläum der Bahn bringt die Deutsche Post die Eisenbahn ins Bild. ›Der Adler‹, eine Schnellzuglok, der ›Fliegende Hamburger‹ und die Schwesterlok der Weltrekordlokomotive (05001) ergeben den Satz einer Sonderausgabe vom 10. Juli 1935.«

betriebsleitungen, ein Reichsbahnzentralamt und andere zentrale Ämter.

Mit der am 26. Januar 1924 erlassenen Verordnung zur Schaffung eines selbständigen Unternehmens »Deutsche Reichsbahn« wird endlich die Forderung der Weimarer Verfassung von 1919 verwirklicht.

Aber schon am 30. August 1924 wird dies alles überholt durch die Reparationsverhandlungen und den Dawes-Plan, der die Kriegskontributionen regelt und den Besitz des Deutschen Reiches, vor allem aber die Deutsche Reichsbahn für die Aufbringung dieser Kontributionen haftbar macht. Das Betriebsrecht wird damit auf die neugegründete »Deutsche Reichsbahngesellschaft« übertragen, im neuen Verwaltungsrat sitzen vier ausländische Mitglieder und ein Kontrollkommissar.

Damit ist die Eisenbahn verpfändet: Sie bezahlt jähr-lich 600 Millionen Mark an die Bank für Internationalen Zahlungsausgleich in Basel bis zum Lausanner Abkommen von 1932, das die Zahlungsverpflichtung aufhebt.

»Während ich dieses niederschreibe«, der Schreiber heißt Adolf Hitler und sitzt in der Festungshaftanstalt Landsberg am Lech seit dem 1. April 1924, »ist ja endlich auch der Generalangriff gegen die Deutsche Reichsbahn gelungen, die nun zu Händen des internationalen Finanzkapitals überwiesen wird.« Fortan gehört auch dieser Fakt zu Hitlers Vorwurf der »Verwirtschaftung des deutschen Volkes«; er wird einbezogen in den immer heftiger werdenden Kampf der politischen Parteien in der Weimarer Republik, deren äußerste Linke die KPD, die äußerste Rechte die NSDAP darstellen, eine mit der zunehmenden Verschlechterung der Wirtschaftslage rasch anwachsende Partei. Zwar hatte sich die deutsche Wirtschaft nach der Währungsstabilisierung von 1923 rasch erholt und in der Weltwirtschaftskonjunktur der 20er Jahre schon wieder eine Rolle gespielt. Diese günstige Wirtschaftslage mit ihren großen Transportaufgaben hatte auch der Deutschen Reichsbahngesellschaft ermöglicht, nicht nur ohne Schwierigkeiten die vorgesehenen Tribute zu leisten, sondern sogar noch einen Gewinn zu erwirtschaften, ganz abgesehen davon, daß sie ihre Wiederherstellung und ihre eigenen Wiederaufbauten selbst finanziert hatte.

Schon zeigte sich allerdings auch ein zunehmender Einnahmeausfall durch die Abwanderung des Güter- und Personenverkehrs auf den Lastwagen.

Der Börsenkrach am »schwarzen Freitag«, den 29. Oktober 1929 in New York leitete eine schwere Weltwirtschaftskrise ein. Der Prozentsatz der Arbeitslosen erreichte in Deutschland im Jahre 1932 44,4%, wozu noch 22,6% Kurzarbeiter kamen, so daß praktisch nur jeder dritte Arbeitnehmer in ständiger Arbeit war. Steuererhöhungen, verbunden mit Lohnsenkungen verschlechterten die Lebenslage. Das politische Klima verdüsterte sich zusehends.

In einem Augenblick, in dem sich schon erste Anzeichen einer Besserung der Wirtschaftslage zeigten und in dem die bis dahin stets steigende Mitgliederzahl der NSDAP zum ersten Mal zurückging, gelang Hitler die »Machtübernahme«.

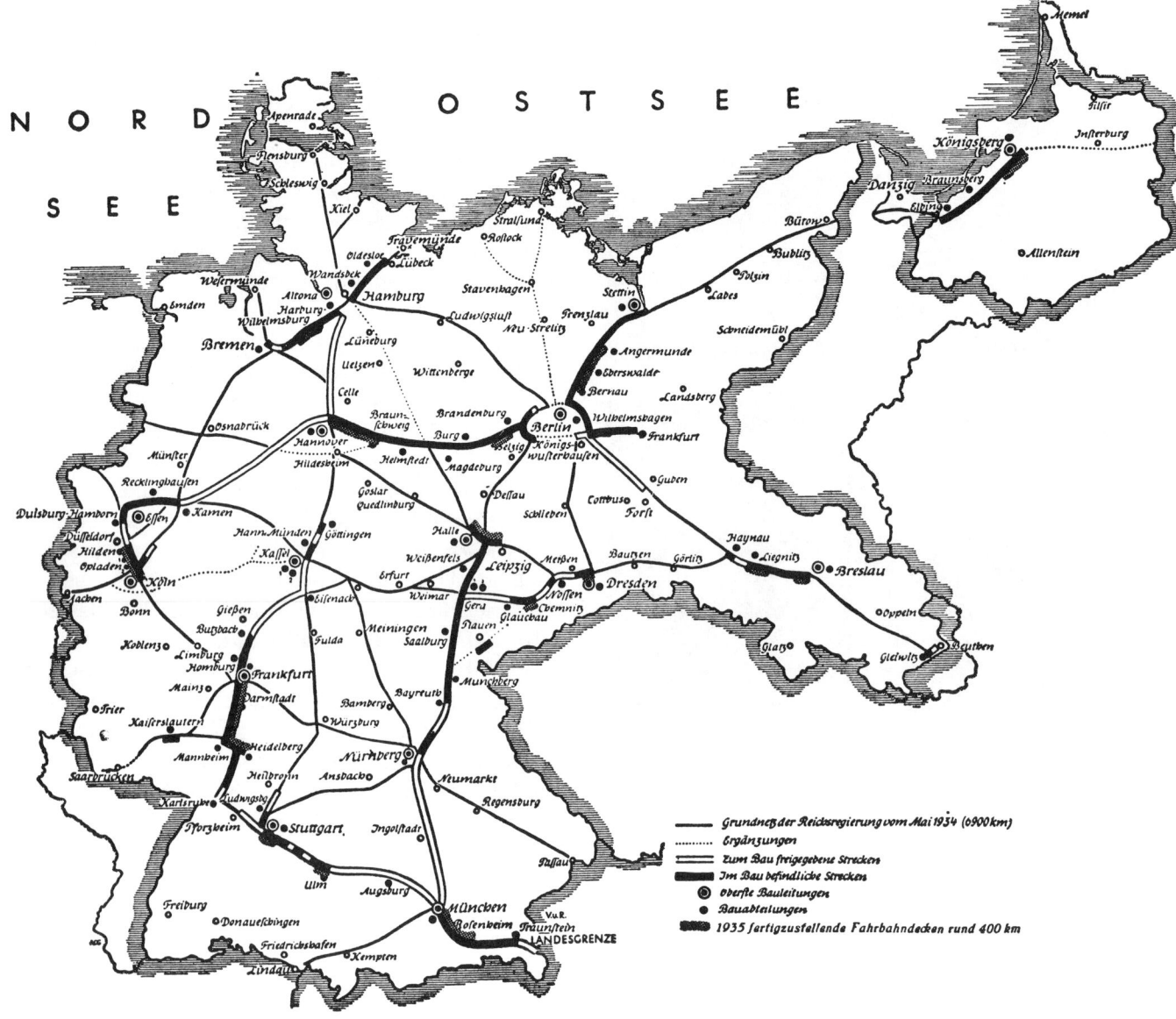

Netz der Reichsautobahnen.

Auf dem Gebiete des Verkehrs wurden zuerst organisatorische Änderungen getroffen, die der Zentralisierung dienten. Die Gruppenverwaltung Bayern wurde aufgelöst, die noch bestehenden Mitspracherechte der Länder in Eisenbahnsachen aufgehoben. 1937 wurde die Reichsbahngesellschaft aufgelöst, die Dienststellen in Reichsbehörden umgewandelt. Die Hauptverwaltung wurde zu Eisenbahnabteilungen im Reichsverkehrsministerium. Gemäß dem »Führerprinzip« war der Reichsverkehrsminister zugleich Generaldirektor der Reichsbahn. Aus dem Verwaltungsrat wurde ein Beirat. Das Vermögen der Reichsbahn wurde zum »Sondervermögen« des Reiches. Damit hatte die Reichsbahn ihre finanzielle Selbständigkeit eingebüßt.

Hitler war kein Freund der Eisenbahn. Er hatte schon im Oktober 1922 anläßlich des »Zugs nach Koburg« schlechte Erfahrungen mit der Bahn gemacht. »Plötzlich erklärte uns am Bahnhof das Eisenbahnpersonal, daß es den Zug nicht fahren würde. Ich ließ darauf einigen Rädelsführern mitteilen..., daß wir dann eben selbst fahren würden, allerdings auf Lokomotive und Tender... Daraufhin fuhr der Zug sehr pünktlich ab...« Hitler, der nachtragend war, hat dies nicht vergessen. Er zog der Bahn das Auto und das Flugzeug vor, entsprechend seinen Vorstellungen von der Idee der »Motorisierung«, die er in »Mein Kampf« schon 1924 entwickelte: »Der allgemeinen Motorisierung der Welt, die im nächsten Kriege schon in überwältigenderweise kampfbestimmend in Erscheinung treten wird, könnte von uns fast nichts entgegengestellt werden.«

So gab er den »Befehl zur Motorisierung« (1933). Neben anderen allgemeinen Maßnahmen zur Förderung des Kraftverkehrs erhielt speziell die Reichsbahngesellschaft den Auftrag zum Bau der Autobahnen.

Die Idee der Autobahn war keineswegs neu. Sie stammte auch nicht von Hitler. Es gab schon in den 20er Jahren den Plan, eine Hafraba zu bauen: eine gute, ausgebaute Autostraße von Hamburg über Frankfurt nach Basel. Ein Teilstück davon war schon fertig.

Hitler konnte mit dem Ergreifen dieser Idee mehrere Ziele gleichzeitig erreichen: Er trieb die Motorisierung, die »im nächsten Kriege kampfbestimmend« (»Mein Kampf«) sein würde, in Deutschland voran; er brachte Millionen Arbeitslose in Arbeit und Verdienst; er verbesserte die Verkehrsverhältnisse für den privaten und gewerblichen Kraftverkehr, was sich auf die Autoindustrie und deren Zulieferer auswirkte, und er schuf sich eine zweite Aufmarschbasis für eventuelle operative Kriegsziele.

Nicht ohne makabren Humor übertrug er die Aufgabe des Autobahnbaus der Reichsbahn, weil, wie er listig erklärte, »der Streit zwischen Schiene und Kraftwagen nur dadurch beizulegen ist, daß der gesamte gewerbliche Güterfernverkehr einheitlicher Leitung unterstellt wird«. Auch sollte die Reichsbahn das Recht erhalten, auf den Autobahnen Omnibuslinien zu betreiben.

Auf diese Weise beschäftigte er die Bahn damit, sich ihre Konkurrenz aufzubauen. Die Bahn mußte ihre 50 Millionen Stammkapital zum Start zur Verfügung stellen, ferner ihre gesamte Organisation und ihr Personal. Niemand von den Mitgliedern des Vorstandes protestierte. Alle Transporte wurden zum Eisenbahndienstguttarif befördert. 1936 mußte die Bahn eine Anleihe von 500 Millionen Mark aufnehmen, von denen 400 für die Autobahn bestimmt waren. Auch alle Überschüsse flossen automatisch dem Unternehmen Reichsautobahn zu.

Ob Hitler, wie manchmal behauptet wurde, die Bahn zuletzt durch die Autobahn ersetzen wollte, ist für die Jahre bis zum Kriegsbeginn nicht auszumachen. Es wird erzählt, daß er 1937 oder 1938 probeweise eine größere motorisierte Heereseinheit von der Ost- zur Westgrenze über die Autobahn auf eigenen Rädern und Ketten verlegen ließ. Das Ergebnis: Nur ein kleiner Teil der Fahrzeuge traf am Bestimmungsort ein.

Der Gefreite des Ersten Weltkrieges lernte daraus, daß die Beweglichkeit einer motorisierten Truppe, insbesondere ihrer Kettenfahrzeuge, nicht für den Anmarsch, sondern das Gefecht bestimmt ist.

Es ist sicher, daß die bevorzugte Verwendung aller Mittel für die Autobahnen bis zu Beginn des Zweiten Weltkrieges die Reichsbahn im Ausbau ihrer eigenen Organisation und vor allem in der Erneuerung und Erhaltung ihres rollenden Materials und ihres Oberbaus stark eingeschränkt hat. Sicher ist auch, daß der Pkw- und Lkw-Verkehr durch die befohlene Motorisierung zu Lasten der Bahn einen gewaltigen Auftrieb erhielt.

XI Abstieg

DER ZWEITE WELTKRIEG

Der Zweite Weltkrieg brachte genau wie der Erste Weltkrieg ungeheure Aufgaben für Betrieb und Verkehrsorganisation der Bahn mit sich. Nachdem schon kurz vor dem Krieg die österreichischen und ein Teil der tschechischen Bahnen eingegliedert waren, ergaben sich aus den im ersten Anlauf eroberten und besetzten Gebieten riesige Netzerweiterungen. Nach dem Einmarsch in die Sowjetunion hatte es die Betriebsführung mit einer anderen Spurweite zu tun: Die Schienen mußten umgenagelt werden.

Neu freilich waren in diesem Krieg für die Front- und Feldeisenbahner die Luftangriffe auf Schienenanlagen und Bahnhöfe, ja auf fahrende Züge. Gegen Ende des Krieges, als die deutsche Luftwaffe praktisch ausgeschaltet war, wurden von den gegnerischen Luftverbänden die letzten noch intakten Gleisanlagen zerstört.

»Die Fähnriche der Waffenschule hatten bei ihrer Übung am späten Vormittag die Höhe der Burg über der Stadt erklommen und blickten nun ins Tal hinab. Es war Anfang März 1945. Man hatte sich darüber unterhalten, wie die blauen Blumen am Hang zwischen dem lichten Baumbestand hießen: Leberblumen. Da hörten sie vom Tal herauf das auf- und abschwellende Geheul der Sirenen. Fliegeralarm. Wenige Minuten später erklang der sonore Orgelton großer Bomberverbände. Da sah man sie schon: In unerreichbarer Höhe flogen die Bomber in Rhombenform, ein Leitflugzeug voraus, in weiten Abständen die letzten Pulks.

Jetzt machte das Leitflugzeug eine kleine, kaum merkbare Schwenkung, der Verband wiederholte sie, und nun sah man gleich silbernen Fischen in der Sonne glänzend die Masse der Bomben herabstürzen. Ein helles, unwirkliches Zischen, Singen und Sausen, etwa wie wenn Wind durch die Takelage eines Bootes pfeift, drang nach einigen Sekunden zu den Fähnrichen herüber. Dann, nach einer grausigen Sekunde der Spannung, Paukenschläge, kein Donner, sondern ein in den Ohren schmerzender heller Krach.

Die Bomben mußten den vor der Stadt liegenden Güterbahnhof getroffen haben. Dort waren auf den Abstellgleisen, die sogar einen kleinen Ablaufberg in sich bargen, viele Güterzüge versammelt, die auf Abbeförderung warteten. Alle großen Bahnhöfe der weiteren Umgebung waren schon zerstört. Oder war es nicht der Bahnhof? Doch: Plötzlich erhoben sich aus dem Feld hinter den Häusern am Bahnhof riesige Staubwolken, man sah Rauch, darunter grelles, wildes Feuer.

Insgesamt sieben Bombenverbände zogen über die Stadt hinweg und schütteten ihre Tod und Verderben bringende Ladung auf den Bahnhof hinab.

Am Nachmittag wurden die Fähnriche zu Aufräumungsarbeiten befohlen.

Als sie ankamen, sahen sie, daß hier nichts mehr aufzuräumen war. In riesigen Trichtern lagen die Trümmer der Güterwagen, verbogene und zerrissene Gleise stachen in den Himmel, und eine dicke Schicht von Staub, Erde, Sand und Mörtel lag über den weiten Platz gebreitet. Den Mittelpunkt des Trümmerhaufens bildete eine Art Monument: Auf einem Güterwagen lag ein anderer, und ein dritter starrte darübergetürmt in den Himmel. Ein Fähnrich meinte, dies sei das Denkmal des unbekannten

248

Station Altenbeken im Mai 1945.

Eisenbahners; aber der Lehrgangsleiter, ein Ober-
leutnant verwies diesen Ausspruch als unpassend.«
So wie auf diesem Bahnhof sah es überall in
Deutschland aus: Die Bahnhöfe waren zerbombt, die
Gleisanlagen vernichtet, das rollende Material zer-
trümmert. In einem wahnsinnigen Akt der Selbstzer-
störung hatten Hitler und seine in die letzten Heimat-
stellungen zurückweichenden Generale die Sprengung sämtlicher Brücken befohlen. Die Stunde 0
sollte den Untergang Aller bedeuten.

SCHULDENBERGE UND GESUNDSCHRUMPFUNG

Soll man wiederaufbauen?
Diese Frage haben sich wohl alle gestellt, die den
Krieg überlebten und vor den Trümmern dieser un-
geheuerlichen Katastrophe standen. So sah also die
totale Niederlage aus, wenn man sie mit dem ver-
sprochenen »totalen Sieg« verglich.
Am Tag, als der Krieg zuende ging, da waren die Kanäle verschüttet. Der nationale Luftverkehr war tot.
Die Straßen der Städte lagen voller Trümmer. Die
Landstraßen waren leer und unpassierbar zwischen
gesprengten Brücken. Weder Benzin noch Diesel-
kraftstoff waren aufzutreiben. Aber das machte
nichts; denn niemand durfte ein Auto fahren. Die
Bahnhöfe, die Gleise, die Viadukte, Lokomotiven
und Wagen waren zerstört oder unbrauchbar. Und
doch ließ sich einiges wieder verwenden, anderes
ließ sich improvisieren. Ohne den rasch reparierten
Eisenbahnautomaten wäre ein großer Teil der Bevölkerung elend zugrunde gegangen. Genauso wie die
Bürger der zerstörten Städte ihre Straßen räumten,

249

Rangierbahnhof Nürnberg nach der Bombardierung.

Rangierbahnhof Nürnberg nach dem Wiederaufbau.

so befreiten die Eisenbahner zunächst einmal ihre Bahnhöfe und Gleisanlagen von Schutt und Asche. Dann begann man – auch mit Hilfe der Besatzungsmächte – Überbleibsel des Krieges zu registrieren, zu reparieren und unter den notdürftigsten Umständen die ersten Strecken wieder befahrbar zu machen.

Die Hilfe der Besatzungsmächte war nicht uneigennützig: Brauchten sie doch die Bahnen, um ihre Truppen und ihren Nachschub zu befördern.

Zuerst fuhren sie mit erbeutetem Material selbst; dann ließen sie sich fahren. Auch fanden Demontagen und Entnahmen statt:

Im französischen Bereich wurde zum Beispiel ein Teil des zweiten Gleises auf der Strecke Offenburg – Freiburg abgebaut. Die Besatzungszonenübergänge wurden wie Grenzübergänge kontrolliert und Nahrungsmittel beschlagnahmt; eine Maßnahme, die eine hungernde Bevölkerung zur Verzweiflung trieb.

In den ersten Monaten nach der Kapitulation vom 9. Mai 1945 fuhren nur wenige, vereinzelte Züge, meist Loks mit Güterwagen, ohne Fahrplan und auf Sicht. Häufig endeten die Fahrten an irgendeiner zerstörten Brücke. Trauben von Menschen hingen an den Wagen. Sie waren froh, überhaupt eine Fahrgelegenheit zu finden. Die Fahrt war gratis.

Die kurzen Strecken und die notdürftig reparierten Loks, Wagen und Gleise erinnerten an die Zeiten der ersten Eisenbahn. Die Loks wurden mit Holz oder Torf befeuert, Kohle war knapp oder gar nicht zu erhalten.

Am 19. Juli 1945 erstand in Frankfurt eine Zentralbehörde der amerikanischen Besatzungsmacht für Eisenbahnen, im August in der britischen Zone eine Reichsbahngeneraldirektion. Im September 1946 schlossen sich die beiden Zonen zu einer Bizone zusammen. Das hatte auch einen Zusammenschluß der beiden provisorischen Eisenbahnorganisationen zur Folge.

Einem »Verwaltungsrat für Verkehr« unterstand später für beide Zonen eine Eisenbahnhauptverwaltung, zuerst in Bielefeld, von 1947 an in Offenbach (Main). In der französischen Zone wurde der Betrieb unter Mitwirkung französischer Kontrolloffiziere von den drei Direktionen Karlsruhe, Mainz und Saarbrücken geführt. Über eine »Oberdirektion der deutschen

Eisenbahn der französisch besetzten Zone« in Speyer kam durch Länderübereinkommen 1947 die »Betriebsvereinigung der südwestdeutschen Eisenbahnen« mit einer Generaldirektion in Speyer und einem Eisenbahnverkehrsrat in Baden-Baden, später Karlsruhe, zustande. In der sowjetisch besetzten Zone wurde auf Befehl der sowjetischen Administration in Deutschland mit Wirkung vom 10. August 1945 eine Zentralverwaltung des Verkehrs geschaffen, der die neugeborene Hauptverwaltung der Deutschen Reichsbahn unterstand.

Langsam, ganz langsam kam in den Zonen ein dürftiger Fahrplan in Gang; die Sicherungseinrichtungen wurden wiederhergestellt, auf Hauptstrecken fuhr morgens ein Zug in jeder Richtung, der abends zurückkehrte. Die Scheiben in den Personenwagen waren durch Holzbretter ersetzt, Licht gab es in den Wintermonaten keines, auch die Heizung war nicht in Betrieb.

Doch waren die Züge stets so voll, daß keiner fror. Da waren die Heere von Flüchtlingen in den Zügen. Sie reisten, um an ihren endgültigen Zulassungsort, den Ort, wo sie »befugt Wohnsitz zu nehmen hatten«, zu gelangen, oder nach Angehörigen oder Verwandten und Freunden zu forschen. Die Arbeitnehmer fuhren zu ihren Angehörigen an den Ort der ehemaligen Evakuierung vor Fliegerangriffen; Wohnraum in den zerstörten Städten gab es nicht. Und wer evakuiert war, erhielt in den ersten Jahren keinen Zuzug in die Heimat zurück. Da waren die Heere der Hamsterer, die gegen Zigaretten, Bücher, Textilien und Schmuck, ja, selbst Eheringe versuchten, in den angeblich besser situierten Gebieten auf dem Lande Lebensmittel einzutauschen – Geld war wertlos – und endlich die Gruppen der Schwarzhändler, die sich für ihren Markt neue Ware besorgten.

Etwa zur Zeit der Währungsreform Mitte 1948 waren 60% des früheren Eisenbahnnetzes wieder befahrbar.

1949 konstituierte sich mit dem Grundgesetz vom 23. Mai 1949 die Bundesrepublik Deutschland. Nach Artikel 87 des Grundgesetzes für die Bundesrepublik Deutschland werden die Bundeseisenbahnen in bundeseigener Verwaltung mit eigenem Verwaltungsunterbau geführt. Nach dem Bundesbahngesetz vom 13. Dezember 1951 verwaltet die Bundesrepublik Deutschland unter dem Namen »Deutsche Bundesbahn« das Bundeseisenbahnvermögen als nicht rechtsfähiges Sondervermögen des Bundes mit eigener Wirtschafts- und Rechnungsführung. Organe sind Verwaltungsrat und Vorstand, der aus einem Vorsitzer und drei weiteren Mitgliedern besteht. Er steht an der Spitze der Hauptverwaltung. Dienststellen der Deutschen Bundesbahn sind die Hauptverwaltung, die Zentrale Transportleitung, die Verkaufsleitung und andere zentrale Ämter, die Bundesbahndirektionen, die Ämter des Betriebes, des Verkehrsdienstes (Generalvertretungen), der maschinentechnischen und der sonstigen Dienste sowie die Ausbesserungswerke und die Dienststellen des Außendienstes, zum Beispiel Bahnhöfe, Güterabfertigungen und Fahrkartenausgaben.

Aber viele Jahre dauerte es, bis der Betrieb wieder über einwandfreie Strecken, Lokomotiven und Wagen verfügte, bis der Verkehr seine Angebote in angemessenen Bahnhöfen und Güterabfertigungen machen konnte. Alles was Wiederaufbau und Rekonstruktion hieß, mußte die Bahn aus der eigenen Tasche bezahlen; sie mußte wohl oder übel Schulden machen, die ihr dann als Defizit vorgehalten wurden.

Der Straßenverkehr, die Binnenschiffahrt und die Fluggesellschaften, deren Infrastruktur die Bundesrepublik und die Länder bezahlt hatten, bereiteten der Bahn zunehmend Wettbewerb. Das war in den meisten der am Krieg beteiligten Staaten nicht so; vor allem waren die Zerstörungen dort nicht so umfangreich wie sie der sinnlose »Endkampf« der militärischen Führung der deutschen Bevölkerung beschert hatte.

So kam es, daß selbst in den Jahren der Hochkonjunktur die deutsche Bahn aus den roten Zahlen nicht herauskam. Obwohl sie nach dem Rezept »Gesundschrumpfen« unrentable Strecken und Bahnhöfe schloß, ihre Einrichtungen erneuerte, Intercity-Systeme einrichtete und erfolgreich am Container-Wettbewerb teilnahm, auch ihre Preise dem Markt anpaßte, haben die Verkehrsleistungen in Zeiten der Konjunktur in absoluten Größen zwar zugenommen. Die Bahn hat jedoch nie in gleichem Umfang wie ihre Konkurrenten am Zuwachs partizipiert. Auch war sie nicht in der Lage, ihre Trassen zu begradigen, geschweige denn neue Strecken zu bauen, von wenigen, unbedeutenden Ausnahmen abgesehen. Die in den 60er und 70er Jahren immer stärker klaffende Lohn-/Kostenschere bescherte der Bahn und damit dem Eigentümer Bund so hohe Defizite, daß es zur kritischen Frage kam, wie und in welchem Umfang die Bahn weiterzubetreiben sei.

KEINE ANGST VOR DEM SCHWARZEN MANN!

Ende der 50er Jahre erschreckte der Freitod eines Eisenbahnkönigs in den Vereinigten Staaten die Eisenbahner. War es, wie ein Teil der Fachpresse es darstellte, tatsächlich ein Signal für den Untergang eines Verkehrsmittels, das ausgedient hatte? Würde auch in der Bundesrepublik mit der üblichen zeitlichen Verschiebung nach amerikanischen Vorgängen eines Tages die Bahn ihre Rolle ausgespielt haben?

In den 30er und 40er Jahren des neunzehnten Jahrhunderts war in den USA die Eisenbahnbegeisterung womöglich noch größer als im Mutterland der Eisenbahn England und auch in den Ländern des alten Kontinents. Man erinnert sich typisch amerikanischer Episoden aus der Geschichte des Eisenbahnbaues, etwa jenes zwischen Lok und Kutschpferd ausgetragenen Zweikampfes, den das Pferd gewann.

Ein ungeheurer Eisenbahngründungsboom begann. Die Konzession in der Hand, gaben die US-Gesellschaften, ohne den wirklichen Bedarf festzustellen, Anleihen heraus oder verkauften Aktien. In Illinois verhökerten Farmersfrauen an der Straße Eier, Käse, Aktien und Anleihen für die Eisenbahn. Die hohen Dividenden lockten die letzten Spekulanten an. An den Baukosten wurde zuweilen auf närrische Weise gestrichen: So sparte man Unkosten, indem man beim Bau eines Viaduktes über den Ohio der in schwindelnder Höhe arbeitenden Nachtschicht in Vollmondnächten die Scheinwerfer ausdrehte.

Der Streit zwischen der Santa Fe- und der Rio-Grande-Kompagnie um den Royal Gorge Pass, in den man nur ein einziges Gleis verlegen konnte, wurde zwischen Heckenschützen beider Kompagnien blutig

Eine der ersten Eisenbahnen in Nord-Amerika.
Inbetriebnahme der in den West Point Foundry Werken-New York gebauten Lokomotive „De Witt Clinton"
auf der Mohawk and Hudson Railway zwischen Albany und Schenectady am 9. August 1831.

Eine der ersten Eisenbahnen in Nord-Amerika 1831.

ausgetragen. Die Killertruppe der Rio-Grande-Kompagnie war tüchtiger: Sie störten die Bautruppe der Santa-Fe so nachhaltig, daß sie den Pass erst als zweite erreichten.

In einem anderen Falle versuchte die A & B Kompagnie die Y & Z Kompagnie, deren Linie parallel lief, durch Frachtermäßigungen zu unterbieten. Zum Schluß waren die beiden Gesellschaften auf dem Nulltarif angelangt, da holte die A & B zum stärksten Schlag aus und bezahlte allen Firmen, die mit ihr verluden, noch eine Prämie. Die Y & Z Kompagnie schloß daraufhin ihre Schalter, verlud die Güter ihrer Kunden bei der A & B Kompagnie und kassierte die Prämie.

Häufig wurden von Gesellschaften, die vor dem Bankrott standen, Loks, Wagen und Anlagen billig an eine neue Gesellschaft verkauft, die aus den Direktoren der alten bestand.

Trotz dieser ebenso hektischen wie zweifelhaften Betriebsamkeit war es bei aller Expansion nicht gelungen, die beiden Hälften des nordamerikanischen Kontinents zu vereinigen: Mississippi und Missouri versperrten den Weg vom Osten nach dem Westen. Endlich besiegelte am 10. Mai 1869 der goldene Nagel in der letzten Schwelle in der Steppe von Promontory in Utah den Zusammenschluß der östlichen und westlichen Strecken. Von Kalifornien und vom alten Osten aus hatten zwei ehrgeizige Gesellschaften, die östliche Union Pacific und die westliche Central Pacific sich entgegengearbeitet. Ganz Amerika war glücklich. Endlich waren die Vereinigten Staaten – die östlichen wie die westlichen – vereint. Jetzt würde der goldene Westen, in dem man wirklich 1848 Gold gefunden hatte, leicht erreichbar sein. Ein goldener Regen würde sich über das bisher unerschlossene Land ergießen.

Natürlich wurde der goldene Nagel anschließend schnell wieder herausgezogen: Schließlich waren unter den Managern, Aufsehern, Weißen, Schwarzen, Chinesen, Wirten, Saloonbesitzern, Maklern, Amüsierdamen, Zuhältern, Revolverhelden, Indianern und Whiskyverkäufern auch gelegentlich einige nicht ganz honorige Gentlemen und Ladies.

Der Rekord waren 16,6 Kilometer Schienen, gelegt

von Sonnenaufgang bis Sonnenuntergang von den Iren der Union Pacific, eine Bestleistung, die bis heute nicht überboten wurde.

Der Jubel der Amerikaner war begründet. Die Kommunikation zwischen Ost und West war da; die vielen, die bisher über Mittelamerika nach Kalifornien gezogen waren, konnten nun durch ihr Land reisen. Die panamerikanische Bahn allerdings, 1890 auf einem Kongreß in Washington in Aussicht genommen, die Schienenverbindung also zwischen New York und Buenos Aires, sollte ein Traum bleiben.

Bald waren die Staaten von einem Aderngeflecht aus Schienen überzogen: Ein ungeheurer industrieller Aufschwung hob an. Der Glaube an den Automaten überwältigte den Amerikaner: Gott selbst hatte die friedliche Waffe der Dampfeisenbahnen geschickt, um die USA größer und mächtiger zu machen.

Selbst ein Schiffsmagnat, der noch in den 30er Jahren an das Amerika erschließende Kanalnetz geglaubt hatte wie der erste Vanderbilt, stieg von seinen Fluß- und Kanalschiffen auf Eisenbahnen um. Er gab das Geld für die erste amerikanische Lokomotive unter dem Motto: Mal sehen, was dabei herauskommt.

Die Transkontinentalbahn Ost-West. Bau eines tiefen Einschnittes am Wilhelminapaß 1868.

Lokomotive Nr. 119 der Union Pacific auf dem Weg zum Treffpunkt mit der Central Pacific 1869. Manche dieser Brücken konnten nur mit äußerster Vorsicht und eingelegten Stops befahren werden. Der Lokomotivführer fuhr erst weiter, wenn sich die schaukelnde Brücke wieder stabilisiert hatte.

Um 1850 hatten die USA auch schon den ersten Platz in der Streckenlänge unter allen Bahnen der Welt: 14 000 Kilometer gegen 10 000 in England und 6000 in Deutschland. Am Höhepunkt der Eisenbahn um die Jahrhundertwende hatten die USA einen weiten Vorsprung. 310 000 Streckenkilometern allein in den USA standen in Europa 365 000 Kilometer gegenüber. Nord- und Südamerika zusammen hatten knapp 400 000 Kilometer!

Waren die Bahnen erst einmal im Eiltempo erstellt, so wurden keine Rücklagen gemacht, sondern die Gewinne sofort verteilt. »Die Geschichte der amerikanischen Eisenbahnen ist nichts als eine Folge von Debakeln und Sanierungen.« (Kostolany) In den Jahren der Stagnation konnten, da keine Rücklagen existierten, die Zinsen für die Obligationen nicht bezahlt werden. Entweder die Gesellschaften schlossen oder sie fristeten ihr Dasein als »border lines« (Börsenjargon: am Rande des Konkurses).

Doch dann kam das Automobil. Der individuellere Automat war da, und die Regierung gab das Startsignal für den Bau der Überland-Autobahnen. Milliarden wurden in das System hineingesteckt. Für den Schienenverkehr gab sie nichts. Auch der Luftverkehr bekam Kredite und Zuschüsse: Für die Schienen gab es nichts.

Der historische Augenblick von Promontory Point: Eben ist der goldene Nagel eingeschlagen worden. Ingenieure und Arbeiter der Union Pacific und der Central Pacific stellen sich im Sonntagsdress bei ihren Lokomotiven den stets mitfahrenden Fotografen (10. Mai 1869).

Aber nicht nur der autobesessene Bürger vernachlässigte jetzt die Bahn; eine starke Lobby, aus der Öl-, Gummi- und Autobranche stammend, sorgte dafür, daß die Bahnen zu kurz kamen. Dazu trat, daß nach dem Ende des Lokzeitalters die Gewerkschaften starrsinnig an Errungenschaften festhielten, die sie in der Dampflokhochzeit erkämpft hatten und die sie jetzt auf die elektro- und dieselbetriebenen Lokomotiven übertrugen.

So sank der Grad der Ausnutzung des Personenverkehrs an allen gefahrenen Zügen auf weniger als 10%. 1929 fuhren noch 20 000 Züge täglich.

Eine besondere Krisenzeit waren die Jahre von 1929 bis 1939, vor dem Zweiten Weltkrieg. 1940 gingen von 574 Eisenbahngesellschaften 54 in Konkurs. Erst der Zweite Weltkrieg und seine Transportaufträge verschafften den amerikanischen Eisenbahnen wieder sicheren Stand.

Doch gerieten die Bahnen 1970 in eine neue Krise. Im Juni dieses Jahres ging die größte amerikanische Eisenbahngesellschaft, die Penn-Central, entstanden aus der Fusion von Pennsylvania-railroad und New York Central, in Konkurs. Heute fahren noch 235 Reiseverkehrszüge. Der Anteil der reisenden Amerikaner am Bahnverkehr sank auf 7 v. H.; 75 v. H. fliegen, 17 v. H. fahren mit dem Bus.

Die Züge der AMTRAK – hier ein Ausflugszug von Washington (1976).

Es hat in den USA nie Staatsbahnen gegeben. Zwar unterstützten Bund und Einzelstaaten die Eisenbahnen, indem sie den Bahnen oftmals den Grund schenkten, worauf sie entstehen sollten. Es gab Subventionen und Krediterleichterungen. Auch heute, da Rettungsbestrebungen im Gange sind, will man nicht verstaatlichen, obwohl die großstädtischen Unternehmen des Nahverkehrs heute alle kommunalisiert sind.

Der Güterverkehr blieb. Er umfaßt Containertechnik und Huckepack-Verkehr modernster Art. Man schätzt, daß immer noch bis zu 40% des Frachtverkehrs auf der Schiene sind, besonders Kohle. Vor allem die Southern Pacific ist hier führend. Sie be-

fördert die Produkte Kaliforniens, besonders Südfrüchte und leicht verderbliches Gemüse nach dem Norden und Osten. Ihr Computer-Rangierbahnhof in Westcolton bei Los Angeles, wo auf einer Harfe von 48 Gleisen bis zu 8000 Güterwagen täglich umgestellt werden, ist zukunftsweisend.

Der Wiederbelebungsversuch des amerikanischen Personen- oder Reiseverkehrs heißt American Travel and Track, AMTRAK (National Railroad Passenger Corporation). Man muß wissen, daß in den USA Regionen von der Größe der BRD heute ohne jeglichen Eisenbahnverkehr sind. Ein gutes Dutzend Gesellschaften stellt der halbstaatlichen AMTRAK Material, Gleise und Personal zur Verfügung: Das Experiment einer Renaissance der Schienen (tracks are back) hat begonnen. Vor allem im Nordostdreieck Boston – New York – Washington bestehen Chancen.

Metroliner verkehren von New York nach dem Süden, Turboliner nach dem Norden. Zwischen Chicago und St. Louis fahren Turbinenzüge französischer Herkunft. Aber der Verkehr ist noch nicht groß: Die riesigen Bahnhöfe der Großstädte wirken leer. Freilich, der erste Elan ist vergangen. Dennoch: Die blau-weiß-rot-gestreiften Silberzüge der AMTRAK fahren!

Die Europäer aber auch die Japaner sind überlegen, nicht nur in der Weiterentwicklung der Eisenbahntechnik, auch im bestehenden Netz: Der Oberbau in Europa ist durchweg besser und für schnelleres Fahren geeigneter.

Es gibt jetzt auch in den USA in Pueblo (Colorado) ein Testgelände für neue Systeme. Ein solch neues automatisches System ist das sogenannte Bart-System in San Francisco (Bart = Bay Area Rapid Transit). Bart ist eine Städtebahn, die die Innenstädte von San Francisco und Oakland mit fünf Linien verbindet, und zwar sowohl zu ebener Erde wie aufgeständert oder in Tunnels, jeweils etwa zu einem Drittel. Die Bahnhöfe werden computergesteuert angefahren. Halten und Anfahren, Türen öffnen und

Ein automatischer Zug des Bay Area Rapid Transit Systems (BART) auf einer Vorortstrecke von San Francisco 1977.

schließen vollzieht sich automatisch. Bahnhöfe, Strecken und Wagen haben ein außerordentlich modernes Design. Die seit kurzem verkehrenden Städteschnellzüge (130 Stundenkilometer) finden bei der Bevölkerung Anklang.

Im Güterverkehr zeigt vor allem die Southern Pacific, daß der perfektere Automat auch den großen Güterlastzug, den Lkw, im harten Wettbewerb besiegen kann.

In Kriegs- und Notzeiten denkt man an die Bahn. In einer heraufziehenden neuen Gesellschaft wird der unseren Wünschen entgegenkommende elektronisch gesteuerte Transportautomat unser Diener sein.

Vor dem Mann mit dem schwarzen Zylinder, der den Konkurs der letzten Eisenbahn anmeldet, braucht man weder in Europa noch in den USA Angst zu haben.

XII In die Zukunft

UM EINE NEUE BAHN

Die Scheinblüte der Bahn in den ersten Jahren nach dem Zweiten Weltkrieg täuschte. In der Bundesrepublik Deutschland war es der relativ autonomen Bahn gelungen, ihr Netz notdürftig zu flicken und für jedermann wieder zugänglich zu machen. Es sah so aus, als werde die Bahn wieder die alte Rolle als dominierendes Verkehrsmittel spielen.

Doch die Entwicklung lief anders; sie war im Grunde schon vor dem Zweiten, ja sogar vor dem Ersten Weltkrieg in Anfängen erkennbar.

Straßenverkehr und Luftfahrt, Binnenschiffahrt und Pipelines entwickelten sich überall und oft mit staatlicher Hilfe stärker und selbstbewußter als die sich gezwungenermaßen selbstkurierende Bahn. Heute, da sich die Eisenbahnen auf der ganzen Welt im Wettbewerb mit anderen Verkehrssystemen befinden, lautet die Frage:

Was will die Bahn, was kann die Bahn sinnvollerweise tun? Wie muß eine *neue* Bahn aussehen, um erfolgreicher zu sein?

Es gibt dazu zwar viele Erklärungen, aber nur wenig belegte Modelle.

Die Fragestellung setzt voraus, daß man gewillt ist, die Bahn zu akzeptieren, wenn sich ihre Notwendigkeit und Nützlichkeit erweist. Denn so wie es Eisenbahnfans gibt, existieren überall auch Gruppen, die wollen, daß man die Bahn zum alten Eisen wirft. Sie sagen, die Bahn sei ein Auslaufbetrieb. 1975, sagten sie, die Bahn feiere in Deutschland ihr 140jähriges Jubiläum, weil sie das 150jährige Jubiläum nicht erleben werde.

Die Untersuchung der aufgeworfenen Fragen setzt aber auch voraus, daß man von der idealen neuen Bahn, also der technisch und organisatorisch perfektionierten Bahn ausgeht. Mehr als jeder andere Verkehrsträger stellen gerade die Bahnen heutzutage gewissermaßen Figuren dar, die zum Teil altmodisch, zum Teil hochmodern gekleidet sind.

Haben die Bahnen geschlafen?

Geschlafen haben die Bahnen nicht. Ihre Eigentümer haben sie nur im entscheidenden Moment nicht mit dem nötigen Kapital ausgestattet.

Um darzustellen, wie eine moderne Bahn aussieht, gibt es nichts besseres, als ein Bild der neuesten Fortschritte der Eisenbahntechnik zu zeigen. Doch zu wissen, wie man es besser machen kann, nützt erst, wenn die finanziellen Mittel zur Anwendung der neuen Techniken bereitstehen. Die Öffentlichkeit sollte endlich begreifen, daß die Bahn ein noch nicht ganz perfekter Automat ist. Jedoch ein Automat, der heute schon perfekt sein könnte. Die Bahnen werden verdienen, wenn man sie modernisiert und automatisiert. Die Elektronik wird die Bahnen von dem hohen Kostendruck befreien und billiger und besser produzieren lassen. Auf weite Sicht ist das die Lösung des bei allen Bahnen vorhandenen Defizitproblems. Eine Utopie?

Die japanischen Staatsbahnen, die wie fast alle anderen Bahnen der Welt insgesamt defizitär sind, haben drei gewinnbringende Linien. Unter diesen ragt die Shinkansen-Linie (neue Hauptlinie) heraus, die 1974 1,6 Milliarden Mark Gewinn erwirtschaftete. Die Linie fährt seit ungefähr einem Dutzend Jahren: Kein einziges Zugunglück hat sich ereignet, und kein einziges Menschenleben ist zu Schaden gekommen. Die gesamte Linie wird von einem automatischen Kontrollsystem (ATC) überwacht; dieses Kontrollsystem ist mit dem Computerzentrum in Tokio verbunden,

Planmäßig starteten die englischen Bahnen ihren zweihundert Stunden schnellen Intercity 125 im Oktober 1976 mit den ersten 27 Höchstgeschwindigkeitszügen zwischen London-Bristol und South-Wales. Die Hauptlinie London – Edinburgh soll 1978 folgen.

einem Zentrum, das mit seiner von Computern angefüllten, fensterlosen Halle und mit den Beobachtungspulten einem modernen Raumfahrtkontrollzentrum gleicht.

Die Zukunft, die in diesem Beispiel sichtbar wird, ist ebenso fantastisch wie abenteuerlich. Denn auch die Computer haben ihre Launen.

NEUERBAUTE BAHNEN

Die Streckenlänge der Eisenbahnen in aller Welt beträgt zurzeit 1 350 000 Kilometer.

Wie eine moderne Bahn ausssieht, das kann man vielleicht an den Bahnen sehen, die heute neu gebaut werden. Denn die Ungläubigen, die das Ende al-

ler Bahnen vorhersagen, müssen wissen, daß Staaten in aller Welt neue Bahnen bauen. Die Bundesrepublik Deutschland ebenso wie Jugoslawien, Japan ebenso wie die Sowjetunion. Großbritannien (London – Cardiff), Italien (Rom – Florenz) und Frankreich (Paris – Lyon) machen Magistralen schneller. Zu diesen neuen Bahnen zählen auch die Nahverkehrsbahnen der Großstädte in aller Welt, die in der Bundesrepublik Deutschland oft in einem Nahverkehrsverbund mit anderen Verkehrsmitteln fahren. Zahlreich sind auch die Projekte der Staaten der Dritten Welt.*)

*) Viele dieser Staaten lassen sich bei der Neuanlage von Bahnen von Experten oder Firmen beraten, (zum Beispiel von der Deutschen Eisenbahn-Consulting GmbH, Frankfurt) die im Bau und Betrieb von Eisenbahnen Erfahrung besitzen.

262

Ein Güterzug mit Traktoren auf der neu eröffneten Strecke der Tansania – Sambia Bahn 1976.

Als Beispiel sei die TAN-SAM-Linie zwischen Daressalam und Kapiri Mposhi aus Afrika erwähnt. Sie ist von den Chinesen erbaut und verbindet Sambias Kupferstätten mit Tansanias Hafen Daressalam, ohne eine Grenze der weiß beherrschten Staaten Rhodesien oder Südafrika zu berühren. Die Schwarzen nennen sie Uhuru-Bahn nach dem Kasuaheli-Wort für Freiheit. Sie ist 1852 Kilometer lang und hat neunzehn Tunnels und dreihundert Brücken, die alle streng bewacht sind. Südafrika fürchtet die Bahn als »Sprungbrett für Millionen Chinesen« (Spiegel). Obwohl von hoher landschaftlicher Schönheit, ist den Reisenden das Fotografieren streng verboten; denn TAN-SAM ist zugleich eine strategische Bahn. Schon wird berichtet, daß die im Angola-Krieg teilzerstörte Bahn vom angolanischen Lobito nach Kapiri Mposhi und Lusaka wieder hergestellt wird. So wäre dann eine transafrikanische Linie geschaffen, die die Häfen Lobito am Atlantik mit Daressalam am Indischen Ozean verbindet.

Personen- und Güterzüge – darunter auch der Freitagsexpress mit Schlaf- und Speisewagen – werden mit Diesellokomotiven gefahren, die wie alles Material »Made in the Peoples' Republic of China« sind. Die durchfahrenden Reservate zeigen Büffel, Giraffen, Zebras, Impalas und Löwen. Aber während in früheren Zeiten beim Bau der Uganda-Bahn durch die Engländer 1898 über ein Dutzend Hilfsarbeiter von zwei Löwen gefressen wurden, bis es gelang, die Löwen zu erlegen, liefen die wilden Tiere hier beim ersten Lärm der Baumaschinen in wilder Flucht davon.

Einer der
243 Viadukte
der Strecke
Belgrad – Bar.

Staatspräsident Tito eröffnete die neue jugoslawische Magistrale Belgrad-Bar am 28. Mai 1976. Die Strecke verläuft von Belgrad über Valjevo-Titovo-Uzice-Bijelo Polje-Titograd nach Bar. Schon immer träumte man von einem Weg, der »vom Meer über Bosnien nach Belgrad« führen sollte. Die 476 Kilometer lange Linie erstreckt sich von Belgrad durch Westserbien und Montenegro – hier entlang der albanischen Grenze – bis zum Hafen Bar an der südlichen Adriaküste. Die Strecke ist für eine Geschwindigkeit von 120 Stundenkilometern gebaut, sie hat 54 Bahnhöfe, die mit Fernbedienungsanlagen ausgestattet sind. Sie wird täglich von zwölf Güterzügen und fünf Schnellzügen befahren, die nach Hamburg und Stockholm weiterfahren sollen. Einmalig an dieser Strecke, die durch die Gebirge Serbiens und Montenegros führt, sind Tunnels und Viadukte. Die 254 Tunnels mit einer Gesamtlänge von 114 Kilometern bedeuten, daß nahezu ein Viertel der Strecke unterirdisch verläuft. Brücken und Viadukte sind an Zahl fast gleichwertig: 243. Darunter befindet sich die höchste Eisenbahnbrücke Europas, die Brücke über die Mala Rijeka. Sie steht auf sechs Pfeilern; die Talsohle liegt 201 Meter unter ihr.

Die ganze Strecke soll elektrifiziert werden, fertiggestellt ist zurzeit nur der südliche Abschnitt zwischen Belgrad und Titovo Uzice. Dem Fremdenverkehr bietet die Bahn eine große Anzahl überraschender touristischer Reize.

Durch den Güterverkehr sollen große Vorkommen an Kohle, Zink, Kupfer, Nickel, Chrom und Antimon erschlossen werden. Wie bedeutend diese Strecke ist, das zeigt das Einzugsgebiet, das mit 45 Prozent des Bruttosozialproduktes Jugoslawiens angegeben wird. Interessant ist, daß 1970, als die finanziellen Mittel versiegten, eine Volksanleihe über 500 Millionen Dinar ausgeschrieben wurde. Sie war sehr rasch mit 873 Millionen Dinar überzeichnet. Welch' vaterländische Eisenbahnbegeisterung!

Die Sowjetunion, landreichster Staat der Welt, hat sich seit jeher für die Eisenbahn als Hauptkommunikationsmittel entschieden. List hatte einst schon eine Eisenbahn nach Sibirien prophezeit: Er wurde ausgelacht. Allerdings wußte auch er nichts davon, daß schon 1834 in den Eisenwerken von Nishni-Tagil am Ural eine Eisenbahn, gebaut von zwei Leibeigenen, Vater und Sohn Tscherepanow, tuckerte.

Der österreichische Ingenieur von Gerstner war, wie schon berichtet, der Initiator der Linie St. Petersburg – Zarskoje Selo, wo das Lustschloß des Zaren stand. Die Lokomotive soll ein eingebautes Orchestrion aus Hörnern und Trompeten besessen haben, das die Ankunft des Zuges ankündigte. Dem Ingenieur Gerstner folgte der amerikanische Bahnbauer Whistler nach, der beim Bau der Strecke St. Petersburg – Moskau (Zar Nikolaus hatte die Bahn höchstpersönlich mit dem Lineal auf der Karte gezogen)*) die heute noch geltende Breitspur von 1524 Millimetern einführte.

Neben den Verbindungen im europäischen Rußland, die zu den Nachbarstaaten führten, galten immer schon auch die Gedanken und Pläne der Erschließung des großen östlichen Raumes, grob verkürzt Sibirien genannt. Die Schwierigkeiten des Baus einer Strecke waren unermeßlich: im Norden Dauerfrost, der einmal im Jahre zwei Monaten Tauwetter wich; im Süden trockene, baumlose Steppe. Man begann den Bau im Osten und Westen fast gleichzeitig: 1891 in Wladiwostok und 1892 im Westen von Tscheljabinsk aus. Ähnlich wie bei der amerikanischen Transkontinentbahn, bei der man die Materialien über See nach Kalifornien schaffen mußte, so mußten auch die für den fernen Osten jenseits des Baikal-Sees bestimmten Maschinen und Materialien auf dem Seewege nach Wladiwostok gebracht werden. Die Überquerung des Baikal-Sees machte lange Zeit Schwierigkeiten; man benutzte Fähren. Aber im Winter mußten die Reisenden auf Schlitten umsteigen. 1900 war die Bahn fertig, ausgenommen die südliche Umrundung des Baikal-Sees, die erst 1904 in Betrieb genommen wurde.

Die Gesamtstrecke war 1916 durchgehend befahrbar. Sie verläuft von den zwei Ausgangsstationen am Ural, Swerdlowsk und Tscheljabinsk aus über Omsk, Nowosibirsk (Anschluß an die Turksib, die Turkestan – Sibirische Eisenbahn), Irkutsk, Chabarowsk zum Japanischen Meer. Nach dem Sibirien-Express der ISG setzten auch die russischen Staatsbahnen einen Express ein: Die Zeit- und Kostenersparnis gegen-

---

*) Dabei sei ihm das Lineal ausgerutscht, und die Bahnbauer sollen den Knick wahrheitsgetreu nachgebaut haben.

Der Transsibirienexpreß der CIWL, Foto von 1902.

Links: Salonwagen des Transsibirienexpreß um 1900. Man beachte im Hintergrund das Klavier, das allerdings meist zum Abstellen von Geschirr benutzt wurde.

über der Schiffsreise in den fernen Osten war beträchtlich. Sie betrug bis zu 50 Prozent. Von Moskau bis zum Stillen Ozean rechnete man jetzt eine Woche gegenüber den zwei Jahren Reisezeit auf dem Landweg vor dem Bau der Bahn.

1918 erst war die Bahn zweigleisig, später zum Teil viergleisig. Seit langem wird das sibirische Netz ständig erweitert.

Viel macht der neue Plan der BAM, der Baikal-Amur-Magistrale von sich reden: Während die klassische transsibirische Bahn südlich des Baikal-Sees verläuft, wird die neue Baikal-Amur-Linie an der Station Taischet (östlich Krasnojarsk) anknüpfend nördlich des Sees in einem weiten Bogen bis Sowjetskaja Gawan führen, das der Insel Sachalin gegenüber liegt. Auch diese Linie wird wie die erste Transsib reiche Bodenschätze erschließen und neue große Industriezentren ins Leben rufen.

Erdöl, Erdgas, Kohle, Eisen, Kupfer und viele andere Metalle, nicht zu vergessen auch das Holz der großen Wälder, werden verarbeitet oder als Rohstoff transportiert werden können. Schließlich dürfte die Bahn auch eine strategische Bedeutung besitzen, da die erste Transsib streckenweise dem Amur entlang führt, der zu einem Teil seines Laufes die Grenze zwischen China und der Sowjetunion bildet.

Man rechnet mit der Fertigstellung etwa 1982. Rechtzeitig wurden übrigens die Stellen für Umweltschutz bemüht, da die »Natur der Taiga empfindlich und labil« sei.

Zurzeit wird die Elektrifizierung eines 600 Kilometer langen Teilstücks der im Bau befindlichen BAM vorbereitet.

Von den insgesamt 125 000 Kilometer Schienenstrecke in der Sowjetunion sind zurzeit 37 000 Kilometer elektrifiziert. Sie bewältigen etwa die Hälfte des gesamten Güterumschlages. Damit werden dann die großen Linien, die Moskau mit Sibirien, Transkaukasien, der Krim, mit Kiew und der Westgrenze des Landes verbinden, alle elektrisch betrieben.

In der Sowjetunion jedenfalls ist die Bahn auch heute unumstritten wichtigstes Verkehrsmittel. Es ist nur schwer vorstellbar, wie solch riesige Staatsgebilde anders als mit der Eisenbahn erschlossen und in eine Gesamtwirtschaft eingefügt werden können.

Das sind Beispiele aktueller Streckenbauten in verschiedenen Ländern aus ökonomischen oder politischen Gegebenheiten.

Nach dem Güterverkehr ist es der Tourismus, der für die Bahnen erfolgversprechend zu sein scheint. Doch auch der Geschäfts- und Gelegenheitsreiseverkehr, der sich freilich stets mit dem Tourismus mischt, verspricht Gewinn, sofern er nur attraktiv, sicher und mit hoher Geschwindigkeit abgewickelt werden kann. Wie schon berichtet, haben Frankreich und Italien auf diese Weise ihre Fernstrecken beschleunigt. England fährt seit Oktober 1976 mit

Verlegung der letzten Gleise auf dem BAM-Abschnitt. Die Baikal-Amur-Magistrale wird etwa 3200 Kilometer lang nördlich der alten transsibirischen Eisenbahnlinie verlaufen.

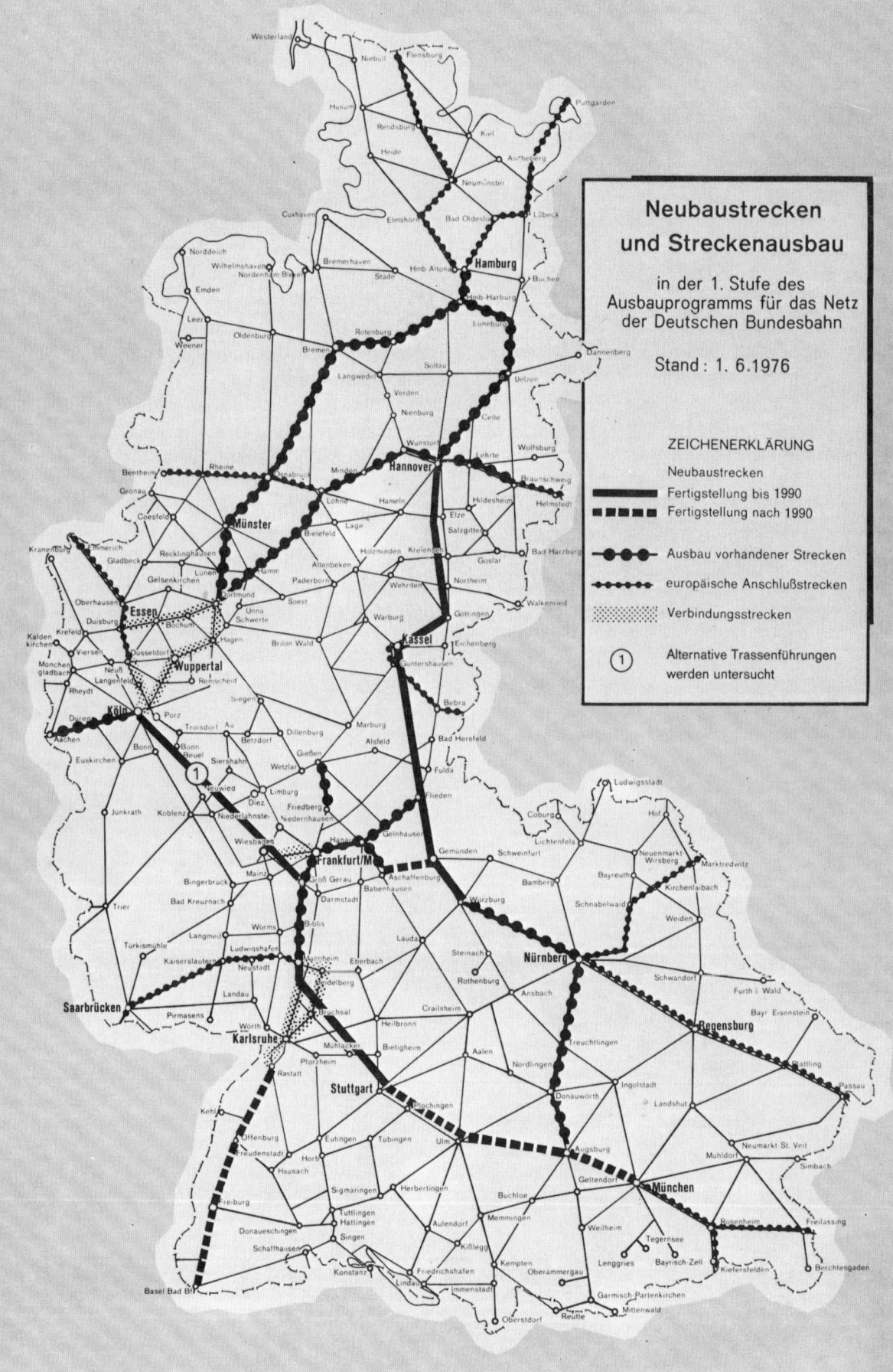

Neubaustrecken und Streckenausbau

in der 1. Stufe des Ausbauprogramms für das Netz der Deutschen Bundesbahn

Stand: 1. 6.1976

ZEICHENERKLÄRUNG

Neubaustrecken

Fertigstellung bis 1990

Fertigstellung nach 1990

Ausbau vorhandener Strecken

europäische Anschlußstrecken

Verbindungsstrecken

① Alternative Trassenführungen werden untersucht

Der elektrische Triebwagen ET 403.

Intercity-Dieselzügen und Geschwindigkeiten von zweihundert Stundenkilometern. Andere Intercity-züge auf anderen Strecken werden folgen. Japans neue Hauptlinie (Shinkansen) hat auf der klassischen Strecke zwischen Tokio und Osaka zwischen 1964 (Olympische Spiele) und 1974 eine Milliarde Fahrgäste befördert. 1975 sind allein 165 Millionen Fahrgäste mit dem neuartigen Schienenverkehrsmittel gefahren. Trotz einer Tariferhöhung um 32,2 Prozent in 1976 behauptet diese Linie immer noch 65 Prozent des Verkehrsmarktes selbst gegen die Luftverkehrsgesellschaften. Weitere Schnellfahrstrecken sind im Bau.

In diesen neuen oder neuartig betriebenen Strecken sind gewiß einige Anregungen für andere Bahnen enthalten. Allerorten überlegen die Führungskräfte der Bahnen, wie eine modernisierte Bahn wirtschaftlich eingesetzt werden kann.

So hat die Deutsche Bundesbahn zum Beispiel seit 1970 ein Programm vorliegen, das Bestandteil eines Bundesverkehrswegeplanes ist. Sein Schwerpunkt liegt bei Neubau- und Ausbaustrecken. Doch ist dieses neue Netz, das hier entsteht, zugleich in einen europäischen Infrastrukturleitplan des internationalen Eisenbahnverbandes, UIC, also in ein Netz europäischer Magistralen integriert, an dem alle europäischen Staaten mitarbeiten. Das neue deutsche Netz hat seine Schwerpunkte in der Strecke Mannheim – Stuttgart, ferner in den Strecken Köln – Groß-Gerau, Hannover – Würzburg und Stuttgart – München; ferner im Ausbau der Strecken Hamburg – Hannover und Hamburg – Hannover – Ruhrgebiet, sowie im Kölner, Frankfurter, Nürnberger und Münchener Raum. Eingehende Untersuchungen haben die Bauwürdigkeit der Strecken in volkswirtschaftlichen Kosten-Nutzen-Analysen erwiesen. Hier war es, wo die Deutsche Bundesbahn in ihren Hauptabfuhrstrecken die Kapazitätsgrenze wiederholt überschritten hatte. Auch die Einbeziehung der Konkurrenz Straße und Wasserstraße ergab die Notwendigkeit der Baupläne der Bahn. Auf diesen Strecken werden Güter-Züge mit 120 Stundenkilometern und Reisezüge zuerst mit 200 Stundenkilometern, in einer späteren Betriebsphase mit 250 Stundenkilometern verkehren können. Den sozioökonomischen Gegebenheiten – vom Umweltschutz bis zu den Belangen der Naherholung und des Tourismus – soll Rechnung getragen werden. Voraussichtlich wird Mannheim – Stuttgart die erste dieser neuen Strekken im Bereich der Bundesrepublik Deutschland sein. Die Arbeiten an der Strecke haben begonnen.

Wie wird nun diese neue Bahn in ihren einzelnen Konstruktionselementen aussehen? Was wird sie tun, um neue Kunden zu gewinnen? Wird es eine neue Technologie geben, die alles bisher gewesene in den Schatten stellt?

Es wird unmöglich sein, alle Einzelheiten einer neuen Bahn zu erörtern. Beginnen wir jedoch mit der Grundlage einer Eisenbahn im wörtlichen Sinn: mit dem Oberbau.

OBERBAU

Der Oberbau ist das tragende Fundament der Bahn; was die Eisenbahner »Oberbau« nennen, ist der Unterbau jeder Eisenbahn. Die ersten Fahrzeuge mit ihrem kurzen Achsstand und dem großen Überhang erteilten dem Oberbau und damit den Schienen Seitenstöße, die sich wieder auf den Reisenden oder die Fracht übertrugen. Seit man, um 1890, Drehgestelle für Lokomotiven und für Schnellzugwagen einführte, besserten sich die Laufeigenschaften, und der Oberbau blieb geschont. Das freilich galt für die verhältnismäßig geringen Geschwindigkeiten jener Zeiten. Bei höheren Geschwindigkeiten bewirken die bewegten Lasten Schwingungen, die den Oberbau stark beanspruchen. Schnell fahren ist also in erster Linie eine Frage des Oberbaues. Und tatsächlich hängt das Schicksal der Bahn heute an Trasse und Oberbau.

Das Geheimnis der neuen Bahn ist ein alter Slogan der Werbung: Schnell, sicher, bequem. Man kann die Adjektive in der Reihenfolge umsetzen: Alle drei sind gleich wichtig. Für den Güterverkehr wäre statt bequem das Eigenschaftswort schonend zu setzen.

Schnell fahren ist von den Lokomotiven und Triebfahrzeugen her gesehen kein schwerwiegendes Problem. Die Deutsche Bundesbahn hat einen Fahrzeugpark, mit dem sie schon lange – zuerst in München bei der Internationalen Verkehrsausstellung 1965 – IVA 1965 –, wenn auch nur vorübergehend, planmäßige Fahrten mit 200 Stundenkilometern Geschwindigkeit durchgeführt hat. Der Park besteht aus 150 elektrischen Lokomotiven (E 103) und 450 TEE- und Intercity-Wagen, die für 200 Stundenkilometer zugelassen sind. Das neueste Triebfahrzeug ist der Triebwagen ET 403. Er ist schnell, elegant und modern.

1973 fuhr ein Versuchszug der Deutschen Bundesbahn, bestehend aus einer E 103 und drei Meßwagen, eine Geschwindigkeit von 253 Stundenkilometern. Das ist nationaler Rekord; denn schon 1955 erreichten französische Dreiwagenzüge über 331 Stundenkilometer Geschwindigkeit. Auch andere Bahnen – in der UdSSR, in Italien, in Kanada und so fort – wollen diese Geschwindigkeiten von oder um 200 Stundenkilometer mit planmäßigen Zügen erreichen oder fahren sie schon, wie zum Beispiel Japan oder England.

Um in diese Geschwindigkeitsregion vorzustoßen, bedarf es der geeigneten Fahrbahn, also einer dafür ausgelegten Schnellfahrtrasse. In Deutschland besteht das Schienennetz in seiner Grundstruktur aus Trassen des vorigen Jahrhunderts, angelegt angesichts der relativ geringen Geschwindigkeit der Dampflokomotiven und der besonderen Schwierigkeiten des Streckenbaus mit den damaligen überwiegend manuellen Methoden.

Es zeigte sich bald, daß Geschwindigkeiten über 160 Stundenkilometer nur auf wenigen Abschnitten möglich waren; doch nur über kurze Strecken schnell zu fahren, wäre nicht ökonomisch.

Daher erarbeitete die Deutsche Bundesbahn ein Schnellfahrstreckennetz, von dem wir schon berichtet haben. In einem ersten Zeitabschnitt sollen die schnellen Personenzüge mit 200 Kilometern, die

Schnellfahrversuch auf der Versuchsstrecke bei Oelde (Westfalen). Der Zug erreichte über 250 Stundenkilometer.

Güterzüge mit 120 Kilometern die Stunde verkehren. Auch die SNCF plant solche Trassen; die japanischen Staatsbahnen bauen zur Zeit ein ganzes Netz mit 5000 Streckenkilometern Länge.

Um den Zusammenhang mit dem übrigen Netz sicherzustellen, aber auch der anderen besonderen Vorzüge wegen – Umweltfreundlichkeit – wird bei der Deutschen Bundesbahn das neue Netz elektrisch betrieben.

Bei dieser neuen Bahn wird vielleicht erstmals in Teilen der schon 1935 in Japan erprobte, schotterlose Oberbau mit Betonteilen zur Anwendung kommen. Bis zur Reife dieses neuen, teuren Oberbaus wird es allerdings beim bisherigen Querschwellen-Oberbau bleiben.

Um die rollende Achslast zu verringern, die mit einer Vor- und Nachlaufwelle starke Beanspruchungen der Schiene hervorruft, wird man vom lokbespannten Zug mit seiner geringen Zahl von gekuppelten Achsen (Treibachsen) auf Triebzüge mit möglichst vielen Antriebsachsen übergehen, bei denen die Achslast entsprechend geringer ist. Auch wird man anstelle der bisherigen Schienentypen den Typ UIC 60 wegen des breiteren Fußes und der verlängerten Höhe nehmen, die ein effektiveres Widerstandsmoment der Schiene garantieren.

◄ Langschienenzug der Deutschen Bundesbahn.

dungen zusammenkrümmenden Schlange entstehen.

Über achtzig Prozent aller Hauptbahnen der Bundesbahn sind lückenlos verschweißt. Auch bei anderen Verwaltungen hat man das aluminothermische Schweißverfahren inzwischen eingeführt. Die pulverförmige Mischung aus Aluminium und Eisen wird an Ort und Stelle mit Gießtiegeln über die Schienenenden gebracht, entzündet und in die Lücke gegossen. Damit ist die Stoßlücke endgültig und sicher beseitigt. Vorteile sind das ruhigere Fahren, die Schonung von Schiene und rollendem Material, der Wegfall von Laschen und Schrauben und endlich die niedrigeren Wartungskosten.

Seit über zwanzig Jahren schweißt die Deutsche Bundesbahn ihre Schienen über unbegrenzte Längen zusammen. Die Schienen kommen schon an einem Stück am Verwendungsort an, 400 bis 500 Meter lang auf Flachwagen. Solch ein Zug gleitet schlangengleich durch alle Windungen und Kurven, die Schienen biegen sich mit. Einmal stieß in den USA ein solcher Langschienenzug mit einem Schwerlastfahrzeug zusammen: Die Lok bohrte sich quer ins Erdreich und wirkte wie ein Prellbock. Die Schienen stürzten vom Wagen und ließen in dem einsamen Wiesental das Bild einer riesigen, sich in vielen Windungen zusammenkrümmenden Schlange ent-

272

Am 14. September 1976 wurde in Lehrte der neueste Gleisschnellumbauzug vorgestellt. Leistung: 300 Meter Gleis in einer Stunde.

Zusammen-
schweißen
der Schienen.

Freilich, die gemütliche Bahnmelodie ratata-ratata, von der noch Detlev von Liliencron in einem Gedicht: »Quer durch Europa von Westen nach Osten...« singt, ist zum Leidwesen der Nostalgiker verschwunden.

Wo jedoch noch der alte Oberbau – Gleisrost im Schotterbett – liegt, da sind die Gleisbaurotten, die taktmäßig mit ihren Stopfhacken das Schotterbett befestigen, gleichfalls im Verschwinden. Früher sah man die Arbeiter, während der Zug langsam heranfuhr, einen nach dem anderen aus dem Gleise steigen. Heute gibt es vollautomatische Oberbaugroßmaschinen, die eine Gleiserneuerung nach einem industriellen Taktverfahren ausführen. Solch ein Schnellumbauzug nimmt vorn das abgefahrene Gleis auf und läßt hinter sich das fertige neue Gleis. In einer Stunde entstehen 300 Meter. Was früher eine hundertköpfige Rotte in mehreren Wochen zuwege brachte, das schafft heute in einer achtstündigen Arbeitsschicht mit 50 Mann Bedienungspersonal ein Schnellumbauzug (Preis der Maschine: 8,5 Millionen D-Mark).

ELEKTRONIK – DRUCKTASTENSTELLWERKE

Zentralpunkt aller Bemühungen ist das schnellere Fahren bei größter Sicherheit. Schneller und zugleich sicher fahren auf der neuen Bahn setzt aber eine bessere Information des Fahrzeugs mitsamt seiner Besatzung über den Fahrweg und seinen Zustand voraus. Früher kannte man dies unter dem Namen Sicherungswesen, das Signal- und Fernmeldewesen einschloß. Nimmt man nun noch die elektronische Datenverarbeitung hinzu, so ergibt sich der neue Begriff der »Informatik«.

Von der »Indusi«, der induktiven Zugsicherung der 30er Jahre führt der Weg zu den neuen Stellwerken, den Spurplan-Drucktastenrelaisstellwerken und zum Linienzugsystem. Bei den kommenden hohen Geschwindigkeiten ist das bisher verwendete optische Signalsystem höchstens noch als Reservesystem verwendbar.

Über die Linienbeeinflussung, also ein im Schienenweg verlegtes automatisches Linienleitersystem, das durch elektronische Signale von der Schiene aus zunächst halbautomatisch den Fahrzeugführer informiert, später vollautomatisch das Fahrzeug von einem Prozeßrechner aus steuert, wird in Zukunft die Sicherheit superschneller Züge gewährleistet.

Den ersten Versuch einer »integrierten Transportsteuerung« unternahm die Deutsche Bundesbahn bei Hannover. Bei diesem geglückten und jetzt auslaufenden Versuch war die Bahn erstmals als vollkommener elektronischer Automat aufgetreten. Die »kybernetische Insel« bei Hannover, der erste Beginn einer solchen »integrierten Transportsteuerung« hat gewissermaßen in einer auf Prozeßrechner (Computer) umgestellten Einzelregion die gleichzeitige Steuerung von Zugbewegungen, Rangierarbeiten, Beförderung von Stückgütern sowie Abfertigung und Abrechnung erfolgreich durchgeführt. Zu dieser einen »Insel« gesellte sich eine weitere »Insel«, ein Rangierbahnhof, der Verschiebebahnhof Seelze, der die ganzen Tätigkeiten des Rangierbahnhofs, wie zum Beispiel das Abdrücken der Güterwagen durch eine funkgesteuerte Lokomotive in die verschiedenen Richtungsgleise (auf einem Rangierbahnhof steigen die Güterwagen aus dem einen Güterzug in den anderen Güterzug um!), die Wei-

chenstellung und das Abbremsen und Zuleiten der Güterwagen sowie noch vieles andere automatisch erledigt. Nach Auslaufen des Versuchs sind die Anlagen in den laufenden Betrieb übernommen worden als erste Stufe der Automatisierung, der »integrierten Transportsteuerung«.

Im Bau ist vor den Toren Hamburgs der neue Rangierbahnhof Maschen, der im Juli 1977 in Betrieb genommen werden soll. Er ersetzt fünf alte Rangierbahnhöfe. Vollautomatisiert vermag er mit zwei Gleissystemen täglich bis zu 14 000 Wagen zu behandeln.

Dies alles bedeutet, daß die computergesteuerte Eisenbahn mit automatisch ablaufenden Funktionen vor allem im Bereich Produktion und Absatz Wirklichkeit wird. Die erste Ausbaustufe soll 1980 bei der Deutschen Bundesbahn realisiert werden.

Elektronische Datenverarbeitung wird überall in immer stärkerem Maße eingeführt. Nicht nur im Betrieb und vor allem in der Rangiertechnik, sondern auch beim Aufbau eines integrierten Fahrplandatensystems, das den Einsatz der EDV bei Erfassung und Verarbeitung der Fahrplandaten ermöglicht. Neu ist auch die Zusammenschaltung der elektronischen Platzbuchungsanlage der Deutschen Bundesbahn mit der Anlage der Schweizerischen Bundesbahnen und demnächst mit der italienischen Staatsbahn. In diese Länder können Plätze für alle Züge in der Schweiz, in Italien, Bundesrepublik Deutschland, aber auch Österreich, Luxemburg, Belgien und Dänemark reserviert werden. Weitere Länder werden sich diesem Verfahren anschließen.

Wie wir sahen, haben die japanischen Staatsbahnen solch ein automatisiertes System im Bereich der schnellen Reisezüge bereits eingerichtet. Entfernungen von der Reichweite Hannover – Mailand bewältigt ein solcher elektronisch gesteuerter Schnellzug in knapp sieben Stunden, wobei sich die Züge in Zeitabständen von acht bis fünfzehn Minuten aufeinander folgen.

TUNNELBAUTEN, BRÜCKEN UND HOCHBAU

Tunnelbauten wird es bei der neuen Bahn nur noch wenige geben. Hier hat sich das Hauptgewicht auf

Der Hikari (Blitz) der Shinkansen-Linie fährt vor Japans heiligem Berg, dem Fudschijama.

Hauptbahnhof Köln 1958.

die Pläne neuer Basistunnel, vor allem in der Schweiz, verlagert. In Japan ist der 53,85 Kilometer lange Eisenbahntunnel zwischen der Hauptinsel Honshu und Hokkaido, der nördlichen Insel, im Bau. Er verläuft 23,3 Kilometer in rund 200 Meter Tiefe unter der Meeresoberfläche. Ein Wassereinbruch wird die Fertigstellung, die für 1979 vorgesehen war, um ein Jahr verzögern. Er ist Teil des geplanten Hochgeschwindigkeitsnetzes, das die wichtigsten japanischen Inseln miteinander verbinden soll.

Die Deutsche Bundesbahn ist vor allem beim Bau von Untergrund- und S-Bahnen in den Großstädten beteiligt. Ein Beispiel bietet der 4,2 Kilometer lange Tunnel in München zwischen Hauptbahnhof und Ostbahnhof, der deshalb besonders bemerkenswert ist, weil er zum Olympiajahr 1972, 2½ Jahre vor dem ursprünglich geplanten Termin, endgültig fertiggestellt wurde.

Solche Tunnels werden im allgemeinen in offener Tunnelbauweise hergestellt. Die Eisenbahn hat in geradezu unvorstellbarer Art die Tunnelbautechnik angeregt und vervollkommnet. Heute unterscheidet man bergmännische und offene Tunnelbauweisen, wobei vollmechanisierte Stollenvortriebsmaschinen für standfestes Gebirge und Schildvortriebsmaschinen bei beweglichem Untergrund oder im Grundwasser schnelle und im Vergleich zu früheren Tunnelbauten kostengünstigere Bauzeiten ermöglichen.

Ein besonderes Tunnelproblem bringt die Begrenzung des Lichtraumprofils im Huckepackverkehr; hier wird bei Um- und Neubauten ein erweitertes Lichtraumprofil geschaffen.

Für die neue Bahn werden die Brücken ebensowenig Probleme bringen wie etwa der Hochbau. An ihm, dem Hochbau, zeigt sich besonders die Wandlung der Eisenbahn von der beherrschenden Stellung als Hauptverkehrsmittel zu einem noch wichtigen Träger des Landverkehrs. Wie man sich fühlt, wie man sich ausweist, so möchte man sein.

Schleswig-Holsteins Bahnknotenpunkt Neumünster erhält ein neues Bahnhofsgebäude mit originellem achteckigem Hochbau. Der Bahnhof wird 1977 zur 800-Jahr-Feier der Stadt fertig.

Nach der Wiederherstellung der großartigen Hallen und Kuppeln von Hamburg und Frankfurt deuten Empfangsgebäude wie Heidelberg (1955) und Köln (1958), den Willen zum Wiederaufschwung zur Dominante an.

Doch dann tritt eine spürbare Ernüchterung ein; es zeigt sich eine Neigung zur Konzentration, zur Selbstbescheidung auf das Wesentliche. Es entstehen so schöne und zweckmäßige Bauten wie das Empfangsgebäude Frankenthal (1970) und Renovierungen, die nostalgisch anmuten wie Aachen (1968), Gundelfingen (1971) und Eschwege (1971). Es ist sicher, daß die neue Bahn Hochbauten erstellen wird, die sachlich sind, nüchtern und von einer Schönheit, die den Geist der vom Menschen beherrschten Automation ausstrahlt.

TOD EINES GIGANTEN

»Unsere Lokomotiven haben sich das Rauchen abgewöhnt«, ein Werbeslogan der Deutschen Bundesbahn, der zugleich ein Wahrwort ist. Ja, die rauchenden, fauchenden Dampflokomotiven, wo sind sie geblieben? Das Bild von der neuen Bahn enthält leider auch eine Todesanzeige. Diese Anzeige ist international; sie gilt für fast alle Bahnen der Welt. Auch in der Sowjetunion sterben die Dampflokomotiven aus. Neue Linien werden entweder mit Diesellokomotiven oder mit elektrischen Triebfahrzeugen befahren.

Die letzte Dampflok trat Ende 1959 in den Dienst bei der Deutschen Bundesbahn ein. Sie trägt die Nummer, die zugleich ihr Name ist: 23 105. Sie fuhr von 1959 bis 1972. Es ist eine 1C1 Lokomotive, also eine dreifach gekuppelte Lok, drei Treibachsen und je eine Laufachse vorn und hinten. Sie war gedacht für schweren Personen- und leichten Eilzugdienst. Sie entstammt der Serie der Einheitslokomotiven 1950, mit denen man unter Einsatz aller technischen Neuerungen eine höhere Wirtschaftlichkeit zu erreichen bestrebt war. Diese Lokomotiven besaßen einen allseits geschlossenen Führerstand, und die Instrumente und Hebel waren schon so angeordnet, daß man sie im Sitzen bedienen konnte. Von den 150 Loks dieses Typs waren 1974 noch etwa 50 im Einsatz.

Aber es verhält sich mit diesen Lokomotiven so wie mit den Turbinenloks und den Höchstdrucklokomotiven (bis 120 atü) der 30er Jahre. Der bekannte Wirkungsgrad der Dampflok von etwa höchstens zehn Prozent konnte zwar gesteigert werden, doch Anschaffungs- und Unterhaltungskosten fraßen die Energieersparnis wieder auf. Auch die Einheits-lokomotiven 1950 kamen alles in allem gerechnet über die geringe Ausbeute von etwa acht Prozent der in der Kohle enthaltenen Energie nicht hinaus. Demgegenüber liegt die Ausbeute bei elektrischer und Dieselenergie zwischen zwanzig und dreißig Prozent.

Das war das Todesurteil. Hinzu kommen noch die höheren Kosten der Unterhaltung und die Belästigung der Umwelt durch Rauch und Ruß. Endlich reicht für die vorgesehenen Dauergeschwindigkeiten der Zukunft von mindestens zweihundert Stundenkilometern die in einer Dampflok eingebaute Energie – maximal 3000 PS – nicht mehr aus. Für die vorgesehenen Geschwindigkeiten bedarf es einer Leistung von 10 000 PS.

Die letzte, 1959, in den Dienst der DB gestellte Lokomotive 023 105-0 der Baureihe 023 (alte Bezeichnung BR 23), eine 1C1.

Der alte Gigant mußte zugunsten einer neuen Generation von Giganten abtreten.*) Und dem Klagechor der Dampflokfans möge zum Trost dienen, daß sowohl die Bahn wie auch Museen, Stadtgemeinden, Gesellschaften und Vereine sich Musterexemplare der Länderbauarten sowie der Einheitslokserien von 1925 und 1950 gesichert haben. Sie stehen im Deutschen Museum in München und im Verkehrsmuseum in Nürnberg, aber auch in Berlin, Hamburg, Bebra, Ludwigsburg, Konstanz und noch an einigen anderen Orten.

Sie stehen dort zu Recht. Denn sie legen Zeugnis ab vom Erfindungsreichtum des Menschen. In ihnen hat sich ein alter Traum vom arbeitenden, Raum und Zeit überwindenden Automaten verwirklicht. Die Dampflokomotive hat in allen Ländern dieser Welt den Menschen die Chance einer neuen, besseren Zeit herangefahren.

ELEKTRIFIZIERUNG
ELLOK – DIESELLOK – TRIEBZÜGE – WAGEN

Das Bild der neuen Bahn ist aus vielen Einzelheiten zusammengefügt; es ist ein Mosaik. Doch die Mosaiksteine – Elektronik, Lokomotiven, Wagen, Rangierbahnhöfe, Gleisnetz und so fort – sind durch Gedanken miteinander verbunden. Es entsteht daraus ein System, mit dem die Bahn etwas erreichen will. Es hört sich gut an, wenn es heißt, die Bahn diene der Volkswirtschaft. Doch sollte man darüber nicht vergessen, daß sie – ungeschützt wie jeder freie Unternehmer – im frostigen Wind der Wettbewerbswirtschaft steht. Sie muß also auf dem Markt ihre Angebote machen, und diese Angebote werden nur akzeptiert, wenn sie attraktiv sind, attraktiv von der Leistung und attraktiv vom Preis her. Unter Wettbewerbern auf den Märkten des Verkehrs muß sie die Anforderungen nach Sicherheit und Komfort erfüllen, vor allem aber muß sie schnell sein. Sie muß schneller sein als bisher.

Dazu braucht sie ein erneuertes, ein umgebautes und an manchen Stellen ein neues Netz. Man kann nicht hohe Geschwindigkeiten fahren auf Strecken, die wie vor hundert Jahren geruhsam die engen Windungen eines Flußlaufs behaglich nachzeichnen. »Dreihundert-Meter-Kurven sind auf den Hauptabfuhrstrecken der höchstbelasteten Magistralen – bis zu 200 Züge pro Gleis und Tag – bei der Deutschen Bundesbahn keine Seltenheit«. Für eine Geschwindigkeit von 300 Stundenkilometern aber ist eine Längsneigung von 18 Promille und ein Halbmesser von 7000 Metern die Norm.

Dieses neue Netz wird die schon im bisherigen Netz betriebene elektrische Zugförderung mit Einphasenwechselstrom 15 KV, 16²/₃ Hertz übernehmen. Das elektrische Traktionssystem bietet den Vorteil der Wirtschaftlichkeit und Umweltfreundlichkeit ebenso wie den der Unabhängigkeit von Ölkrisen und Ölkriegen. Seine Energie stammt aus Wasserkraft- und Wärmekraftwerken. Nur zu einem geringen Teil rührt sie aus Mineralöl her.

Die elektrischen Fahrzeuge haben eine höhere Laufleistung, nämlich bis zu 1500 Kilometer pro Tag, weit höher als die Dampflokomotiven, die lediglich 900 Kilometer brachten.

Während die Dampflok und das Dieselfahrzeug ihr eigenes Kraftwerk mit sich führen und ständig bekohlt oder aufgetankt werden müssen, fließt der elektrische Strom, etwa im Vergleich zur dieselelektrischen Traktion, direkt aus der Fahrleitung fortlaufend in die Maschine. Kürzere Fahrzeiten, schwerere Zuglasten und dementsprechend höhere Nutzleistung zeichnen die elektrische Traktion aus. Was endlich die erreichbare Spitzengeschwindigkeit betrifft, so sind elektrische Triebwagen und Loks die Träger des blauen Bandes seit 1903 in Marienfelde – Zossen, wo AEG- und Siemens-Loks 210 Stundenkilometer fuhren.

Und jener Rekord wurde erst 52 Jahre später durch die Fahrt zweier französischer Elloks zwischen Facture und Morcenx mit 331 Stundenkilometern – es waren die Loks CC 7107 und BB 9004 – am 28. und 29. März 1955 überboten!*) (Auch dieser Rekord

---

*) Bei der Deutschen Bundesbahn werden die letzten, inzwischen auf Ölfeuerung umgestellten Dampflokomotiven im Spätherbst 1977 in den Ruhestand treten.

*) Vielleicht wäre noch eine höhere Geschwindigkeit zu erreichen gewesen. Doch der die Züge begleitende Hubschrauber stoppte den Test. Der Stromabnehmer der Lok zog bei dieser Geschwindigkeit einen weißglühenden Kometenschweif hinter sich her.

Die Weltrekordfahrt der DB 9004 am 29. März 1955. Diese Art der Fahrdrahtaufhängung heißt man wegen ihrer Spitzbogen die »Gotische«. (Lichtbogen am Fahrdraht!)

wurde 1974 auf dem amerikanischen Schienenversuchsgelände Pueblo von einem Gasturbinenfahrzeug mit 383 Stundenkilometern übertroffen.)

Den Vorteilen elektrischer Traktion steht ein relativ hoher Aufwand für die Fahrleistung und die Unterwerke, kurz die elektrischen Anlagen außer der Lok selbst gegenüber. Verglichen mit der Leistung der Dampflok kann die Ellok aus der Primärenergie Kohle die dreifache Leistung ziehen. Allerdings lag die Ellok im Energieverbrauch früher hinter der Diesellok etwas ungünstiger. Doch haben sich diese Zahlen seit der Ölkrise geändert; bekanntlich hält die Unsicherheit auf dem Energiesektor an. Spitzenwerte im elektrischen Bedarf von 1 280 000 Kilowatt

bedeuten den Einsatz sämtlicher verfügbarer Kraftwerke im Bahnstromverbundnetz; dabei bewährt sich auch der Stromverbund mit den österreichischen und schweizerischen Bundesbahnen.

Insgesamt bietet die Elektrifizierung der Strecken bei der Deutschen Bundesbahn, die Ende 1976 mit 10 300 Kilometern angegeben wird, wirtschaftlich ein so günstiges Bild, daß die Elektrifizierung weiter vorangetrieben wird. Mit diesem Stand von 10 300 Kilometern ist über ein Drittel des ganzen Netzes überspannt; der elektrische Betrieb leistete dabei 80 Prozent der gesamten Zugförderung und das mit einem Bestand von über 3000 elektrischen Triebfahrzeugen. Zum Vergleich: 1950 bedienten

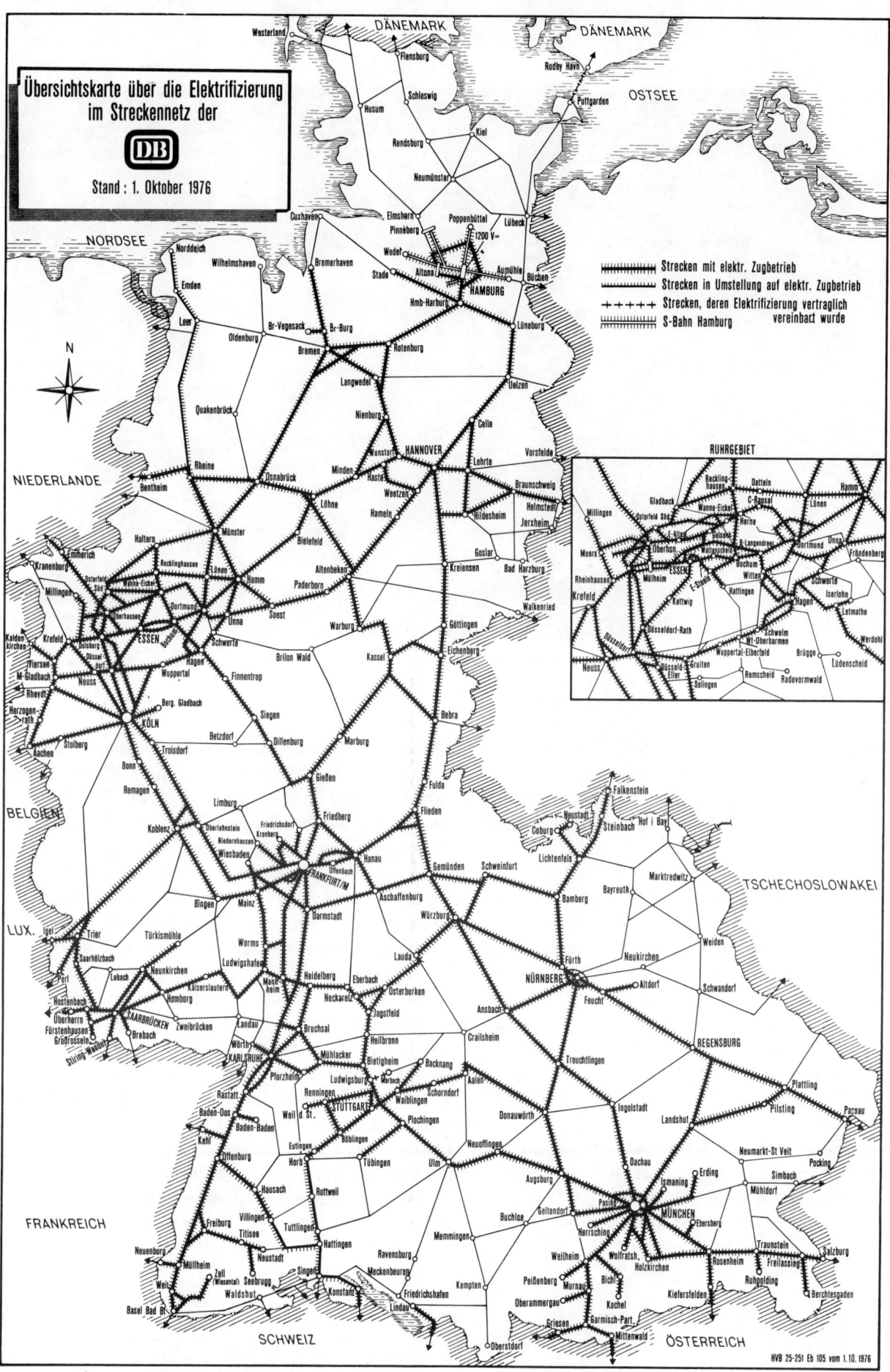

Übersichtskarte über die Elektrifizierung im Streckennetz der **DB**

Stand: 1. Oktober 1976

Stand der Elektrifizierung im Streckennetz der Deutschen Bundesbahn, Oktober 1976.

Strecken mit elektr. Zugbetrieb	
Strecken in Umstellung auf elektr. Zugbetrieb	
Strecken, deren Elektrifizierung vertraglich vereinbart wurde	
S-Bahn Hamburg	

RUHRGEBIET

HVB 25-251 Eb 105 vom 1.10.1976

Das großartige Schnelltriebwagennetz, das vor dem Zweiten Weltkrieg fast alle deutschen Großstädte mit Berlin verband, begann mit dem »fliegenden Hamburger«. Er war ein zweiteiliger dieselelektrischer Schnelltriebwagen mit 160 Stundenkilometer Höchstgeschwindigkeit. 1933.

8805 Dampflokomotiven gegenüber 350 elektrischen Lokomotiven und 86 Diesellokomotiven das etwa gleichgroße Netz. Ähnliche Verhältnisse treffen wir bei den anderen großen europäischen Bahnen an.

Die Diesellok litt am Anfang ihrer Laufbahn unter Startschwierigkeiten. Der Erfinder Rudolf Diesel (1858–1913) hatte die geniale Idee, im Zylinder zerstäubtes Schweröl durch hohen Druck und hohe Temperatur der Luft zur Entzündung zu bringen. Die Vorteile des darauf beruhenden Motors sind die stete Betriebsbereitschaft an jedem Ort und die relative Ungefährlichkeit des Treibstoffs. Der Nachteil besteht darin, daß eine nur mit einem Dieselmotor versehene Lokomotive nicht unter Last anfahren kann.

Enttäuschungen, Rückschläge und Anfeindungen verleideten Diesel das Leben. Auf der Fahrt nach England verschwand er in der Nacht zum 30. September 1913 spurlos von Bord des Schiffes.

Die Fahrten einer ersten noch von Diesel konstruierten Lok mißlangen. Nach dem Ersten Weltkrieg kam man wieder auf das neue Prinzip zurück. Die Aufgabe bestand vor allem darin, die Kraft des Dieselmotors durch ein geeignetes Medium auf das Räderwerk zu übertragen. Dafür boten sich einmal hydraulische Getriebe – das Föttingersche Flüssigkeitsgetriebe, ein Drehmomentwandler – an oder die Kraftübertragung mittels eines Generators, der die elektrischen Fahrmotoren speist. Diese Lösung trieben vor allem die Russen mit ihrem Volkskommissar Professor Lomonossow voran im Verein mit der deutschen Industrie nach dem Ersten Weltkrieg.

Bei der Deutschen Bundesbahn wird im allgemeinen für die Lokomotiven das dieselhydraulische System bevorzugt. Bekannteste Lok die V 200 (jetzt 220). Die Diesellok ergänzt die Leistung der Ellok; sie bedient den Verkehr dort, wo das elektrische System angesichts des Verkehrsaufkommens zu aufwendig wäre.

Nach Krieg und Wiederaufbau fuhren die großzügig und geräumig ausgestatteten TEE-Züge Typ 601 mit dieselhydraulisch angetriebenen Kopfgliedern; diese Züge werden nun mit Gasturbinen (602) als Intercity-Züge gefahren.

Triebwagen: Während schon vor dem Zweiten Weltkrieg in den USA die Dieselloks als Langstreckenloks durch die wasserlosen Wüsten von Arizona und Neu-Mexiko an Bedeutung gewannen, waren es in Europa, von der Sowjetunion abgesehen, vor allem die Triebwagen, in denen das neue Dieseltriebsystem angewendet wurde.

Triebwagen und Schnelltriebwagen sind (wie beim Auto das Kabrio) heute das Aushängeschild einer modernen Bahn. Das waren sie nicht zu Anfang, als der Triebwagen auf wenig befahrenen Strecken den Lückenbüßer für den gewöhnlichen Zug darstellte. Lokomotive und Wagen in einem Fahrzeug vereint ist zwar sparsam, aber von der Kapazität her begrenzt. Es sind eigentlich die Pferdefahrten der ersten Lokomotiveisenbahnen gewesen, die diese Konstruktion anregten. Von den ersten Dampftriebwagen über die Speichertriebwagen – die es heute noch in Form von ETA 150 und ETA 176 gibt – und die von Daimler – recht paritätisch! – an die württem-

bergischen Bahnen gelieferten Triebwagen mit Vergasermotor geht der Weg der Entwicklung bis zu den dieselelektrischen Triebwagen. Ihr erster, der »Fliegende Hamburger« von 1932, gab den Auftakt zu jenem berühmten Schnelltriebwagennetz, das die großen Städte Deutschlands mit Berlin und miteinander verband. Man konnte mit dem »Fliegenden« zu Mittag in Berlin sein und nach einigen Stunden der Geschäftstätigkeit abends wieder zurück.

Nach Krieg und Zerstörung waren es Dieselloks und Dieseltriebwagen, die wegen der hohen Investitionen für die Elektrifizierung als erste wieder den Fernreiseverkehr in Gang brachten. 1957 erregte die deutsche Ausführung des Trans-Europ-Expreß-Zuges (001) mit dem Haifischmaul Aufsehen.

Dann kam mit der zunehmenden Elektrifizierung immer stärker der Ellok bespannte Zug zur Geltung. Es hatte wenig Sinn, mit dem dieselbespannten Zug Strecken zu fahren, die wirtschaftlich günstiger – aufs Ganze gesehen! – mit der Ellok betrieben wer-

283

Die bekannteste deutsche Ellok ist die E 103, berühmt vor allem durch die Schnellfahrten. Sie war die erste deutsche Ellok mit elektronischen Einrichtungen – sie stellt eine Vorstufe zur vollautomatischen Zugführung dar.

284

Klimatisierte Großraumwagen erster Klasse mit verstellbaren, in Fahrtrichtung drehbaren Sesseln in einem Intercity-Zug.

den konnten. So schien es um die Wende der 60er zu den 70er Jahren, als ob der mit elektrischen Lokomotiven bespannte Zug die Lösung des großräumigen Personen- und Güterverkehrs sein könnte. Auf schwach belasteten Strecken, bei denen sich die Elektrifizierung nicht lohnte, war die Dieseltraktion die richtige Lösung.*) Wer aber glaubt, es gäbe endgültige Lösungen im Bereich der Technik, der muß seine Ansichten häufig korrigieren.

Heute sieht es nämlich im Hinblick auf die neue schnellere Bahn so aus, und dies nicht nur in der Bundesrepublik Deutschland, als ob die elektrischen Triebwagenzüge im Reiseverkehr – und vielleicht auch im Güterverkehr – ihren Siegeslauf beginnen könnten. Die geringere Achsbelastung bei solchen Triebzügen und die zahlreicheren Antriebsachsen gewährleisten einen ruhigeren und sicheren Lauf auf dem konventionellen Oberbau als der lokbespannte Zug. Der ET 403 ist ein erster Schritt auf diesem Weg. Doch auch das ist nicht endgültig. Schon experimentiert man mit einer neuen Lokomotivgeneration, einer Universallok, die auf der Anwendung der Drehstromtechnik in Verbindung mit Leistungselektronik beruht. Solche Loks lassen sich sowohl als Schnellzug- wie als Güterzugloks verwenden.

*) Eine neue Form des Antriebs sind die Turbofahrzeuge. Die Gasturbine kann als Strömungsmaschine auf die komplizierten Werkteile des Kolbenmotors verzichten. Turbo-Triebwagen gibt es seit 1972 in Frankreich; sie wurden nach den USA und Kanada geliefert. In Frankreich haben sie Geschwindigkeiten über 300 Stundenkilometer erreicht. Die Deutsche Bundesbahn erprobt zur Zeit den Gasturbinenantrieb in sechs umgebauten TEE-Triebwagen (Vt 11; jetzt 602).

Der Führerstand einer modernen Lok oder eines Triebwagens sieht dem Cockpit eines Flugzeuges ähnlich. Im Vordergrund das Telefon; es ermöglicht, den Triebwagenführer auch während der Fahrt von Stellen außerhalb des Zuges zu verständigen.

Die Prototypen des europäischen Standard-Reisezugwagens. Der Wagen bietet wesentliche Komfortverbesserungen: Vollklimatisierung, Abteile mit mehr Kniefreiheit, Schwenkschiebetüren.

Für diese neue schnelle Bahn sind auch neue Reisezugwagen vorgesehen, von denen sechs europäische Staatsbahnverwaltungen, die österreichischen, die italienischen, die schweizerischen, französischen und belgischen Staatsbahnen und die Deutsche Bundesbahn, fünfhundert Stück in Auftrag gegeben haben. Vor allem die Reisezugwagen haben komfortablere Abteile und sind klimatisiert. Die höhere Geschwindigkeit ab zweihundert Stundenkilometern verlangt fest eingebaute, drucksichere Fenster. Diesen Komfort wird man schon im D-Zug vorfinden.

Im TEE- und Intercity-Zug wird man noch eleganter reisen. Dort werden Abteilwagen, Großraumwagen, Speisewagen und eventuell Klubwagen zur Verfügung stehen. Im Abteil selbst wird es nur noch vier Sitze geben. Man denkt daran, ähnlich wie in Japan, den Reisenden individuell durch Musik und Sprache, zum Beispiel Hinweise auf Sehenswürdigkeiten, zu unterhalten.

ZWISCHENSPIEL: MASSENTOURISMUS

Diese neue Form des Tourismus hat zwar ihre Statistiker, aber weder ihre philosophischen Deuter noch auch nur ihre literarischen Darsteller gefunden. Dies zeigt nur, wie neu und im Grunde wie unerklärlich diese Erscheinung ist. Jedenfalls ist auch aus den letzten vom Studienkreis für Tourismus herausgegebenen Reiseanalysen zu erkennen, daß inzwischen der Anteil der Urlaubsreisenden auf über die Hälfte der Bevölkerung (jeweils über 14 Jahre) angestiegen ist. Auch die Rezession der Jahre 1974/75 konnte daran nichts ändern.

Ihre Wurzel findet diese Reiselust nicht in der Historie. Es gibt keine geschichtliche Herleitung dieser neuen Art von Reisen. Die Beschreibungen aus der Hand berühmter Autoren der Vergangenheit lassen ersehen, daß es sich um Märsche, Bildungsreisen, politische Aufträge, Forschungen und Abenteuer gehandelt hat, aber nicht um das, was heute unter

BETEILIGUNGEN
UND »TÖCHTER« DER BAHNEN

Die Eisenbahnen, »Unternehmen« mit mehreren hunderttausend Mitarbeitern, können nicht alle den Betrieb nur indirekt betreffenden Geschäfte selbst erledigen. Deshalb gliedern sie zur Einschränkung von Verwaltungsarbeit und zur Erfüllung sehr spezieller Aufgaben bestimmte, besondere Bereiche aus dem Hauptgeschäft aus und übertragen sie anderen Gesellschaften. Eine zweite Möglichkeit besteht in der Beteiligung an Unternehmen, die dann die spezielle Bahnaufgabe mitbesorgen. Zum Beispiel übernimmt die Deutsche Verkehrs-Kredit-Bank AG als Hausbank der DB, ihrer Sozialeinrichtungen und der mit ihr verbundenen Unternehmungen für die Bahn die Abwicklung des Frachtstundungsverfahrens, den Betrieb von Wechselstuben auf den Bahnhöfen, die Betreuung von Anleihen, Kredite an Bahnkunden und nicht zuletzt den gesamten Geldverkehr. Ferner gehören bei allen Bahnen dazu Beteiligungen an Speditionsfirmen, Kühlhausgesellschaften, Reisebüros, Verkehrsverbünden, Omnibusunternehmen (Europabus), Intercontainer (siehe Kasten X, Seite 216/7), Eisenbahnmaterial-Finanzierungsgesellschaften (Eurofima) und Eisenbahnwohnungsgesellschaften (Fürsorge für Eisenbahnwohnungen). Werbeflächen auf Bahnhofsgelände und an oder in Wagen für die Privatwirtschaft vergeben die Eisenbahn-Reklame-Gesellschaften, so zum Beispiel die Deutsche Eisenbahn-Reklame GmbH in Kassel.

Kasten XII

Tourismus verstanden wird. Diese reisenden Feldherren, Kaiser, Lords, Wissenschaftler und Literaten – von Hannibal bis Goethe – waren eine Elite geistig interessierter Menschen, die kämpfend, politisierend, lernend, lesend, lehrend, malend, dichtend und musizierend durch die Lande zogen, weit eher den Minnesängern oder den Reisigen des Mittelalters verwandt als etwa unseren heutigen Touristen. Noch nicht einmal die Sommerfrische unserer Eltern und Großeltern zu Anfang und bis in die 20er Jahre dieses Jahrhunderts hinein läßt sich damit vergleichen.

Dagegen haben das Datum des 27. September 1825 (Stockton – Darlington) und für Deutschland der 7. Dezember 1835 – die Eröffnung der Strecke Nürnberg – Fürth ihre Bedeutung als Ursprung einer neuen Reisetechnik. Hier ist eine Naturkraft so gebändigt worden, daß eine geregelte, ja fahrplanmäßige Beförderung einer großen Zahl von Menschen oder Gütern zwischen voneinander entfernten Orten möglich wird. Hier ist die Überwindung des Raumes durch außerordentliche ökonomische und technische Bewegungsautomaten gelungen. Sie wird, durch immer neue Entwicklungen rasch weitergefördert, zu immer neuen Formen der Transportmittel gelangen. Die Erfindung der Eisenbahn hat die Grundlage für den Massentourismus geschaffen. Doch der Tourismus unserer Tage hat völlig andere Urlaubsvorstellungen und Erwartungen als etwa die zahlreichen, auf Fahrpreisermäßigungen beruhenden Vereinsausflüge und Gesellschaftsfahrten um die Jahrhundertwende. Um den Tourismus von heute entstehen zu lassen, bedurfte es noch weiterer gewichtiger Faktoren: Es ist der zunehmende Wohlstand und die wachsende Freizeit in den großen Industrienationen.

Aus ersten Gruppenschienenreisen und später Reisen unter Beteiligung der Deutschen Reichsbahn entstanden zuerst kleine und dann große Reiseunternehmen wie das DER und das ABR; Deutsches Reisebüro GmbH., Berlin und Amtliches Bayerisches Reisebüro GmbH., München. Auch am größten Reisekonzern, der Touristik Union International (TUI) ist die Bahn beteiligt. An den Aufgaben des deutschen Tourismus, wie sie die Deutsche Zentrale für Tourismus (DZT) wahrnimmt, hat die Deutsche Bundesbahn regen Anteil.

Mit dem Autoreisezug auf der Fahrt in den Urlaub.

Überwindung des Raumes, Faszination der Ferne, Traum vom Vagabundieren, Sonnen- und Frischluftanbeten, von all dem mag etwas im Touristen unserer Tage drinstecken. Die Statistik gibt auf die Frage nach den Reisemotiven: »Ausspannen, neue Kraft sammeln, mit anderen Menschen zusammen sein, an der frischen Luft sein, Nichtstun, unternehmen, was einem gefällt, Spaß haben« als wichtigste Elemente an. Versucht man dies auf einen Nenner zu bringen, so könnte man die Urlaubslust definieren als den Versuch, dem grauen Alltag zu entrinnen. Die Sonne ist die Göttin der Urlauber.

Ihre Reise unternehmen die Touristen – mit Schwerpunkt in den Sommerurlaubsmonaten – in erster Linie mit dem Pkw, von den öffentlichen Verkehrsmitteln in erster Linie mit der Bahn, dann mit dem Flugzeug, Bus oder Schiff. Man erkennt auch hier deutlich den Vorrang des individuellen Verkehrsmittels Auto. Am Volumen der Bahn-Urlaubsreisen hat die Pauschalreise, also die Reise mit Reiseunternehmern, mit 20 Prozent ihren Anteil.

Mit der schnelleren Bahn hat die Eisenbahn echte Chancen, Touristenverkehr zurückzugewinnen, vor allem, wenn sie sich der Familie annimmt. Höhere Geschwindigkeit, ruhiger Lauf, vermehrtes Angebot in Zügen, größerer Komfort und annehmbare Preise vermögen, wie die japanischen Eisenbahnen mit ihrer neuen Haupt-Linie gezeigt haben, sehr wohl sogar dem Wettbewerber Flugzeug wieder Reisende abzunehmen. Der Autoreisezug – in einer neuen Form – hätte große Chancen.
Eine Renaissance der Bahn im Tourismus mit neuen Formen des Service und des Komforts ist sehr wohl möglich.

MARKETING, WERBUNG
UND ÖFFENTLICHKEITSARBEIT

Daß die neue Bahn Marketing und Werbung betreiben muß, wie es alle Bahnen bisher getan haben, ist schon deshalb einleuchtend, weil sie mit anderen

289

PASSIONSSPIELE OBERAMMERGAU

Das schöne Deutschland ruft euch

Das Plakat für Oberammergau, mit dem weltweit für die Festspiele geworben wurde, zeigt romantische Züge.

Verkehrsmitteln im Wettbewerb steht. Der Einwand, daß jeder wisse, daß es die Bahn gäbe, stimmt leider nicht mehr: Je mehr Neben- und Kleinbahnen verschwinden, je mehr Familien »ins Grüne« ziehen, desto mehr verschwindet auch die Kunde von der Bahn.

Die Bahn muß sich daher bekanntmachen, und sie muß für sich und ihre Angebote werben. Werbung ist weder gut noch böse, sie ist eine Technik der Kommunikation: Es gibt nur gute und schlechte Werbung. Wahrheit und Wettbewerb regulieren die Werbung. Werbung aber ist ein Instrument des Marke-

ting. Die neue Bahn entspringt einer neuen Marketingkonzeption.

Der Staat verlangt von seinen Bahnen heutzutage, daß sie wie ein Wirtschaftsunternehmen nach den neuesten betriebswirtschaftlichen Erkenntnissen und nach den Regeln des modernsten Managements zu führen sind. Das bedeutet, daß die Verkaufsabteilung der Bahn nach ihren Erkenntnissen, die auf Marktforschung beruhen, ihre Angebote macht. Für diese Angebote benutzt sie unter anderen Instrumenten die Werbung, aber auch die Verkaufsförderung, die so wichtige Öffentlichkeitsarbeit und die Werbung nach innen.

Gerade in der schwierigen Situation, in der sich die Bahnen heute befinden, ist die Öffentlichkeitsarbeit

sicher reisen

DEUTSCHE BUNDESBAHN

Nach dem Krieg hatte die Bahnwerbung viel Erfolg mit dem so lange vermißten Humor (Märchenbild).

**Dies in 4 Fremdsprachen erschienene Plakat
gelangte im Austausch auf viele europäische Bahnhöfe.**

Bericht in der Zeitung zu finden, für die der Journalist arbeitet.

Werbung und Öffentlichkeitsarbeit sind bei der Bahn nicht neu. Stephenson war ein hervorragender Werbemann mit glänzenden Einfällen. Man denke nur an die Probefahrt mit der gefeierten Schauspielerin Frances Anne Kemble oder an die geniale Veranstaltung der Rainhill-Lokomotivrennen. Trevithick, der eigentliche Erfinder der Eisenbahn, verstand von Werbung gar nichts. Das war sein Pech.

Die erste deutsche Werbeaktion – oder war es Öffentlichkeitsarbeit? – bestand in E. F. Leuchs Artikel in der Nürnberger »Allgemeinen Handelszeitung«. Er war ein »Aufruf zur Gründung einer Eisenbahn von Nürnberg nach Fürth« in Form einer Beilage:

**Ein Gemeinschaftsplakat mit der Bundespost
warb für moderne Dienste von Post und Bahn.**

(public relations, auch Pressedienst genannt) besonders dringend. Sie kann die neue Bahn erklären, darstellen und mit all ihren Vorzügen schildern. Sie kann ein Umdenken bewirken. Sie bildet ein neues Image. Sie gibt Pressemitteilungen, Zeitschriften und Jahrbücher heraus.

Unterstützend ist die Werbung, zum Beispiel durch bezahlte Anzeigen und Plakate, in der Lage, die neuen Angebote zu erläutern und die potentiellen Kunden zu informieren. Das gilt zum Beispiel für die so beliebten Wochenendfahrten oder für die Autoreisezüge. Der Pressedienst kann hier wiederum der Werbung und dem Marketing helfen, indem er einen Journalisten zu einer Fahrt mit dem Autoreisezug einlädt, in der Hoffnung, darüber einen verlockenden

Hier erstmals der Slogan, der um die ganze Welt ging
und heute eine stehende Redewendung ist.

Beispiel einer Anzeigenkampagne
für den Güterverkehr.

800 Stück an die Bezieher der Zeitung. Der zweite in
einer Auflage von 1500 Exemplaren gedruckte
Werbeprospekt war Friedrich Lists Werbeschrift
»Über ein sächsisches Eisenbahnsystem ...« Beide
Prospekte waren bekanntlich sehr erfolgreich: Sie
stehen als literarische Denkmale und Wegweiser am
Beginn der technischen Revolution. Sie enthalten
exakte Informationen, Kalkulationen und allgemein
verständliche Argumente.
Dann aber fuhr die Eisenbahn allen Konkurrenten
davon; sie hatte zwar kein rechtliches, aber ein tatsächliches Monopol: Sie brauchte keine Werbung.
Die Werbung und die Öffentlichkeitsarbeit wurden
erst wieder notwendig, als die Konkurrenz erschien:
Binnenschiffahrt, Lastkraftwagen und Pkw nach

dem Ersten Weltkrieg. Bei der Reichsbahn entstand
1920 »die Reichsbahnzentrale für den deutschen
Reiseverkehr mbH« mit Werbeaufgaben, später das
»Werbebüro der deutschen Reichsbahngesellschaft
für den Güterverkehr« und endlich 1935 das Reichs-
bahnwerbeamt für den Personen- und Güterverkehr«, das so lange tätig war, bis auch im Zweiten
Weltkrieg die Lichter der Werbung erloschen.
Aus einer »zentralen Werbestelle« entstand 1953 das
Bundesbahn-Werbe- und Auskunftsamt für den Per-
sonen- und Güterverkehr. Es hat sämtliche Werbe-
arten in sein Konzept aufgenommen, auch – als
erste europäische Bahn – die Fernsehwerbung.
Mittels des »DB-Kundenbriefs« und der »Schönen
Welt« pflegt die Bahn den Kontakt mit ihren Kunden

im Güterverkehr und mit den Reisenden. Die bis heute erfolgreiche Bahnwerbung hat nicht nur anerkanntermaßen der Werbung im allgemeinen, im besonderen auch der Plakatwerbung neue Anstöße gegeben; sie hat vor allem wirksam den Kampf der Bahn im Wettbewerb unterstützt.

Der Eisenbahn-Angebotswerbung im Reiseverkehr ist eigen, daß sie mit anderen Konsumgütern oder Leistungen konkurriert. Diese Angebote sind vertauschbar: Statt einer Reise kann sich Herr Müller einen Fernsehapparat kaufen. Die Zahl der potentiellen Kunden ist riesengroß – im Güterverkehr wiederum die Zahl der Kunden relativ klein. Das zur Verfügung stehende Transportvolumen ist nicht ausweitbar: Hier ist der Kampf besonders hart. Allen Transportarten ist eigen, daß es sich um eine Leistung handelt, die man nicht sehen, nicht stapeln, nicht lagern kann: Es ist der »Raum in Bewegung«, den es zu bewerben gilt.

Die Aufgabe ist schwierig, doch gelang es mit Slogans wie »Alle reden vom Wetter. Wir nicht.« in den Sprachschatz, in das Bewußtsein der Bevölkerung einzudringen und somit eine der schönsten Tugenden der Eisenbahn, nämlich ihre jederzeitige Verfügbarkeit, jedem klarzumachen.

RAD UND SCHIENE

Das Prinzip Rad und Schiene wird – mindestens bis zum Jahre 2000 – das Prinzip der Eisenbahn bleiben. Man hat neue Verkehrstechnologien nicht nur erdacht, sondern auch erprobt. Utopien wie die Allwegbahn oder die Atomlok sind längst ausgeschieden. Auch das auf Luftkissentechnik aufgebaute französische Projekt Aerotrain ist inzwischen eingestellt worden.

Heute gibt es verschiedene technische Ausführungen von Magnetschwebefahrzeugen mit Linearmotor, mit denen zum Teil bis zu 400 Stundenkilometer Geschwindigkeit erreicht werden kann. In England, Frankreich, USA und Japan beschäftigt man sich mit diesen neuen Technologien. Vor allem in Deutschland arbeiten Firmengruppen daran. Die Kosten sind beträchtlich; möglicherweise werden diese neuen

Schnellverkehrstechnologien wegen der Kostenfrage oder aus Konstruktionsgründen unwirklich; es sei nur an die atmosphärische Eisenbahn zu Stephensons Zeiten erinnert.

Zu der auf dem elektromagnetischen, wie auch elektrodynamischen Prinzip aufgebauten Schwebetechnik kann – nach Angaben von Fachleuten – »hinsichtlich Betriebsreife und Wirtschaftlichkeit« noch nichts Endgültiges ausgesagt werden. Tatsächlich könnte es sein, daß die überaus hohen Kosten, aber auch gewisse Unbequemlichkeiten – Anschnallpflicht – die komplizierten Konstruktionen uninteressant werden lassen. So haben sich die europäischen Staatsbahnen auf den Beobachterstatus zurückgezogen.

Gegenwärtig werden im Rahmen eines deutschen

Das Prinzip Rad und Schiene.

Transrapid 04 in Erprobung. Das bisher größte personentragende Magnetschwebeversuchsfahrzeug mit Linearantrieb erreichte im Frühjahr 1975 Geschwindigkeiten von über 200 Stundenkilometer. Inzwischen hat ein Komponentenmeßträger (Komet) 401,3 Stundenkilometer erreicht. Das bedeutet Weltrekord für magnetisch getragene und geführte Fahrzeuge.

Regierungsförderungsprogrammes »Spurgeführter Fernverkehr« die beiden Teilprogramme »Neue Technologien« und »Rad-Schiene Technik« untersucht. Die »Rad-Schiene Technik« soll nun bis an die Grenzen ihrer Leistungsfähigkeit ausgelotet werden, bevor Innovationen mit neuen Technologien erprobt werden. Diese Untersuchung, zum Beispiel mittels eines neuartigen Rollprüfstandes (bis zu 500 Stundenkilometern Geschwindigkeit) und eines Erprobungsfahrzeuges, setzt die Beteiligung von Partnern aus Industrie und Wissenschaft unter Einbeziehung der Bahn voraus. Erste Ergebnisse haben die Nützlichkeit der Versuchsanlagen bestätigt. Auch im Ausland bestehen schon solche Anlagen, zum Beispiel in Pueblo (USA), in Scerbinka (UdSSR) und Velim (Tschechoslowakei).

Das Prinzip Rad und Schiene ist noch lange nicht ausgeschöpft, geschweige denn überholt. Bisherige Untersuchungen lassen auf neuen, geraden Strecken mit weiten Kurven Geschwindigkeiten bis zu

350 Stundenkilometern als möglich erscheinen. Diese Geschwindigkeiten würden die heutige Durchschnittsgeschwindigkeit der Züge, die zwischen 100 und 120 Stundenkilometern liegt, bedeutend erhöhen und die Bahn anderen Verkehrsmitteln gegenüber, wie in Japan zu sehen, konkurrenzfähig machen. Allerdings setzt dies beträchtliche Investitionen voraus, um die alten, noch aus dem letzten Jahrhundert stammenden Trassen durch eine neue, geradlinige Streckenführung zu verbessern. Wie schon dargelegt, sind solche Netze in der Planung oder im Bau.

An diesem Punkt ist auch die Frage nach der Notwendigkeit und dem Nutzen der Bahnen in einer modernen Volkswirtschaft zu beantworten. Es ist unmöglich, die von der Deutschen Bundesbahn gefahrenen Personen im Berufsverkehr und die Gütermengen im Fernverkehr auf der Straße zu bewältigen. Ein Totalausfall der Bahn – zum Glück für uns alle eine Utopie – würde das sofort beweisen. Der Ausbau der Wege der anderen Verkehrsträger scheitert an der Raum- und Kostenfrage. Die Bahn bedient als umweltfreundliches Massenverkehrsmittel nicht nur den öffentlichen Personennahverkehr.

Sie verbindet mit ihrem taktmäßigen Intercity-Ein-Stunden-Fahrplan alle Groß- und Mittelstädte (auch bei Nebel, Schnee und Glatteis). Sie bewältigt Verkehre in Massengütern billig und schafft Kohle heran, auch wenn der Rhein einmal wochenlang zugefroren ist. Sie fährt modernste Huckepack- und Containerzüge, selbst in einer Ölkrise.

Gibt es für unsere dichtgedrängte Millionengesellschaft ein umweltfreundlicheres und humaneres Verkehrsmittel?

Einmal freilich wird dem Gesetz der Perfektion der Technik gemäß, der mit einem elektrischen Triebfahrzeug bespannte Zug durch ein noch vollkommeneres Fahrzeug, durch einen wahren Zauberautomaten abgelöst werden. Es wird etwas völlig Neues sein, genauso wie Stephensons Zug als etwas Unerhörtes und Niegesehenes an den staunenden Zuschauern vorbeirollte.

Es wird vielleicht eine Maschine sein, die lautlos durch den Raum schwebt, und der Luftzug, den man

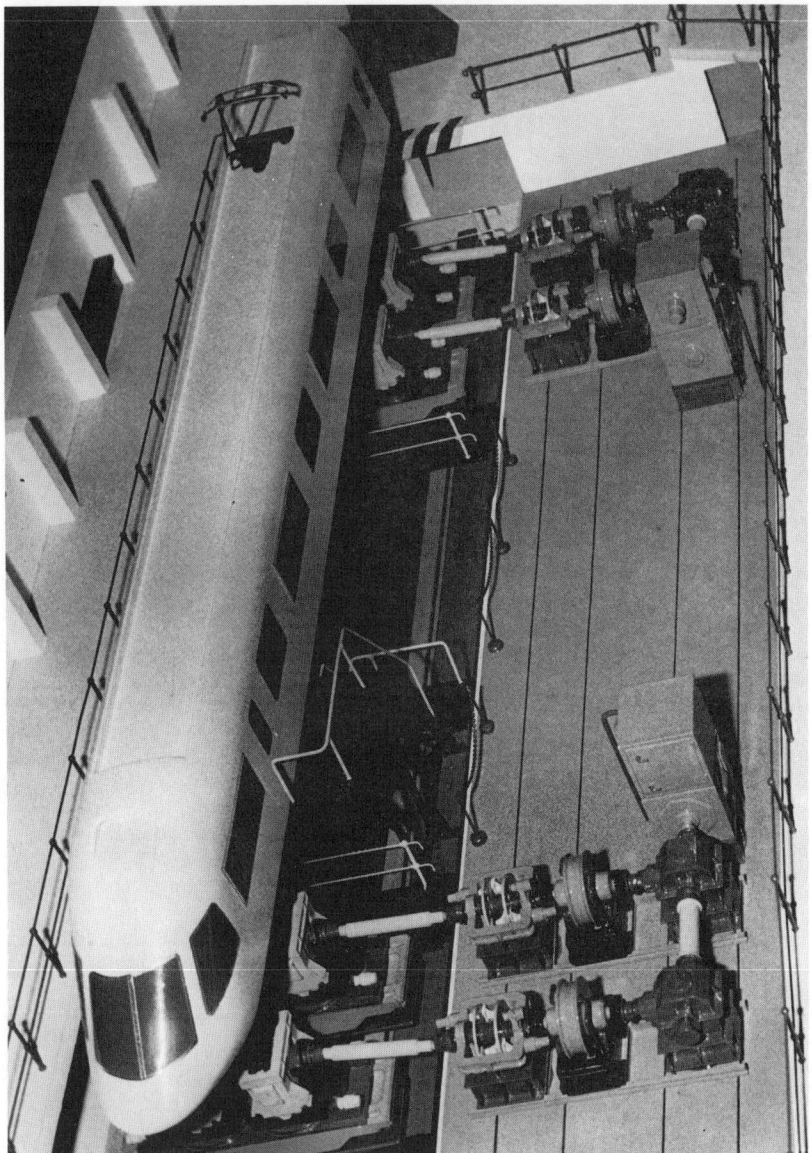

Vom Einzelradsatz bis zum vollständigen Fahrzeug können alle Arten von Versuchsträgern auf diesem Rollprüfstand im Rahmen der Ausschöpfung des Rad-Schienensystems getestet werden. Es ist ein Fahrzeug-Fahrwegsimulator. Erste Versuche Ende 1977.

verspürt, wird dem »Wehen eines leichten Frühlingswindes« gleichen.

»Sehen Sie hier, meine Damen und Herren, . . . nichts als Kunst und Mechanismus . . . Man drückt . . ., und die Mechanik läuft volle fünfzig Jahre! . . .« (Georg Büchner, »Leonce und Lena«, 1835)

Anhang

Bibliographie

Agricola, Georg: »De re metallica libri XII«, Basel 1556
Arnold, Gerhard: »Bilder aus der Geschichte der Kraftmaschinen«, München 1968
Autenrieth, Heinz: »Die öffentliche Verkehrsverwaltung«, Schwenningen 1949

Baader, Josef von: »Fortschaffende Mechanik«, München 1823
Baader, Josef von: »Huskisson und die Eisenbahn«, München 1830
Beckh, Max: »Deutschlands erste Eisenbahn«, Nürnberg 1935
Behrend, George: »Große Expreßzüge Europas«, Zürich 1967
Berghaus, Erwin: »Auf den Schienen der Erde«, München 1960
Bismarck, Otto von: »Gedanken und Erinnerungen«, München 1942
Böhme, Franz: »Fünf Lokomotiven am Start«, Leipzig 1957
Born, Erhard: »Pioniere des Eisenbahnwesens«, Darmstadt
Born, Erhard: »Eisenbahnen«, Hannover 1968
Buchwald, Bruno: »Die Technik des Bankbetriebs«, Berlin 1915
Bundesbahndirektion Karlsruhe: »Die Schwarzwaldbahn«, Karlsruhe 1973

Corti, Egon Conte: »Das Haus Rothschild«, Stuttgart 1932

Dahms, Hellmuth Günther: »Kleine Geschichte Europas im 20. Jahrhundert«, Berlin 1958
»Darlegung über militärische Benutzung der Eisenbahnen«, Berlin 1836
»Das große Wunderwerk unserer Zeit« (Manchester – Liverpool), Nürnberg 1832
Dickinson, H. W.: »Richard Trevithick«, Cambridge 1934
»Die blauen Schlaf- und Speisewagen«, Düsseldorf 1976
»Die Diva und die Notbremse«, München 1969
»Die Eisenbahnen als militärische Operationslinien«, Adorf 1842
»Die Eisenbahn in der Kunst«, Bonn 1958
»Die Eisenbahn in der Malerei«, Bonn 1970
»Die großen Alpenpässe«, München 1967
Dollinger, Hans: »Die totale Autogesellschaft«, München 1972
Dost, Paul: »Der rote Teppich«, Stuttgart 1965

»Eisenbahnen und Eisenbahner« (4 Bände), Frankfurt 1972
Engelhardt, Viktor: »Die Kunst zu reisen«, Aachen 1937
Evans: »Malta«, Köln 1963
Ewald: »Der deutsche Krieg 1870«, Dresden 1872

Fabre, Maurice: »Geschichte der Verkehrsmittel zu Lande«, Lausanne 1964
Feldhaus: »Technik der Vorzeit«, München 1965
Festgabe: »25jähriges Bestehen der Ludwigs-Bahn«, Nürnberg 1860
Finger, Hans-Joachim: »Eisenbahngesetze«, Berlin 1956
Fürst, Arthur: »Die Hundertjährige Eisenbahn«, München 1925
Fuss, Karl: »Geschichte des Reisebüros«, Darmstadt 1960

Gerwin: »Intelligente Automaten«, Stuttgart 1964
Gottwaldt, Alfred: »Alte Lokomotiv-Annoncen«, Stuttgart 1976
»Große illustrierte Weltgeschichte«, Gütersloh 1972
Gruhl, Herbert: »Ein Planet wird geplündert«, Frankfurt 1976
Grundgesetz der Bundesrepublik Deutschland, 1949
Grundmann, Siegfried: »Und 80mal pfeift die Lok«, Düsseldorf 1968

Hagen, Rudolf: »Die erste deutsche Eisenbahn«, Nürnberg 1885
Hamilton-Ellis, C: »Die Welt der Eisenbahn«, Stuttgart 1972
Hauck, Eberhard: »Joseph Ritter von Bader: Zeitung und Leben«, Band VI, München 1933
Haustein, Werner: »Die Freiheit im internationalen Verkehr«, Darmstadt
Heinersdorff, Richard: »Die K. u. K. Eisenbahnen«, München
Hölderlin, Friedrich: Stuttgarter Ausgabe, 1965
Hornstein, Anton von: »Auf Schienen«, München 1960
»125 Jahre deutsche Eisenbahn«, Festschrift, Bonn 1960
»Hundert Jahre Deutsche Eisenbahn«, Berlin 1935
Hutzelmann, C.: »Deutschlands erste Eisenbahn«, Nürnberg 1885

»Illustrierte Weltgeschichte«, Zürich 1946
»Jahrbuch des Eisenbahnwesens«, Darmstadt 1967 bis 1976

Kirsch, Korn: »Bahnhof«, Ravensburg 1970
Kittel – Friebe – Hay: »Die Eisenbahn-Verkehrsordnung«, Berlin 1928
Kostolany, André: »Geld, das große Abenteuer«, München 1972
Krosigk, Schwerin von: »Zeit des großen Feuers«, 1952
Kürenberg, Joachim von: »Menzel«, Berlin 1935
Kuntzemüller, Albert: »Die badischen Eisenbahnen«, Karlsruhe 1953

List, Friedrich: »Das nationale System der politischen Ökonomie«, Stuttgart 1925

List, Friedrich: »Über ein sächsisches Eisenbahnsystem«, Leipzig 1897
Lhote: »Felsbilder der Sahara«, Würzburg 1963
London, Jack: »Abenteuer des Schienenstranges«, München

Matschoss, C.: »Männer der Technik«, München 1954
Maedel, Karl-Ernst: »Geliebte Dampflok«, Stuttgart 1960
Maedel, Karl-Ernst: »Lok-Magazin«, Stuttgart, verschiedene Folgen
Maedel, Karl-Ernst: »Das Lied der Dampflok«, Stuttgart 1967
Maedel, Karl-Ernst: »Liebe alte Bimmelbahn«, Stuttgart 1967
Mann, Thomas: »Das Eisenbahnunglück«, Berlin 1909
Marx, Karl: »Das kommunistische Manifest«, 1848
Mehltretter, I. M.: »Dampflokomotiven«, Stuttgart 1975
Mehltretter, I. M.: »Die Lokomotiven der Deutschen Bundesbahn«, Stutgart 1973
Müller-Karpe: »Handbuch der Vorgeschichte«, München 1976
»Mit offenen Augen«, Stuttgart 1951
Morton, Frédéric: »Die Rothschilds«, Zürich 1962
Mück, Wolfgang Kurt: »Die Ludwigsbahn«, Nürnberg 1968
Neuburger, A.: »Reisen im Wandel der Zeit«, Esslingen 1922

Obermayer, Horst: »Taschenbuch der Eisenbahn«, Stuttgart 1975
Obst, Georg: »Bankgeschäft«, Stuttgart 1920
Ostendorf, Rolf: »Ungewöhnliche Dampflokomotiven 1803 bis heute«, Stuttgart 1975

Perthes, Justus: »Taschenatlas der ganzen Welt«, Gotha 1952
Pierson, Kurth: »Kohlenstaub-Lokomotiven«, Stuttgart 1967
»Propyläen Weltgeschichte«, Frankfurt/Berlin 1976

Rohde, Horst: »Das deutsche Transportwesen im II. Weltkrieg«, Stuttgart 1971
Rosegger, Peter: »Der Waldbauernbub«, München
Rossberg, Ralf Roman: »Tempo 200«, Stuttgart 1971
Rotteck und Welcker: »Staatslexikon 1887: Artikel Eisenbahnen und Kanäle von Friedrich List«

Sarter: »Die deutschen Eisenbahnen im Kriege«, Berlin 1926
Sartorius: »Sammlung von Reichsgesetzen«, München 1931
Schadendorf, Wulf: »... von Europas Eisenbahnen«, München 1963
Schwarte, Max: »Geschichte des Weltkrieges«, Berlin 1932
Schulz, Fritz Traugott: »Die Ludwigsbahn«, Leipzig 1935
»v. Seydlitzsche Geografie«, Breslau 1904
»Signalbuch der Deutschen Bundesbahn«, Hannover 1959
Snell, J. B.: »Frühe Eisenbahnen«, Stuttgart 1961
Stein, Werner: »Kulturfahrplan«, Berlin 1976
Steiner: »Geschichte des Verkehrs«, Prag 1880
Sternberger, Dolf: »Panorama«, Düsseldorf 1938
Stephan, Heinrich von: »Das Verkehrsleben im Altertum und im Mittelalter«, Goslar 1966
Stiehl, Ulrich: »Semantik«, Bern 1970
Stieler, Karl: »Aus meinem Leben«, Köln 1950
Stöckl, Fritz: »Eisenbahnen der Erde« (5 Bände), Wien 1961/5
Stöckl, Fritz: »Vom Adler zum TEE«, Heidelberg 1971
Stotz, Hermann: »Friedrich-Wilhelm-Nordbahn«, Kassel 1972
Ströhle, Albert: »Der Vertrag von Versailles«, Stuttgart 1921
Strössenreuther, Hugo: »Nürnbergs Eisenbahnverkehr seit 1835«, Nürnberg 1972
Stumpf, Berthold: »Kleine Geschichte der deutschen Eisenbahn«, Mainz 1960

»Teutschlands Vertheidigung«, Cotta, Stuttgart 1842
Thoma, Ludwig: »Die Lokalbahn«, München 1925
»Traumschlösser König Ludwig II. von Bayern«, Starnberg 1964
Treitschke, H. v.: »Deutsche Geschichte im 19. Jahrhundert«, Leipzig 1889
Treue, Wilhelm: »Henschel und Sohn«, Tradition, Zeitschrift Jahrgang 1974/5, Frankfurt
Trevithick, Francis: »Life of Richard Trevithick«, London 1872
Trunk, Ortwin: »Das Buch von der Eisenbahn«, Stuttgart 1975
Twain, Mark: »Ein Kannibale auf der Eisenbahn«, Stuttgart 1970

Ücker, Bernhard: »Endstation 1920«, München 1972
Union internationale des chemins de fer (UIC) Who's who, Paris 1976
»Uns gehören die Schienenwege«, (Festschrift der DDR), Berlin 1970

Verfassung des Deutschen Reiches, 1919
»Vom Dampf zu Diesel und Strom«, Wiesbaden 1960

Wagner, Friedrich A.: »Die Urlaubswelt von morgen«, 1970 Düsseldorf – Köln
»Währung und Wirtschaft in Deutschland 1975–1976«, Frankfurt 1976
Walz, Werner: »Die schönen Plakate der Deutschen Bundesbahn«, Bonn 1971
Walz/Waitz: »Verkehrsmärkte der Bahn«, Darmstadt 1972
Weber, Max Maria von: »Vom rollenden Flügelrade«, Berlin 1882
»Welt der Eisenbahn vor 100 Jahren«, Mainz 1969
Wenger, William: »Le Ferrovie nel Mondo«, Lausanne 1969
Wildbur, Peter: »Warenzeichen – Design«, London 1966
Wölfel, Ernst: »Die Ludwigsbahn – zur Unternehmerpersönlichkeit«, Nürnberg 1933

»Zahlen von der Deutschen Bundesbahn«, Pressedienst der HVB Frankfurt 1974 – 1976

Periodika

»Die Bundesbahn«, monatliche Zeitschrift für aktuelle Verkehrsfragen, Darmstadt
»Report«, (DB) Frankfurt (mehrere Jahrgänge)
»Werbemitteilungen«, innerdienstliche Informationen für Werbung und Verkauf der Deutschen Bundesbahn, Frankfurt
»Schöne Welt«, Zeitschrift der Deutschen Bundesbahn für Reise und Touristik, München
»DB mit Pfiff«, Zeitschrift der Deutschen Bundesbahn für junge Leute, Frankfurt
»Blickpunkt«, Zeitung der Deutschen Bundesbahn, Frankfurt
»DB-Pressedienst«, Frankfurt
»DB-Kundenbrief«, Frankfurt

Archiv des Verkehrsmuseums in Nürnberg
Städtische und staatliche Archive in Nürnberg und München
Militärgeschichtliches Archiv in Freiburg/Br.
Zeitungen, Zeitschriften und ein Nachrichtenmagazin

Bildnachweis

Amtrak (American Travel and Track): 258
Archiv des Verkehrs-Museums, Nürnberg: 74, 84
Baader, Mechanik: 43
Bart (Bay Area Rapid Transit): 259
Beckh: 61, 84
Belgische Eisenbahnen: 76, 77
British Rail: 262
Britische Zentrale für Fremdenverkehr: 8, 24, 27
Bundespostmuseum, Frankfurt: 30, 46, 47, 49, 166, 167, 209, 211
Deutsche Schlafwagen- und Speisewagen-Gesellschaft (DSG): 202, 222
Deutsches Museum, München: 8, 10, 11, 16, 23, 33, 34, 36, 37, 83, 99, 108, 118, 131, 140, 161, 181, 191, 192, 196, 197, 232, 233, 254
Dpa, Frankfurt: 263
Engelhardt: 48
Ewald: 106
Französische Staatsbahnen: 157
Fremdenverkehrsamt Malta, Frankfurt: 9
Graphische Sammlung, München: 15
Hagen: 64, 66

Internationale Schlafwagen- und Touristik-Gesellschaft (ISTG), Frankfurt: 198, 199, 266
Italienische Staatsbahnen: 165, 166, 204
Japanische Fremdenverkehrszentrale, Frankfurt: 275
Jugoslawisches Fremdenverkehrsamt, Frankfurt: 264
Krauss-Maffei AG, München: 137, 237
La vie du Rail, Paris: 280
List: 55, 56
Meyer: 11, 12, 117, 140, 171, 180, 214
Österreichisches Eisenbahnmuseum: 58, 79, 134, 135, 136, 170
Schweizer Verkehrsbüro, Frankfurt: 116, 141, 142, 143, 144, 145, 146, 147, 148, 149, 150, 155, 163
Science Museum, London: 21
Seydlitz: 130
Steiner: 16, 18, 19, 25, 28, 29, 134
Union Pacific Railroad: 255, 257
UdSSR (Nowosti): 267
Alle anderen Fotos von der Deutschen Bundesbahn. Dank gebührt allen Institutionen, Diensten und Stellen, die mich bei der Suche nach Bildmaterial unterstützten, insbesondere den Fremdenverkehrszentren, den Museen, den Eisenbahnen, vor allem der Deutschen Bundesbahn, ihrem Pressedienst, den Zentralämtern, den Direktionen und nicht zuletzt dem Werbe- und Auskunftsamt.